수학으로 배우는

양자
역학의
법칙

수학으로 배우는

양자역학의 법칙

ⓒ Transnational College of LEX, 2020

초판 1쇄 발행일 2020년 7월 31일
초판 2쇄 발행일 2021년 12월 20일

지은이 Transnational College of LEX
옮긴이 강현정   감수   곽영직
펴낸이 김지영   펴낸곳 지브레인Gbrain
편집   정난진, 김현주
본문 디자인 yjh7500@hanmail.net

출판등록 2001년 7월 3일 제2005-000022호
주소 04021 서울시 마포구 월드컵로7길 88 2층
전화 (02)2648-7224   팩스 (02)2654-7696

ISBN 978-89-5979-648-9(04410)
      978-89-5979-651-9(SET)

• 책값은 뒤표지에 있습니다.
• 잘못된 책은 교환해 드립니다.

수학으로 배우는

양자 역학의 법칙

Transnational College of LEX 지음

강현정 옮김 곽영직 감수

지브레인

추천의 말

현대 물리학의 양대 기둥이라고 할 수 있는 상대성이론과 양자이론은 우리의 상식으로는 이해할 수 없는 내용을 이야기하고 있다. 감각기관의 경험을 통해 알고 있는 우리의 상식이 자연의 참모습과 같지 않다는 것이다. 우리의 경험 세계와 다른 세계를 이해한다는 것은 쉬운 일이 아니다. 우리가 사용하는 언어는 우리의 경험 세계에서 일어나는 현상을 설명하는 데 적당하도록 발전해왔다. 따라서 경험 세계와 다른 현상을 설명하고 이해하는 데는 우리가 사용하는 언어가 별 도움이 되지 못한다.

우리의 경험 세계와 다른 아주 작은 세계에서 일어나는 일들을 설명하는 언어는 수학이다. 그러나 양자물리학을 다루는 수학은 그다지 만만하지 않다. 따라서 많은 사람들이 수학을 피해서 가능한 우리에게 익숙한 언어를 이용하여 이 세계의 일들을 설명하려고 시도해왔다. 그 결과 양자물리학이 등장한지 거의 100년이 가까워져 오는데도 대부분의 사람들은 양자물리학을 잘 이해하지 못하게 되었다. 대학에서 양자물리학의 기본개념을 공부한 사람들마저도 양자물리학을 모르기는 마찬가지이다.

이 책은 그동안 양자물리학을 이해하고 싶었지만 실패했던 사람들에게 제공하는 새로운 방법이다. 양자물리학은 양자물리학의 언어인 수학을 이용해 정면 도전을 해야 한다는 것이 이 책의 기본 정신이다.

　새로운 언어를 배우는 것은 쉬운 일이 아니다. 그러나 반복 학습을 통해 언어를 습득하고 나면 어려워 보이던 수식도 하나의 언어로 다가온다. 파동함수, 행렬, 푸리에 급수, 파동방정식과 같이 양자물리학을 전문으로 공부하는 사람들이나 다룰 것 같은 수식들을 과감하게 다루어 양자물리학이 성립하는 과정을 상세히 설명하는 이 책은 양자물리학에 대한 새로운 도전이며 모험이라고 할 수 있다.

　이 책을 통해서 대학에서 양자물리학의 기본개념을 배운 사람들은 물론 양자물리학에 관심을 가지고 있는 초보자들도 우리의 경험 세계와는 다른 양자의 세계를 탐험하는 재미를 한껏 느낄 수 있을 것이다.

　이 책은 쉽게 쓴 책이 좋은 과학책이 아니라 과학을 정확하게 설명한 책이 좋은 책이라는 생각을 하게 하는 책이다.

곽영직

Contents

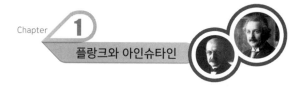

Chapter **1**

플랑크와 아인슈타인

빛이란 무엇인가?   63

Chapter **2**

보어

고전 양자론 173

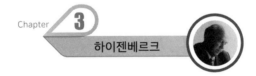

Chapter **3**

하이젠베르크

양자역학의 탄생 273

Contents

신세계를 향해 출발 727

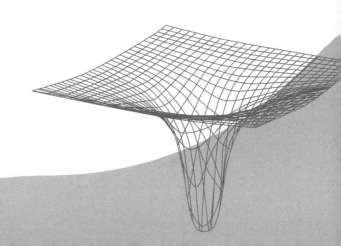

히포 패밀리클럽

> 이제 다시 모험을 떠날 때가 된 것 같아.

현군의 한마디에 모두들 기다렸다는 듯이 모여 들었다.

여기는 젊은이의 거리 시부야.

왁자지껄한 번화가를 빠져나와 고급 백화점을 지나면 호화 저택들이 늘어선 쇼토松濤에 도착한다. 쇼토의 한 모퉁이에 7층짜리 흰색 건물이 있다. 그 건물을 올려다보면 중앙의 선명한 파란색과 노란색의 빙글빙글 도는 조명이 시야에 날아든다. 바삐 드나드는 많은 사람의 모습을 목격했거나, 음악소리나 웃음소리, 뭔지 알 수 없는 요상한 소리를 들은 사람도 많을 것이다.

그리 크지 않은 이 건물에서는 활기찬 젊은이나 젖먹이 아기를 안고 웃음 짓는 여성, 말쑥한 양복차림의 남성, 기운찬 아이들, 상큼한 직장여성, 나이 지긋한 할아버지 할머니들, 적지 않은 외국인들의 모습을 매일 볼 수 있다.

아무튼 밝고 요상한 공간…. 이곳이 바로 '7개 언어로 대화하자!'가 목표인 히포 패밀리클럽의 본부이다.

> '히포 패밀리클럽'을 아세요?

일본어·영어·한국어·스페인어·불어·중국어·독어 등 7개 언어, 그리고 1년 전부터는 이탈리아어·러시아어까지 포함되어 9개국 언어를 동시에 자연습득하고 있다. 조만간 태국어와 말레이시아어도 배울 예정이다!

'자연습득'이 무슨 뜻이야?
자연습득이란 딱딱하게 공부하는 게 아니라 아이처럼 자연스럽게 말을 배우는 걸 뜻해.

Was ist HIPPO?
¿Qué es HIPPO?
What is HIPPO?
Cosa HIPPO? 哎哎抱是什么?
ヒッポはなあに?
C'est quoi HIPPO? что такое гиппо?
히포가 뭐지?

집안에서뿐만 아니라 자동차 안, 근무처, 등하교 시간…, 온갖 말이 들어간 즐거운 음악이나 이야기들을 BGM처럼 항상 테이프로 틀어놓고 흥얼거리거든.

물론 외롭게 혼자 하지는 않아. '패밀리'라는 다국어공원에 여러 가족이 모여서 노래도 부르고 춤도 추면서 테이프에 나오는 말들을 주고받는 거지!! 다 함께 노래 부르듯이 말을 따라하면서 노는 거야.

패밀리클럽이라는 이름 그대로 아이부터 어린이, 학생, 젊은 직장인, 아저씨, 아주머니, 할아버지, 할머니까지 다양한 연령대의 동료들이 있어. 누구나 참가할 수 있지.

히포는 일본 전국에 있으니까 멋진 친구를 많이 사귈 수 있어.
해외 여러 나라와 홈스테이 교류를 하거나, 일본에 있는 외국인들을 홈스테이하기도 하니까 전 세계 사람들과 가족이나 친구가 될 수 있어.

 자세한 사항은 히포 본부에 call 하면 돼!

그리고 우리 히포 패밀리클럽에는 연구 부문인 히포 대학, 트랜스내셔널 칼리지 오브 렉스(일명 트래칼리)가 있다. 앞에서 말한 흰색 건물 2층이 바로 본부이다.

트래칼리에는 갓 고등학교를 졸업한 사람부터 손자가 있는 할머니등으로 구성된 1기생부터 7기생까지 50명 정도의 학생이 있다. 이곳에는 시험도 없고 성적도 없다. 학년별 반도 없거니와 출석체크도 하지 않는다.

트래칼리는 뭘 하는 곳이야?

'언어를 자연과학'하는 곳이야!

자연과학!?

나도 처음에는 '언어를 자연과학한다'는 것이 무슨 뜻인지 전혀 와 닿지 않았어. '자연'이라고 하면 산이나 바다가 연상되니까 생물 같은 걸 연구하는 줄 알았거든. 물리에서도 행성의 회전법칙이 자연과학이라는 건 알았지만, 사과가 나무에서 떨어진다든지 탁구공을 바닥에 튕기거나 굴리는 것까지 왜 자연과학의 범주에 포함되는지 잘 몰랐어. 하물며 인간의 말이 대상이 된다니까 더 이상했던 거지.

트래칼리에 들어온 지 3년이 됐을 무렵에야 '언어를 자연과학한다'는 의미를 깨달았어. 자연과학의 대상에서 공통점을 발견했기 때문이야. 그 공통점은 '반복'한다는 것이었어. 반복적으로 일어나는 어떤 규칙을 설명하는 언어를 찾는 것이 자연과학이라고 생각해.

사과가 나무에서 떨어지는 일은 반복적으로 일어나. 어떤 사과라도 조건이 같다면 반드시 떨어져. 사과는 아래로만 떨어지고 스스로 나무 위로 올라가지는 못해. 이것은 $F = ma$ 라고 서술돼.

$F = ma$

이런 방법을 발견하는 것이 자연과학이야.

인간의 언어도 자연과학하는 거지. 일본에서 태어난 아이는 일본어를 깨우치고, 룩셈부르크에서 태어난 아이는 룩셈부르크어 · 독어 · 불어 · 영어라는 4개 국어를 할 수 있게 돼. 어디에서 태어나든 그곳 언어가 들리는 자연스러운 환경만 갖춰진다면 누구든 그 언어를 말할 수 있게 되거든. 이것은 인간의 역사 속에서 반복되어 일어나고 있는 당연한 일들이잖아.

그런데 사람은 어떻게 말을 할 수 있게 되는 것일까? 거기에는 분명 아름다운 질서가 있을 거라고 생각한 거지. 그래서 우리 트래칼리에서는 이처럼 자연스럽게 말할 수 있도록 다양한 방법을 통해 언어를 자연과학하고 있어.

끄덕 끄덕   삐약

그렇구나. 그렇다면 어떤 방법으로 말을 배우고 있어?

갓난아기가 말을 배우는 과정을 연구하고 있어.

Transnational College of Lex

모음이나 자음의 비밀, 어조나 박자 등의 음성 인식 등 인간의 음성 자체를 공부해.

무엇보다 히포의 다국어활동 체험을 통해 어른도 아이와 똑같은 과정을 거쳐 말을 배우는 모습을 볼 수 있어. 어른의 언어 자연습득 프로세스를 연구하고 있지.

일본어는 어떤 식으로 만들어졌을까? 일본에서 현존하는 가장 오래된 책인 고지키古事記 · 니혼쇼키日本書記 · 만요슈万葉集 등을 해독함으로써 '언어의 신비'를 밝힌다.

각 분야의 최고 선생님들(연구원)의 다양하고 재미있는 강의도 트래칼리의 빼놓을 수 없는 장점이다. 아무것도 없는 트래칼리지만 하고 싶은 것, 할 것은 산더미처럼 많고 아무튼 흥미진진한 곳이다.

 자세한 사항은 히포 본부에 call 하면 돼!

 트래칼리에 꼭 놀러오세요.

다음 모험은?

어느 날 히포 대학인 트래칼리에서는 무슨 일이 일어날 조짐이 보였다. 형님뻘인 현군이 '다음 모험'이라는 말을 꺼냈기 때문이다.

 '푸리에의 모험'은 정말 즐거웠어.

 맞아. 그렇게 대단한 모험이 될 줄은 몰랐다니까.

 그 모험을 통해서 많은 보물을 손에 넣은 것 같아.

 우리가 한 '푸리에의 모험' 자체가 바로 보물인 거지.

우리는 음성인식 분야에 몰두하면서 음성의 파형 해석에 필요한 '푸리에 해석'이라는 수학을 마주하게 되었다. 미치도록 싫었던 수학. 고등학교를 졸업하면서 이제 수학과는 "안녕!"이라고 생각했는데, 몇 년이나 지나 이런 곳에서 다시 맞닥뜨릴 줄이야. 그것은 실로 "안녕?"이었다. 하지만 이번에 마주한 수학은 오싹하고 암흑 같은 공식이 아니었다. 자연을 나타내는 아름다운 언어였다.

트래칼리에서 히포 사람들과 함께 몰두했던 푸리에 수학. 그것은 정말 흥미진진한 모험이었다. 동료들과 함께 푸리에 급수를 이해해가는 과정, 사람들 앞에서 그 체험을 반복적으로 발표하면서 강의로 완성되는 과정…. 그것을 정리한 것이 바로 《수학으로 배우는 파동의 법칙(원제: 푸리에의 모험)》이다. 이 책은 지금도 꾸준히 팔리고 있는 베스트셀러이다.

또다시 그렇게 재미있는 모험을 할 수 있을 거라고 생각하니 가슴이 뛰어.

 맞아! 그런데 이번에는 어떤 모험이야?

 바로 그 이야기를 하려고 했어. 새로운 모험은 뭐가 좋을까 생각하다가 다들 모이라고 한 거야.

 작전회의구나? 그럼 먼저 현군의 생각부터 들어보자.

 지난번에 푸리에를 공부했으니 이번에는 역학 같은 게 좋지 않을까 하는데, 다들 어때?

현군은 말을 이었다.

 역학을 해보는 것도 꽤 괜찮을 것 같아.

하지만 한참 동안 정적이 흐르자 현군은 다소 난처한 듯 말했다.

 다른 사람들 의견도 듣고 싶은데, 해보고 싶은 게 있다면 뭐든 말해봐. 부루타는 하고 싶은 거 없어?

제일 먼저 호명된 부루타는 다소 당황한 모습이었다.

 뭐? 음…, 그게, 그러니까….

부루타는 항상 이런 식이다. 하지만 마침내 결심한 듯 예의 소심한 목소리로 머뭇머뭇 말했다.

저기…, 난 양자역학 같은 걸 하고 싶은데….

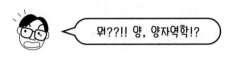 뭐??!! 양, 양자역학!?

현군은 저도 모르게 큰소리로 외쳤다. 그러고는,

 <u>흐흐흐</u>, <u>흐흐흐</u>~ 양자역학이라…. 하하하하 과연….

하며 얼빠진 표정을 지었다.

 하나, 네 생각은 어때?

 나? 나도 양자역학을 하고 싶어. 하이젠베르크의 발견을 흠모하고 있었거든.

 나, 나도 양자역학을 하고 싶어!

 나도! / 나도! / 나도! 양자역학!

　놀랍게도 모두 양자역학을 하고 싶어 했다. 현군의 입이 점점 크게 벌어졌다.

글쎄, 나도 양자역학을 하고 싶긴
한데. 그거 알아? 엄청 어려운 거
야! 끝없는 수학 계단을 올라가야
해. 1+1 덧셈부터 뺄셈, 곱셈, 나눗
셈, 방정식, 미분, 적분, 행렬…. 끝
없이 올라가서 저 높은 구름보다 더

위에 있는 게 양자역학이라고 할 수 있어. 소위 수재라는 사람들도 중
간 계단에서 다들 굴러떨어지고, 극소수의 사람만이 구름 위에 도착하
는 거야.

그 말에 다들 표정이 굳어졌다. 하지만 현군만 즐거운 듯 혼자 히죽
히죽 웃고 있었다. 히죽히죽은 곧 하하하가 되고, 다시 으핫핫핫 하는
큰웃음이 되었다.

좋아, 양자역학으로 하자! 다들 원하잖아. 히포의 방식으로 한다면 못
할 것도 없지. 푸리에의 《파동의 법칙》 때 느꼈듯이 밑에서부터 하나
씩 계단을 오르는 게 아니라 아무 계단에서부터 시작할 수 있어. 그것
도 올라가는 게 아니라 내려오는 거야. 올라가는 건 힘들고 피곤해서
그만두고 싶지만, 내려오는 건 쉽잖아. 가장 위에 있는 힘든 계단부터
시작하면, 나머지 계단은 순식간에 내려올 수 있잖아. 으핫핫핫~.

현군의 말이 맞다.

우리는 푸리에의 《파동의 법칙》을 통해 수학도 인간의 언어라는 것을 체험했다.

학교에서 배우는 수학이나 영어는 방식이 똑같다. 간단한 것부터 순서대로 차근차근 배워나가다가 어딘가에서 막히면 거기서 끝나버린다. 결국 6년 넘게 수업시간에 배운 영어를 제대로 구사하는 사람이 거의 없는 것처럼 수학도 구름 위까지 도달한 사람은 극히 드물다.

아이들은 필사적으로 공부하지 않아도 4~5세가 되면 말을 하게 된다. 하지만 ㄱㄴㄷ을 배우고 그것을 일일이 조합해서 말하지 않는다. 또 간단한 말만 듣는 게 아니므로 '간단'한 말부터 시작하지도 않는다.

어른들, 형들, 누나들이 하는 대화 전체를 듣고 "아~아~, 오~오~" 이런 식으로 대충 따라서 말하기 시작한다. 아이들은 결코 단어나 문법을 덧셈하는 식으로 말하지 않는다. '전체에서 부분으로!' 이것이 히포의 방식, 아니 자연의 방식이다.

먼저 말의 큰 파동을 파악한 후 점점 그 파동을 깊게 몰아쳐간다. 아무리 세세한 부분 몇 개를 더한다 해도 결코 진짜 언어의 파동이 될 수 없을 것이다.

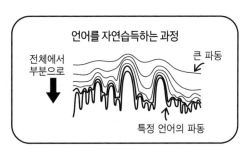

수학도 인간의 언어이므로 마찬가지일 것이다. 그렇지 않다면 고등학교 때 수학 성적이 늘 낙제였던 내가 갑자기, 그것도 불과 한 달 만에 사람들 앞에서 '푸리에 급수'를 강의하기란 불가능했을 것이다. 그리고 서너 살짜리 아이가 《파동의 법칙》 수업을 재미있게 듣고 예리한 발언으로 모두를 놀라게 하는 일도 일어나지 않았을 것이다.

　히포에서는 누구나 몇 가지 외국어를 할 수 있다. 마찬가지로 수학도 자연에 관한 또 하나의 언어이므로 제대로 길만 찾아간다면 두려울 것은 없다. 우리는 할 수 있다!

 　그래. 양자역학도 무섭지 않아. 할 수 있어.

 　분명히 할 수 있어. 큰 파동부터 파악하면 되니까. 하자!

 　하자! 하자! 양자역학의 모험이다!! 예에~~~!!

　모두들 벌써부터 의욕에 불타올라 있었다.
　작전회의를 하는 동안 나는 시종일관 싱글벙글했다. 양자역학이 어렵다는 말을 들어도 아무렇지 않았다. 내게는 푸리에나 양자역학이 크게 다르지 않았다. 왜냐하면 어느 것이 어느 것에 비해 얼마나 더 어려운지 전혀 몰랐기 때문이다.

 　푸리에도 해냈는데, 뭐든 할 수 있어.

　우리는 대담했다. 무지하다는 것은 이토록 무서운 일이었다.

 　양자역학으로 하자! 그런데… 양자역학이 뭐야?

부분과 전체

트래칼리란 이렇게 엉뚱한 곳이다.

그런데 아무것도 모르는 트래칼리 학생들이 양자역학을 하고 싶다고 입을 모아 외치는 데는 그럴만한 이유가 있다. 그것은 '친구들이 무엇을 했는지 알고 싶었기 때문'이다.

트래칼리에는 입학시험이 없지만 들어오기 위해서는 꼭 해야 할 과제가 있다. 하나는 '히포 활동을 마음껏 즐길 것', 그리고 다른 하나는 '《부분과 전체》를 여러 번 읽을 것'이다.

《부분과 전체》는 베르너 하이젠베르크라는 물리학자의 자전적인 책으로, 그와 동료들이 '양자역학'이라는 새로운 물리학을 만들어가는 일대 드라마라고 할 수 있다.

그런데 이 책은 웬만해서는 읽어 내려가기 힘든 엄청난 내용이 담겨 있다. 2~3쪽만 읽어도 어느새 잠이 들어버리는, 그야말로 우리에게는 몹시 어려운 책이었다. 그것을 몇 번씩 읽으라고 하니 절망적인 기분에 휩싸일 수밖에 없다.

하지만 히포는 다르다. 한 줄 한 줄, 한 페이지 한 페이지, 확실히 이해하면서 읽어야 한다면 분명히 평생이 걸려도 끝까지 읽지 못할 이 책을 트래칼리 선배들은 이렇게 조언한다.

"통독해." 이해하지 못하더라도 일단 마지막까지 읽으라는 뜻이다. 그리고 다시 처음부터 읽기를 수차례 반복하는 것이다.

히포의 다국어 테이프를 한 문장씩 전부 이해하면서 들을 수는 없다. BGM처럼 틀어놓고 전체를 듣다 보면 점점 귀에 익은 구절이 나온다. 큰 파동에서 시작하는 것이다. 책을 읽는 것도 마찬가지다.

그런데 그런 방식으로 《부분과 전체》를 읽어가던 우리가 일단 조금이라도 이해하는 곳은 사실상 양자역학의 내용과는 상관없는 부분이다.

몇 번 읽다 보면 이 책에 등장하는 인물들의 이름 정도는 외우게 된다. 그리고 사진을 보면서 '하이젠(하이젠베르크) 멋져!'라든지 '난 한스 오일러가 좋아!' '파충류 파울리!' 등 맘에 드는 부분이 나오면 완전히 친구가 된 기분이 들고, 다른 책이나 매체에서 그들의 이름을 보면 친구를 만난 것처럼 반갑게 느껴진다. 그중에서도 특히 주인공 하이젠베르크는 어느새 우리 모두의 친구가 되어 있었다.

하이젠베르크가 고생하며 동료들과 힘겹게 만들어낸 양자역학. 헬골란트 섬에서 그가 이루어낸 것들을 알고 싶다. 나도 헬골란트 섬에서 아름다운 일출을 보고 싶다. 그의 기쁨이 나의 기쁨이 된다면….

이미 작고한 하이젠베르크를 직접 만날 수는 없지만 그가 남긴 말을 통해서 접할 수는 있다.

《부분과 전체》에서 가장 어려운 부분인 '양자역학'. 그가 걸어간 길을 더듬어 가다 보면 우리도 양자역학을 이해할 수 있지 않을까? 그렇게 된다면 지금보다 훨씬 더 하이젠베르크와 친해질 수 있지 않을까?

"친구가 한 일을 알고 싶어."

《부분과 전체》를 접한 순간부터 우리는 양자역학을 공부하게 될 필연적인 운명이었을 것이다. 그때가 온 것이다.

양자역학의 모험 제1화

곧바로 '양자역학의 모험'을 답파할 루트가 속전속결로 정해졌다. 우리는 양자역학을 만들어낸 물리학자들의 발자취를 더듬어가기로 했다.

플랑크, 아인슈타인, 보어, 하이젠베르크, 드브로이, 슈뢰딩거, 보른, 그리고 다시 하이젠베르크. 물리학자별로 그룹을 만들어 중점적으로 공부하기로 하고 각자 자기가 좋아하는 그룹에 지원했다.

10주 만에 양자역학을 끝내기로 하고, 강의는 월요일 오후에 각 그룹이 순서대로 맡아 릴레이 형식으로 10주 동안 10회로 정했다. 모험의 공식적인 가이드북으로는 도모나가 신이치로의 《양자역학Ⅰ·Ⅱ》를 선정했다. 이 공식 가이드북을 토대로 각 그룹마다 연습을 거듭하여 한 챕터씩 강의한다.

모험 계획이 완성되었을 무렵 현군은 양자역학을 모험해본 적이 있는 선배들을 찾아가 상담했다.

양자역학을?!!! 그것도 10주 만에?!! 너희 정말 무모하구나.

어려운 양자역학을 직접 체험했던 선배들은 머리에 수건을 질끈 동여매고(×10배의 노력으로) 모험을 마친 용사들, 그것도 하나같이 수재들이었다. 당연한 걱정이었다. 미분, 적분도 제대로 못하는 아마추어 집단이 물리학의 최고봉인 양자역학을, 그것도 10주 만에 하겠다니 어불성설이다.

"양자역학을 하려면 이것도 알아야 하고 저것도 알아야 해. 그리고 이것도 저것도"

등등. 아무튼 다들 불가능하다고, 안 된다고 말했다. 하지만 그런 말만 하고 있다가는 평생 양자역학의 발뒤꿈치도 볼 수 없지 않을까?

아무리 똑똑하고 대단한 사람들이 무모하다고 해도 우리는 개의치 않았다.

히포니까!

우리는 처음 듣는 외국어라고 해도 아이들의 언어 습득방식으로 한다면 누구나 습득할 수 있다는 것을 체험해왔다.

나는 처음 배우는 러시아어를 히포의 방식으로 1년 만에 말하게 되었다. 사실 이런 말들을 러시아어로 뭐라고 하는지는 모른다. 그래도 나는 러시아어로 내가 하고 싶은 말은 할 수 있다. 그것은 아마 두세 살짜리 러시아인 아이가 구사하는 수준일 것이다. 하지만 두세 살짜리 아이는 앞으로 새로운 단어만 익히면 된다. 나의 러시아어도 마찬가지이다. 두 달 전보다는 1주일 전, 1주일 전보다는 어제, 어제보다는 오늘 더 잘하게 된다. 그리고 그것을 듣는 동료들도 어느새 조금씩 러시아어를 할 수 있게 된다.

뭔가를 배울 때는 큰 틀을 만들어두고 안을 조금씩 채워 넣는 방법을 이용한다. 그릇이 없으면 물건을 담을 수 없는 것처럼 그 틀을 그릇이라고 생각하면 된다. '큰 파동을 파악한다'는 것은 그것의 형태를 포착한다는 뜻이며, 다시 말해서 그릇을 만드는 것과 같다.

수학도 같은 방식으로 할 수 있다는 것을 《파동의 법칙》으로 직접 체험했다. 따라서 '양자역학'만이 예외가 될 리 없다는 것을 직감적으로 알고 있었다. 왜 직감적이라고 하느냐면 우리 트래칼리 학생들 중 '양자역학'을 제대로 이해하는 사람이 아무도 없었기 때문이다.

나는 별 걱정 없이 태연했지만 현군은 조금 달랐다.

이글   이글
좋았어! 반드시 10주 만에 양자역학을 해내는 거야!

무모하다는 말을 들은 그의 눈은 이글이글 타오르고 있었다. 선배들의 고마운 충고를 흘려들은 채 트래칼리 학생들은 이렇게 양자역학의 모험을 시작했다.

10주 후, 우리는 헬골란트 섬의 아름다운 일출을 보았다. 아니 어쩌면 그것은 담로섬 혹은 소두섬 정도일지도 모른다. 하지만 우리 한 사람 한 사람에게 그것은 하이젠베르크가 본 일출과 흡사하리만치 아름다웠다.

우리는 큰 파동인 양자역학의 모험을 완주해냈다. 큰 파동을 파악한 후 상세하게 파고들면 된다는 성립방식은 옳았다. 그러자 하이젠베르크가 본 헬골란트 섬의 일출에 한걸음 다가갈 수 있다는 확신이 들었다.

양자역학의 모험 제2화

반 년 후, 우리는 '양자역학의 모험'이라는 주제로 한 권의 책을 완성했다. 이것은 우리가 했던 모험의 기록이다. 아직 아이의 말에 불과한 부분도 많지만, 지금은 우리가 할 수 있는 말로 최대한 표현했다. 그리고 이것은 우리의 다음 모험에서 공식 가이드북이 될 것이다.

> 다음번 양자역학의 모험은 언제 떠날까?

'양자역학의 모험'을 책으로 완성시키고 숨을 돌린 것도 잠시, 현군이 모두의 의견을 물었다.

> 우리 손으로 애써 공식 가이드북을 만들어냈는데, 이걸 이용해서 한 번 더 모험을 떠날 수 없을까?

물론 모두 모험을 떠나고 싶어 했다. 하지만 트래칼리에서는 그 밖에도 하고 싶은 것, 해야 할 프로젝트들이 산더미처럼 쌓여 있었다. 양자역학만 붙잡고 있을 수는 없었다.

 그럼, 시간을 좀 두고 나중에 떠나기로 할까?

한참 동안 토의한 끝에 의견이 그렇게 정리됐을 때, 갑자기

쇠는 뜨거울 때 두드려라!!!

하고 외치는 사람이 있었다. 무엇을 숨기랴! 그분은 바로 우리 트래칼리의 학장님이었다. 모두들 눈이 깨알처럼 작아지고 머릿속은 하얘졌다. 왜냐하면 지금까지 이것도 아니다, 저것도 아니다 하며 2시간 가까이 토론한 끝에 막 결정을 내린 참이었기 때문이다.

 우리의 2시간은 뭐였냐고!?

그렇게 생각한 것이 나만은 아닐 것이다. 나중에 안 일이지만 우리가 토론하는 동안 학장님은 꾸벅꾸벅 졸고 계셨다고 한다! 이렇게 권위자의 한마디, 아니 학장님의 한마디에 우리는 양자역학의 모험에 계속해서 도전하게 되었다.

컴퓨터게임을 해본 사람이라면 알겠지만 1단계를 마치고 2단계로 올라가면 조건이 붙으면서 조금 어려워진다. 하지만 그런 반면에 재미도 한결 더해진다. 양자역학의 모험도 2회전에 접어들자 나름대로 새로운 조건이 붙게 되었다.

먼저 트래칼리 학생 이외의 사람들에게 강의하는 것이다. 양자역학을 전혀 모르는 히포의 동료들이 모니터하기 위해 참가하기로 했다. 대상은 히포의 아버지, 어머니, 아이들이었다.

이렇게 되자 시간 단축이 필요했다. 첫 번째 모험에서는 1회 강의에 10시간 가까이 걸렸는데, 트래칼리 학생 말고 그렇게 긴 시간 동안 강의를 들을 수 있는 사람은 없다. 그래서 두 종류의 강의안을 짜기로 했다.

양자역학의 모험 : 월요일 트래칼리 편(오후 3:00~9:00, 총 10회)
양자역학의 모험 : 일요일 다이제스트 편(오후 1:30~5:00, 총 4회)

월요일 강의는 트래칼리 학생을 중심으로 자세한 사항까지, 그리고 일요일에는 히포의 친구들을 대상으로 각 그룹 1시간 30분씩 대략적인 내용을 강의하기로 했다.

또 이번 모험에 참가하는 트래칼리 학생이 모두 2회째는 아니었다. 갓 입학한 7기생도 있었다. 그들은 양자역학은커녕 푸리에조차 알지 못한다. 그런 초보자도 전부 함께하라는 것은 언어도단일 것이다.

하지만 나는 태연했다.

 히포니까!

보통 외국어를 배울 때는 레벨에 따라 반을 나눈다. 5년 전부터 배운 사람과 지금 막 배우기 시작한 사람이 함께 배울 수 있을 리가 없다고 생각하기 때문이다.

하지만 히포는 다르다. 히포 패밀리에서는 반을 나누지 않는다. 5년 전에 시작한 사람도, 처음 참가하는 사람도 다 함께 배운다. 완전히 똑같이 배운다. 히포 패밀리를 다언어 교류공원이라고 생각하고 우리 주변에서 흔히 볼 수 있는 공원을 떠올린다면 이해할 수 있을 것이다.

공원에는 예전부터 놀러오던 하나코도 있고 엊그제 이사 온 타로도 모두 함께 논다. 자연공원에서는 절대 "타로는 초보자 코너에서 놀고 있으렴"이라고 말하지 않는다. 다섯 살인 타로가 미국에 이사 가서 미국 내의 공원에 놀러가도 마찬가지이다. 조지나 메리와 함께 즐겁게 노는 동안 1년 정도 시간이 지나면 영어를 술술 말할 수 있게 된다. 미국에 간 지 1년이 됐다고 해서 미국에서 태어난 한 살짜리 아이와 같은 수준의 영어를 하는 것이 아니라, 미국의 여섯 살 어린이와 똑같이 영어를 자유롭게 말할 수 있게 된다.

자연에서 학급을 나누는 일이 없듯이 히포 패밀리나 트래칼리에도 분반은 없다. 새로 들어온 사람은 전부터 배우던 사람에게 배우고, 전부터 배운 사람은 새로 온 사람에게 가르쳐준다. 푸리에도 모르는 7기생과 함께 양자역학을 하는 것은 트래칼리에서는 오히려 즐거운 일이다.

이렇게 해서 우리는 새로운 동료와 함께 두 번째로 양자역학의 모험을 떠나게 되었다.

히포 패밀리에서는 《푸리에의 모험》(국내 번역은 《수학으로 배우는 파동의 법칙》)을 필두로, 《양자역학의 모험》(국내 번역은 《수학으로 배우는 양자역학의 법칙》) 그리고 《DNA의 법칙》을 책으로 출간했다. 이 책들은 지금도 일본에서 꾸준히 팔리는 스테디셀러이며 미국에서도 출간되었다.

양자역학의 법칙
전체의 흐름

그런데 '양자역학의 법칙' 테이프를 틀기 전에 먼저 대략적인
여정을 더듬어보자. 안내인은 나야!
아주 대략적으로 훑을 거니까

어려워하지 말고 편하게 생각해!!

읽는다기보다 훑어본다는 기분으로 즐기는 거야.

히포 대학은 문과계통인 줄 알았는데 어째서 수학·물리를 하는 거야? 게다가 어려운 양자역학까지. 거짓말!!!

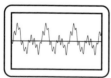 나도 수학·물리를 할 줄은 몰랐어.

트래칼리에서는 언어를 연구하고 싶었는데….

오실로그래프

 이 기계는 말이나 음성을 소리의 파동으로 나타내 눈으로 볼 수 있다.

하지만… **푸리에 급수**(복잡한 파동은 단순한 파동들의 합)를 사용하지 않으면 분석을 할 수 없었다.

주문처럼 읊다 보면 어느새 외워져….

그렇게 해서 다 함께 '푸리에'를 하기로 했다. 그랬더니…

수식도 언어였다. 물리도 자연을 설명하는 언어…라는 사실을 발견!!

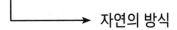

$$F = ma$$

 태어난 아기는 반드시 말을 하게 된다.

                   ⎿⎯⎯⎯⎯⎯→ **자연의 방식**

 히포에서는 가족끼리 즐겁게 다양한 말을 배우는 과
정을 아이가 언어를 습득하는 방법으로 해나간다.

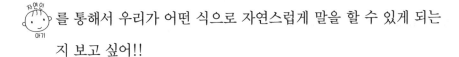 를 통해서 우리가 어떤 식으로 자연스럽게 말을 할 수 있게 되는
          지 보고 싶어!!

     ⟨ 이것이 바로 트래칼리에서 **언어를 자연과학**하는 방법이다. ⟩

그래서 트래칼리에서는 당연히 수학·물리가 아무렇지 않은 거야.
언어니까 쉽고 재미있다. 그런 고로~

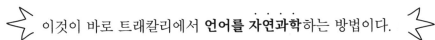 처음에는 칠판 가득 쓰여 있는 수식 때문
에 어지러웠어….

하지만 수학도 언어니까 히포의 테이프와 마찬가지로 새
로운 테이프라고 생각하고 (세세한 부분까지는 몰라도) 대략적
으로 들으면 된답니다.

양자역학

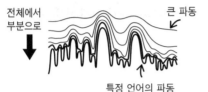

언어를 자연습득하는 과정

전체에서
부분으로

큰 파동

특정 언어의 파동

반복해서 듣다 보면 조금씩 세세한
부분까지 알게 돼.

　정말 히포의 테이프와 똑같은 방식
이야!!

하지만 뭐니뭐니해도…

　트래칼리에 들어올 때 읽어야 하는 과제 도서가 있는데,

 그건 바로 《부분과 전체》(W. 하이젠베르크)라는 책이야.

　사실상 하이젠베르크가 양자역학의 시작이

거든. 그래서 책을 읽으면서 친구가 된 하이젠베르크가 했

던 일들을 정말 알고 싶어졌어.

　양자역학을 즐기려면 먼저 **대략적으로 듣고, 자세한 내용은 신경 쓰
지 않는 것**이 좋다.

 자세한 내용은 모르는데 어떡하지~?

이렇게 미리 걱정할 필요는 없어.

우리가 히포에서 하는 활동에 비추어 생각하는 것이 포인트!

내

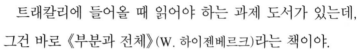가 말하는 거니까 내 방식대로이긴 하지만, 걱정하지 말고 일단

읽어봐. 그럼

vámonos!! Let's Go!!

Chapter 1

당시 물리의 세계에는 두 가지 언어가 있었다.

① 입자   ○

② 파동   〜〜〜〜〜〜

물질의 움직임을 설명하는 여러 가지 언어를 발견했는데,
그중에 입자와 파동이 있었다.

입자와 파동은 전적으로 다른 물질이다.

입자
저쪽으로 던지면

파동
물에 손가락을 담그면 파문이 생기면서
점점 주변으로 퍼진다.

파동은 연속   〜〜〜〜〜〜

입자는 불연속

난 입자가 좋은데, 넌 어느 쪽이야?

어쨌든 모든 물질은 이 두 가지로 설명할 수 있었기 때문에 아무런
문제 없이 평화로웠다.

고마운 일이지~

입자는 입자일 뿐 파동이 아니다.

파동은 파동일 뿐 입자가 아니다.

이 두 가지는 전혀 다른 존재다.   - 끝 -

그런데…

은 파동이라고 생각했다.

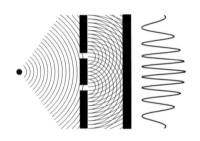

파동은 퍼져가는 성질이므로 두 개의 구멍을 뚫으면 양쪽 구멍을 빠져나가 이상한 무늬가 된다는 특징이 있다.

파동의 간섭

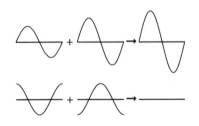

파동은 다양한 파동이 합쳐져서 2배가 되는 것도 있고, 0이 되는 것도 있다.

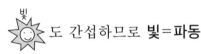도 간섭하므로 **빛=파동**

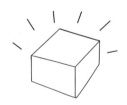

그 무렵 빛을 연구하는 물리학자들이 했던 실험 중에 쇠로 만든 상자 안을 진공으로 만들어 고온으로 가열하는 실험이 있었다. 이때 여러 가지 색으로 나오는 빛을 통해 그 빛의 에너지를 관찰했다.

을 알기 위해서는 **스펙트럼**을 관찰한다.

스펙트럼이 먼지 알아?

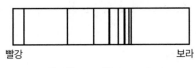

빨강　　　　　　　　　　보라

적외선, 자외선이라고 하지.

프리즘을 통과하면 햇빛이 일곱 가지 색으로 보이지만 실제로는 여러 가지 색이 섞여 있다. 그 섞인 상태를 보는 것이 스펙트럼이다.

믹스주스의 성분(예를 들어 사과 30%, 귤 20%, 바나나 30%, 복숭아 20%)을 분석하는 것과 같다.

실험을 통해 스펙트럼은 알 수 있게 되었다.

그 실험값에 맞는 수식을 발견하려고 노력했다.
엄청난 노력과 고생 끝에 플랑크가 드디어 발견했다.

플랑크

$$U(v)dv = \frac{8\pi v^2}{c^3}\frac{hv}{e^{\frac{hv}{kT}}-1}dv$$

 물리에서는 항상 실험이 우선이고 그 실험수치에 맞는 법칙을 발견하거든. 그러니까 '실험'부터 하는 게 중요해!!

식 때문에 어지럽지? 한 쪽 눈을 감고 보면 무섭지 않아.
다행이야~

그런데 플랑크가 이 식을 만든 것까지는 좋았는데, 식을 만들고 나서야 '이 식의 의미가 뭐지?' 하는 생각을 하
플랑크

게 된 거야.

즉 식을 만들 때는 그다지 의미를 생각하지 않고, 일단 실험값에 맞는 식만 생각했기 때문에 자세한 의미를 신경 쓰지 않았던 거지.

왠지 히포스러워.

 흐음…

매일 밤 잠도 안 자고 생각했네. 왜냐하면 내가 발견한 식의 의미를 알 수 없다는 것이 자존심 상했거든.

그렇구나! 하지만~

결론은… **빛에 지는 _hv_의 정수배이고 불연속이라는 것.**

그렇게 되면 빛은 파동(간섭하므로)이었기 때문에 에너지도 연속될 터. 하지만 그것은 모순이다.

파동의 특성

난처해진 플랑크는 고민에 빠졌다.

음…흐음…

난 도대체 무엇을 발견한 거지…?

즉 **빛은 파동**인데 **에너지값은 불연속**이라는 터무니없는 결과가 나왔다. 수식으로 쓰면

$$E_{(에너지)} = nhv \quad (n = 0, 1, 2, 3, \cdots)$$

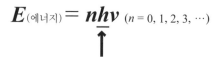

이것은 단순한 소문자 _h_가 아니라 플랑크상수(6.63×10^{-34} J·S)라는 엄청난 값. 물론 플랑크가 발견한 숫자다.

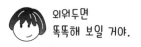 외워두면 똑똑해 보일 거야.

천재 아인슈타인 등장!!

아인슈타인은 이렇게 말했다.

빛은 입자다!!

 hv 라는 에너지를 가진 입자!

모두가 끙끙거리며 고민하고 있을 때 우리의 천재 물리학자께서는 너무나도 간단하게 주장하셨어. 너무 간단해서 모두 설마 하며 생각지도 못했던 주장을…. 그런데 그 설마가 중요한 열쇠였던 거야.

그래서 천재인 거지~

하지만 말만으로는 소용없어. 실제로 입자로 움직이지 않는다면….

 훗훗훗~ 확실히 입자의 움직임을 보인단다.

아무리 그럴듯하게 말해도
자연의 이치를 증명하지 못한다면 그건 진실이 아니에요.

광전 효과
콤프턴 효과

↖ 자세한 건 몰라도 돼.

입자 입자
입자 입자
깡총깡총

 파동언어로 설명할 수 없었지만

 입자언어로 설명할 수 있었다.

햇볕을 쬘 때 광전 효과 중 하나인 태양광선에 포함되어 있는 자외선은 v가 크기 때문에 당연히 hv와 에너지($E = nhv$)도 커져.

커다란 에너지 입자가 얼굴에 닿기 때문에 그을리는 거야.

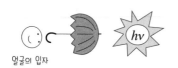

얼굴의 입자

얼굴을 그을리고 싶지 않으면 자외선인 hv에 노출되지 않도록 양산을 쓰면 돼.

 이 가 된다고?

그건 매우 이상한데?

어느 때는 입자, 어느 때는 파동이라니! 말도 안 돼!

 이 둘은 절대로 함께할 수 없는 사이야. 아무리 서로 좋아한다고 해도 절대로 안 돼.

어~떡하지…!?

지금까지는 모두 입자언어와 파동언어로 설명할 수 있었는데, 그럴 수 없다니!?

어떡하지…!?

새로운 언어가 필요한 걸까?

Chapter 2

　그 무렵 이상한 것이 또 하나 발견되는데 그것은 바로 **원자**였다. 물질을 계속 작게 쪼개면 작은 입자가 되고,

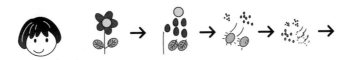

더 이상 나눌 수 없게 된다.
바로 **원자 ⊙**! 물론 이것은 입자다.

　그런데 원자도 연구해보니 안에 뭔가가 들어 있고 구조를 갖고 있다는 사실이 밝혀졌다.
　하지만 **너무 작아서 보이지 않았다.**

안이 보이지 않을 때는 어떡한다고?

냄새를 맡아본다, 흔들어본다
움직이는지 들어본다, 꼬셔본다
등등 다양하게 확인해볼 수 있지….

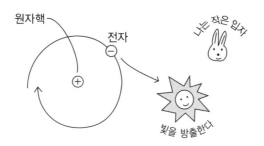

아마도… 원자핵의 주위를 전자가 돌고 있다. 전자는 움직이면 빛을 방출한다.

 태양의 둘레를 지구나 다른 행성이 돌고 있는 것처럼….

↓

이 빛은 관찰할 수 있다.
스펙트럼을 알 수 있다.

하지만 이러한 주장이 맞다면 전자가 움직여서 빛을 방출한다는 것은 '운동한다'는 것과 똑같으므로 에너지를 사용하면 전자는 힘을 잃게 되고 전자핵에 끌려들어가 찌그러질 것이다.

운동한다

쭈글쭈글

 그러면 곤란해. 그렇게 되면 예를 들어 사람인 나도 어느 순간 갑자기 찌그러지는 거니까. 그런 일은 절대 있을 수 없어!!

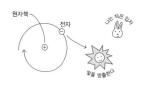

원자핵
전자
나는 작은 입자

빛을 방출한다

이 주장이 잘못된 거야.

닐스 보어
하이젠베르크의 스승

그렇지.
사실상 원자는 찌그러지지 않으니 그걸 연구하자!!

 우선 현실을 반영한 회전을 가정해야 하겠지.

 잘은 모르겠지만… **그렇게 하기로 하자.**

전자
⊖는 원자핵의 둘레를 돌아도 빛을 방출하지 않는다….

정말 대담한 발상이야. 하지만 빛이 나오기도 하잖아.

보어의 가설

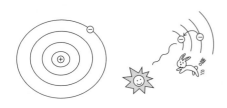 원자 안에는 정해진 수치의 궤도가 있고 전자는 그 원을 회전한다. 그리고 전자가 다른 궤도로 점프할 때 빛을 방출한다.

 이렇게 생각하면 OK! 이것이 새로운 원자언어야.

그렇구나. 역시 융통성이 있어야 해. 이 자유로운 사고방식과 결단력!!

잠깐만요···.

 질문 있어요!

 Q 1. 어째서 일정한 수치의 궤도에만 존재하는 거죠?
Q 2. 난 언제 점프해요?

 몰라···. 그건 나도 신경 쓰지 않았어. 왜냐하면 원자는 찌그러지지 않고 원자에서 방출된 빛의 스펙트럼이 일정한 값의 스펙트럼이 된다는 사실을 생각하면 그렇다는 건데. **원자를 설명하는 특별한 언어가 필요해!**

 그것은 하이젠베르크한테 생각하라고 하자.

 그래. 혼자 생각해서 답이 나오지 않는 건 여러 사람의 머리를 빌리는 게 좋아. 다양한 아이디어가 나오거든. 히포 테이프의 말도 혼자보다는 모두 함께하는 게 좋잖아···.

트래칼리도 혼자가 아니라 여러 사람의 머리가 모여 있기 때문에 재미있는 거야.

드디어….

Chapter 3

젊은 하이젠베르크 등장!!

하이젠베르크

A mi me gusta
tocar el piano
y la fisica

원자의 내부는 생각해봐야 보이지도 않고 잘 알 수도 없으니 **궤도 같은 건 생각하지 말자!!**

문제는 전자가 방출하는 빛의 스펙트럼만 정확하게 계산해서 말할 수 있으면 되는 거야!!

하이젠베르크는 보어 의 발상을 바탕으로 열심히 연구했다.

강행 돌파!!
지금까지의 물리학적 계산을 잘 활용해서 원자의 빛의 스펙트럼을 말할 수 있도록 계산하자.

때로는 강행 돌파가 필요하지.

게다가 그는 전용 수식까지 만들어냈다.

이, 이럴 수가! 사실 이건 **행렬**이라는 수학인데, 하이젠베르크는 그것을 모르고 만들었어. 대단하지? 수학이 이렇게 만들어지는 건 줄 몰랐어~. 그런데 정말 전부 그렇게 만들어지는 거래.

수식도 드라마구나~.

n부터 τ(타우)까지 점프했다는 뜻

$$q = \sum Q(n;\, n-\tau)e^{i2\pi\nu(n;\, n-\tau)t}$$

$$H^{\circ}\xi - W\xi = 0$$

드디어 해냈다. 이렇게 기쁠 수가!!
이것으로 원자가 방출하는 빛의 스펙트럼은 완벽하게 밝혀졌어!!

대단하긴 한데, 원자의 내부 궤도를 전혀 상상할 수 없잖아~.
이건 원자의 내부를 생각하지 말라는 뜻이야?

참으로 극단적이군.
아무리 스펙트럼을 완벽하게 표현할 수 있게 됐다고 해도 원자의 내부를 생각하지 말라는 건 옳지 않아.

아인슈타인

전자 입자

침울…

난 어떻게 되는 거지…? 사라지기는 싫어~.

귀족 드브로이 홀연히 등장.

여러분! 지금까지 전자를 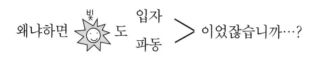 라고 여겼는데,

이라고 생각하면 어떨까요?

왜냐하면 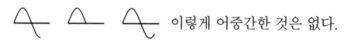 이었잖습니까…?

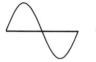 파동이라고 생각하면 정해진 값밖에 취하지 못하는 것
도 당연한 일이죠.

즉… 파동은 반드시,

이것이 1회이므로

이렇게 어중간한 것은 없다.

반드시   이런 형태의 값만 나온다.

파동이라고 생각하면 궤도가 어쩌니 하는 연구는 필요 없다.

나 슈뢰딩거는 하이젠베르크의 생각에 화가 났다.

원자의 내부를 상상하지 말라니 정말 웃기는 소리군!!

물리학이란 자연의 법칙을 정확하게 설명해나가는

학문인데, 중간에 설명을 접고 빛의 스펙트럼만 생각하면 된다니, 그건

부실공사나 마찬가지야.

용납할 수 없어.

원자가 어떤 존재인지 내가 확실하게 설명하겠어.

반드시 풀어내고야 말겠어.

굉장한 기세다!

약올리지 마!

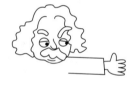

전자는
파동이다!

이거다!!

'전자는 파동'에서 출발한다면,

파동이 어떤 것인지 생각할 수 있고, 알고 있으니 원

자의 내부를 상상할 수 있다.

핫핫핫~ 해냈다!

상상할 수 있다는 게 가장 중요해.

$$\nabla^2 \phi + 8\pi^2 \frac{m}{h} \left(\frac{E}{h} - \frac{\nu}{h} \right) \phi = 0$$

이 식을 이용하면 전자뿐만 아니라 모든 것을 파동언어로 설명 할 수 있어~.

나에 대해서도 파동으로 설명할 수 있구나. 어라라….

Chapter 5

그런데

 =

슈뢰딩거의 식에서 나온
원자 에너지

 와

하이젠베르크의 식에서
나온 원자 에너지

는 **같은 값**이야.   뭐!?

그렇다면 말도 안 되는 하이젠르크의 식은 필요 없음!
내 식만으로도 잘되니까 그것으로 충분해!

해 냈 다 !

내 식과 하이젠베르크의
식이 동일하다.

하이젠베르크의 식은
아주 발칙한 식이었으니까.

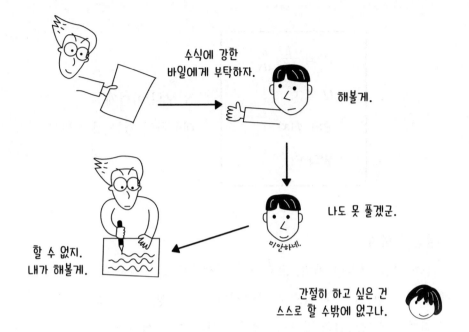

하이젠베르크의 식

$$\left(\frac{1}{2m} P^{\circ 2} + \frac{k}{2} Q^{\circ 2} \right) \xi - W\xi = 0$$

슈뢰딩거의 식

$$\frac{d^2}{dx^2} \phi(x) + 8\pi^2 \frac{m}{h} \left(\frac{E}{h} - \frac{k}{2h} x^2 \right) \phi(x) = 0$$

형태를 살짝 바꾸면

속 속(계산하는 중)

$$\left\{ \frac{1}{2m} \left(\frac{h}{2\pi i} \frac{d}{dx} \right)^2 + \frac{k}{2} x^2 \right\} \phi(x) - E\phi(x) = 0$$

$$P^{\circ}\text{와 } \frac{h}{2\pi i}\frac{d}{dx}$$

$$Q^{\circ}\text{와 } x$$

$$\xi\text{와 } \phi(x)$$

$$W\text{와 } E$$

잘 보니 이렇게
대응하고 있는 것 같다.

열심히 하자!

나는 정말 열심히 했다. 오로지 하이젠베르크의 식을 없애는 데 전념했다. 내 식으로 하이젠베르크의 식을 계산해서 더하는 스펙트럼의 값 등을 전부 계산하면 내 식만 남는다. 그리고 '전자는 파동'이라는 내 주장도 남는다.

열심히 노력해서 하이젠베르크가 사용한 행렬도 없앴다. 그렇게 해서 마지막에 도달한 것이 바로,

$$H\left(\frac{h}{2\pi i}\frac{d}{dx}, x\right)\phi - E\phi = 0$$

슈뢰딩거 방정식 완성!!

 슈뢰딩거, 굉장해!!
정말 잘해냈어.

 굉장하구나. 계산하느라 고생했지만 재미있는 일도 있었어. 그건 언어의 작용과 비슷해. 사실 슈뢰딩거의 식 $\boxed{\dfrac{h}{2\pi i}\dfrac{d}{dx}}$ 는 수식 중에서 **연산자**라고 하는 거야.

연산자

✖이라든지   ➕이라든지   ➗이라든지 $\int \bigcirc \triangle \square\, dx$
곱셈   덧셈   나눗셈   면적 구하기

등에 쓰이는 '~하세요'라는 뜻이다. 이것만으로는 아무것도 되지 않기 때문에 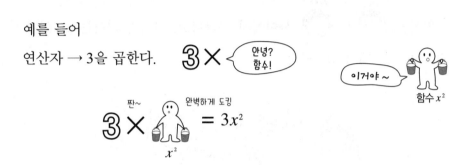 에 붙어야 비로소 '~하다'라는 연산이 가능하다.

함수 $f(x)$

예를 들어

연산자 → 3을 곱한다.

이렇게 되면 x에 여러 가지 수를 대입해 계산할 수 있다.

이것은 히포에서,

단순하게 단어만 늘어놓았을 때는 아직 언어의 연산자 상태이다.

하지만 가령 멕시코에 가서 직접 사용한다면?

언어는 상대에게 전달되어 작용할 때 비로소 의미를 갖는다. 즉 **사람들 사이에서 소통이 될 때 언어의 진정한 의미가 생겨난다. 따라서 상대가 있다는 게 매우 중요하다.**

언어는 과 사이에서 자라나고, 언어의 의미는 그 언어가 작용하는 데서 생겨난다.

의미를 잘 몰랐지만 나도 모르게
그 경우라고 생각해서 말했더니 잘 통했어.

언어와 똑같은 것이 많아서 재미있어. **수학도 무섭지 않아.**

그 무렵,

라며 환호하던
슈뢰딩거!

세상은 전부 파동이야,
파동!!
전자도 파동!
하이젠베르크의 식은 이제 필요 없어.
내 식은 하이젠베르크의 식보다 훨씬
간단해~ 예이!!

잠깐만요!!

똘망똘망한 이 제동을 걸었다.

슈뢰딩거 식의 $f(\phi)$는 상상할 수 있는 파동이니까 언제 어디에 있는지 알 수 있어야 해. **하지만** 여러모로 계산해보니 이게 웬걸! **6차원, 9차원…이 되는 거야.**

결국 **이미지를 상상할 수 없는 게 아닌가?** 하이젠베르크가 고민한 것과 똑같아….

지금까지 내가 해온 것은 도대체 뭐였던가…?

 에서 시작했는데 어느새 정체를 알 수 없는 이 되어 버렸어….

 아니야, 아직 내 식은 **미완성** 상태야. 내 연구는 틀리지 않았을 거야! 어쨌든 정체불명인 하이젠베르크의 식보다 낫다구. **내 식의 문제점은 조만간 해결될 거야.**

 하지만 문제는 해결되지 않았어요. 슈뢰딩거의 식에서도 전자는 정체불명의 존재가 되었답니다.

Chapter 6

 은 입자 or 파동?

전자
⊖ 는   입자라고 생각해도   → 상상할 수 없다.

파동이라고 생각해도 → 상상할 수 없다.

그럼 도대체

빛
☀ 은 뭐야?   전자 ⊖ 는 뭐고?

보른

일반적인 입자나 파동의 움직임이 아니야.

결국 이것을 **확률파**라고 표현하게 됐네.

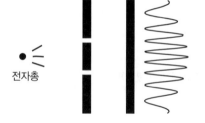

전자총

전자총을 쏘면 구멍을 빠져나가 벽에 맞게 되는데, 그때 어디에 얼마나 맞았는지를 보면 간섭무늬가 된다.

이것은 **파동**이다.

하지만 한편 콤프턴 효과에서 볼 수 있듯이 **입자**처럼 행동하기도 하니까

입자가 되기도 하고 파동이 되기도 하는 것 같아.

그런데…

 확률이나 확률파라고 생각하면 모든 것이 잘 설명되지.

확률이라면 주사위 6이 나올 확률은 $\frac{1}{6}$이라고 예상하는 그걸 말하는 건가요?

 그렇지. 확률로 전부 나타낼 수 있거든. 그러니 입자냐 파동 이냐 하는 문제가 아닌 거야!

 그렇게 애매모호하게 결론지어서는 안 돼!

　분명히 확률의 개념을 적용하면 모든 수식과 현상은 아무런 문제없 이 잘 설명된다.

확률은 간섭한다고 했지.

　파동의 간섭을 확률파의 간섭이라고 생각하면 문제가 해결되는 것처 럼 보인다. 하지만 확률이라는 건 대략 추정한다는 뜻이 아닌가? '우연히 그렇게 됐다'라고 결론 내려도 되는 것일까?

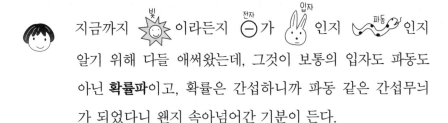 지금까지 빛 이라든지 전자 가 입자 인지 파동 인지 알기 위해 다들 애써왔는데, 그것이 보통의 입자도 파동도 아닌 **확률파**이고, 확률은 간섭하니까 파동 같은 간섭무늬 가 되었다니 왠지 속아넘어간 기분이 든다.

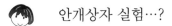 게다가 전자가 입자라고 생각할 수밖에 없는 안개상자 실 험은 어떻게 되는 거지?

안개상자 실험…?

안개가 발생하는 상자를 준비한다. 그런 다음 전자가
나오려고 하는 상태로 만든다. 잠시 후 전자가 안개상자
안을 슝~ 달리고, 그로 인해 비행기 연기 같은 흔적이 보
인다. 이것은 전자가 입자라는 것을 증명한 실험이었다.

젊은 하이젠베르크는 생각에 생각을 거듭했다.

으으으으음…

아인슈타인은 이렇게 말했지.

이론이 있어야만 무엇을
관찰할지 알 수 있다.

  그래!!

우리는 안개상자 안에서 전자가 날아가는 것을
봤다고 생각했지만, 사실은 전자가 지나가면서 생
긴 안개 입자를 본 것이 아니었을까?

보통의 파동

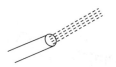

호스로 물을 뿌릴 때
그대로 하면 물은 호스의
구멍 크기만큼 나오지만

호스 입구를 꽉 쥐면
물줄기는 크게 퍼진다.

폭이 넓다 → 범위가 작다

폭이 좁다 → 범위가 넓다

반비례 관계구나.

 안개 입자 내부도 마찬가지야.

 안개 입자를 확대해서 보면…,

전자의 확률파가 퍼지려고 하면 안개 입자에 부딪치고, 안개 입자의 폭이 전자에 비해 매우 크므로 퍼질 확률은 작아진다.

안개 입자

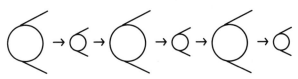

커지려고 →
　하면 작아지고

커지려고 →
　하면 작아지고

커지려고 →
　하면 작아지고

결과적으로는 그다지 커지지 않는다.

퍼지는 것은 커지지 않는다는 뜻이다.

 그래서 비행기 연기 같은 흔적이 남았구나.

 파동이라고 해도 퍼지지 않는 파동이 돼!!

이것이

그 유명한…

불확정성 원리

$$\Delta x \cdot \Delta p_x \approx h$$

델타(일정 폭) 편차 같은 것↑   ↑플랑크상수야!!

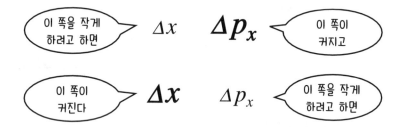

이 쪽을 작게 하려고 하면 Δx Δp_x 이 쪽이 커지고

이 쪽이 커진다 Δx Δp_x 이 쪽을 작게 하려고 하면

한쪽 폭을 없애는 것은 불가능할까?

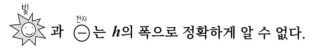 빛 과 전자 ⊖는 h의 폭으로 정확하게 알 수 없다.

 그런 빛 과 전자 ⊖를 **양자**라고 한다.

우와~

 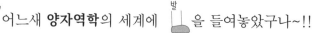 어느새 **양자역학**의 세계에 발 을 들여놓았구나~!!

게다가 더 굉장한 일이 생겼다.

지금까지는

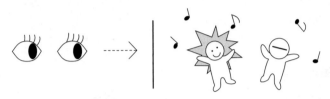

베를린 장벽

당연하지.

본다는 것과 보인다는 것 사이에 **경계선**이 있었다.

그런데… 양자의 세계에서는,

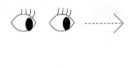

보고 있다는 것이 대상의 상태를 변화시킨다.

즉 확률의 문제가 되므로,

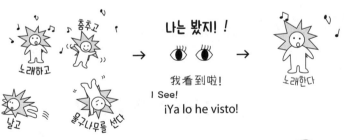

나는 봤지! !

我看到啦!

I See!

¡Ya lo he visto!

몇 가지 가능성이 있었던 상태가 하나의 상태가 된다.

따라서 이것을 보고 난 후에야 비로소 '노래한다' 고 할 수 있다!!

고전역학에서는

인간이 자연을 어떤 식으로 설명할 수 있는지 외부에서 관찰하고 설명했다.

양자역학에서는

인간도 포함된 자연을 어떤 식으로 설명할 수 있는지 내부에서 관찰한다.

이렇게 결정적으로 다르다.

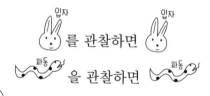

이렇게 생각해서는 안 돼!!

그러자…

여러분은 어떻게 생각해요?

아인슈타인은 화가 났어.

상태가 변한다!!

확률이라니!!

인간을 포함한 자연!!

보기 전에는 가능성뿐이고 보고 나서야 판단할 수 있다니!!

자연은 그렇게 애매모호한 것이 아니야.

자연은 인간과 상관없이 분명히 어떤 질서가 있어.

내가 그것을 증명하겠어!!

아인슈타인은 죽을 때까지 이 주장을 받아들이지 못했다.

확실히 이상해…. 하지만 우리는 언어로 설명되는 것만 알 수 있으니까.

천재도 새로운 사고방식을 받아들이지 못할 수 있구나.

하지만 히포에서는….

> This is a pen. It's a pen.
> 문법이나 스펠링

언어를 **겉모양**으로가 아니라 발음부터 배워.

아이와 같은 자연 상태로 내 안에서 어떤 변화가 이루어지는지 관찰하는 거야.

이건 고전역학이 아니라 양자역학 같지 않아?

  양자의 세계를 인간세계라고 생각하면…?

맞아, 우리는 지금 양자역학을 배우고 있었지!!

우리

많이 있어.

 지하철에서 문득 누군가 쳐다보는 시선을 느끼고 깜짝 놀란다.

 집에서는 편하게 노래하지만 사람들 앞에서는 노래가 나오지 않는다.

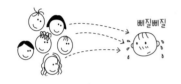 많은 사람이 보고 있으면 긴장해서 진땀을 흘린다.

이렇게 누군가 나를 보고 있다는 사실이 나의 상태를 다르게 만든다.

 마치 본다는 행위가 에너지를 갖고 있는 것 같다.

단어 하나하나의 세세한 소리와 큰 파동

   |

단어 하나하나의 세세한 소리에
신경 쓰면 큰 파동을 놓치게 된다.

큰 파동에 신경 쓰면
세세한 소리를 놓치게 된다.

이것이 불확정성 원리이다!

 다양한 경우를 생각하고 찾아보면 재미있을 거야. 재미있는 걸 발견하면 알려줘!

어땠어요?

양자역학이 조금은 친숙해졌다….
양자역학을 알고 싶어졌다….
히포가 더 재미있어졌다….
트래칼리가 재미있겠다는 생각이 들었다….
이런 생각이 드나요?

 이해한다는 게 먼지 알게 되어 정말 재미있었어.

사실은 이건 내 희망사항이야.
하하하~

언어를 배우는 것과 정말 똑같아!!

 마지막까지 함께해줘서 고마워.

이건 정확한 내용보다는 주관적으로 대략적인 흐름을 기술한 거니까 지금은 이해가 안 되더라도 괜찮아. 본문에서 자세히 배우면 돼.

플랑크와 아인슈타인

빛이란 무엇인가?

드디어 양자역학의 모험이 시작된다!

양자역학의 발단은 '빛'의 신기한 움직임에서 비롯되었다. 오랜 옛날부터 빛은 '파동'으로 규정되었는데, 언제부터인가 '입자'라고 생각하지 않으면 설명할 수 없는 현상들이 발견되기 시작하면서 학계를 뒤흔들었다!

빛은 입자일까, 파동일까? 이 의문을 둘러싸고 물리학자들은 30여 년에 걸쳐 열띤 논쟁을 벌였다.

1. 들어가며

모험을 떠나자!

 드디어 양자역학의 모험을 떠날 때가 왔군! 다함께 즐거운 마음
으로 출발!

오~!!!

 너희들은 이번 모험에서 기대하는 점이 뭐야?

 난 《부분과 전체》에 나오는 내용이 무엇인지 알고 싶어. 양자역
학의 내용을 알고 하이젠베르크와 슈뢰딩거의 대결을 읽는다면
이해가 잘되지 않을까?

물리학자들이 양자를 설명하는 '언어'를 어떤 식으로 발견했는지 알고 싶어. 트래칼리에서 연구하는 것도 '인간의 언어 = 자연 현상'이니까 물리 용어로 설명할 수 있을지 몰라. 분명히 어떤 질서가 있을 거야. 언어에 어떤 질서가 있는지 발견해낸다면 그야말로 노벨상감이잖아.

와~, 다들 기대가 많구나. 나는 일단 '양자역학'이 뭔지 전혀 모르니까 이번 모험을 통해서 조금이라도 양자역학과 가까워질 수 있다면 그것만으로도 다행이라고 생각했거든.

기본적인 얘기인데…, 양자역학은 물리학 중 하나잖아? 나는 아예 '물리' 자체를 잘 모르겠어. 사실 고등학교 때부터 '대체 물리 같은 걸 왜 배우는 거야!?'라고 생각했거든.

하지만 트래칼리에 들어와 여러 가지 과정을 함께하면서 깨달았는데, 어쩌면 물리학이란 이런 게 아닐까 해. 다들 잠깐 들어볼래?

 ## 물리학이란 무엇인가?

고등학교에서 배우는 물리학은 "추를 단 용수철은 어떻게 움직일까?" "공은 어떻게 떨어질까?" "행성은 어떻게 움직일까?" 같은 것들을 수식으로 표현하잖아. '하지만 굳이 그런 걸 몰라도 아무런 지장 없이 공을 주고받고 별도 볼 수 있는데, 왜 이렇게 힘들게 물리를 배워야 하지? 물리 같은 게 왜 필요한데?' 이렇게 생각한 적이 있어.

그러다가 최근 문득 깨달았는데, 물리학의 출발은 이런 게 아니었을까?

어느 날 갑자기 불이 나타났다.

인간은 어느 날 우연히 불을 보게 되었다.

그 불로 생선을 굽기도 하고 따뜻함을 느끼면서 불의 편리함을 깨달았다.

하지만 불은 곧 꺼졌다.

인간은 불의 편리함을 잊을 수 없었다.

다시 불을 만들어내다.

그 편리함을 잊지 못한 인간은 다시 불이 나타나주기를 기다렸다.

그러다가 직접 불을 피워보자는 생각을 하기 시작한다.

여러 가지 방법을 시도한 끝에 드디어 불이 붙었다.

그래서 다시 생선을 구워 먹을 수 있게 되었다.

그리고 사람들에게 설명한다.

이렇게 편리한 것은 다들 알고 싶어 한다.

사람들에게 어떻게 하면 불이 붙는지 설명한다.

계속 불을 피우는 동안 불에 대해 여러 가지를 알게 된다.

그리고 점점 발전하며 널리 알려진다.

그렇구나 ~

예를 들어 마른 나무가 불이 잘 붙는다든지,
나무끼리 비벼서 불씨를 만든다든지,
물을 뿌리면 꺼진다든지 등등.

　　지금은 불이 왜 붙는지 전혀 신기하지 않지만 옛날에는 매우 신
기했을 거야. 불이 있으면 매우 편리하다는 걸 알고 어떻게 하면
불이 붙는지 열심히 연구한 거지. 그러다 보니 점점 필요한 것
과 그렇지 않은 것을 알게 되고, 결국 "이것과 이것을 준비하고,
이렇게 하면 반드시 불이 붙는다"라는 일종의 '법칙' 같은 것을 발
견한 거야.

　　물리학은 이렇게 우리 주변의 자연현상을 설명하는 데서 출발한
게 아닐까 하는 생각이 들었어.

　　그 밖에 일반 상식처럼 되어 별로 신경 쓰지 않던 자연현상에도
"이렇게 하면 반드시 이렇게 된다"라는 자연의 법칙이 있다는 것
을 깨달았어. 이런 법칙을 계속 발견하고 설명해온 결과가 지금의
물리학이 됐을 거야. 설명 방법도 말이 아닌 수식을 사용해. 수식
은 세계 어느 나라 사람이든 알 수 있는 '공통어'잖아.

　　그 이후부터 고등학교에서 물리 시간에 용수철에 단 추가 어떻
게 움직이는가를 왜 배우는지 이해할 수 있었어.

굉장해!!

짝짝짝

양자역학도 물리학의 한 갈래니까 '불이 붙는' 것과 같은 방식으로 생각하면 돼. 물리학자들은 양자가 일으키는 불가사의한 현상을 어떤 식으로 설명했을까? 그것을 수식으로 나타낸 것이 바로 '양자역학'이야.

수식은 만국 공통어니까.

좋아! 그럼 이제부터 양자역학의 모험을 떠나보자!

그래, 가자!

'양자'란 무엇인가?

'양자'라는 말을 처음 들었을 때 대부분의 사람들은 이렇게 생각하지 않았을까?

양자? 그게 대체 뭐지?

양자란 모든 물질을 구성하는 최소 단위를 뜻한다.

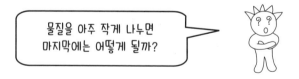

물질을 아주 작게 나누면 마지막에는 어떻게 될까?

이런 의문은 고대 그리스 시대부터 존재했다. 그 시대에는 '원자atom'를 물질의 최소 단위라고 생각했고, 현대에 와서 원자가 실제로 존재한다는 것이 확인되었다. 그런데 최소 단위라고 생각했던 원자도 더 작게 나눌 수 있다는 사실을 발견했는데, 그것이 바로 '양자_物子'이다.

하지만 양자가 하나의 물질을 말하는 것은 아니다. 물질을 구성하는 최소 단위에는 전자, 광자, 양자_陽子… 등 여러 종류가 있는데, 양자는 그것들을 이르는 총칭이다.

양자는 모든 물질을 구성하는 최소 단위인 만큼 당연히 매우 '작다'. 현대적인 과학기술로도 결코 볼 수 없을 만큼 엄청나게 작다.

> 양자는 눈으로 볼 수 없는 대상이다!

'양자역학'이란 눈으로 볼 수 없는 양자가 자연 속에서 어떻게 움직이는지 수식이라는 '언어'를 통해 기술하는 것이다.

> 그런데 '눈으로 볼 수 없는 것을 기술한다'는 게
> 도대체 무슨 뜻이야?
> 애초에 보이지도 않는데 있다는 걸 어떻게 아냐고?

맞는 말이다. 그런데 '보이지는 않지만 존재한다'고 어떻게 단언할 수 있을까?

보이지 않는 것을 기술한다!?

이럴 때는 주변에서 흔히 볼 수 있는 것을 생각해보면 의외로 이미지가 쉽게 형상화된다. 예를 들어 선물을 받았는데, 상자를 열지 않고 안에

든 내용물을 알아맞히려면 어떻게 해야 할지 생각해보자.

 상자의 크기와 상자를 들어보고 무게를 가늠해서 추정해.

 흔들어서 어떤 소리가 나는지 들어보는 거야.

 냄새를 맡아보는 건 어때?

 그렇구나! 내용물이 뭔지는 모르지만 들어보거나 흔들어서 그 무게나 소리로 상상해볼 수 있겠구나!

분명히 양자는 우리 눈에 보이지 않는다. 하지만 실험을 해보면 양자가 일으키는 여러 가지 현상(예를 들어 양자의 움직임에 따라 전류계의 바늘이 움직이는 모습 등)을 확인할 수 있다. 물리학자들은 그러한 현상을 자세히 관찰하여 눈에 보이지 않는 양자가 어떤 존재인지 기술해왔다.

눈에 보이지 않는 존재를 기술하는 것이 비단 양자의 세계에서만 있는 일은 아니다. 아무도 없는데 갑자기 문이 열리면, '바람 때문에'라고 설명하는 것처럼 일상적이고 흔한 일이다. 물리학 중에서도 특히 열역학이나 통계역학은 눈에 보이지 않는 '작은 입자(분자)'를 가정하여 대성공을 거두었다.

그럼 이제 '보이지 않는 것을 기술하는' 것이 무엇인지 조금은 이해되었을 것이다. 물리학은 눈에 보이는 것이 다양한 조건에서 어떻게 되는지 설명하는 것이 전부는 아니다. 비록 눈에는 보이지 않아도 여러 가지 현상을 일으키는 무엇이 있다면, 그것이 어떻게 작용하는지를 상상하고 설명할 수도 있다.

양자역학도 그렇게 설명되는구나.

그런데 양자역학이 발생한 동기는 무엇이었을까? 분명히 지금까지 본 적이 없는 신기한 현상이 아니었을까?

분명히 그럴 거야. 그래서 물리학자들은 그것을 설명하기 위해서 '양자'라는 것을 연구한 거지. 그랬더니 설명이 잘되었다는 식이 아닐까?

　그렇게 생각할 수도 있겠지만 사실은 그렇지 않다. 양자역학이 발생한 계기는 이미 잘 알고 있는

빛

이었다.

빛이란 무엇인가!?

　우리는 햇빛이나 전구, 촛불 등 많은 '빛'에 둘러싸여 생활한다. 아니 애초에 사물을 보는 것 자체가 빛이 존재하지 않는다면 불가능하다. 즉 빛이 없는 생활이란 생각할 수조차 없다.

　이렇게 가깝고도 흔한 것이 양자역학의 계기가 되었다니 의외라고 생각하는 사람도 있을 것이다. 또 조금 전까지만 해도 양자는 보이지 않는다고 했는데 "빛은 보이잖아?" 하고 반론하는 사람도 있을 것이다.

　분명히 우리는 매일 빛을 보고 있다. 하지만 다음과 같은 의문에 명쾌하게 대답할 수 있는 사람이 과연 있을까?

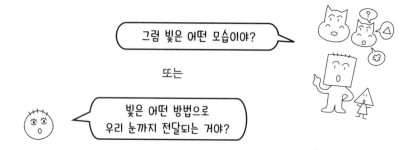

그렇다! 사실 빛의 형태를 본 사람은 아무도 없다. 빛은 '보고 있지만 보이지 않는', 그야말로 불가사의 그 자체이다.

이렇게 신기한 빛을 물리학자들은 어떤 식으로 설명했을까?

빛은 파동이다

양자역학이 완성되기 이전의 물리학, 즉 고전물리학에서는 빛을 '파동'으로 설명했다.

그 이유는 빛이 **간섭하기** 때문이다.

간섭이란 수면에 떠 있는 두 개의 파동이 부딪쳐서 생기는 현상을 말한다. 앞에서 말했듯이 빛의 형체를 직접 볼 수는 없지만 모종의 실험을 하면 빛이 간섭하는 모습을 확실하게 볼 수 있다. 실험을 통해 빛은 바다의 파도처럼 전달된다는 것을 알 수 있다.

이것을 과학적으로 확인한 것은 19세기 초에 이루어진 '슬릿 실험'을 통해서이다.

2. 슬릿 실험

이것은 1807년에 영국의 물리학자 영이 했던 실험으로, 실험장치를 간단히 그리면 아래 그림과 같다.

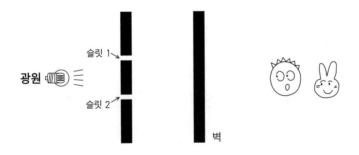

"슬릿을 통과한 단색광은 반대편 벽에 어떻게 비칠까?"

이것을 알아보는 것이 슬릿 실험인데, 이 실험을 통해 빛이 파동인지 아닌지 확인할 수 있다.

파동의 간섭

빛으로 실험해보기 전에 '간섭한다'는 것이 무슨 뜻인지 실제로 눈에 보이는 파동을 통해 먼저 확인해보자.

물이 담긴 수조에 그림과 같이 두 개의 슬릿(가늘고 긴 절단면 틈)이 있는 판을 세운다.

그런 다음 물에 띄운 '부표'를 일정한 간격으로 진동시켜 파동을 일으켜보자.

그러면 파동은 슬릿을 통과해 반대편 벽까지 도달한다. 이때 벽에 도

달한 파동의 '**세기**'는 어떻게 될까?

'파동의 세기'를 알아보는 것이 바로 슬릿 실험이다.

파동의 세기란 글자 그대로 파동의 센 정도를 뜻하는데, 이것은 '파동의 높이(진폭)'에 의해 결정된다. 즉 파동이 높을수록 세기는 커지고 낮을수록 작아진다.

결과를 알기 쉽도록 실험은 다음 세 가지 패턴으로 나눠서 한다.

① 슬릿 1만 개방한 경우
② 슬릿 2만 개방한 경우
③ 슬릿 1, 2를 모두 개방한 경우

1) 슬릿 1만 개방한 경우

슬릿 1을 통과한 파동이 벽에 도달할 때 세기가 가장 높은 곳은 슬릿 1

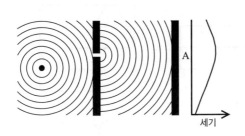

의 정면인 A 위치이다. 왜냐하면 파동은 진행거리가 길어질수록 점점 약해지기 때문이다. 그 세기를 그래프로 나타내면 왼쪽의 그림처럼 된다.

2) 슬릿 2만 개방한 경우

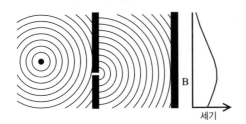

1)의 경우와 같다. 이번에는 B의 위치에 도달하는 파동의 세기가 가장 세고, 슬릿 2에서 멀어질수록 약해진다.

3) 슬릿 1, 2를 모두 개방한 경우

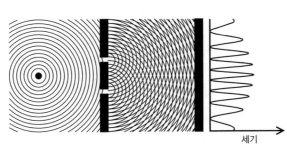

그럼 슬릿 1과 2를 모두 개방한 경우에는 어떻게 될까!?

신기해!

우왓! 이렇게 복잡한 그래프가 되었다. 슬릿 1과 슬릿 2에서 퍼진 파동이 **간섭하고 있다!**

슬릿 부분에 보이는 방사선상의 줄무늬가 바로 간섭무늬이다.

이것은 파동끼리 부딪칠 때는 '더해'져서 강해지거나 없어지기 때문이다.

예를 들어보자.

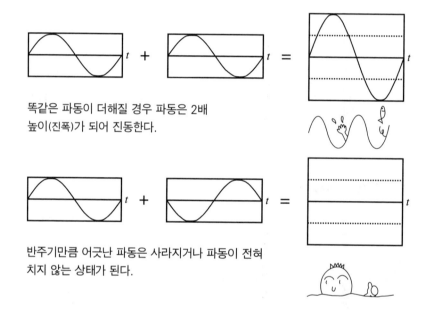

똑같은 파동이 더해질 경우 파동은 2배
높이(진폭)가 되어 진동한다.

반주기만큼 어긋난 파동은 사라지거나 파동이 전혀
치지 않는 상태가 된다.

'빛'의 간섭을 살펴보자!

그럼 이제부터 빛의 간섭을 살펴보자. 트래칼리에서는 실제로 레이저광선을 이용해 실험해보았다. 레이저광선은 단색광을 발사하기 때문에 이 실험에 적합하다.

레이저광선을 이용한 실험

〈준비물〉

레이저광선 발생장치
(건전지로 작동되는 간단한 장치)

슬릿

슬릿이 들어간 유리판
(불에 그슬린 후 칼로 두 개의 선을 파낸다)

준비가 다 됐으면 슬릿이 들어간 유리판에 레이저광선을 쏘아보자!
과연 슬릿을 통과한 레이저광선(빛)은 건너편 벽에 어떤 모양으로 비
칠까?

〈실험 결과〉

확대하면…

검은 부분이 밝은 곳이야.

레이저광선

우와! 점선 모양이다!

그런데 이게 간섭하는 거야?
아까 본 그래프와 다르잖아!

빛의 경우에는 밝기＝세기니까 이런 식으로 나타난다고 보면 돼.
그래서 점선 모양을 그래프로 그리면 앞의 그래프와 똑같아져.

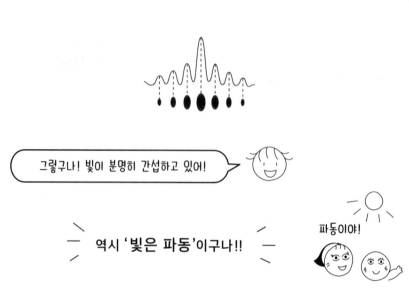

그렇구나! 빛이 분명히 간섭하고 있어!

역시 '빛은 파동'이구나!!

파동이야!

　　이렇게 슬릿 실험을 한 결과 '빛은 파동'이라는 사실을 확인할 수 있
었다. '빛＝파동'설은 영의 실험 이후 약 100여 년 동안 정설이 되었다.
그동안 완성된 맥스웰의 '전자기학'은 '빛＝파동'설의 집대성이라고 할
수 있다.

　　전자기학의 완성으로 빛이 파동이라는 사실은 더욱 의심할 여지가 없
었다.

　　그런데! 1900년 12월, 이렇게 확고부동했던 '빛＝파동'설이 단 하나
의 실험으로 와르르 무너지게 된다. 더구나 그 실험을 설명하는 수식의
의미는 지금까지 알고 있던 어떤 이론에도 들어맞지 않는 괴상한 것이
었다.

　　이 실험 때문에 물리학자들은 원점으로 돌아가 재고해야 했다.

　　이것은 곧 새로운 이론인 '양자론'의 탄생으로 이어진다.

3. 플랑크

'빛＝파동'설을 무너뜨린 계기가 된 것은 바로 '흑체복사'라고 알려진 실험이다.

19세기 말에 들어서자 물리학자들은 물리학이 이미 최종단계에 이르렀다고 보았다. 당시의 이론, 즉 뉴턴역학과 맥스웰 전자기학(이것을 '고전이론'이라고 한다)을 응용하면 설명할 수 없는 것은 없다고 믿었다.

아직 '흑체복사' 문제와 '원자' 문제 두 가지가 미결 상태로 남아 있었지만 어디까지나 시간문제라고 보았다.

그 당시 우리의 주인공 막스 플랑크는 '흑체복사' 문제를 4년이나 연구하고 있었다.

1858년, 독일의 킬 지방에서 태어난 플랑크는 선조 대대로 법률가와 신학자를 배출한 가풍 속에서 자랐다. 그는 성실하고 고지식한데다가 보수적이었다. 또한 '고전이론의 순종적인 신봉자'로도 유명했던 플랑크는 '에너지보존법칙'에 매료되어 물리학의 세계에 발을 내디뎠다고 한다.

중학교와 고등학교를 모두 뛰어난 성적으로 졸업한 그는 1885년, 젊은 나이에 킬 대학의 교수로 초빙되어 '열역학'의 1인자로 우뚝 선다. 하지만 소박한 성격 때문인지 세상을 놀라게 할 대발견보다는 성실하게 연구에만 매진하고 있었다.

그런 그에게 큰 기회가 찾아왔다. 그때까지 아무도 설명하지 못한 '흑체복사' 문제를 해결하는 데 성공한 것이다. 이것은 그를 단숨에 일류 물리학자로 끌어올린 계기가 되었다.

그런데 정작 플랑크는 자신이 도출해낸 결과에 만족하지 못했다. 왜냐하면 그가 만든 이론은 공교롭게도 그 자신이 신봉하고 있던 '고전이론'으로는 도저히 설명할 수 없는 이상한 이론이었기 때문이다. 그래서 자신이 만들어낸 이론과 씨름하며 수없이 다시 계산해보았지만 그것 말고 다른 방법으로는 결코 설명이 되지 않았다.

이것이 '양자역학'의 문을 열게 될 줄 플랑크 본인은 물론 그 누가 상상이나 했겠는가?

흑체복사 문제

'흑체복사' 문제란 쇠로 만든 진공 상태의 상자를 가열했을 때 상자 안에 어떤 '빛'이 충만한지 알아보는 실험이다.

이 상자를 40℃로 가열하면 상자 안의 온도는 어떻게 될까?

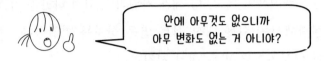

안에 아무것도 없으니까
아무 변화도 없는 거 아니야?

만약 상자 안에 물이 들어 있다면 어떻게 될까?

그러면 가열된 상자 안의 물의 온도는 40℃까지 올라간다. 열이 물에 전달됐다는 뜻이다.

진공 상태에는 아무것도 들어 있지 않으니 열이 전달될 수 없다는 생각은 틀렸다. 진공 상태에서도 열은 전달된다.

그럼 무엇이 열을 전달할까? 바로 '**빛**'이다.

이것은 일광욕과도 관련이 있다. 따뜻한 빛을 끊임없이 방출하는 태양과 우리가 햇볕을 쬐고 있는 지구 사이에는 1억 5천만 킬로미터나 되는 '우주' 공간이 펼쳐져 있다. 하지만 빛은 이 공간을 통해 지구까지 태양열을 전달한다.

따뜻해~

'불로 쇠못을 가열하면 빛이 난다'는 현상을 알고 있으면 흑체복사 실험을 이해하기 쉽다.

불로 쇠못을 가열하면 처음에는 빨갛게 빛난다. 불을 세게 하면 못에서 나오는 광택은 오렌지색이 되고, 더 세게 가열하면 점점 하얀 빛이 된다.

흑체복사 실험에서는 쇠못 대신 쇠로 만든 상자를 가열한다. 그러면 상자도 쇠못과 마찬가지로 빛을 내기 시작한다.

그런데 상자가 빛을 내기 시작하면 상자 안은 어떻게 될까? 그렇다! 빛이 충만해진다! 이때 충만해진 빛은 쇠못과 마찬가지로 온도에 따라 여러 가지 색으로 변화할 것이다. 흑체복사에서는 '온도에 따라 달라지는 빛'이 문제가 된다.

정리하면 '흑체복사' 문제란,

다양한 온도에서 상자 안에는 어떤 빛이 들어 있을까?

를 정확하게 알아보고 왜 그렇게 되는지 설명하는 것이다.

스펙트럼

상자 안의 빛을 정확하게 표현하려면 어떻게 해야 할까?
이것은 '스펙트럼'을 이용해 간단히 나타낼 수 있다.

스펙트럼이 뭐야?

스펙트럼이란 복잡한 파동의 특징을 한눈에 알 수 있는 그래프를 말해.

사실 복잡한 파동은 여러 가지 단순한 파동이 더해져서 생긴 거잖아. 그러니까 단순한 파동이 얼마나 들어 있는지 알면 복잡한 파동도 알 수 있는 거지.

그래? 그러고 보니 빛도 파동이었지!
그럼 빛의 경우에도 스펙트럼을 조사해보면 그 특징을 잘 알 수 있겠구나.

그런데 특징을 한눈에 알 수 있는 그래프란 게 어떤 거야?

이것은 《수학으로 배우는 파동의 법칙》에서 배웠던 '야채주스'를 예로 들면 쉽게 이해할 수 있다.

A사, B사, C사의 야채주스에 함유된 재료는 모두 같았지만 맛은 전혀 달랐다. 그런데 맛의 차이가 생기는 원인은 무엇일까?

 알았다! 함유된 재료의 '분량'이 각각 달라서야!

맞다. 그렇다면 '분량'의 차이를 그래프로 나타내보자.

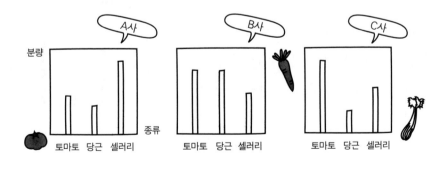

이것이 스펙트럼이다. 이 방법을 이용하면 전체적으로 어떤 특징이

있는지 한눈에 알 수 있어 매우 편리하다.

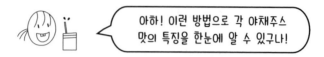

아하! 이런 방법으로 각 야채주스 맛의 특징을 한눈에 알 수 있구나!

자, 그럼 다시 본론인 '빛의 스펙트럼'으로 돌아가보자.

'빛'은 파동이므로 그 스펙트럼은 '각각 더해진 단순한 빛의 파동 분량'을 그래프로 나타내면 된다.

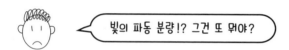

빛의 파동 분량!? 그건 또 뭐야?

'빛의 파동'은 우리 눈에 보이는 빛의 '색'이므로 '분량'은 곧 빛의 '밝기'가 된다.

빛에는 다양한 색이 미묘하게 섞여 있는데 우리 눈에는 마치 하나의 색처럼 보인다. 그래서 빛의 스펙트럼으로 나타내어 **빛 속에 어떤 색의 빛이 얼마만큼 포함되어 있는가?**를 알아보면 된다.

이것은 '프리즘'을 이용하면 간단히 해결된다.

프리즘을 이용해 빛을 분해하는 실험은 고등학교 때 한번쯤 해보았을 것이다. 햇빛을 프리즘에 통과시키면 무지개처럼 아름다운 일곱 가지 빛깔로 나뉜다. 이것이 바로 '빛의 스펙트럼'이다.

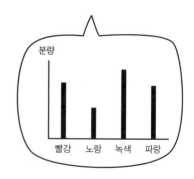

빨간색에서 보라색까지 색깔별로 나누어지는 것은 여러 가지 색깔의 빛이 '진동수'의 순서대로 나열되는 것이고, 각 색깔의 밝기는 빛의 분량을 나타낸다.

언뜻 햇빛을 보면 흰색이라고 생각할 수 있는데 사실 모든 색의 빛이 거의 균등하게 섞여 있기 때문에 하얗게 보이는 것이다. 프리즘에 의해 나뉜 빛이 일곱 가지 색으로 보이는 것은 인간의 시각적 감각 때문이며 엄밀하게 따지면 나눠진 색의 수는 '무한대'이다.

프리즘을 이용하면 빛의 스펙트럼을 간단히 볼 수 있지만, 물리학에서는 좀 더 정확하게 측량하기 위해서 '분광기'라는 기계를 사용한다.

분광기의 원리는 프리즘과 같은데, 나눠지는 빛의 진동수나 분량을 실제 숫자로 확인할 수 있는 편리한 장치이다.

파동의 진동수와 빛의 색

'파동'에는 빠르게 진동하는 파동, 느리게 진동하는 파동 등 다양한 종류가 있다. 물리학에서는 '진동수'라는 용어를 사용해 파동의 종류를 구별한다.

"파동은 1초 동안 몇 번 진동하는가?"

이것이 진동수이다.

그림으로 그려 구체적으로 알아보자.

느리게 진동하는 파동＝진동수 **작다**   빠르게 진동하는 파동＝진동수 **크다**

일반적으로 진동수는 'ν(뉴)'라는 기호로 나타낸다. 따라서 앞으로 등장하는 많은 수식 중에 ν라는 기호를 보면,

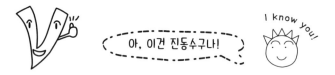

아, 이건 진동수구나!

라고 생각하면 된다.

　　그런데 '빛'의 경우 진동수는 '색'과 직결되기 때문에 우리는 진동수의 차이를 색의 차이로 인식하게 된다. 따라서 진동수가 작은 빛은 붉게 보이고, 진동수가 큰 빛은 보라색으로 보인다.

　　빨간색, 파란색, 노란색 등 우리 눈으로 볼 수 있는 빛은 '가시광선'이라 하는데, 사실 전체 빛 중에 극히 일부분에 불과하다.

　　한편 우리 인간이 느낄 수 없는 빛이 있는데, 자외선이나 적외선 혹은 엑스선(X선)이나 감마선 등이 이에 해당된다. 라디오나 TV 등의 '전파'도 보이지 않는 빛의 일종으로, 이들 전파는 진동수가 매우 작다(하지만 FM라디오 등은 MHz로 나타내며 1초에 8억 번이나 진동한다).

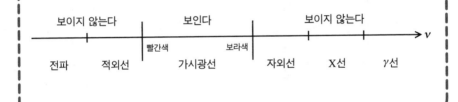

상자 안의 빛은 어떤 스펙트럼이 될까?

실제로 흑체복사 실험을 해보면 상자 속에는 어떤 빛이 가득할까? 먼저 상자 속 온도가 4000℃일 때의 스펙트럼을 살펴보자.

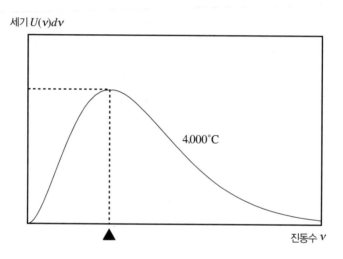

위의 그래프에서 가로축은 '진동수', 세로축은 그 진동수의 파동의 '세기'이다. 이 스펙트럼을 보면 4000℃일 때는 ▲ 표시 부근에서 진동수의 파동이 가장 세다는 것을 알 수 있다.

만약 ▲로 표시된 진동수의 빛이 청색이라면, 4000˚C일 때의 빛은 푸르게 보이는구나.

이 그래프는 야채주스 스펙트럼을 볼 때의 요령과 같아! 단지 빛의 경우에는 포함된 빛의 진동수가 무한이기 때문에 그래프는 연속이 되는 거지!

상자 안의 빛은 온도에 따라 변화하므로 그 이외의 온도일 때는 당연히 다른 스펙트럼이 된다.

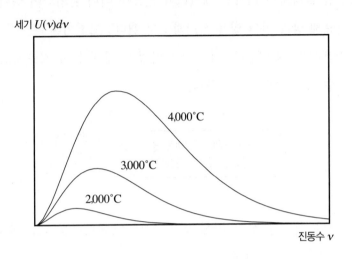

이와 같은 방법으로 흑체복사 실험을 하면 온도별로 다양한 스펙트럼을 관측할 수 있다.

문제는 지금부터인데, 실험 결과를 설명하는 언어를 찾아야 한다. 즉 다음의 질문에 대ㅈ한 답을 찾아야 한다.

온도에 따라, 왜 이런 모양의 스펙트럼이 되는 걸까?

그래야만 흑체복사 문제를 설명했다고 할 수 있다.

레일리 - 진스의 이론

그 무렵 물리학의 대가인 레일리와 진스는 이미 완성되어 있던 고전이론을 이용해 상자 안의 빛을 설명하고자 했다. '고전이론'은 '열'이나 '빛'에 관련해서도 설명할 수 있는 이론이었기 때문에 이 경우에도 당연히 적용할 수 있을 것으로 생각했다.

다시 말해 '고전이론'을 적용하는 것은 당연했다!

레일리와 진스는 상자 안에 있는 빛의 스펙트럼을 나타낼 수 있는 한 가지 공식을 도출해낸다.

$$U(v)dv = \frac{8\pi v^2}{c^3} kT\, dv$$

이 식은 그들의 이름을 따서 '레일리-진스 공식'이라고 한다. 갑자기 낯선 기호가 잔뜩 나와서 당황스럽겠지만 지금은 지나치게 신경 쓰지 않아도 된다. 아무튼 이 식은 "일정 온도에서 상자 안에 있는 빛의 스펙트럼은 어떻게 되는가?"를 나타내고 있다. 그리고 그 스펙트럼은 당연히 실험에서 얻은 스펙트럼과 일치해야 했다.

그런데! 여기서 뜻밖의 일이 일어난다. 완벽해야 할 이 공식을 사용해 실제로 스펙트럼을 나타내보았다.

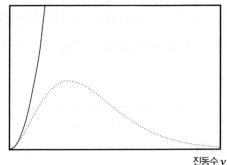

세기 $U(v)dv$

진동수 v

전혀 다르잖아!

실선: 레일리-진스의 그래프
점선: 실제 실험 결과 그려진
　　　그래프

　그러자 놀랍게도 실험을 통해 얻은 스펙트럼과는 조금도 비슷하지 않은 스펙트럼이 나온 것이다.

　당황한 것은 당시의 물리학자들이었다. 왜냐하면 고전이론은 이미 완성된 이론이므로 그것을 적용하면 당연히 완벽한 결과가 나와야 했기 때문이다. 실제로 이것 외에 열에 관한 현상은 전부 고전이론으로 설명이 가능했다. 그런데 왜 이 '흑체복사' 실험만은 설명할 수 없는 것일까?

에너지등분배법칙

　그럼 여기서 잠깐 '레일리-진스 공식'이 고전이론의 법칙에서 어떻게 만들어졌는지 알아보자. 레일리와 진스가 사용한 고전이론의 법칙은 다음과 같은 수식으로 나타낼 수 있다.

$$\langle E \rangle = \frac{1}{2} kT$$

오스트리아의 물리학자 L. 볼츠만이 발견한 이 법칙은 '에너지등분배법칙'이라고 한다. 글자 그대로 에너지는 평등하게 전달된다는 법칙이다. 이 식에서 사용된 '기호'에 관해 좀 더 자세히 알아보자.

$\langle E \rangle$ … 에너지의 시간 평균

k … 상수

T … 온도

'k'는 '볼츠만상수'라고 하며, $1.38 \times 10^{-23}[J/K]$ 라는 상수이다.

$\frac{1}{2}$ 과 k 는 상수, 즉 정해진 수이다. 그 말은 곧 다음과 같은 뜻이다.

에너지 <E>는 온도 T 에 의해서 결정된다.

T 가 커지면 $\frac{1}{2}kT$ 도 커지고 T 가 작아지면 $\frac{1}{2}kT$ 도 작아진다. 온도가 높아지면 얻을 수 있는 에너지는 커지고, 낮아지면 얻을 수 있는 에너지가 작아진다는 뜻이다.

'에너지'라니…. 도대체 무슨 에너지를 말하는 거야?

볼츠만에 의하면 해답은 '분자'에 있다고 한다.

볼츠만의 연구는 "세상의 모든 물질은 '분자'라는 작은 입자가 모여 이루어졌다"고 생각한 데서 출발한다.

이 주장이 특히 위력을 발휘한 분야는 '열'에 관해서였다. 볼츠만은 '열'이 발생하는 이유가 '분자'의 운동 때문이라고 생각했다. 이 주장은 멋지게 적중해서 그때까지 설명되지 못한 자연현상을 하나씩 밝혀나

갔다.

그런데 '에너지등분배법칙'은 뉴턴역학에 의해 성립되는 법칙이다. 즉 분자의 운동을 계산하려면 분자 하나하나에 뉴턴역학을 적용시켜야 한다.

하지만 여기서 한 가지 문제가 생긴다. 물질을 구성하고 있는 분자의 수가 엄청나게 많기 때문이다. 1억이나 1조 정도가 아니라 훨씬 더 많다. 그런 엄청난 수의 분자 운동을 하나하나 생각한다면 당연히 평생 걸려도 답을 얻을 수 없을 것이다.

이때 활약한 것이 볼츠만이 사용한 '통계'인데, 통계란 시험에서 평균점수를 구하거나 특정 학년의 평균키 등을 구할 때 쓰는 방법이다. 볼츠만은 통계를 이용하여 엄청난 수의 분자 움직임을 기술하는 데 성공했다. 이것이 바로 '통계역학'이다.

이렇게 완성된 것이 볼츠만의 식이다.

$$\langle E \rangle = \frac{1}{2} kT$$

이 식의 좌변 $\langle E \rangle$는 **에너지 평균값**을 나타낸다.

분자 에너지는 그때그때 값이 다르기 때문에 그 변화를 일일이 지켜보기는 어렵다. 그래서 통계 방식으로 평균치를 구해 분자 에너지를 알아내려는 것이다.

이때 조심해야 할 것은 여기서 말하는 분자 에너지 $\langle E \rangle$는 분자 입자 1개를 뜻하는 것이 아니라 분자 1개가 가진 '자유도' 하나에 대한 에너지이다.

자유도

"공간 속에서 움직일 수 있는 방법이 몇 가지나 되는가?"

이것을 나타내는 수치가 바로 '자유도'이다.

하지만 이런 말로는 이해가 되지 않을 테니 실제로 한 개의 공처럼 생긴 '1원자분자'의 자유도를 상상해보자.

언뜻 자유롭게 움직이는 듯한 공이 몇 번의 명령으로 움직이지 않게 되는지 알아보자(움직이지 않게 된다는 것은 자유가 없다는 뜻이다).

공이 있으면 쉽게 이해할 수 있으니 함께 해보자.

공은 처음에는 자유롭기 때문에 마음껏 움직일 수 있다.

이제 이 공에 명령을 내려보자.

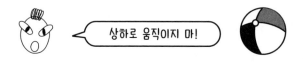

그러면 지금까지 자유롭게 움직이고 있던 공은 테이블처럼 평평하게 움직이게 될 것이다.

다음 명령이다.

그러면 앞뒤로밖에 움직이지 못하게 된다. 다시 명령을 내려보자.

이제 이 공은 조금도 움직일 수 없게 된다.

3회의 명령으로 공이 움직이지 못하게 됐다는 것은 지금까지 세 방향으로 자유롭게 움직이고 있었다는 뜻이다.

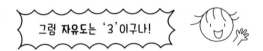

분자는 몇 개의 원자로 구성되어 있는지에 따라 형태가 다양하게 바뀐다. 예를 들어 2개의 원자로 구성된 '2원자분자'는 아령 같은 모양이 되고, '3원자분자' 이상이 되면 원자의 연결 방법에 따라 모양이 제각각이다. 형태가 다르면 움직이는 방법도 달라지므로 당연히 자유도의 수치도 달라진다.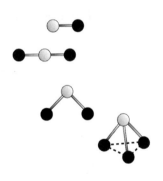

즉 자유도의 수치는 분자의 형태에 의해 결정된다.

에너지등분배법칙에서는 이 자유도 각각에 $\frac{1}{2}kT$ 만큼의 에너지가 나눠졌으므로 공 같은 분자에는 $\frac{1}{2}kT$ 가 3자유도만큼, 즉

$$\langle E \rangle = 3 \times \frac{1}{2}kT = \frac{3}{2}kT$$

의 에너지가 분배된다.

파동의 자유도

 에너지등분배법칙은 자유도와 밀접한 관련이 있구나. 그걸 알면 에너지를 알 수 있을까?

하지만 지금 알아본 건 분자 1개의 자유도였잖아? 빛은 파동이었다구.

뭐!? 그럼 파동 1개의 자유도라는 것도 있어?

파동을 1개, 2개로 셀 수는 없다. 파동의 경우 분자의 자유도를 세는 방법을 그대로 적용해서는 안 된다. 따라서 분자의 자유도에 대한 사고 방식을 파동으로 치환해야 한다.

분자 1개를 파동에 대응시키면 무엇에 해당될까?

> 볼츠만은 물질을 분자의 집합이라고 생각했으니까…
> 알았다! '단순한 파동'이 아닐까?

물질을 구성하는 기본단위가 분자이므로 파동의 경우 그에 대응하는 것은 '단순한 파동'이다. 단순한 파동이 모여 생긴 복잡한 파동이 '물질' 에 대응한다고 생각할 수 있다.

> 그렇구나! 즉 단순한 파동에 자유도가 몇 개 있는지 알면
> '파동의 자유도'를 구할 수 있을 거야!

빛의 경우 단순한 파동 1개에는 몇 개의 자유도가 있을까?

답은 '**2**'이다.

분자의 경우는 날아가면 그것으로 끝이지만, 파동은 올라가면 반드시 내려올 수밖에 없다. 그렇지 않으면 파동이 되지 않기 때문이다. 파동은 분자와 달리 간 것을 원상태로 되돌리려는 힘이 작용한다. 그 힘의 원천이 되는 것이 '**위치에너지**'이다. 분자의 경우에는 날아가 버리면 끝이므로 '**운동에너지**'만 생각하면 되지만, 파동의 경우에는 운동에너지와 위치에너지 모두 생각해야 한다. 그리고 운동에너지와 위치에너지의 방향이 각각 1이므로 파동의 자유도는 결국 '2'가 된다.

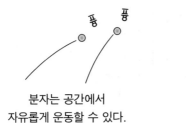

분자는 공간에서
자유롭게 운동할 수 있다.

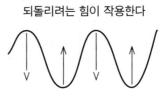

되돌리려는 힘이 작용한다

파동의 자유도는 항상 '2'구나.

그 말은 단순한 파동에너지가 분배될 때는 항상

$$\langle E \rangle = 2 \times \frac{1}{2} kT$$
$$= kT$$

가 된다는 뜻이지.

파동의 수

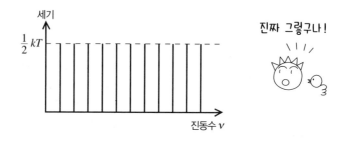 하지만 단순한 파동에 항상 kT 만큼씩 에너지가 분배된다는 건 이상하지 않아?

스펙트럼은 단순한 파동마다의 빛의 세기, 즉 '진동수마다의 에너지'를 나타낸 그래프였잖아. 그렇다면 이런 식으로 등간격이 되어야 하지 않을까?

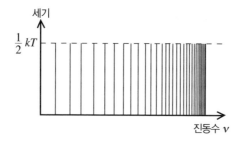

그런데 실제로는 그렇지 않다.

1차원의 파동이라면 위의 그림처럼 일직선의 스펙트럼이 되겠지만, 앞에서도 말했듯이 빛은 3차원의 파동이다. 3차원이 되면 각각의 파동에는 같은 세기라고 해도 진동수에 따라 '드문드문한 곳'과 '밀집된 곳'이 있다.

프리즘으로 빛에너지를 측정할 때, 파동의 간격이 충분히 큰 경우에는 파동 1개마다 파동의 세기를 잴 수 있다. 하지만 흑체 속의 빛은 파동 사이의 간격이 매우 좁다. 따라서 파동에너지를 일일이 측정하기란 불가능하고, 근처에 몇 개의 파동에너지가 모여 있다는 정도만 알 수 있다.

그렇게 되면 파동이 드문드문한 곳의 에너지는 작아지고, 밀집되어 있는 곳의 에너지는 커진다. 따라서 이 경우 여러 가지 진동수로 파동이 얼마나 밀집되어 있는지, 즉 파동의 '밀도'를 조사해야 한다.

프리즘에도 밀도가 있구나.

그런데 파동의 밀도를 어떻게 조사하지?

그건 간단해. 일정한 폭 안에 있는 파동의 수를 세면 돼.

하지만 밀집도는 진동수에 따라 달라지니까 폭이 작아야겠구나.

그 폭을 $d\nu$라 하고, 일정한 진동수 ν와 $\nu+d\nu$ 사이에 있는 파동의 수를 세면 된다.

1차원의 경우 파동의 밀집도는 진동수에 따라 달라지지 않으므로 '등간격'이 된다. 즉 평평한 스펙트럼이 되는 것이다. 하지만 흑체복사처럼 3차원이 되면 얘기가 달라진다.

갑자기 3차원을 생각하려면 어려울 테니 먼저 2차원을 생각해보자.

다음과 같이 두 방향이 되므로 진동수가 증가하면 파동의 패턴은 점점 늘어난다.

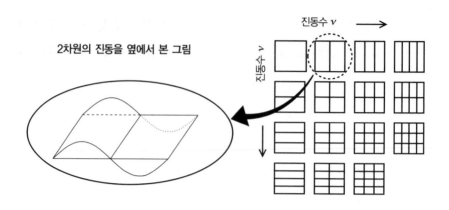

2차원의 진동을 옆에서 본 그림

진동수 v

진동수 v

3차원에서는 세 방향이 되기 때문에 패턴이 증가하는 방식은 더 복잡해진다. 실제로 이미 파악된 밀집도는,

$$\frac{8\pi v^2}{c^3}\,dv$$

가 된다는 것을 알 수 있다. 여기서 c는 빛의 속도이다.

> 자세히는 모르겠지만, 아무튼 일정한 좁은 폭 dv 안에는 이만한 숫자만큼 단순한 파동이 있다는 거구나.

이 식을 보면 알 수 있듯이 진동수가 커질수록 파동의 밀집도는 진동수 v의 제곱에 비례하여 커진다.

이것을 알면 그다음은 간단하다. 프리즘에 따라 측정할 수 있는 에너지는,

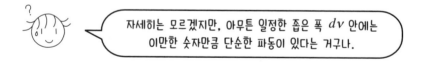

(파동의 밀집도) × (1개의 파동에너지)

를 구하면 된다.

프리즘으로 측정되는 에너지는 $U(v)dv$ 로 나타낸다.

고전이론에 의하면 1개의 파동에너지는 kT 였으므로 앞의 식을 수식으로 나타내면 다음과 같다.

$$U(v)dv = \frac{8\pi v^2}{c^3} kT\, dv$$

이것이 상자 속의 빛의 스펙트럼을 나타내는 식이다.

드디어 레일리·진스 공식을 도출해냈다!

잠깐만! 이 식은 흑체복사의 스펙트럼과는 전혀 다른 걸 나타내고 있잖아?

앗! 그렇구나. 하지만 왜지? 분명히 제대로 계산했는데.

자유도를 구하는 방법에는 문제가 없었어….

그럼 에너지등분배법칙이 잘못된 건가? 고전이론에 문제가 있다는 뜻이야?

그럴 리가 없다. 왜냐하면 그때까지 고전이론으로 해명하지 못한 자연의 움직임은 없었기 때문이다.

고전이론이 틀렸을 리 없다!

당시의 물리학자들은 당연히 그렇게 생각했다. 아니 그렇게 믿었다고 해야 할 것이다. 아무튼 에너지등분배법칙을 사용할 수 없다는 것은 흑체복사의 스펙트럼을 이론적으로 설명할 수 있는 수단이 없어졌다는 뜻이다.

생각지 못한 데서 빛의 미세한 움직임을 놓친 게 분명하다. 물리학자들은 그렇게 믿고 최선을 다해 숨어 있는 빛의 미묘한 움직임을 밝히려 했다.

하지만 일은 뜻대로 풀리지 않았다.

빈의 공식

그즈음 독일의 물리학자 빈이 흑체복사의 스펙트럼을 나타내는 새로운 공식을 발표한다. 그는 기존의 이론에 구애받지 않고 스스로 새로운 이론을 만들어냈다.

빈의 이론은 일정한 온도일 때의 스펙트럼에서 다른 온도일 때의 스펙트럼을 예측하는 방법으로 만들어졌다. 그는 이런 특이한 방법으로 어떤 온도일 때나 실험에 들어맞는 하나의 공식을 도출해내는 데 성공했다.

이 이론에 의하면 자유도마다 분배되는 에너지 $\langle E \rangle$는 온도 T뿐만 아니라 진동수 ν에 의해서도 달라진다.

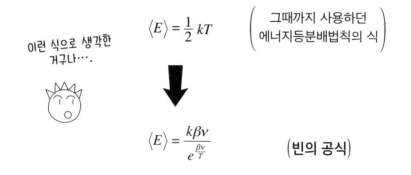

이런 식으로 생각한 거구나….

$$\langle E \rangle = \frac{1}{2}\,kT \qquad \left(\begin{array}{c}\text{그때까지 사용하던}\\\text{에너지등분배법칙의 식}\end{array}\right)$$

$$\langle E \rangle = \frac{k\beta\nu}{e^{\frac{\beta\nu}{T}}} \qquad \text{(빈의 공식)}$$

이 식에서 실제로 스펙트럼을 나타내는 식 $U(v)dv$ 를 구하면,

$$U(v)dv = \frac{8\pi v^2}{c^3} \frac{k\beta v}{e^{\frac{\beta v}{T}}} \, dv$$

가 된다.

이 식에 들어 있는 β는 상수로, 이것을 적당히 설정하면 실험에서 얻을 수 있는 스펙트럼과 일치한다.

그럼 이 식이 실험에서 나온 스펙트럼과 일치하는지 직접 알아보자.

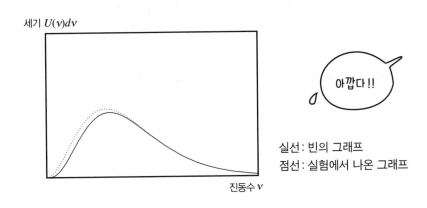

실선: 빈의 그래프
점선: 실험에서 나온 그래프

진동수 v가 큰 곳에서는 실험에서 나온 스펙트럼과 완전히 일치한다. 그런데 진동수가 작은 곳은 약간 어긋나 있다.

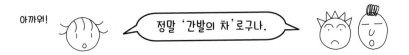

이렇게 빈의 이론은 안타깝게도 흑체복사 문제를 완전히 해결하지는 못하였다.

플랑크 등장!

고전이론을 적용한 레일리 – 진스 공식은 실험 결과와 맞지 않았고, 직접 이론까지 만들어낸 빈의 공식은 진동수가 큰 곳에서만 일치했다. 물리학자들은 빈의 공식의 허점을 메울 새로운 공식을 발견하지 않으면 안 되었다. 그때 이 장의 주인공인,

막스 플랑크가 등장한다!

플랑크는 4년째 '흑체복사' 문제를 연구하고 있었다.

성실한 노력가인 플랑크는 기발한 발견이나 신이론과는 인연이 없었지만, 레일리-진스나 빈의 실패를 거울 삼아 꾸준하게 연구를 계속하고 있었다. 그러던 중 레일리-진스와 빈의 공식에서 나온 스펙트럼을 보면서 아이디어가 떠올랐다.

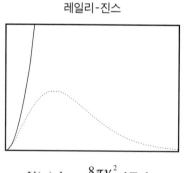

레일리-진스

$$U(v)dv = \frac{8\pi v^2}{c^3} kT \, dv$$

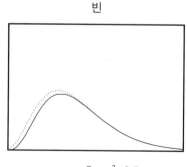

빈

$$U(v)dv = \frac{8\pi v^2}{c^3} \frac{k\beta v}{e^{\frac{\beta v}{T}}} \, dv$$

어라!? 레일리 – 진스 공식은 전혀 맞지 않는 식이라고
생각했는데, 잘 살펴보니 진동수 ν가 매우 작을 때는
실험 결과와 일치하지 않는가!
그리고 빈의 공식은 진동수가 클 때만 일치하고!
흐음… 그래! 이 두 식을 결합한 공식을 만들어낸다면
흑체복사의 스펙트럼을 확실히 설명할 수 있을지도 모르겠군!

플랑크의 대활약은 이때부터 시작되었다. 플랑크는 두 식을 연결하기 위해서 불철주야 연구에 몰두했다. 그리고 빈의 공식을 재검토하여 마침내 연결식을 만들어내는 데 성공하였다.

그것은 바로 다음과 같은 식이다!!

$$\langle E \rangle = \frac{k\beta\nu}{e^{\frac{\beta\nu}{T}} - 1}$$

플랑크는 자유도마다 분배된 에너지를 위의 식과 같이 하면 제대로 된다는 것을 발견했다. 이 식을 이용해서 스펙트럼을 나타내는 공식을 구하면 다음과 같다.

$$U(\nu)d\nu = \frac{8\pi\nu^2}{c^3} \frac{k\beta\nu}{e^{\frac{\beta\nu}{T}} - 1} d\nu$$

어? 그런데 이 식은 앞에서 본 것 같은데?

응, '빈의 공식'과 비슷해! 잠깐 비교해볼까?

$$\text{빈의 공식} \qquad U(v)dv = \frac{8\pi v^2}{c^3}\frac{k\beta v}{e^{\frac{\beta v}{T}}}dv$$

$$\text{플랑크의 공식} \qquad U(v)dv = \frac{8\pi v^2}{c^3}\frac{k\beta v}{e^{\frac{\beta v}{T}}-1}dv$$

> 어라? 플랑크의 식은 빈의 공식에 −1이 붙은 것뿐이잖아!

정말 이것으로 흑체복사의 스펙트럼을 완벽하게 나타낼 수 있을까? 그래프로 그려서 직접 확인해보자!

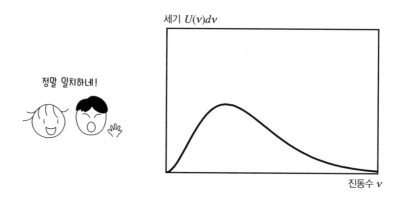

정말 일치하네!

세기 $U(v)dv$

진동수 v

이렇게 플랑크는 빈의 공식에 −1만 붙여서 완벽한 식을 만들어냈다. 일설에 의하면 플랑크의 제자가 **"선생님, 빈의 공식에 −1을 붙이면 되는 거 아닌가요?"**라고 묻자 그 말대로 해보니 일치했다는 소문이 있지만, 그보다 플랑크 본인이 열심히 계산해서 나온 답이 우연히 일치했다는 게 맞는 것 같다.

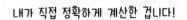

내가 직접 정확하게 계산한 겁니다!

그런데 이 식이 어떤 방식으로 도출되었는지는 제쳐놓고서라도, 플랑크의 식이 옳다면 그것은 다음과 같은 성질을 가졌다고 할 수 있다.

**진동수가 작을 때는 레일리 - 진스의 공식으로 변신하고
진동수가 클 때는 빈의 공식으로 변신한다.**

진동수가 작은 곳은 '레일리 - 진스 공식'에
딱 맞았고, 반대로 진동수가 큰 곳은
'빈의 공식'에 딱 맞은 거지.

그렇다면 플랑크의 식은 진동수가 클 때와 진동수가 작을 때 각각 어떻게 되는지 살펴보자.

플랑크의 공식에서 빈의 공식을 유도하다

먼저 진동수가 클 때 플랑크 공식이 어떻게 되는지 살펴보자. 이 경우에는 정말 빈의 공식과 똑같아질까?

$$\langle E \rangle = \frac{k\beta v}{e^{\frac{\beta v}{T}} - 1}$$

플랑크의 공식

v가 클 때

$$\langle E \rangle = \frac{k\beta v}{e^{\frac{\beta v}{T}}}$$

빈의 공식

빈의 공식으로 변신시키는 건 간단해 보여.
뭐든 빈의 공식에 -1을 붙인 게 플랑크의 공식이잖아.

-1과 상관 있는 것은 식의 분모 부분이므로 $e^{\frac{\beta v}{T}} - 1$ 부분만 따로 생각한다. $e^{\frac{\beta v}{T}}$에서 첨자 부분인 $\frac{\beta v}{T}$가 큰 수가 되면 $e^{\frac{\beta v}{T}}$의 전체 값은 어떻게 될까?

이것은 '지수'의 문제이므로 예를 들어 10^n으로 치환해서 생각하면 된다.

10^n의 경우··· $n=1$이면 $10^1=10$

$n=2$면 $10^2=100$

$n=5$면 $10^5=100000$

그럼 $n=100$이면?

$$1000000000000\cdots\cdots\cdots$$

도저히 계산할 수 없다!

$e^{\frac{\beta v}{T}} - 1$에서는 v가 충분히 클 때 $e^{\frac{\beta v}{T}}$는 엄청나게 큰 숫자가 된다. 따라서 그런 큰 숫자에서 1을 뺀다고 해도 전혀 상관이 없다.

다시 말해 v가 충분히 클 때는 -1이 있거나 말거나 거의 똑같다. 즉 v가 클 때 -1은 무시해도 상관없으므로,

$$\langle E \rangle = \frac{k\beta v}{e^{\frac{\beta v}{T}}}$$

가 되어 '빈의 공식'으로 변신한다.

그렇구나!

플랑크의 공식에서 레일리·진스의 공식을 유도하다

다음은 진동수 ν가 작을 때를 생각해보자. 이 경우는 레일리·진스의 공식이 될 것이다.

레일리 – 진스 공식은 통계역학으로 나타낸 공식이니까 요컨대 $\langle E \rangle = kT$가 되겠지? 정말 플랑크의 공식에서 이 공식이 나올까?

플랑크의 공식을 레일리·진스의 공식으로 변신시키기 위해서는 약간의 테크닉이 필요하다. 이 기술을 '테일러전개'라고 하는데 e^n 같은 경우 n이 매우 작을 때에만 적용할 수 있다.

여기서 n에 해당하는 것은 $\dfrac{\beta \nu}{T}$ 이다. ν가 작을 때는 n의 값도 작아지므로 이 기능을 사용할 수 있다.

자세한 계산은 생략하고 실제로 테일러전개를 적용하면,

$$e^n \fallingdotseq 1 + n \quad (e^n = 1 + n + \frac{n^2}{2!} + \frac{n^3}{3!} + \cdots \fallingdotseq 1 + n)$$

이 된다. 플랑크의 공식에서 n에 해당하는 것은 $\dfrac{\beta \nu}{T}$ 이었으므로 다음과 같이 나타낼 수 있다.

$$e^{\frac{\beta \nu}{T}} \fallingdotseq 1 + \frac{\beta \nu}{T}$$

이것을 플랑크의 식에 대입하면,

$$\langle E \rangle = \frac{k \beta \nu}{e^{\frac{\beta \nu}{T}} - 1} = \frac{k \beta \nu}{1 + \frac{\beta \nu}{T} - 1} = \frac{k \beta \nu}{\frac{\beta \nu}{T}}$$
$$= \frac{k \beta \nu \, T}{\beta \nu} = kT$$

훌륭해! 레일리 – 진스 공식으로 변신했어. 대성공!!

$$f(x) = C_0 + C_1 x + C_2 x^2 + C_3 x^3 + \cdots\cdots$$

$$e^x = 1 + x + \frac{x^2}{2!} + \frac{x^3}{3!} + \cdots\cdots$$

$$e^{\frac{\beta v}{T}} = 1 + \frac{\beta v}{T} + \frac{\left(\dfrac{\beta v}{T}\right)^2}{2!} + \cdots\cdots$$

플랑크 공식의 탄생

식이 옳다는 것을 알았으니 이제 남은 일은 학회에 발표하는 것뿐이었다. 조급한 마음을 누르며 플랑크는 준비에 착수했다.

일단 식을 좀 더 깔끔하게 정리해보자.

그래서 플랑크는 식에 들어 있는 k(볼츠만상수), β(빈이 생각한 상수)를 한데 묶어 'h'라는 기호로 표시했다. 이것이 나중에 양자역학 확립에 결정적 역할을 하게 되는 **'플랑크상수'** 이다. 구체적인 숫자는 다음과 같다.

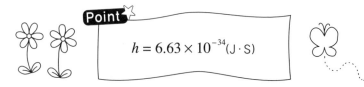

Point

$$h = 6.63 \times 10^{-34} (\text{J} \cdot \text{S})$$

그럼 이제 h를 사용하여 플랑크의 식을 정리해보자!

$$\langle E \rangle = \frac{k\beta v}{e^{\frac{\beta v}{T}} - 1}$$

$h = k\beta$ 이므로 $\beta = \frac{h}{k}$ 가 된다.

짜잔!

$$\langle E \rangle = \frac{hv}{e^{\frac{hv}{kT}} - 1}$$

Point

1900년 가을 학회에서 플랑크는 이 공식을 발표했다. 물리학자로서
는 이례적으로 42세의 늦은 나이에 이뤄낸 '대발견'이었다.
　나중에 이 수식은 흑체복사에서 빛의 스펙트럼을 나타내는 식으로
널리 알려졌고, '플랑크 공식'으로 불리게 된다.

굉장해!! 결국 플랑크가 해냈어!

짝짝짝

　하지만 전부 해결된 것은 아니었다. 플랑크에게는 아직 중요한 문제
가 남아 있었다.

이 식은 흑체복사의 스펙트럼을 왜 이렇게 잘 나타내는 것일까?

　일단 실험 결과를 설명하는 식은 완성됐지만 정작 중요한 '이론'이
아직 없었다.
　이렇게 되면 아무리 식이 맞는다 해도 반쪽짜리일 뿐이다. 이대로는

우연히 발견했다는 말을 들어도 변명의 여지가 없었다. 플랑크는 물리
학자의 근성을 발휘하여 그때부터 몇 주 동안 잠도 자지 않고 꼬박 연
구에 매달렸다. 그 몇 주는 플랑크의 삶을 통틀어 가장 긴장된 시간이
었다고 한다.

플랑크 공식의 의미

수없이 많은 계산을 한 끝에 플랑크는 마침내 한 가지 결론에 도달했
다. 하지만 그의 생각과는 완전히 다를 뿐 아니라 너무나도 이상한 결
론이었다.

Point

$$E = nh\nu \, (n = 0, 1, 2, 3, \cdots)$$

이것이 그가 내린 결론이었다. 보기에는 단순한 식 같지만 그 의미는 터
무니없었다. 이 식을 그대로 해석하면, **빛의 파동에너지는 일정한 '불연
속적인 값'만을 취한다**는 뜻이다.

식의 좌변 E는 빛에너지. 우변의 에너지 변화는 플랑크상수 h와 진동수 v를 곱한 것의 정수배를 나타내고 있다. 즉 이 식에 의하면 빛에너지는 0, $1hv$, $2hv$, $3hv$…와 같이 hv씩 변화하며, 그 사이에 $1.5hv$라든지 $0.2hv$라는 어중간한 값은 결코 있을 수 없다는 뜻이다.

이와 같은 불연속적인 에너지를 '**에너지 준위**'라고 한다.

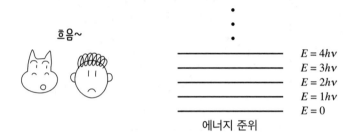

파동 에너지 준위 그림

그런데 파동의 성질을 생각해보면 이것은 매우 이상했다. 파동에는 다음과 같은 성질이 있다.

> # $|진폭|^2 \propto 에너지$
> 파동에너지는 진폭(의 제곱)에 비례한다.

'진폭'은 파동의 높이이므로 파동의 높이가 높을수록 에너지는 커지고 높이가 낮을수록 에너지도 작아진다는 뜻이다.

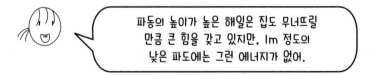

파동의 높이가 높은 해일은 집도 무너뜨릴 만큼 큰 힘을 갖고 있지만, 1m 정도의 낮은 파도에는 그런 에너지가 없어.

이것을 플랑크가 유도해낸 결론 $E=nhv$에 적용시켜 생각해보자.

이 식에 의하면 빛에너지는 $h\nu$의 정수배, 즉 불연속적인 값밖에 나타 낼 수 없다.

그리고 파동에너지는 '진폭'에 의해 결정된다. 그것은 **에너지가 불연속**이 되려면 **파동의 진폭 또한 불연속**이어야 한다는 뜻이다!

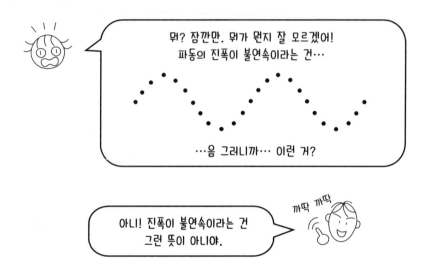

'진폭'은 진동하고 있는 파동의 높이를 뜻한다.

그러니 빛이라고 해도 어렵게 생각할 필요는 없다. 빛의 파동도 다른 파동과 똑같이 상하로 진동하기 때문이다.

하지만 문제는 진동하는 파동의 진폭은 '취할 수 있는 값이 정해져 있다'는 데 있다. 일반적인 파동에서는 각각 다른 진폭 값을 얻을 수 있지만, 빛의 파동에서만큼은 불가능하다. 빛은 미리 정해져 있는 진폭 으로만 진동할 수 있기 때문이다.

이것은 처음에 1미터의 높이였던 파동이 갑자기 2미터가 되거나 갑 자기 없어지거나 중간 높이의 파동(예를 들어 0.5미터나 1.2미터 같은 파 동)은 절대 없다는 뜻이다.

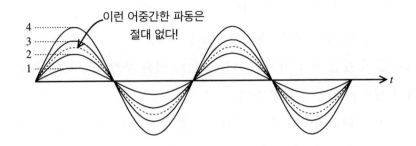

이런 파동은 결코 불가능하다. 진폭의 높이가 불연속이 될 수는 없기 때문이다. 하지만 빛의 파동만큼은 그렇게 생각하지 않으면 '흑체복사의 스펙트럼'을 도저히 설명할 수 없다.

$E=nh\nu$에서 플랑크 공식을 유도하다

이런 기이한 결과를 탄생시킨 플랑크의 이론. 플랑크 공식을 설명하기 위해서는 반드시 $E=nh\nu$여야 하는 것일까?

여기서는 그 부분에 대해 알아보자. 만약 $E=nh\nu$가 옳다면 이 식에서 플랑크 공식을 유도할 수 있을 것이다.

$$\boxed{\begin{array}{c} \text{플랑크 공식} \\[4pt] \langle E \rangle = \dfrac{h\nu}{e^{\frac{h\nu}{kT}} - 1} \end{array}}$$

플랑크 공식은 각각의 자유도가 가질 수 있는 에너지의 평균값을 나타낸다. 따라서 정말 $E=nh\nu$가 옳다면 그것을 이용해 항상 변화하는 1자유도당 에너지의 평균값을 구할 수 있고, 이것은 곧 플랑크 공식이 될 것이다.

이게 맞는지 직접 확인해보자!

그런데 평균값을 구하는 방법은 알고들 계신지?

예를 들어 매일 차를 마시는 시간에 같이 먹은 쿠키 개수의 평균값을 구하고 싶으면 어떻게 해야 할까?

먼저 매일 티타임에 먹은 쿠키의 개수를 일주일간 기록한다. 그리고 쿠키의 개수를 모두 더한 뒤 일주일간의 날짜 수, 즉 7일로 나누면 하루에 먹은 쿠키의 평균값을 구할 수 있다.

일주일 동안 플랑크가 먹은 쿠키의 개수를 다음과 같이 가정해보자.

일요일: 2개
월요일: 3개
화요일: 2개
수요일: 2개
목요일: 1개
금요일: 3개
토요일: 1개

좋아~

난 쿠키를 좋아해!

그리고 일주일치 통계는,

한 개 먹은 날: 2일
두 개 먹은 날: 3일
세 개 먹은 날: 2일

이 된다. 그럼 평균값을 구해보자!

$$\frac{1 \times 2 + 2 \times 3 + 3 \times 2}{2 + 3 + 2} = \frac{14}{7} = 2$$

플랑크가 하루에 먹은 쿠키의 개수는 평균 두 개였다.

평균값을 구할 때는 언제 몇 개의 쿠키를 먹었는지는 크게 중요하지 않다. 중요한 것은 '몇 개의 쿠키를 며칠 동안 먹었는가?'이다. 왜냐하면 통계를 알면 언제 몇 개를 먹었는지는 몰라도 평균값을 구할 수 있기 때문이다.

빛의 파동에너지도 같은 방법으로 평균값을 구할 수 있다.

빛의 경우 통계를 내려면 '일정한 에너지 상태가 일정 시간 내에 몇 회 있었는지'를 알면 된다. 이것은 이미 통계역학의 법칙으로 알고 있으니 여기서는 그대로 사용하기로 한다. 이제 에너지의 합계를 구하고 시간으로 나누기만 하면 된다.

먼저 L. 볼츠만이 발견한 통계역학의 법칙에서 일정한 에너지를 가진 횟수는 다음과 같이 구할 수 있다.

$$P(E) = A \cdot e^{-\frac{E}{kT}}$$

이것을 그래프로 나타내면 다음과 같다.

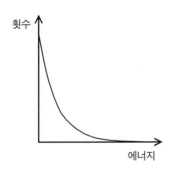

그래프에서 가로축은 에너지, 세로축은 횟수이다.

그래프를 보면 에너지가 높아질수록 횟수는 줄어드는 것을 알 수 있다. 이것은 높은 곳일수록 공기가 희박한 것과 비슷한 경우이다.

통계역학 연구에서처럼 공기를 작은 입자의 집합이라고 생각하면, 입자의 에너지는 지면에서 멀어질수록 커지지만 큰 에너지를 가진 입자는 높은 곳일수록 입자의 수가 적어진다.

볼츠만이 발견한 수식을 이용해 에너지의 합계를 구해보자. 앞에서 빛에너지는 0, hv, $2hv$ …라는 정해진 값만 갖는다고 말했다. 따라서 전체 중에서 hv나 $2hv$ 등의 에너지를 가진 횟수는

에너지	0	$1hv$	$2hv$	$3hv$
횟수	$P(0hv)$	$P(1hv)$	$P(2hv)$	$P(3hv)$

가 된다. 그러면 에너지의 합계는,

$$0hv \cdot P(0hv) + 1hv \cdot P(1hv) + 2hv \cdot P(2hv) + \cdots$$

가 된다. 이것을 전체 횟수로 나누면 다음과 같다.

$$\langle E \rangle = \frac{0hv \cdot P(0) + 1hv \cdot P(1hv) + 2hv \cdot P(2hv) + \cdots}{P(0) + P(1hv) + P(2hv) + \cdots}$$

이것을 정리해보자.

$$\langle E \rangle = \frac{hv \left\{ P(hv) + 2P(2hv) + 3P(3hv) + \cdots \right\}}{P(0) + P(1hv) + P(2hv) + P(3hv) \cdots}$$

$P(hv) = A \cdot e^{-\frac{hv}{kT}}$ 가 되므로,

$$\langle E \rangle = \frac{hv \left(e^{-\frac{hv}{kT}} + 2e^{-\frac{2hv}{kT}} + 3e^{-\frac{3hv}{kT}} + \cdots \right)}{e^0 + e^{-\frac{hv}{kT}} + e^{-\frac{2hv}{kT}} + e^{-\frac{3hv}{kT}} + \cdots}$$

가 된다. $e^{-\frac{hv}{kT}}=x$ 로 놓으면 $e^{-\frac{2hv}{kT}}=x^2$, $e^{-\frac{3hv}{kT}}=x^3\cdots$ 이 되므로 다음과 같은 식을 얻을 수 있다.

$$\langle E\rangle = \frac{hv\left(x+2x^2+\cdots\right)}{1+x+x^2+\cdots} \quad \cdots\cdots \bigstar$$

여기서 약간의 수학적 기술을 사용한다. 이것은 무한하게 계속되는 덧셈식을 계산할 때 쓰는 편리한 공식으로 다음과 같이 나타낸다.

$$a+(a+d)x+(a+2d)x^2+(a+3d)x^3\cdots=\frac{a}{1-x}+\frac{xd}{(1-x)^2}$$

이것을 사용해 ★식을 다시 써보자.

우선 분자를 위의 공식과 비교해보면,

$$a=0 \quad d=1$$

이 되고 분모는,

$$a=1 \quad d=0$$

이다.

그렇다면 ★식은 다음과 같이 치환할 수 있다.

$$\langle E\rangle = \frac{hv\dfrac{x}{(1-x)^2}}{\dfrac{1}{1-x}} = hv\cdot\frac{x(1-x)}{(1-x)^2} = \frac{hv\cdot x}{1-x}$$

$$= \frac{hv\cdot x}{1-x}$$

여기서 분자와 분모에 x^{-1}을 곱하면,

$$\langle E \rangle = \frac{h\nu x}{(1-x)} \frac{x^{-1}}{x^{-1}}$$

$$= \frac{h\nu}{x^{-1} - 1}$$

가 되고, 마지막으로 x 를 $e^{-\frac{h\nu}{kT}}$ 로 되돌리면,

$$\langle E \rangle = \frac{h\nu}{e^{\frac{h\nu}{kT}} - 1}$$

정말이네!

가 되는데, 이것이 바로 플랑크 공식이다.

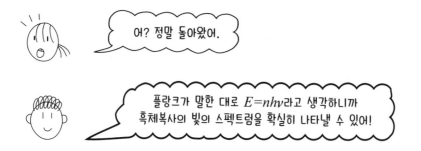

어? 정말 돌아왔어.

플랑크가 말한 대로 $E = nh\nu$라고 생각하니까 흑체복사의 빛의 스펙트럼을 확실히 나타낼 수 있어!

  반대로 흑체복사의 스펙트럼이 그런 모양의 그래프가 되는 것은 빛이 $E = nh\nu$로 나타낼 수 있는 불연속적인 에너지를 갖기 때문이다.
  레일리-진스 공식이 통계역학의 에너지등분배법칙에서 도출되었음에도 흑체복사의 빛의 스펙트럼을 잘 설명할 수 없었던 이유는 빛에너지가 $E = nh\nu$로 나타나는 불연속적인 값밖에 갖지 못한 데 있었다.

원래 에너지등분배법칙은 에너지를 받아들이는 측에서 연속적으로 에너지를 받아들일 수 있어야만 성립된다. 따라서 빛처럼 불연속적인 값의 에너지를 가진 데서는 성립되지 않는다.

불연속적인 값의 에너지를 가진 것은 에너지를 받아들일 때도 불연속적인 값으로밖에 받아들일 수 없다. 그렇기 때문에 분배된 에너지를 전부 받아들이지 못하는 경우가 생긴다.

예를 들어 $200 \times h$, 즉 $200h$의 에너지가 모든 진동수의 빛으로 분배되는 온도의 상자를 생각해보자.

$\nu = 1$, $\nu = 2$라는 진동수의 빛은 각각 nh, $2nh$라는 에너지를 갖는다. 이러한 진동수의 빛은 $200h$로 나눠지므로 $200h$의 에너지를 분배시킨다.

그런데 $\nu = 3$ 같은 진동수의 경우는 $3nh$의 에너지를 가졌기 때문에 $200 \times h$를 나눌 수 없다. 그러므로 $3h$로 나뉘는 $198h$만 에너지를 받아들이고 남은 $2h$의 에너지는 제대로 분배하지 못한다.

나머지는 진동수가 클수록 커지는 경향이 있고, 진동수가 200을 넘는 빛은 $200h$보다 큰 에너지를 가지므로 에너지가 전혀 분배되지 않는다.

그래⋯?

실제로 흑체복사의 빛의 스펙트럼 그래프를 보면 쉽게 이해할 수 있다.

흑체복사의 빛의 스펙트럼 그래프는 일정 진동수가 되면 갑자기 약해지기 시작하고, 진동수가 커질수록 점점 0에 가까워진다. 이것은 똑같이 분배되어야 할 에너지를 진동수에 비례한 불연속적인 에너지밖에 갖지 못한 빛이 제대로 받아들이지 못하는 모습을 나타낸다.

빛에너지가 불연속적인 값을 갖는다($E = nh\nu$)고 생각한다면, 흑체복사의 빛의 스펙트럼이 통계역학의 에너지등분배법칙에 들어맞지 않는 것처럼 보이는 것도 쉽게 이해할 수 있다.

하지만 획기적인 발견이라고 할 수 있는 $E=nhv$는 뉴턴역학이나 그 밖에 이미 완성된 어떤 물리학으로도 설명할 수 없었다. 당시의 물리학에서 파동에너지는 연속적으로 변화하는 것이므로 불연속적인 값만 갖는다는 사실은 상상도 할 수 없었던 것이다.

플랑크를 괴롭힌 것은 바로 이것이었다. 고지식했던 플랑크는,

고 믿어 의심치 않았다.

그런데 무조건 옳아야 할 뉴턴역학을 부정하는 결과를 자신이 도출해 낸 것이다.

플랑크는 몇 번이나 다시 계산했지만 $E=nhv$라고 생각하지 않는 한 도저히 흑체복사의 스펙트럼을 설명할 수 없었다.

$$E=nhv$$

"빛에너지는 불연속적인 값만을 취한다"

플랑크는 어쩔 수 없이 이것을 논문으로 제출했지만 말미에는, "그래도 뉴턴역학으로 해결되기를 바란다"고 첨언했다.

이런 바람을 가진 것은 비단 플랑크뿐만이 아니었다. 대부분의 물리

학자들이 같은 희망을 품고 있었다. 물리학은 그 당시 이미 완성되어 있었다. 그런데 이런 귀찮은 문제가 생긴다면 곤란해질 수밖에 없었다. 그런 까닭에 발표 당시 플랑크의 논문은 외면당하는 듯했다.

그러나…

1905년, 무명의 한 젊은이에 의해 상황은 새로운 국면을 맞이하게 된다. 당시 약관 26세의 아인슈타인이 등장한 것이다. 그때까지 플랑크의 발견을 애써 무시하던 물리학자들은 그의 등장으로 빠져나갈 구실을 잃고 만다. 도망친다고 해결될 일이 아니었기 때문이다.

4. 작은 상자 안에는 무엇이 있을까?

플랑크가 '$E=nh\nu$', 즉 "빛에너지는 불연속적이다!"라는 해괴한 발견을 했을 즈음 스위스의 시골마을에서 특허청 일을 하면서 물리학을 연구하던 젊은이가 있었다.

그가 바로 알베르트 아인슈타인이다.

물리학은 전혀 몰라도 아인슈타인의 이름은 모두 들어보았을 것이다.

"왜 나침반의 바늘은 항상 같은 방향을 가리킬까?"

이것이 아인슈타인을 물리학 세계로 이끈 계기가 됐다는 일화는 유명한데, 물리학 중에서도 그가 특별히 흥미를 갖고 연구한 것은 '빛'이었다고 한다.

학교에도 정을 붙이지 못하고 뛰어난 스승을 만난 적도 없었던 아인슈타인은 거의 독학으로 물리학을 연구했다.

그러다가 우연히 플랑크의 $E=nh\nu$라는 신기한 발견이 실린 논문을 보게 된다. 다른 물리학자들은 그 논문을 완전히 무시했지만 아인슈타인은

틀림없이 먼가 있다!

는 것을 순식간에 간파했다.

　그리고 1905년, 아인슈타인은 모두가 깜짝 놀랄 만큼 대담한 발상으로, 그것도 쉽고 간단하게 플랑크의 발견이 어떤 의미인지를 설명했다.

　이것은 〈광양자가설〉이라는 논문으로 정리되었고, 나중에 노벨상까지 수상하게 된다.

　더욱 놀랄 만한 일은 아인슈타인은 1905년 한 해 동안 〈광양자가설〉과 함께 하나같이 노벨상감인 〈특수상대성이론〉, 〈브라운운동이론〉이라는 세 개의 논문을 동시에 발표했다는 사실이다. 특히 '상대성이론'은 그의 대표작이라고 할 수 있는데 초등학생도 알 만큼 유명하다.

　이 세 개의 논문으로 아인슈타인의 이름은 삽시간에 세상에 알려졌다. 무명의 젊은이에서 하룻밤 사이에 대물리학자로 발돋움한 것이다.

 　그건 그렇고 세상을 깜짝 놀라게 한 아인슈타인의
　　대담한 발상이란 게 도대체 무엇이었을까?

호호호

　오랫동안 사람들은 '빛은 간섭하므로 파동이 틀림없다'고 생각해왔다. 그런데 플랑크가 설명한 '흑체복사' 실험을 통해 빛의 파동은 우리가 알고 있던 일반적인 파동이 아니라는 사실을 알게 되었다.

빛에너지는 불연속적이다!

바꿔 말하면 "파동에너지는 불연속적이다"라는 뜻이기도 하다.
여기서 아인슈타인은 이런 생각을 했다.

파동에너지가 불연속!?
만약 빛이 '파동'이라면 이건 정말 이상하군.

아인슈타인은 다시 처음으로 돌아가 이것을 연구하기 시작했다.

파동 에너지

아인슈타인은 빛에너지가 정말로 파동의 성질에 맞는지 다시 연구해
보기로 하였다.

플랑크 편에서도 언급했지만, 파동에너지는 '진폭'에 의해 결정된다.
이것을 수식으로 나타내면 다음과 같다.

$$|진폭|^2 \propto 파동에너지$$

플랑크는 자신이 발견한 $E=nh\nu$에서 "빛의 파동이 가지는 진폭은 불
연속이 아니면 안 된다"는 결과가 도출된 데 대해 몹시 괴로워했다. 왜냐
하면 파동의 진폭이 연속적인 값이 아니라는 건 아무리 생각해도 이상했
기 때문이다.

이렇게 플랑크의 이론으로 생각할 수 있는 '빛의 파동'은 가질 수 있
는 진폭 값이 정해져 있는 '이상한 파동'이 되어버렸다. 문제가 이것뿐
이라면 빛은 일단 '파동'의 동료로 간주해도 된다.

그런데 아인슈타인이 더 자세히 연구해본 결과 문제는 이것만이 아니었다. 바로 **에너지의 전달방법**과 관련된 문제가 있었다. 에너지가 전달되는 과정을 생각해보면 빛이 '파동'이라는 사실은 이상하기 짝이 없었다.

작은 상자 실험

아인슈타인은 '빛에너지의 전달방법'을 연구하기 위해서 흑체복사 실험을 바탕으로 다음과 같은 사고실험을 해보았다.

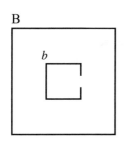

앞의 흑체복사 편에서 사용한 쇠로 된 상자 B에 작은 창문이 있는 작은 상자 *b*를 넣어보자.

그런 다음 B를 점점 뜨겁게 가열하면 그 안에는 빛이 가득 차게 된다. 이때 여러 가지 진동수를 가진 빛의 파동들이 제멋대로 돌아다니기 때문에 상자 안에는 '에너지'가 끊임없이 요동하고 있다. 그리고 그 파동은 작은 상자 *b*의 창문을 통해 드나들게 될 것이다.

그런데 이때 상자 속의 빛에너지는 어떻게 변화할까?

보통의 파동이라면 진폭이 연속적으로 변화하므로 에너지의 변화도 점점 증가하거나 줄어들 것이다.

에너지의 변화는 오른쪽 그림처럼 완만한 곡선이 될 것이다.

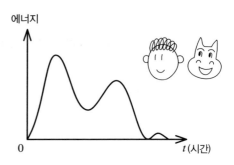

그런데 플랑크가 발견한 $E=nh\nu$에서 빛의 파동에너지는 불연속적

인 값밖에 취하지 않는다. 더구나 그 불연속적인 상태는 hv의 정수배이다.

그것은 작은 상자 b 안의 에너지는 hv씩 변하므로 중간값은 잡히지 않는다는 뜻이다. 어느 순간에는 hv, 다음 순간은 $3hv$, 그 다음 순간은 0…, 이렇듯 순간적으로 변화하지 않으면 안 된다.

그렇게 되면 작은 상자 b 안의 에너지 변화는,

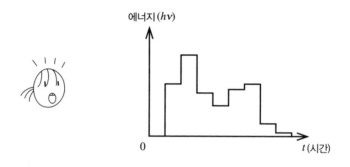

위와 같은 모양의 그래프가 된다.

이것은 분명히 이상하다!!

순간 아인슈타인의 뇌리에 이런 생각이 스쳐 지나갔다.

어쩌면… 빛은 '파동'이 아니라…

빛은 파동이 아니라…!?

에너지의 전달방법이 위와 같이 불규칙적인 그래프가 되기 위해서는 에너지 교환이 순식간에 이루어져야 한다. 즉 빛에너지는 덩어리가 되어야 한다.

에너지가 덩어리가 된다는 것은 무슨 뜻일까?

그래! 빛을 공 모양으로 생각하면 되는 거였어! 그렇게 생각하니까 전혀 이상하지 않아!

빛은 파동이 아니라 $E=h\nu$라는 에너지를 가진 '입자'이다.

Point

아인슈타인은 당시의 물리학을 뿌리째 뒤흔드는 해괴한 생각을 해버렸다.

하지만 그렇게 생각한다면 플랑크의 발견에는 아무런 이상이 없을 뿐 아니라 에너지가 불연속적인 것도 당연해진다. $E=nh\nu$에서 n은 빛 입자의 '개수'라고 생각하면 된다.

작은 상자 실험에서도 '빛 입자가 드나든다'고 생각한다면 작은 상자 b 안의 에너지가 자꾸 변하는 것은 당연하다. 빛 입자는 보이지 않을 만큼 작기 때문에 절반만 들어가는 것이 아니라 출입이 항상 순간적으로 일어난다.

빛 입자 1개가 작은 상자 b 안에 들어가면 에너지는 $h\nu$가 되고, 2개

들어가면 $2hv$, 3개 들어가면 $3hv$, 하나도 없으면 0이 된다. 어렵게 생각하지 않아도 에너지 변화는 자동적으로 불연속적이 된다.

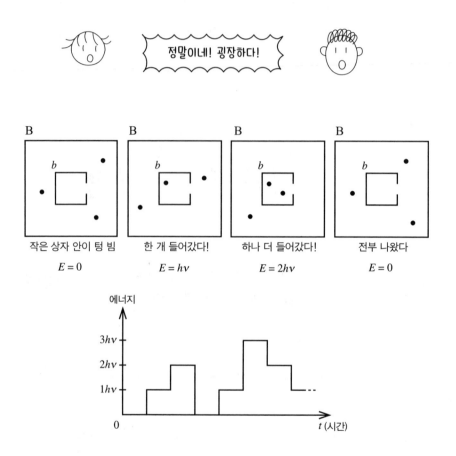

$E=nhv$라는 식은 '파동'이라고 생각했을 때는 이상했지만, '입자'로 생각하자 거침없이 잘 풀렸다.

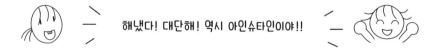

　이것이 바로 그 유명한 '광양자가설'이다.

　하지만 이것은 어디까지나 아인슈타인의 머릿속에서 이루어진 '사고실험'으로, 가설일 뿐 실제로 확인된 것은 없었다. 따라서 "빛은 입자!"라고 아무리 주장해봤자 아무도 믿지 않을 것이며 비상식적이라고 무시될 것이었다. 때문에 주변 사람들에게 '빛은 입자'라는 것을 납득시키기 위해서는 빛을 입자라고 생각하지 않으면 절대 설명할 수 없다는 것을 증명해야 했다. 그래서 아인슈타인은 본격적으로 '빛'에 관한 모든 실험을 연구해보기로 하였다.

5. 광전 효과

마침내 아인슈타인은 '빛은 입자'라고 생각하지 않으면 설명할 수 없는 실험을 찾아냈다!! 그것은 '광전 효과 실험'으로,

금속에 진동수가 큰 빛을 쬐면 전자가 튕겨 나간다

는 현상에 관한 연구였다.

이전부터 알려진 실험이었지만 그때까지 실험 결과를 제대로 설명한 사람은 아무도 없었다. 하지만 금세기에 들어서 독일의 실험물리학자 P. E. A. 레너드가 철저하게 실험한 끝에 결과를 유도해냈다.

먼저 어떤 실험인지 알아보자.

　　　　마침내 '빛은 입자!'라는 사실이 밝혀지는구나.

레너드의 실험

〈실험 방법〉

① 2장의 금속판을 서로 마주보게 한
다음 오른쪽 그림과 같은 장치를 만
든다.
이때 건전지를 연결시키면 전자는
마이너스(−) → 플러스(+) 방향
으로 흐르려 하지만, 막혀 있기 때
문에 금속판 A 부근에서 멈춘다.

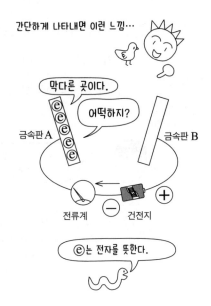

② 이 상태에서 금속판 A에 빛을 비추
면, 전자는 빛에너지를 받아 표면에
서 튕겨 나간다.

 이것이 광전 효과!

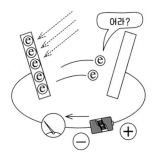

③ 튕겨 나간 전자는 금속판 B에
달라붙는다. 그렇게 되면 연결되
어 있지 않는데도 전류가 흐르게
된다.
신기하다!

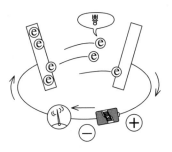

④ 이 실험에서 레너드는 비추는 **빛의 세기**(진폭)와 **색**(진동수)을 바꾸어보고, 그에 따라 튕겨 나가는 **전자의 수**와 **전자 1개의 에너지**가 어떤 식으로 달라지는지 철저히 연구했다.

전자 한 개의 전하를 알고 있으니,
흐르는 전류의 수치로 전자의 수를 알 수 있어.

전자 1개의 에너지는 금속판 A와 B 사이에
반대 방향의 전압을 걸어 전자가 어느 정도의
전압을 이겨내는지를 보면 알 수 있어!

이제 실험 결과를 확인해보자!

정리하면 아래의 표와 같다.

	튕겨 나가는 전자의 수	튕겨 나가는 전자 1개의 에너지
빛을 세게 하면…	증가했다!	변함없다
빛의 진동수를 크게 하면…	변함없다	커졌다!

 표만 봐서는 이 실험 결과가 무엇을 의미하는지 잘 모르겠어.

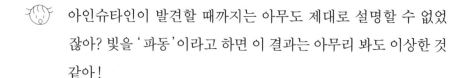 아인슈타인이 발견할 때까지는 아무도 제대로 설명할 수 없었잖아? 빛을 '파동'이라고 하면 이 결과는 아무리 봐도 이상한 것 같아!

빛이 '파동'일 때 광전 효과

먼저 실험 결과를 본 당시의 물리학자들이 왜 당황했는지 생각해보자.

> **상식적으로 빛을 파동이라고 생각했을 때의 광전 효과**

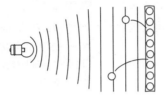

금속 표면의 전자는
빛의 파동에너지를 흡수하여 튕겨
나간다.

　당시에는 빛을 파동이라고 생각했으므로 빛의 밝기, 진동수의 크기는
각각 이렇게 대응한다.

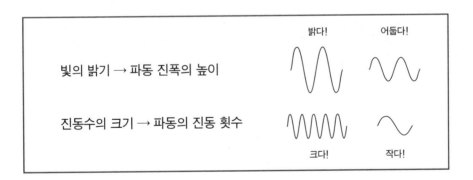

　이것을 염두에 두고 광전 효과를 설명해보자.
　'빛의 파동'이라고 하면 상상하기 어렵지만, 파도로 바꿔 생각해보면
이해하기 쉽다.

〈제1화〉 큰 파도가 와도 괜찮아! (빛을 밝게 한다 → 전자의 수가 증가한다)

  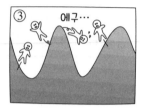

잔잔한 파도에 많은 사람이
떠 있다.

파도가 높아졌다! 몇 명이
날려갔다!

더 큰 파도가 밀려와 더
많은 사람이 날려갔다!
그런데 날려간 사람들의
에너지는 아까와 같다!?

〈제2화〉 잔잔한 파도에서 날려간 사람들!(진동수를 크게 한다 → 세게 튕겨 나간다)

 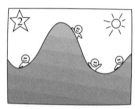 

많은 사람들이 바다에 떠
있다.

잔잔하지만 굉장한
높이의 파도가 밀려왔다!
하지만 아무도 날려가지
않았다.

잔잔한 파도가 왔다! 어라!?
사람들 몇 명이 큰 에너지를
가지고 날려갔다!

 광전 효과 실험을 파도로 생각하면 이런 결과가 되는 거야?

 이런 일은 바다에서는 절대 있을 수 없어.

파동에너지는 진폭에 비례하므로 일반적으로 생각하면 큰 파도일수록 떠 있는 사람들(＝전자)이 세게 날려갈 것이다. 그런데 '광전 효과'에서는 아무리 빛을 밝게 해도 튕겨 나가는 전자의 에너지는 같다.

게다가 잔잔한 파도에서 세게 날려가는 일은 절대 있을 수 없다! 진동수는 파동의 종류(색깔)를 결정할 뿐 에너지와는 상관없다.

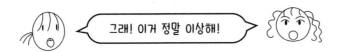

그래! 이거 정말 이상해!

당사자인 레너드를 비롯해 아무도 실험 결과에 대해 설명하지 못했다. 빛이 파동인 것은 너무나도 당연했기 때문에 그것에 관해서 아무도 의심하지 않았다. 단지 연구가 진행되면 잘 설명될 것이라고 생각했다.

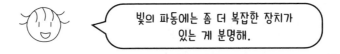

빛의 파동에는 좀 더 복잡한 장치가 있는 게 분명해.

그런데 아인슈타인은 이 괴현상을 '**빛은 입자**'라는 주장으로 어렵지 않게 설명했다!!

빛이 '입자'일 때 광전 효과

그러면 작은 상자에 대한 사고실험 때와 마찬가지로 "$E = h\nu$: 빛은 1개의 입자가 $h\nu$라는 에너지를 가진 입자"라고 생각하고 실험 결과를 다시 살펴보자.

빛을 입자라고 생각했을 때의 광전 효과

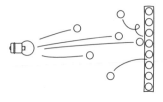

빛 입자가 튕겨 나와 물질 표면의
전자에 부딪친다.
그 충격으로 전자가 튕겨 나온다.

이렇게 생각하면, 빛의 세기(파동의 경우는 진폭)는 **빛의 입자 수**에 따라 결정된다.

입자 1개의 에너지는 $h\nu$로 정해져 있으므로 숫자가 많을수록 빛은 강해진다. 그렇다면 "빛을 강하게 비추면 튕겨 나오는 전자의 수는 증가하지만, 전자 1개의 에너지는 변하지 않는다"는 실험 결과도 당연하지 않은가!

빛의 입자가 많이 튕겨 나오면 많은 전자에 부딪치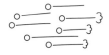
고, **튕겨 나온 전자의 수는 증가한다!**

이때 빛 입자 1개의 에너지는 $h\nu$로 항상 일정하므로 빛의 입자 수에는 상관없이, **튕겨 나온 전자 입자 1개의 에너지는 변함이 없다!**

그리고 빛에너지는 $h\nu$이므로 에너지의 크기는 진동수 ν에 의해 결정된다(h는 플랑크 상수로 일정함). 즉 ν가 커지면 빛 입자 1개의 에너지도 커진다.

그렇다면 실험 결과인 "빛의 진동수 ν를 크게 하면 튕겨 나오는 전자의 수는 변하지 않지만, 전자 1개의 에너지는 커진다"는 것도 전혀 이상하지 않다.

  큰 에너지를 가진 빛 입자가 충돌하면 당연히 전자도 세게 튕겨 나오게
되는 것이다.

 '입자'라고 생각하니 이렇게 분명한데, 어째서 아무도 생각하지
     못했을까?

     상식에 사로잡히지 않는다는 게 얼마나 어려운지 알려주는 단적
     인 사례야. 이런 걸 생각했다는 자체가 아인슈타인의 위대한
     점 같아.

  더구나 이 연구는 단순히 에너지가 크다, 작다에 대충 끼워 맞춘 것
이 아니라 실제 실험 결과에 나온 수치와 정확하게 일치하였다.

  충돌하는 빛에너지는 $E = h\nu$(ν는 빛의 색에 따라 변한다), 전자는 그 에
너지를 전부 받아 튕겨 나오지만, 실제로는 물질 표면을 통과하여 튕겨
나오는 데 약간의 에너지를 사용한다. 따라서 전자에너지는

$$E = h\nu - \phi$$

(ϕ는 밖으로 튕겨 나가기 위해 사용하는 에너지)

이것을 '아인슈타인의 관계'라고 해.

가 되고, 이것은 레너드의 실험 결과를 훌륭하게 뒷받침하고 있다!
예를 들어 보라색 빛의 경우,

$$\text{보라색의 진동수 } \nu = 0.8 \times 10^{15}(1/S)$$

이다. 한편 플랑크상수는,

$$h = 6.63 \times 10^{-34} (\text{J} \cdot \text{S})$$

이므로 이 경우 빛이 가진 에너지 E는,

$$E = h\nu = 6.63 \times 10^{-34} \times 0.8 \times 10^{15}$$
$$= 5.3 \times 10^{-9} (\text{J})$$

이 된다. 실험으로 알고 있는 튕겨 나온 전자가 가진 에너지 E의 수치는,

$$5 \times 10^{-19} (\text{J})$$

이므로 거의 일치한다.

이처럼 광전 효과 현상에 관해서는 아무리 생각해도 아인슈타인의 '$E = h\nu$'로 생각하는 것이 이치에 맞다.

따라서 빛을 '파동'으로 생각해서는 안 된다. 어디까지나 빛은 '입자'이다.

주변에서 볼 수 있는 광전 효과

광전 효과는 실험이나 이론만으로는 와 닿지 않겠지만, 사실 우리는 일상생활 속에서 광전 효과를 숱하게 체험하고 있다.

예를 들어 선탠.

우리 몸은 여름의 햇빛에 10분이라도 노출되면 금방 그을린다. 그런데 겨울에 빨갛게 타오르는 난로에는 아무리 오래 노출되어도 절대로 그을리지 않는다.

태양은 그렇게 멀리 있는데도 우리의 피부를 그을리고, 난로는 매우 가까이서 타고 있는데도 그을리지 않는다. 왜일까?

여기서 '빛은 $h\nu$라는 에너지를 가진 입자'라고 생각해보자. 햇빛과 난롯불의 차이는 진동수에 있다. 햇빛에는 진동수가 큰 자외선이라는 빛이 많이 포함되어 있고, 난로에는 진동수가 작은 적외선이라는 빛이 많이 포함되어 있다.

$E = h\nu$라고 생각하면 진동수가 큰 빛을 많이 포함하고 있는 태양은 빛 입자 하나하나의 에너지가 크다는 뜻이다. 그 큰 에너지를 가진 빛 입자가 우리의 피부 원자에 닿으면, 원자에는 큰 에너지가 전달되고 안에 있던 전자는 큰 에너지로 튕겨 나온다. 그러면 피부에서 전자가 튕겨 나왔을 때 격한 화학반응이 일어나고 그것이 그을림의 원인이 된다.

반대로 난로의 불빛은 진동수가 작은 적외선을 많이 포함하고 있기 때문에 빛 입자 각각의 에너지가 작다. 이 작은 에너지를 가진 빛 입자가 피부 원자에 아무리 많이 닿는다 해도 에너지가 약한 전자는 튕겨 나오지 않는다. 따라서 아무리 뜨거운 난로에 노출된다 해도 피부는 그을리지 않는다.

이처럼 빛의 입자성을 나타내는 광전 효과는 물리학자들만 연구하고 실험하는 것이 아니라, 실제로 우리의 가까운 일상생활에서도 쉽게 접할 수 있다.

6. 콤프턴 효과

아인슈타인이 광전 효과 실험에 성공한 지 18년이 지난 1923년, '빛=입자'설을 결정적으로 만들어준 또 하나의 실험이 나타났다. 그것은 바로 '콤프턴 효과'이다. 콤프턴 효과는,

엑스선이 물질에 닿았을 때 어떻게 산란되는가?

를 연구한 것으로, 미국의 물리학자 콤프턴이 '빛 입자는 서로 충돌한다'고 가정하여 멋지게 설명하였다.

내가 콤프턴이지!

실험 자체는 광전 효과와 마찬가지로 이전부터 알려져 있었는데, '빛=파동'이라고 생각했기 때문에 오랫동안 설명되지 못한 채 남아 있었다.

이것을 발견한 콤프턴은 '어쩌면 이 실험도!?'라는 생각으로 빛을 '입자'로 바꿔 생각하게 되었다.

빛이 당구공처럼 충돌하는 건가? 와~ 재밌겠다.

그런데 엑스선이 뭐지? 빛과 무슨 관계가 있지?

빛에도 여러 가지 종류가 있다고 플랑크 편에서 나왔잖아! 엑스선도 적외선이나 자외선과 마찬가지로 우리 눈에 보이지 않는 빛이고, 자외선보다 진동수가 커.

그래?

그럼 어서 콤프턴 효과 실험을 보러 가자!

엑스선이 물질에 닿으면 사방팔방으로 산란한다는 것은 이전부터 잘 알려져 있었다. 산란하는 것 자체는 드문 일이 아니지만 여기서 문제가 되는 것은 다음과 같다.

산란 후 엑스선의 진동수는 어떻게 되는가?

진동수가 모두 같은 단색의 엑스선을 이용해 산란 후 엑스선의 진동수를 여러 장소에서 관찰한다. 그리고 그 결과와 처음 발사했을 때 엑스선의 진동수를 비교하면 놀랍게도 이런 결론을 얻을 수 있다.

산란된 엑스선의 진동수가 작아지는 정도는 위치에 따라 달라진다!

이게 그렇게 놀랄 일이야?

　그 당시 '빛'은 맥스웰의 '전자기학'으로 완벽하게 설명할 수 있었다. 하지만 이 실험만큼은 맥스웰의 이론으로도 설명할 수 없었다. 빛을 '파동'으로 생각하는 한 산란 후 진동수가 작아지는 일은 절대로 불가능하다.

빛이 '파동'일 때 엑스선의 산란

빛을 파동으로 가정하고 엑스선의 산란을 생각해보자!

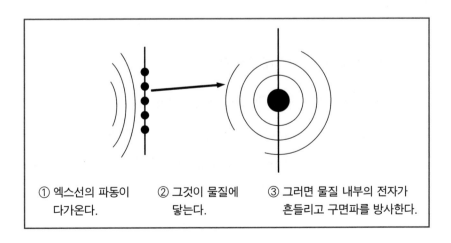

① 엑스선의 파동이 다가온다.　② 그것이 물질에 닿는다.　③ 그러면 물질 내부의 전자가 흔들리고 구면파를 방사한다.

이것이 맥스웰의 이론으로 설명되는 '엑스선의 산란'이다.

전자는 가속도가 붙어 움직이면 빛을 내는 성질이 있으므로 이 실험에서도 흔들린 전자에서 당연히 '빛'이 나올 것이다. 이때 빛은 구면파를 그리며 공간으로 퍼져나가는데, 이 구면파가 엑스선의 산란이 된다.

공간에 퍼지는 구면파는 물에 떠 있는 부유물을 상하로 흔들었을 때 퍼지는 물결을 떠올리면 된다.

따라서 엑스선의 산란은 이렇게 생각해볼 수 있다.

---

① 흔들리는 전자는 처음에 발사됐을 때 엑스선의 진동수와 같은 진동수로 진동한다.

② 엑스선이 단색이라면 당연히 전자의 진동은 일정한 주기를 갖게 된다.

③ 그러면 전자에서 방사되는 구면파는 '반드시 처음 엑스선의 진동수와 같다'.

이렇게 '빛=파동'으로 생각한다면 '산란 후 진동수가 작아진다'는 실험 결과는 결코 설명할 수 없다.

맞아. 이렇게 되면 절대 설명할 수 없지.

그래서 설명하지 못한 채 내버려뒀던 거구나.

그러던 중에 아인슈타인의 '광양자가설'이 등장했고, 콤프턴은 엑스선 실험도 이 연구를 이용하면 분명히 설명할 수 있을 거라고 생각했어.

그러면 이번에는 콤프턴이 그랬던 것처럼 "빛은 $h\nu$라는 에너지를 가진 입자"라고 생각하고 엑스선의 산란 실험을 생각해보자.

빛을 '입자'라고 생각하면 엑스선의 산란은 어떻게 될까?

빛이 '입자'일 때 엑스선의 산란

빛을 입자로 가정하고 엑스선의 산란을 생각해보자!

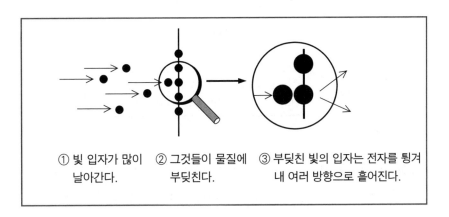

① 빛 입자가 많이　② 그것들이 물질에　③ 부딪친 빛의 입자는 전자를 튕겨
　 날아간다.　　　　 부딪친다.　　　　 　내 여러 방향으로 흩어진다.

이것이 빛을 '입자'로 생각했을 때 엑스선의 산란이다. 굳이 비교하자면 당구에서 볼 수 있는 '충돌현상'과 비슷하다.

충돌현상은 뉴턴역학으로 설명되었으므로 이 경우도 그것을 적용해 똑같이 생각하면 된다. 단 조금 다른 것이 있다면 빛의 입자 에너지는 $E=h\nu$라는 것뿐이다.

먼저 $h\nu$라는 에너지를 가진 입자가 전자에 닿으면 어떻게 되는지 알아보자.

$h\nu$라는 에너지를 가진 빛의 입자가 전자에 닿아 튕겨 나온다.

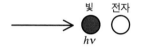

그러면 빛 입자는 전자를 튕겨 낸 만큼 에너지가 감소한다.

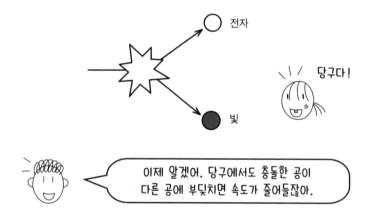

충돌한 전자가 움직이는 이유는 빛으로부터 에너지를 받았기 때문이다. 이때 전자가 받은 에너지는 빛이 사용한 에너지와 크기가 같다.

이것을 식으로 나타내면 다음과 같다.

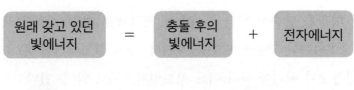

원래 갖고 있던 빛에너지 ＝ 충돌 후의 빛에너지 ＋ 전자에너지

이건 '에너지보존법칙'에 들어맞는 것 같아.

빛 입자의 에너지는 $h\nu$였으므로 이것을 '에너지보존법칙'에 대입해 보자.

h는 상수이므로 빛에너지가 변한다는 것은 진동수 ν가 변한다는 뜻이다. 따라서 처음 진동수를 ν_1, 충돌 후 진동수를 ν_2로 나타내면 에너지보존법칙은 다음과 같다.

$$h\nu_1 = h\nu_2 + (\text{전자에너지})$$

따라서 당연히

$$\cancel{h}\nu_1 \geqq \cancel{h}\nu_2$$

이 되고, 다음과 같은 관계식을 도출할 수 있다.

$$\nu_1 \geqq \nu_2$$

이것은 충돌 후 빛에너지의 진동수가 충돌 전보다 작다는 뜻이다.

즉 빛을 '입자'로 생각했을 때 '산란하면 진동수가 작아진다'는 엑스선 실험은 '당연'하다.

와아~ 정말 간단하네.

거짓말 같아.

하지만 이것은 단순히 빛을 입자라고 생각했을 때 진동수가 작아지는 것이 당연하다는 것을 증명했을 뿐이다. 실제 실험에서는 흩어진 엑스선의 진동수가 위치에 따라 어느 정도인지까지도 알 수 있다.

그러니 이제 이것을 계산해보고 그 답이 실험 결과와 정확히 일치한다는 것을 보여주어야 한다. 그렇게 했을 때 비로소 "빛은 충돌한다"고 주장할 수 있다.

우와!

그렇게 되면 완벽할 거야!

빛의 운동량

충돌현상을 설명할 때 가장 중요한 것은 '운동량'이다.

운동량은 대표적인 '입자' 언어로, 다음과 같은 수식으로 나타낼 수 있다.

$$p = mv$$
운동량＝질량×속도

'질량'이란 물질이 정지되어 있을 때의 무게이며, '속도'란 그것이 어떤 방향으로 얼마만큼의 빠르기로 움직이는지를 말한다.

뉴턴은 '운동'을 "물질(입자)이 일정 속도로 움직이는 것"이라고 정의했다. 그런데 물질에는 무게, 즉 질량이 있다. 따라서 두 물질이 같은 속도로 움직인다 해도 질량이 다르면 당연히 운동 속도 역시 달라진다. 여기서 '운동의 세기'가 바로 '운동량'이다.

　운동량은 움직이는 물질의 '질량과 속도의 관계'에 의해 결정된다.

　고전이론에서 충돌현상은 처음에 발사된 공의 운동량만 알면, 나중에 그것이 어떤 각도로 팅기는지에 따라 충돌 후 두 공의 운동량은 자동적으로 결정된다. 즉 충돌 후 2개의 공이 "어떤 방향으로 얼마의 속도를 가졌는가?"를 단번에 알 수 있다.

그렇구나! 그래서 이 실험에서는 '빛의 운동량'을 구하면 되는구나.

계산한 값이 실험 결과와 일치하면 빛은 틀림없이 '입자'라고 할 수 있어. 정말 충돌한다는 것을 증명할 수 있을까?

어서 빛의 운동량을 구해보자!

알았어. '운동량(P)＝질량(m)×속도(v)'라는 공식을 이용하면 되는 거지?

어? 잠깐만…. 빛의 속도는 30만 km/sec인데 빛의 질량은 얼마지…?

　그렇다. 빛의 경우에는 바로 '질량'이 문제가 된다. 뉴턴역학에서 운동량은,

$$p = mv$$

였다. 그런데 질량 m은 **'정지질량'**, 즉 멈춰 있을 때의 질량이다.

빛은 '광속도불변의 법칙'에 들어맞아야 하므로 언제 어디서 측정하든 반드시 초속 30만 킬로미터로 움직여야 한다. 즉 초속 30만 킬로미터로 움직이는 것이 '빛'이며, 속도가 조금이라도 줄어든다면 그것은 더 이상 빛이 아니라는 뜻이다.

따라서 '빛의 정지질량을 잰다'는 것은 아무리 기술이 진보해도 불가능하다.

아인슈타인의 '상대성이론'에 의하면 빛의 정지질량은 0이래!

잘 생각해보면 고전이론으로 설명한 충돌현상은 충돌 후 두 공의 '속도'였지만, 콤프턴 효과의 실험에서 관측되는 것은 산란 후 '빛의 진동수'이다. 따라서 우리는 빛의 운동량을 진동수와의 관계로 나타내야 한다.

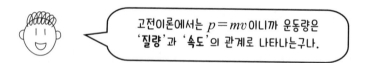

고전이론에서는 $p=mv$이니까 운동량은 '질량'과 '속도'의 관계로 나타나는구나.

빛의 경우 통상적인 고전이론만으로는 운동량을 구할 수 없다. 뭔가 다른 방법을 시도해야 한다.

$p=mv$라는 공식 말고 다른 방법으로 운동량을 구하라는 거야?

그게 가능한가??

사실 **'빛의 운동량'**은 아인슈타인에 의해,

$$p = \frac{E}{c}$$

라는 식으로 표현되었고 이것으로 에너지와의 관계를 알 수 있다. 따라서 이것을 잘 활용하면 된다. 이것은 유명한 '상대성이론'에 나오는 식으로 E는 에너지를 나타낸다. 아인슈타인은 상대성이론 중에서 빛의 운동량과 에너지는 이런 관계가 되어야 한다는 사실을 발견했다.

그런데 빛에너지에서 절대 잊어서는 안 되는 식이 하나 더 있다. 그렇다! 바로 이 식이다.

$$E = hv$$

이 두 식에서 E는 모두 빛에너지를 나타내므로 이것들을 조합하면 된다. 그러면 빛의 운동량은 다음과 같이 나타낼 수 있다.

Point

$$p = \frac{hv}{c}$$

빛의 운동량은 빛에너지(hv)를 광속도(c)로 나눈 것이다!

이것으로 빛의 운동량과 진동수가 어떤 관계인지 알 수 있다.

그리고 이것을 이용해 계산했을 때 전자에 부딪쳐 튕겨 나오는 엑스선의 진동수가 실험을 통해 알고 있는 값과 같아지면 된다.

엑스선이 90도의 방향에서 튕겨 나왔을 때의 '관측값'과 '이론값'을 비교해보자.

$$\text{실제로 관측된 진동수} \quad \cdots\cdots \quad 4.5 \times 10^{11} (1/S)$$
$$\text{계산해서 구한 진동수} \quad \cdots\cdots \quad 4.2 \times 10^{11} (1/S)$$

 와! 거의 똑같다!

 이것으로 빛이 '충돌'한다는 사실이 증명된 셈이야.

짝짝짝

콤프턴이 이 실험으로 설명함으로써 아인슈타인의 '광양자가설'은 더 이상 가설이 아니라 현실이 되었다. 그때까지는 아무리 빛이 입자라고 주장해도 실제로 알고 있는 것은,

에너지의 교환은 불연속적이다.

라는 것뿐이었기 때문에 사실상 단언할 수 없었다. 하지만 이 실험으로 '빛 입자의 운동량'까지 알게 되었으니 더 이상 두려울 것이 없었다.

빛은 진실로 입자이다!

오~

빛의 운동량을 표기하는 또 다른 방식

앞에서 빛의 운동량 p는,

$$p = \frac{h\nu}{c} \quad \cdots\cdots \ (1)$$

라는 형태로 나타낸다는 것을 배웠는데, 이것을 다르게 표기해 보자.

이 식은 파장 λ(람다)라는 기호를 사용해 치환할 수 있다. 파장이란

"파동 1개가 진동하는 동안 나아간 거리"를 뜻한다.

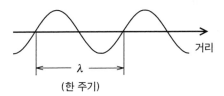

λ
(한 주기)
거리

빛의 경우 파장 λ를 구하려면 빛이 1초 동안 진행하는 거리 30만 km를 파동이 진동한 횟수로 나누면 된다. 이것을 수식으로 나타내면 다음과 같다.

$$\lambda = \frac{\text{광속도} \ c}{\text{진동수} \ \nu}$$

진동수란 '1초 동안 파동이 진동하는 횟수'잖아.

예를 들어 $n=5$라면, 1초 동안 5회 진동한 거니까 30만 km/5로 파동 하나의 길이, 즉 파장 λ 를 구할 수 있어.

여기서 (1)식의 $\frac{v}{c}$ 는 파장 λ 의 역수이므로,

$$\frac{v}{c} = \frac{1}{\lambda}$$

이 된다. 그러면 (1)식을,

$$p = \frac{h}{\lambda}$$

인 빛의 운동량 p는 플랑크상수 h를 파장 λ로 나눈 것과 같다고 바꿔 말할 수 있다.

7. 안개상자 실험

콤프턴 효과는 우리가 기존에 알고 있던 유리구슬이나 당구 등의 충돌현상과 같은 원리로 설명할 수 있다는 것을 알았다.

그런데 이 원리의 특징은 충돌한 두 개의 공 중에서 한쪽 공의 운동량을 알면, 다른 쪽 공의 운동량도 자동적으로 알 수 있다는 데 있다. '콤프턴 효과' 편에서는 엑스선의 진동수 변화에 주목했기 때문에 튕겨 나간 전자에 관해서는 전혀 언급하지 못했다. 하지만 튕겨 나간 엑스선을 안다는 것은 전자의 속도나 방향도 구할 수 있다는 뜻이다.

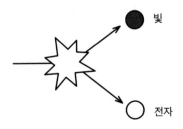

만약 '튕겨 나온 전자'가 관측되고, 그것이 콤프턴의 이론에서 나오

는 값과 일치한다면 금상첨화이다. 그렇게 되면 콤프턴의 이론은 더욱 완벽해질 것이다.

두말할 필요도 없이 전자는 너무 작아서 우리 눈으로 직접 볼 수는 없다. 콤프턴이 이 원리를 발표했을 당시에는 아무도 전자를 관측할 수 없었기 때문에 콤프턴 역시 '튕겨 나간 전자'에 대해서 아무런 시도도 할 수 없었다.

그런데 몇 개월 후 월슨, 보테라는 두 물리학자가 각각 독자적으로 전자의 움직임을 육안으로 보는 데 성공했다!

그 결과 콤프턴의 이론대로 전자가 튕겨 나갔다는 사실을 확인할 수 있었다.

광장해! 콤프턴 효과의 충돌현상 전체가 계산되고, 게다가 실험으로도 확인됐어.

그런데 도대체 어떤 방법으로 전자를 관측했을까? 빛은 진동수를 보면 되겠지만 전자 한 개 입자의 움직임을 정말 육안으로 볼 수 있다고?

보일 리가 없는 전자를 관측한 방법은 바로 **'안개상자 방법'**으로, 이것은 안개의 성질을 이용한 획기적인 방법이었다.

'안개의 성질'이 뭐지? 안개라는 건 산에 가면 뿌옇게 끼어 있는 그거 맞지?

맞아! 안개는 습기가 많은 공기가 갑자기 차가워지면서 공기 중의 수증기가 액체, 즉 물입자로 변한 것을 말해. 공기 중의 먼지나 먼지를 매개 삼아서 생성되는 거야.

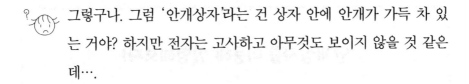 그렇구나. 그럼 '안개상자'라는 건 상자 안에 안개가 가득 차 있는 거야? 하지만 전자는 고사하고 아무것도 보이지 않을 것 같은데….

이 방법을 쓴다고 안개 속에서 전자가 보일 리 없다. 전자가 통과한 흔적이 안개가 되어 보이는 것이다. 보통 안개는 공기 중의 먼지 등을 매개로 발생하는데, 그 밖에도 공기 중의 이온(전자 수가 부족하거나 너무 많은 원자)이 먼지 역할을 하기도 한다.

'안개상자' 실험은 안개의 이런 성질에 주목한 것으로, 먼지가 전혀 없는 상자 속을 수증기로 가득 채운 후 급속히 식힌다. 그렇게 하면 상자 안은 당장이라도 안개로 바뀌고 싶지만 매개가 될 먼지가 없기 때문에 과포화상태가 된다. 거기에 전자를 날리는 것이다. 전자는 공기 중의 원자에 부딪치거나 원자 속의 전자를 튕기기 때문에 이온이 만들어진다. 그러면 그 이온을 매개로 하여 차례차례 안개가 발생하고, 전자가 날아간 흔적을 따라 안개의 선이 보이게 된다.

이 방법을 이용하여 윌슨과 보테는 콤프턴 효과에서 튕겨 나간 전자를 자세히 관측했다. 세게 튕겨 나간 전자가 가진 에너지는 커지므로 안개상자 속에서 그 비적은 길어지고, 반대일 경우 비적은 짧아질 것이다.

이론적인 계산에 따라 날아간 거리의 길이에서, 거꾸로 튕겨 나온 전자에너지를 구해보면 실제로 콤프턴의 계산으로 구한 수치와 정확히 일치한다.

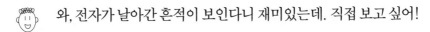 와, 전자가 날아간 흔적이 보인다니 재미있는데. 직접 보고 싶어!

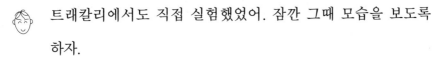 트래칼리에서도 직접 실험했었어. 잠깐 그때 모습을 보도록 하자.

안개상자를 이용해 실험해보자!

○월 △일, 트래칼리의 히포룸에서 학생들은 직접 안개상자 실험을 해보았다.

드디어 콤프턴 효과에서 본 전자의 움직임을 육안으로 확인할 수 있게 된 것이다!

트래칼리에서는 '간이 안개상자'라는 실험교재 세트를 사용했는데, 이것은 양손으로 감쌀 수 있을 정도로 작고 동그란 상자이다.

이 교재 세트에는 전자 대신 α입자를 발사하는 방사선원이 붙어 있다. 전자와 α입자는 둘 다 '입자'이므로 보이는 모습은 거의 같다.

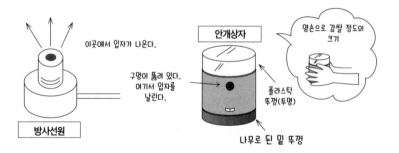

■ 먼저 상자 안쪽에 있는 스펀지의 상부에 알코올을 스며들게 한다. 알코올은 물보다 기체로 바뀌기 쉬우므로 안개가 되기도 쉽다. 그런 다음 바닥부터 드라이아이스를 채우고 상자를 냉각시킨다.

■ 뚜껑을 닫고 잠시 기다리면 알코올은 증기가 되어 점점 아래로 내려간다. 하지만 상자가 밑바닥부터 차가워지고 있기 때문에 증기는 다시 액체로 돌아가려 한다. 알코올은 잠시 상자 안의 먼지를 매개로 하여 안개가 되지만, 그 안개는 곧 바닥으로 내려앉게 되고 상자 안에는 안개가 되지 못한 알코올로 가득 찬다.

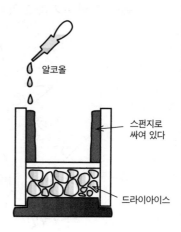

준비 완료!

■ 자! α입자를 상자 안에 발사시켜보자! 상자에 낸 구멍으로 방사선원의 입구를 뚫는다. 좋았어, 간다!

이때 방의 불을 끈 상태에서 안개상자에만 강한 빛을 비추면 훨씬 잘 보인다.

■ 알코올의 양이 포인트인 듯한데 트래칼리에서는 몇 번이나 실
패…. 거의 포기하고 있을 때 마침내 보이기 시작했다!

마치 비행기가 구름을 그리듯이 α입자가 기세
좋게 쑹쑹 날아가는 모습을 확실하게 볼 수 있다.
여러 차례 실패한 만큼 보였을 때의 환희가 매우
컸기 때문에 히포룸은 흥분의 도가니였다.

이런 식으로 전자의 궤도가 보이는구나!
안개의 속도나 방향을 관측하면 되는 거였어.
이 실험을 생각해낸 사람이 누군지 정말 대단해.

안개상자 실험은 양자의 움직임을 관측할 수 있는 유일한 방법
으로, 이후 원자물리학 연구에서 절대로 빼놓을 수 없는 중요한
요소가 되었다.

8. 마치면서

이렇게 되면 빛은 입자라는 게 확실해졌어.

맞아! 우리 눈으로 직접 전자의 모습도 보았고.

'안개상자 실험'은 굉장히 재미있었어. 비행기 구름 같은 게 보였을 때는 정말 황홀했어.

더구나 콤프턴 이론으로 정확하게 설명할 수 있었으니까! 이제 누가 뭐라고 해도 빛은 입자야.
빛은 육안으로는 볼 수 없을 정도로 작지만 그 주변을 돌고 있는 공과 완전히 같은 움직임을 보이고 있지.

그럼 다들 '빛은 입자'라는 데 대해 이의가 없는 거지?

일동　 응!!

그래? 다들 초심을 잊은 거 아냐? 여기서 다시 한 번 지금까지의 모험을 돌아보자!

지금까지 배운 것을 되돌아보자!

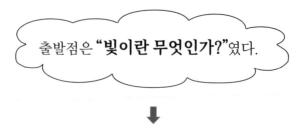

출발점은 **"빛이란 무엇인가?"**였다.

그때까지 물리학에서는 '**빛은 파동**'으로 기술되고 있었다.

왜냐하면 빛은 **간섭**하기 때문이다.

슬릿 실험으로 확인해보자!!

역시 빛은 '**파동**'이다!

그런데! 플랑크의 흑체복사 실험에서는 그때까지 했던 것처럼 빛을 보통의 파동으로 생각하면 도저히 설명할 수 없는 상황이 발생했다.

$$E = nh\nu \quad (n = 0, 1, 2, 3, \cdots)$$

빛에너지는 불연속적인 값만을 갖는다!!

아인슈타인 등장!

그는 '작은 상자 실험'이라는 사고실험을 통해 '빛은 입자'라고 생각하면 흑체복사 실험도 설명할 수 있다는 것을 발견했다! 그리고 '광전 효과' 실험으로,

$$E = h\nu$$

빛은 $h\nu$라는 에너지를 가진 '입자'라는 사실을 훌륭하게 증명했다.

또한 콤프턴 효과 실험에서는,

$$p = \frac{h\nu}{c} = \frac{h}{\lambda}$$

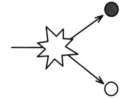

이렇게 빛이 입자라는 사실을 증명하는 **'운동량'**까지도 알 수 있었다.

역시! 아무리 봐도 결국 빛은 '입자'구나.

그렇게 되면 슬릿 실험에서의 빛의 입장은 어떻게 되는 거야? 그 실험에서 '빛'은 틀림없이 '파동'이었잖아. '입자'가 간섭할

리 없는데.

하지만 '광전 효과'나 '콤프턴 효과' 실험에서는 아무리 생각해도 '입자'라고밖에 할 수 없어.

그럼 어떻게 하지!?

알았다! 슬릿 실험을 '입자'일 경우로 다시 한 번 해보면 되지 않을까? 그래도 역시 그런 모양이 된다면 빛은 틀림없이 '입자'라고 할 수 있잖아.

입자일 경우의 슬릿 실험

앞에서 봤던 것처럼 파동의 경우 두 개의 슬릿을 동시에 빠져나가면 벽에 도달할 때 '파동의 세기'는 그림처럼 되었다.

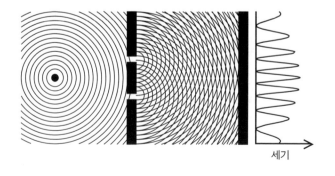

세기

이것을 입자의 경우로 실험해보면 과연 어떻게 될까?

파동일 경우 벽에 도달했을 때의 '파동의 세기'를 연구했지만, 입자일 경우에는 '벽의 어느 위치에 몇 번 도달했는가?'를 연구하여 그 개수를 그래프로 나타낸다. 이때 입자는 둘로 나눌 수 없다는 사실이 중요하므로 기관총 같은 것을 사용하면 좋다.

순서는 파동일 때와 마찬가지로 다음 3가지 패턴으로 나눠서 한다.

① 슬릿 1만 개방한 경우
② 슬릿 2만 개방한 경우
③ 슬릿 1, 2를 모두 개방한 경우

1) 슬릿 1만 개방한 경우

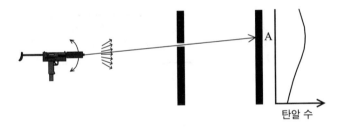

탄알은 슬릿 1의 가장자리에 닿은 후 가끔 방향을 크게 바꾸기도 하는데, 대부분의 경우 탄알의 발사 위치에서 곧장 슬릿을 지나 A 부근에 도달한다. 도달한 탄알 수를 그래프로 만들면 위 그림처럼 된다.

2) 슬릿 2만 개방한 경우

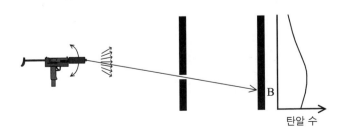

1)과 마찬가지로 2)의 그림처럼 B 부근에 도달하는 경우가 가장 많다.

파동의 경우와 같아.

3) 슬릿 1, 2를 모두 개방한 경우

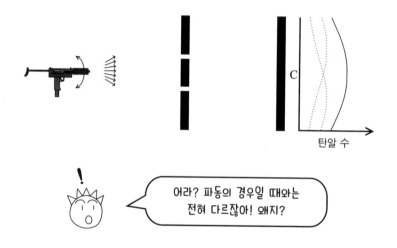

C

탄알 수

어라? 파동의 경우일 때와는
전혀 다르잖아! 왜지?

　　슬릿 1, 2를 모두 개방한 경우는 슬릿을 각각 한 개씩 개방한 1), 2)의 경우가 동시에 일어나는 것이므로 결과는 단순히 1)＋2)의 그래프가 된다.

　　겹쳐진 곳의 수가 더해져 점선처럼 된다고 생각하면 되는 거야!

　　이 장치에서는 한가운데인 C 부근에 도달하는 경우가 가장 많았지만, 이것은 슬릿의 위치에 따라 달라진다. 하지만 결과는 반드시 1)＋2)이고, 파동의 경우처럼 결코 꾸불꾸불한 모양의 그래프가 되지는 않는다.

새로운 이론으로 출발

휴우! 빛이 $E=h\nu$ 라는 에너지를 가진 '입자'라는 것을 그렇게 힘들게 설명했는데, 이렇게 되니 뭐가 뭔지 모르겠어.

그런데 말이야, '$E=h\nu$'는 자세히 보면 이상하지 않아? 왜냐하면 '빛은 입자'라고 해놓고 'ν'가 들어가거든. 'ν'는 '진동수'잖아? 도대체 빛 입자의 진동수가 뭐지?

정말 그렇구나! 이렇게 되면 빛이 입자라고 해도 어떤 입자인지 전혀 알 수 없어!!

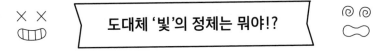

도대체 '빛'의 정체는 뭐야!?

　우리는 그 당시 난처하고 곤혹스러웠을 물리학자들의 입장을 이해할 수 있었다. 슬릿 실험에서 간섭무늬를 만드는 빛은 당연히 '파동'이라고 생각할 수밖에 없었다. 그런데 플랑크가 "빛의 파동은 불연속적인 에너지를 갖는다"는 것을 발견함으로써 아인슈타인과 콤프턴은 빛이 '입자'라는 사실을 증명해냈다. 더구나 콤프턴 효과로 빛 입자가 가진 '운동량'까지 알아냈다.

　어떤 실험에서는 '파동'으로, 또 다른 실험에서는 '입자'로 움직이는 '빛'. 이 빛은 '입자'와 '파동'의 움직임을 결코 동시에 보이는 일이 없다.

실제로 '입자'와 '파동'은 물리학 세계에서 결정적인 의미를 가진다. 왜냐하면 그때까지 물리학에서는 세상에 존재하는 모든 물질을 크게 '입자'나 '파동' 중 하나라고 생각했기 때문이다.

양측은 서로 반대의 성질을 가지며 절대로 양립할 수 없다. 즉 '남자'는 '여자'가 아니며, '남자'와 '여자' 양쪽 모두일 수 없는 것처럼 입자인 물질은 절대로 파동이 아니며 파동인 물질은 절대로 입자가 아니다.

이런 기이한 빛의 움직임! 물리학자들을 괴롭힌 빛에 관한 실험은 꾸준히 계속되었다. 실험 종류에 따라 움직임이 달라지자 유명한 물리학자 막스 보른은 이런 농담까지 했을 정도였다.

막스 보른

월수금은 '파동'이 되고, 화목토는 '입자'가 되었다가 일요일에는(대학이 쉬니까) 푹 쉬는 게 빛이야!

이러한 '입자'와 '파동'의 이중성은 그때까지의 물리학, 즉 뉴턴역학이나 전자기학 등으로는 도저히 설명이 불가능했다. 게다가 시간이 더 흐른 후에는 그때까지의 이론으로 설명할 수 없는 것이 빛뿐만이 아님을 알게 된다. 흑체복사와 함께 남아 있던 '원자' 문제가 바로 그것이다.

물질을 구성하는 최소 단위라고 생각했던 원자는, 그 후에 더 나뉠 수 있으며 '전자'와 '원자핵'으로 구성된다는 사실이 발견된다. 문제는 전자와 원자핵이 어떤 식으로 원자 안에 들어 있는가 하는 것인데, 그렇게 되자 지금까지의 이론에 모순이 생기게 되었다.

그러던 중 닐스 보어가 등장하여 원자 문제에 빛을 나타내는 수식인 $E=h\nu$를 도입하여 멋지게 성공을 거둔다. 보어의 등장으로 물리학은 본격적으로 새로운 시대를 맞이한다.

바로 '고전 양자론'이 탄생한 것이다.

그리고 그 주역이 된 것이 플랑크가 발견한 상수 'h'였다!

'h'는 양자를 말할 때 빼놓을 수 없는 상수이다. 지금 단계에서는 'h'가 어떤 의미인지 알 수 없지만 차츰 그 의미가 명확해질 것이다. 그리고 마지막에 기다리고 있는 것은 그때까지의 물리학으로는 결코 이해할 수 없는 '의외'의 결말이었다.

이때부터 '뉴턴역학'이나 '전자기학'은 양자의 움직임을 설명하지 못하는 낡은 물리학, 즉 '고전역학'이라고 불리게 된다. 그리고 젊고 재능 있는 많은 물리학자들은 새로운 물리학 영역인 '양자역학'에 열정을 쏟기 시작한다.

빛과 원자를 설명하는 새로운 이론인 '양자론'은 앞으로 어떻게 완성될 것인가?

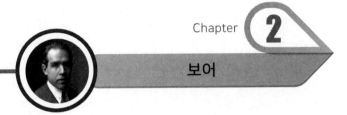

Chapter **2**

보어

고전 양자론

플랑크와 아인슈타인은 마침내 양자역학의 문을 열었다.
여기서부터는 '전자'에 관하여 살펴볼 것이다. 원자의 구성요소 중
하나인 전자가 얼마나 이상한 움직임을 보이는지 함께 알아보자.
고전역학의 상식을 벗어난 전자의 움직임을 이해하는 것은
불가능하다고 여기던 시절, 처음으로 쐐기를 박은 인물이 있었으니
그가 바로 '닐스 보어'이다.
그와 함께 대담한 발상과 탁월한 방법으로 이 신기한 현상을
차근차근 파헤쳐보자.

1. 모험 2라운드 시작

 양자역학? 뭐야 그게?

켁! 어려워 보여.

양자역학이라는 말을 처음 들은 사람, 들은 적은 있지만 전혀 관심이 없는 사람, 또 배운 적은 있지만 아는 건 별로 없는 사람도 있을 것이다.

괜찮아. 전부 괜찮다구.

이 모험은 '언어'를 하는 사람이라면 누구라도 참가할 수 있다. 특히, '우리가 살고 있는 이 세계는 어떻게 구성되어 있을까?', '인간이 언어를 할 수 있다는 게 신기해'라고 한번이라도 생각한 적이 있다면 충분하다.

양자역학은 세상의 이치, 즉 '자연은 어떻게 이루어져 있는가?'를 탐구하고 우리보다 한발 앞서 모험을 떠난 자연과학자들이 만든 길안내서이다. 이 모험에서만큼은 그들이 대선배이다!

그렇지만 수식 같은 게 잔뜩 나오잖아? 난 안 되겠어.

못 따라갈 것 같아.

괜찮다니까. 수식도 '자연은 어떻게 이루어져 있는가?'를 나타내는 훌륭한 언어거든.

    자연을 나타내는 언어?

그래?

처음 이 말을 들었을 때 나는 깜짝 놀랐어. 한번도 생각해본 적이 없었기 때문이야. 그런데 듣고 보니 분명 맞는 말이었어. 더구나 어느 나라 사람에게나 통하는 세계 공통어잖아. 이제 조금은 가깝게 느껴져? 자연과학자도 우리도 다 똑같은 사람이야.

"누군가 이해할 수 있다면 누구나 이해할 수 있다."

우리가 제일 좋아하는 말이야. 정말이라구.
아이들은 자연스럽게 말을 배우는데 이것도 자연현상 중 하나잖아. 히포에서는 아이들의 방법으로 언어를 익히고 있어. 자연이 어떻게 이루어져 있는지 체험하는 거지.
양자역학을 공부하다 보면 이것도 말을 배울 때나 여러 나라 사람과 만나면서 느낀 것과 마찬가지로 '같은 걸 찾고 있다'는 걸 깨닫게 될 거야.

언어와 생활은 달라도 다 똑같은 사람.

언뜻 다르게 보이지만 똑같은 움직임을 보이는 물질.
'같다'는 건 왠지 매우 따뜻한 말 같아.

같은 것을 찾는 작업이라면 우리도 할 수 있을 것 같아.
맞아.

그래! 언제든 출발할 수 있어.
함께 모험을 떠나자!

모험을 떠나자!

2. 원자의 이상한 움직임

    여기서부터는 눈에 보이지 않는 **원자**와 **전자**라는 아주 작은 세계와 '고전 양자론'이라는 양자역학의 토대를 만든 닐스 보어의 활약 무대가 펼쳐진다.

    어느 때는 파동, 어느 때는 입자의 움직임을 보이는 빛. 이런 물질은 없었기 때문에 빛은 그때까지의 언어(고전론)로 설명할 수 없었다. 물리학자들은 이 사실을 좀처럼 믿으려 하지 않았다. 그도 그럴 것이 고전론으로 설명할 수 없는 것은 없었기 때문이다. 하지만 이제 플랑크와 아인슈타인의 빛에 관한 연구로 양자역학의 문이 열렸다. 문을 열면 어떤 세계가 펼쳐질지 아직은 아무도 모르지만, 잠시 후 이것이 우리의 사고방식을 근본부터 크게 바꾸어놓을 만한 대사건이었음을 알게 될 것이다. 그것이 과연 무엇일까?

기대 만발~

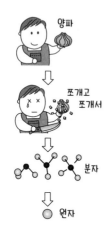

보어의 등장으로 넘어가기 전에 그때까지 원자에 관한 연구와 미결로 남아 있던 문제가 무엇이었는지 살펴보자.

세상의 모든 물질을 계속 작게 나누다 보면 마지막에 가서는 더 이상 나눌 수 없게 되는데, 옛날 사람들은 그것을 물질의 최소 단위라고 생각했으며 '**원자**'라고 이름 붙였다. 그리고 수많은 연구 결과, 모든 물질은 수십 종류의 미세한 원자로 구성되어 있다는 것이 밝혀졌다. 또 '물질을 가열하면(에너지를 가하면) 빛을 내므로' **원자가 빛을 방출한다**는 것도 알려졌다. 하지만! 원자가 내는 그 빛이 참으로 이상했다.

예를 들어 태양빛을 분광기(프리즘)에 통과시키면 무지개처럼 아름다운 띠 모양의 스펙트럼이 나타난다.

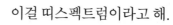
이걸 띠스펙트럼이라고 해.

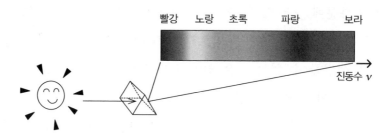

진동수의 차이가 색의 차이구나.

프리즘은 혼합되어 있는 빛을 분리하는 매우 편리한 도구야.

그런데 물질(원자)을 가열할 때 나오는 빛이 **특정한 진동수의 빛**이라는 사실을 알게 되었다.

이걸 선스펙트럼이라고 해.

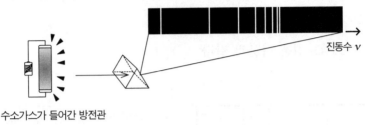

진동수 ν

수소가스가 들어간 방전관

 원자마다 섞여 있는 빛의 색이 다르다는 뜻이구나.

그렇지. 나트륨은 오렌지색이고 수소는 핑크색과 비슷해. 예를 들어 우리 주변에서 쉽게 볼 수 있는 고속도로의 오렌지색 조명등은 나트륨 빛이지.

 그렇구나.

원자마다 나오는 빛의 스펙트럼이 정해져 있고, 같은 원자는 반드시 같은 진동수의 빛을 방출한다. 물리학자들은 많은 연구를 통하여 어떤 원자가 어떤 빛을 방출하는지 거의 다 알아냈다. 하지만 스펙트럼 진동수의 배열은 몹시 이상해서 어째서 정해진 진동수의 빛을 방출하는지, 거기에 어떤 질서가 있는지 알 수 없었다.

원자가 방출하는 빛

시간이 경과하여 1885년, 스위스의 여학교에서 수학교사로 있던 발머가 수소 스펙트럼의 가시부(보이는 부분) 중 4개의 파장 간의 관계를 나타내는 식을 발견한다.

그때의 스펙트럼은 다음과 같다.

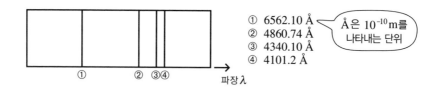

① 6562.10 Å
② 4860.74 Å
③ 4340.10 Å
④ 4101.2 Å

Å은 10^{-10} m를 나타내는 단위

파장 λ

 발머는 예전부터 네 개의 숫자를 유도해내고 그 숫자를 연관짓는 공식을 연구하는 게 취미였대.

네 개의 숫자를 다양한 방법으로 연관짓다 보니 '3645.6Å'이라는 수를 발견했는데, 이 숫자를 a로 놓고 나열하자 다음과 같은 수열이 되었다.

$$\frac{9}{5}\,a,\ \frac{16}{12}\,a,\ \frac{25}{21}\,a,\ \frac{36}{32}\,a \qquad (a = 3645.6\text{Å})$$

이것을 더 자세히 살펴보니 다음과 같은 규칙성이 있다는 것을 알 수 있었다.

$$\frac{3^2}{3^2-4}\,a,\ \frac{4^2}{4^2-4}\,a,\ \frac{5^2}{5^2-4}\,a,\ \frac{6^2}{6^2-4}\,a \qquad (a = 3645.6\text{Å})$$

정리해보면 다음과 같은 결과가 나온다.

발머의 공식

$$\lambda = \frac{n^2}{n^2 - 4} a \qquad \begin{matrix} (n = 3, 4, 5, 6) \\ (a = 3645.6\text{Å}) \end{matrix}$$

원자에서 나오는 스펙트럼에 질서가 있다는 사실을 처음으로 발견한 것이다!

 취미가 엄청난 발견으로 이어졌구나.

하지만 발머의 공식은 수소의 스펙트럼밖에 나타내지 못했다.

얼마 지나지 않아 리드베리라는 사람이 발머의 식을 파장이 아닌 진동수로 나타내면 해결된다는 것을 발견하고 모든 원자의 스펙트럼에 맞는 공식을 연구했다.

리드베리의 공식

$$\nu = \frac{Rc}{(m + a)^2} - \frac{Rc}{(n + b)^2}$$

 $R = 1.0973 \times 10^7 \text{m}^{-1}$은 리드베리가 만든 상수인데, 이유는 알 수 없었지만 이렇게 하면 실험 결과와 맞아떨어졌다.

이 식에서 m과 n은 정수이며 둘의 관계는 $n > m$이다. 그리고 a와 b의 값은 원자의 종류에 따라 결정되는 상수이다. m, n, a, b가 정해지면 원자에서 나오는 스펙트럼을 전부 알 수 있다. 예를 들어 수소 스펙트럼에 서 눈에 보이는 부분은 네 개뿐이지만, 이 식으로 추론하면 훨씬 많다는 사실을 알 수 있다. 굉장해! 눈에 보이지 않는 것까지 예상할 수 있는 슈퍼 공식이라니! a와 b를 0으로 바꾸면 수소 스펙트럼을 나타내는 식이 된다.

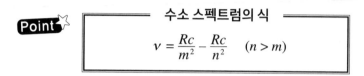

수소 스펙트럼의 식

$$\nu = \frac{Rc}{m^2} - \frac{Rc}{n^2} \quad (n > m)$$

이 식에서 m을 2로 바꾸면 발머의 공식과 정확하게 맞아떨어지는구나.

직접 계산해보고 싶은 사람은 해봐.

리드베리의 공식이 예언했듯이 실험기술이 진보함에 따라 눈에 보이지 않는 부분까지도 잇따라 발견되었다.

    여기서 수소 스펙트럼을 예로 들어볼게.

리드베리의 식에서 m에는 정수가 들어간다. $m=1$에 해당하는 부분(자외선 계열)은 라이먼Lyman이 1906년에 발견했고, $m=3$ 부분(적외선 계열)은 파센Paschen이 1908년에, $m=4$ 부분은 블래킷Blackett이 1922년에 발견했다. 각각 발견한 사람의 이름을 붙여 라이먼 계열, 파센 계열, 블래킷 계열이라고 한다.

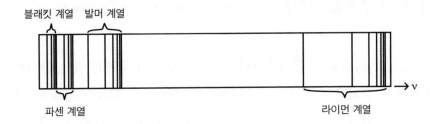

 ? 그런데… 왜 이런 스펙트럼이 나오는 거야?
이게 무슨 뜻인데?

이 질문에는 발머도 리드베리도 설명하지 못했다.

물리학은 '왜?' '어떻게?'를 설명하지 못하면 그 현상을 밝힌 게 아니야. 냉혹한 세계라고 할 수 있지.

리드베리의 식은 원자에서 나오는 빛의 스펙트럼을 나타내고 있었기 때문에 원자에 관한 중요한 단서가 되리라는 것은 알았지만 현실은 그다지 녹록치 않았다.

도대체 왜 원자가 내는 빛의 스펙트럼이 선스펙트럼이 되는지,
왜 반드시 정해진 곳에서만 나타나는지도 알 수 없었어.
또 그때까지 빛은 푸리에 급수(아무리 반복적이고 복잡한 파동도 단순한 파동들의
합이며, 그 파동의 진동수는 기본 진동수의 정수배)로 나타낼 수 있었지만
리드베리의 식은 푸리에의 급수와는 거리가 멀었어.

 이라는 형태를 띠고 있거든.

무엇 빼기 무엇

물리학자들은 원자에서 나오는 불가사의한 빛이 도대체 어디에서 어떤 식으로 나오는지 연구하기 시작했다.

원자의 구조를 찾아라! －연달아 불거져 나오는 난처한 문제들－

오랫동안 사람들은 원자가 세상의 모든 것을 구성하고 있는 물질의 가장 작은 단위라고 생각했다. 그런데 약 100년 전, 원자보다 작은 '전자'라는 입자가 발견된다. 그리고 그 전자가 원자를 구성하고 있는 부품이라는 사실도 밝혀진다.

 내가 전자를 발견한 톰슨일세. 전자는 원자의 내부에 있고 움직이면 빛을 방출한다네. 다시 말해서 원자의 스펙트럼은 사실상 전자가 내는 빛인 거지.

그럼 전자는 도대체 어떤 모습으로 원자 안에 있는 거죠?

그래서 나를 비롯한 전 세계의 물리학자들이 원자의 내부가 어떻게 이루어져 있는지 연구하기 시작했다네.

수소원자에 대해 알려졌던 사실

원자의 질량: $1.673 \times 10^{-27} \mathrm{Kg}$

전하: 중성

크기: $10^{-10} \mathrm{m}$

전자의 질량: $9.109 \times 10^{-31} \mathrm{Kg}$

전하: $-e$ (마이너스 전하)

$$e^2 = 23.04 \times 10^{-20} [\mathrm{g} \cdot \mathrm{cm}^3 \cdot \mathrm{sec}^{-2}]$$

$\left(* \ \dfrac{e^2}{r^2} = mrw^2, \ e^2 = mr^3w^2 \text{에서 얻은 값} \right)$

화학자들은 원자의 크기도 알아냈지. 전자의 무게는 원자의 약 2000분의 1로, 원자보다 훨씬 더 가볍단다.

전자는 마이너스 전하이고 원자는 중성이라면, 원자의 내부에 플러스인 뭔가가 있다는 뜻인가요?

 그렇지! 다른 물리학자들도 똑같은 생각을 했어. 그래서 원자의 내부는

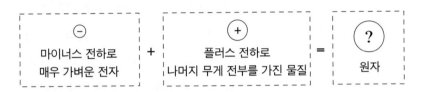

로 이루어진 게 분명하다고 생각한 거지.

당시 많은 물리학자들이 원자의 예상 모델을 발표했는데, 그중에서도 다음 두 물리학자의 모델이 유명했단다.

톰슨 모델    수박 모델

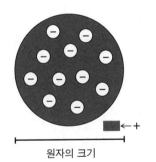
원자의 크기

톰슨은 이런 모델을 생각했다.

플러스 전하를 가진 물질 안에 전자가 여기저기 박혀 있다. 이를 테면 수박 같은 구조인데, 그 이유는 다음과 같다. 마이너스 전하를 가진 전자끼리 너무 가까이 있으면 서로 반발할 테니 전기가 균형을 이룬 위치에서 플러스 전하를 가진 물질에 파묻혀 단단히 고정되어 있다고 생각한 것이다. 그리고 플러스 물질은 원자의 크기(10^{-8}cm)까지 확대된다.

그렇군요~

다른 하나는 나가오카 한타로의 주장이었다.

나가오카 모델

 토성 모델

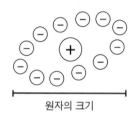

원자의 크기

나가오카는 원자의 내부가 토성 같은 모양이라고 생각했다. 이것은 플러스 전하를 가진 물질이 한가운데 집중되어 있고, 마이너스 전하를 가진 전자가 주위를 둘러싸고 있는 모델이다.

당시에는 톰슨 모델이 크기가 확실하고 맥스웰 전자기학과도 일치한다는 이유로 사람들에게 지지를 받았다. 하지만 그것은 어디까지나 예상일 뿐 실험으로 확인된 것은 아니었다.

그러다 1911년, 톰슨의 제자 러더퍼드가 등장한다.

러더퍼드는 스승인 톰슨의 모델을 입증하기 위해서 실험을 했다. 실험은 라듐에서 나오는 플러스 전하를 가진 α입자를 금박에 충돌시키고, α입자의 반응으로 원자의 내부가 어떻게 이루어져 있는지 예측하는 것이다.

톰슨 모델은 플러스 물질이 원자 전체에 골고루 퍼져 있다고 생각했기 때문에 전하의 밀도가 낮다. α입자를 충돌시키면 α입자는 당연히 쉽게 통과할 것이다. 그중에는 플러스 물질의 영향을 받아 휘어지는 것이 조금은 있을지 모른다. α입자의 질량은 전자의 약 7000배나 되므로 전자의 영향은 무시해도 된다.

 마치 원자 안의 플러스 물질이 설탕으로 만들어져 있는데, 그것이 솜사탕인지 얼음설탕인지 알아보는 것 같아. α입자를 '새총으로 쏘는 콩'이라고 가정했을 때, 통과하면 솜사탕이고 튕겨 나오면 얼음설탕인 거구나.

그러면 직접 실험해보자.

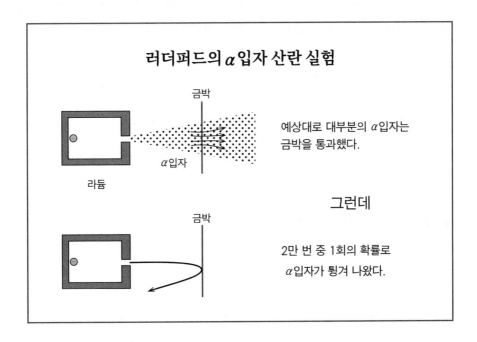

러더퍼드의 α입자 산란 실험

금박

α입자

라듐

예상대로 대부분의 α입자는 금박을 통과했다.

그런데

금박

2만 번 중 1회의 확률로 α입자가 튕겨 나왔다.

이럴 수가! 2만 분의 1의 확률로 α입자가 튕겨 나온 것이다!

톰슨 모델을 믿었던 러더퍼드는 이 실험에 대해서 이렇게 정리했다.

"이것은 지금까지 내 인생에 일어난 사건 중에서 가장 믿을 수 없는 일입니다. 당신이라면 한 장의 얇은 화장지에 쏜 15인치 포탄이 도로 튕겨 나와 쏜 사람을 맞힌다는 것을 믿을 수 있겠습니까?"

－《전자와 원자핵의 발견》에서

톰슨 모델을 믿고 있던 사람들도 깜짝 놀랄 수밖에 없었다.

톰슨 모델에서 α입자가 튕겨 나올 확률은 오늘날 우주의 역사만큼이나 긴 시간에서 한 번도 일어나지 않을 만큼이나 낮다.

 톰슨 모델은 틀렸구나!

α입자가 튕겨 나오려면 원자의 한가운데에 원자 무게의 대부분과 강한 플러스 전하를 가진 물질이 있어야 한다. 러더퍼드는 이것을 '**원자핵**'이라고 이름 붙였다.

 제자가 스승의 오류를 발견한 거네.

 그런 셈이지.

그런데 원자핵과 전자로 이루어진다는 원자. 이 두 물질은 플러스 전하와 마이너스 전하를 가졌기 때문에 자석처럼 들러붙는 힘(쿨롱힘)이 작용한다. 예를 들어 원자의 크기가 잠실운동장만 하다면 원자핵은 마운드의 모래알보다 작다고 할 수 있다. 이때 전자가 원자핵에 달라붙으면 잠실운동장만큼 컸던 원자는 모래알만큼 작아진다(부록 2 참조).

　그런데 원자의 크기를 유지하려면 어떻게 해야 할까? 원자핵은 무겁기 때문에 쉽게 움직이지 못할 것이다. 즉 전자가 뭔가를 할 수밖에 없다. 다시 말해 전자가 원자핵에 달라붙지 않도록 쿨롱힘에 대항하는 힘을 가지면 된다!

 어떻게?

 　그릇에 구슬을 넣고 바닥으로 떨어지지 않게 하려면 그릇을 계속 돌리면 되잖아? 바로 그거야.

　물체가 회전할 때는 바깥쪽으로 가려는 힘(원심력)이 작용해. 원심력과 쿨롱힘이 균형을 이루도록 전자가 원자핵의 둘레를 돌면, 그게 바로 원자의 크기가 되는 게 아닐까(부록 1 참조)?

　그렇게 생각한 러더퍼드는 원자핵의 주위를 $\boxed{-\dfrac{e^2}{r^2}}$ 과 $\boxed{mr\omega^2}$ 이 균형을 이루는 곳에서 전자가 빙글빙글 도는 모델을 만들었다.

　　　　　　　　　　　쿨롱힘　　　　　　원심력

Point

러더퍼드의 원자 모델

원자의 크기

원자의 무게 대부분을 차지하며 플러스 전하를 가진 원자핵이 중앙에 있고, 마이너스 전하를 가진 전자가 둘레를 돌고 있다.

마침내 러더퍼드는 원자의 내부구조가 어떻게 이루어져 있는지 발견
했다!

인간은 원자보다 작은 물질을 볼 수 없다. 따라서 모델을 만들어 현
상을 정확하게 설명할 수 있는지가 관건이었다.

모델이 완성되자 물리학자들은 원자가 어떤 구조인지 알아냈다고 생
각했지만 사실 이 모델은 우리가 알고 있는 현상을 설명하는 데는 맞
지 않는 점이 많았다.

 응!? 지금까지 잘해왔잖아! 그런데 왜?

주위를 둘러보면 알 수 있듯이 우리 인간을 포함하여 책상, 의자 등
세상의 모든 물질은 원자로 이루어져 있으며 항상 크기가 일정하다. 아
침에 일어났더니 키가 1mm 줄어드는 일은 SF영화에서나 볼 수 있다.

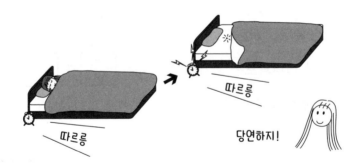

하지만 러더퍼드 모델로는 이런 당연한 현상들을 설명할 수 없었
다. **"전자가 가속도운동을 하면 빛을 방출한다"**는 것은 맥스웰 전자기
학에서 실험과 이론을 통해 확인된 사실이다. 원운동도 가속도운동이
다(부록 1 참조).

러더퍼드 모델에서는 전자가 빙글빙글 돌며 빛을 방출한다. 맥스웰

전자기학에서 빛은 전자가 원자핵 주위를 도는 원운동을 할 때 방출하는 전자기파라고 생각했다.

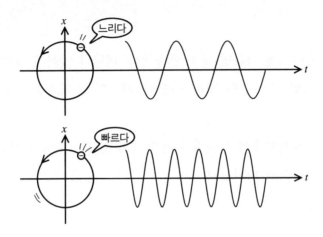

하지만 전자가 회전하면서 빛을 방출하면 에너지를 사용하므로 전자는 원자핵에 끌려가 더 이상 회전할 수 없게 된다. 즉 전자가 돌면서 유지되던 원자의 크기가 순식간에 작아진다는 뜻이다.

사실 나가오카 한타로의 모델이 지지받지 못했던 가장 큰 이유도 여기에 있었다.

문제점1: 원자의 크기가 유지되지 않는다

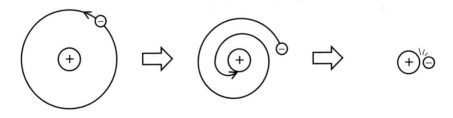

  원자가 찌그러지다니 너무 이상해!!

누구나 계속 달리면 지치잖아.
기력이 딸리는 거지.

원자는 에너지를 가하면 빛을 방출한다. 더구나 앞에서 말한 대로 원자마다 특정한 진동수의 빛이 나오는 원자의 스펙트럼도 설명할 수 없다.

맥스웰 전자기학에서는 전자가 돌면서 방출하는 빛이 특정한 진동수의 선스펙트럼으로 나타난다.

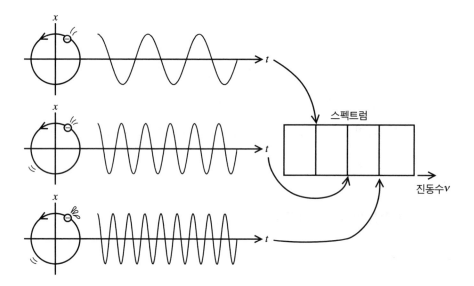

그런데 문제점 1처럼 전자가 빛을 방출함으로써 원자의 크기가 작아
진다는 것은,

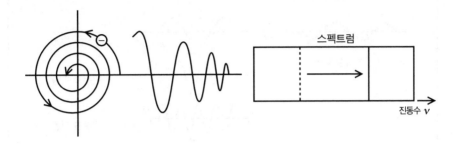

위 그림처럼 빛의 진동수가 계속 달라진다는 뜻이다. 그렇게 되면 스
펙트럼이 변하므로 당연히 선스펙트럼이 되지 않는다.

문제점 2: 원자가 방출하는 빛의 스펙트럼을 설명할 수 없다

그럼 문제점 1, 2는 무시하고 '원자의 크기가 줄어들지 않고 스펙트
럼도 변하지 않는다'라고 가정해보자. 그래도 문제점 3이 여전히 발생
한다.

문제점 3: 원자가 나타내는 빛의 진동수를 푸리에 급수로 나타낼 수 없다

진동수의 배열을 나타낸 리드베리의 식은 우리가 아는 푸리에 급수
가 아니다.

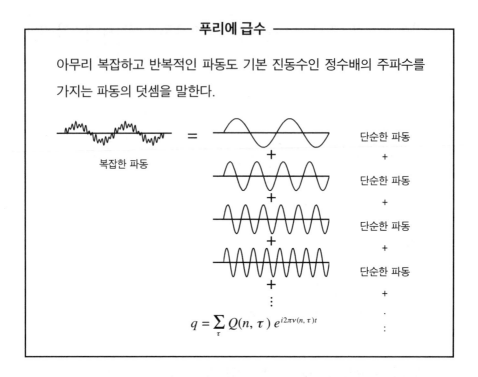

위의 푸리에 급수와는 달리 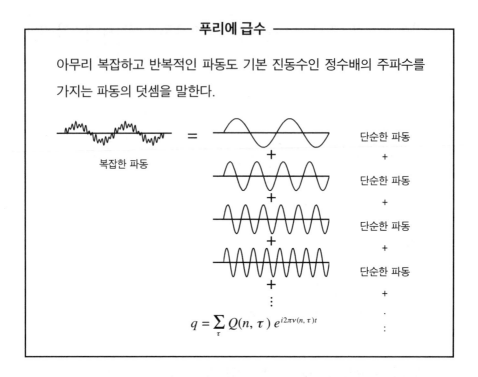 형태이다.

푸리에 급수처럼 정수배도 아니고 덧셈 식에도 맞지 않는다.

지금까지는 모두 푸리에 급수로 나타낼 수 있었지만, 원자가 방출하는 빛의 진동수는 이상하게도 불연속적인 값이기 때문에 푸리에 급수로 나타낼 수 없어. 즉 지금까지의 물리학으로는 나타낼 수 없다는 뜻이야.

다시 말해서 왜 그렇게 되는지 알 수 없다는 거구나.

문제는 아직 남아 있었다. 원자의 크기는 실험으로 알 수 있었다. 하지만 러더퍼드 모델 이론에서 단위를 가지는 상수는 전하 $e^2[g \cdot cm^3 \cdot sec^{-2}]$와 무게 m[g]밖에 없다. 그렇게 되면 어떻게 조합하든 이론에서 정작 중요한 크기를 나타내는 단위[cm]를 유도해낼 수 없다.

문제점4: 원자의 크기[cm]를 나타낼 수 없다

이렇듯 러더퍼드 모델에는 많은 문제점이 있었기 때문에 러더퍼드나 다른 물리학자들은 머리를 싸맬 수밖에 없었다. 원자가 쪼그라들지 않는 것과 원자의 빛의 스펙트럼을 제대로 설명하는 것. 이 두 가지 문제를 확실하게 설명할 수 있는 원자의 구조 연구는 조금도 진전되지 않았다.

러더퍼드는 실험으로 밝혀낸 것을 그 당시까지의 역학과 일치하도록 연구했지만 잘되지 않았어.

그 후 러더퍼드는 원자의 구조 연구에서는 손을 떼고 원자핵 연구에 열중하게 되었다.

도대체 원자의 내부는 어떤 구조냐고??

여기까지가 보어가 등장하기 이전의 물리학자들이 경험한 모험담이다. 이 문제들을 해결할 수 있는 날이 과연 올까?

3. 보어 등장

드디어 이 장의 주인공 보어가 등장했다.

닐스 보어는 덴마크의 물리학자로 당시 그의 나이
는 26세였다. 그는 원자 연구로 활기를 띠고 있던 러
더퍼드의 연구실에서 원자를 연구하고 있었다.

보어를 빼놓고 양자역학을 논할 수 없을 정도로 보어는 우리 눈에 보이
지 않는 세계를 나타내는 언어인 물리역학을 완성하는 데 없어서는 안 될
중요한 인물이다.

보어는 무엇이든 항상 자연의 측면에서 시작했다. 그랬기에 양자역학
의 토대를 만들 수 있었고, 자연을 언어로 표현하려 할 때의 사고방식과
과학 자체에 혁명을 일으킬 수 있었다. 또한 하이젠베르크 같은 젊은 물
리학자들을 이끄는 지도자로 활약했다.

러더퍼드와 원자 모델의 문제점에 관해서 많은 토의를 거치면서 계속 연
구하던 보어에게 가장 큰 문제가 되는 것은 무엇이었을까?

    원자는 붕괴되지 않는다는 당연한 사실을 설명할 수 없는 이유는

뉴턴역학이나 맥스웰 전자기학 등 소위 '고전론'에 문제가 있기 때문이 아닐까?

"나의 출발점은 고전물리학의 입장에서는 경이롭다고 표현할 수밖에 없는 물질의 안정성이었다. 이것은 고전역학으로는 설명할 수 없는 부분이었다."

－《부분과 전체》에서

뉴턴역학은 전자를 '입자'로 생각했고, 맥스웰 전자기학은 빛을 '파동'으로 생각한 이론이었다. 따라서 고전이론으로는 원자가 쪼그라들지 않는 이유를 설명할 수 없었다.

    이렇게 당연한 걸 설명하지 못했다니.

그 무렵 보어는 존재의 기묘함을 조금씩 밝혀내고 있던 플랑크와 아인슈타인의 '양자론'에 눈길을 돌렸다.

┌─ **플랑크의 '에너지양자가설'** ─┐

빛에너지는
불연속적이다!

$E = nh\nu \ (n = 0, 1, 2, 3, \cdots)$

┌─ **아인슈타인의 '광양자가설'** ─┐

빛은 $h\nu$라는 에너지를
가진 입자

$E = h\nu$

'양자론'에 의하면 빛은 '파동'이 아니라 '어느 때는 파동이고, 어느 때는 입자' 혹은 '파동도 입자도 아니다', '양자'라고 생각할 수밖에 없었다. 그리고 양자론은 흑체복사나 광전 효과, 콤프턴 효과 등의 실험 사실을 제대로 설명할 수 있었다. 빛을 파동으로 생각하는 맥스웰 전자기학이 이 실험에서는 틀린 것이다.

보어는 그 점을 주목했다.

 빛을 파동이라고 생각하는 한 러더퍼드 원자 모델의 문제점을 해결하는 것은 불가능하지 않을까?

보어는 원자를 설명하기 위해서 양자론을 도입한다.

보어는 빛을 '양자'라고 가정하고 원자의 구조가 어떻게 되는지 연구해보기로 했다.

Point☆

보어의 원자 모델

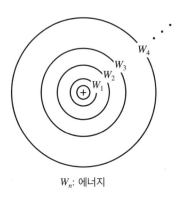

W_n: 에너지

플랑크의 $E=nh\nu$, 즉 '빛에너지는 정해진 불연속적인 값만을 취한다'라는 주장을 원자 모델에 도입하면 원자 에너지가 불연속적인 값만을 취한다는 뜻이된다.

고전론에서 원자 에너지는 전자의 궤도가 원자핵에서 얼마나 떨어져 있는지에 의해 결정되었다. 원자 에너지가 불연속적인 값만을 취한다는 것은 곧 전자의 **'궤도가 불연속'**이라는 뜻이다.

원자 에너지는 전자의 궤도가 원자핵에서 멀수록 커진다.

그렇구나. 궤도가 불연속이니까 에너지 값도 불연속이 되는 거구나.

전자가 어떤 궤도를 회전하면서 일정한 에너지 상태에 있는 것을 '정상상태'라고 부르기로 하지. 고전론에서는 전자가 움직이면 빛을 방출한다고 했어. 하지만 정상상태에 있을 때는 에너지를 사용하지 않기 때문에 계속 같은 궤도를 회전할 수 있는 거야. 그렇게 되면 붕괴되는 일 없이 크기가 안정되거든. 이것으로 원자가 찌그러지지 않는 이유를 설명할 수 있지.

이걸로 '크기가 유지되지 않는다'는 문제점 1은 해결됐네요.

하지만 전자가 빛을 방출하는 것도 사실이잖아요? 언제 어떻게 방출하는 거죠?

이때 방출되는 빛이 바로 **광양자**란다!

아인슈타인의 광양자가설을 떠올려보자.

빛 입자 1개는 $h\nu$라는 에너지를 가진 양자로, 작은 상자 안의 에너지는 불연속적인 값을 갖는다. 광양자가 작은 상자를 드나들 때 이 작은 상자의 에너지는 불연속적으로 변화한다.

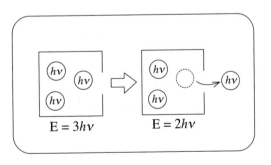

이 작은 상자를 원자라고 생각하면 되는 건가요?

그래, 함께 생각해보자.

작은 상자를 원자라고 생각하면…

원자 안에서 전자가 한 궤도에서 다른 궤도로 이동(전이)할 때 광
양자가 드나드는 거야.

전자 에너지는 바깥쪽 궤도에 있을 때 크다. 그리고 안쪽 궤도로
전이하여 에너지 값이 변할 때 여분의 에너지는 광양자 $h\nu$가 되어 빠
져나간다. 반대로 원자가 $h\nu$라는 에너지의 광양자를 흡수하면, 전자
는 바깥쪽 궤도로 전이한다. 전이할 때마다 광양자를 주고받는데, 이
때 스펙트럼 상에는 진동수 ν의 빛, 즉 선스펙트럼이 나타나게 된다.
아인슈타인의 식을 보어의 이론에 대입하면 다음과 같다.

$$W_n - W_m = h\nu \ (n > m)$$

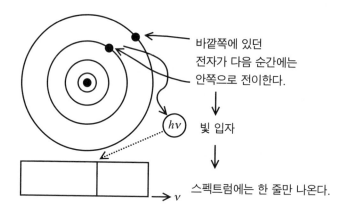

바깥쪽에 있던
전자가 다음 순간에는
안쪽으로 전이한다.

빛 입자

스펙트럼에는 한 줄만 나온다.

따라서 진동수 ν는 다음과 같다.

$$\nu = \frac{W_n - W_m}{h}$$

$$\nu = \frac{W_n}{h} - \frac{W_m}{h}$$

이것을 보어의 **진동수 관계식**이라고 한다.

 그렇구나. 맥스웰 전자기학에서는 **전자가 회전할 때 빛을 방출하는** 구조였지만, 보어의 이론에서는 **전자가 전이할 때 빛을 방출한다**고 구조 자체를 바꾼 거네요.

 그런데 전이의 구조는 어떻게 되어 있나요?

 그건 나도 모르지, 하하하.

하지만 양자론을 도입함으로써 러더퍼드 모델에서 문제가 되었던, '원자가 안정된다'와 '스펙트럼이 정해진 부분에 나타난다'는 것을 입증할 수 있었지. 중요한 건 이미 알고 있는 사실을 설명하는 거란다. 원자의 내부는 들여다볼 수 없으니 이 새 원자 모델을 통해 설명이 가능한 것으로 충분하지 않을까?

여기까지가 '보어의 가설'이다. 다시 한 번 요약해보자.

Point

가설 1
원자에는 특정한 **불연속 궤도**가 있고 전자는 그 궤도를 회전하는데, 이때는 빛을 방출하지 못한다. 이 상태를 에너지의 **'정상상태'**라고 한다.

Point ★

가설 2
전자가 한 궤도에서 다른 궤도로 **전이**할 때 빛(**광양자**)
을 방출한다(혹은 흡수한다).

문제 해결

 보어는 빛을 '양자'라고 가정하고 두 가지 가설을 세웠는데, 이
로써 러더퍼드 모델의 문제점은 전부 해결되었을까?

일단 러더퍼드 모델의 문제점 1 '원자의 크기가 유지되지 않는다'는
것은 '전자가 궤도를 회전하고 있을 때는 빛을 방출하지 않는다'로 해결
되었다.

문제점 2 '원자에서 방출되는 빛의 스펙트럼을 설명할 수 없다'는 것
은 전자가 한 궤도에서 다른 궤도로 전이할 때 $h\nu$ 광양자를 방출하는
것으로 선스펙트럼도 설명되었다.

그리고 또 한 가지 해결된 것이 문제점 4이다.

문제점 4의 '원자의 크기[cm]를 나타낼 수 없다'는 것은 보어가 플
랑크 공식 $E = h\nu$를 도입함으로써 이론에 h(플랑크상수)가 들어 있다.
이 플랑크상수의 단위($[h] = kg \cdot m^2 \cdot sec^{-1}$)는 러더퍼드의 이론으로는
유도할 수 없었던 $[m]$를 도출해냈다. 이렇게 해서 원자의 크기도 나타
낼 수 있게 되었다.

이처럼 네 가지 문제점 중 세 가지는 해결되었다.

 그럼, 문제점 3 '원자가 나타내는 빛의 진동수를 푸리에 급수로 나타낼 수 없다'는 것은 어떻게 되는 거예요?

 양자론을 도입해서 전자가 빛을 내는 새로운 구조를 만들었으니 지금까지 빛을 나타내는 방식이었던 푸리에 급수에 의존할 필요가 없단다. 보어의 진동수 관계가 원자의 빛을 나타내는 새 언어가 된 거지.

이렇듯 보어는 양자론으로 원자의 빛을 나타내는 식을 연구하고 만들어 냈다. 보어의 식은 리드베리가 만든 원자가 내는 빛의 스펙트럼을 나타내는 식과 일치했다.

이, 이것은!

리드베리의 공식	보어의 진동수 관계식
수소의 스펙트럼을 나타내는 식 $$\nu = \frac{Rc}{m^2} - \frac{Rc}{n^2} \quad (n > m)$$	$$\nu = \frac{W_n}{h} - \frac{W_m}{h}$$

　두 식은 같은 형태를 나타내고 있다. 리드베리의 식은 원자 스펙트럼의 진동수 배열을 나타낸다. 그리고 보어의 식은 자신이 만든 이론에서 유도해낸 진동수 관계식이다. 이때 보어는 자신의 이론이 옳다고 확신했던 것 같다.

굉장해! 마치 드라마 같아.

만약 보어의 이론이 옳다면 이 두 식은 완전히 같은 식이 될 것이다. 보어는 이 두 식을 등식으로 묶어 대응하는 부분을 나타내보았다.
그러면 다음과 같은 관계식을 구할 수 있다.

$$\frac{W_n}{h} = -\frac{Rc}{n^2}$$

이것이 수소원자 내의 n번째 궤도의 에너지를 나타내는 식이다. 수소 에너지는 이런 불연속 상태를 유지하고 있는 것 같다.

바깥쪽 궤도일수록 에너지는 커지지만, 궤도와 궤도 사이의 에너지 차이는 점점 줄어드는구나.

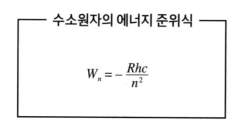

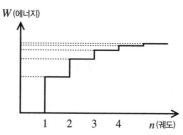

계열의 의미를 밝혀내다!

리드베리의 공식에서 스펙트럼의 '계열'은 m을 얼마로 상정하는지에 따라 정해졌다. 보어의 이론에서 m은 '전자가 어느 궤도로 전이하는가?'를 나타낸다. 그림으로 그려보면 다음과 같다.

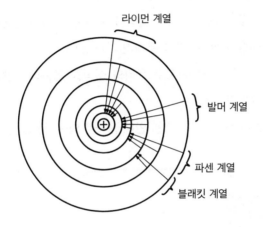

전자의 움직임이 상당히 구체적이어서 원자의 세계로 한걸음 다가선 기분이야.

잠깐만! 보어는 임의로 양자론을 도입한 거잖아. 자신의 가설을 근거로 리드베리의 식에 맞춰서 정상상태의 에너지를 유도한 거니까 불연속적인 에너지의 정상상태가 정말로 존재하는지는 아직 몰라.

이것을 빨리 확인해보고 싶어 한 물리학자들이 있었으니 프랑크와 헤르츠였다. 재빨리 실험을 한 두 사람은 마침내 전자 에너지가 정말로 불연속적이라는 사실을 발견했다. 그것은 1914년, 보어가 원자모형을 발표한 이듬해였다.

트래칼리 실험기

트래칼리에서도 프랑크와 헤르츠가 했던 실험을 해보았는데, 그 때 얘기를 해볼까 한다.

트래칼리의 M선생님은 항상 재미있게 강의를 하신다(선생님은 '시계짱'이라는 닉네임으로 불릴 만큼 인기가 많다). M선생님은 평소 오로라나 플라스마, 전자기 등을 연구하는데, 트래칼리에 올 때마다 실험기구를 가져와서 자주 실험을 보여준다. 그 때문만은 아니겠지만 트래칼리 학생들에게 무척 인기가 있다.

그날도 여느 때와 마찬가지로 우리와 실험을 했는데, 뜻밖에도 프랑크와 헤르츠의 실험이었다.

이것은 수소가스를 넣은 유리관 안에 전자를 방출하는 실험이다.

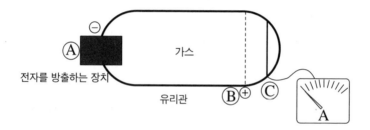

수소원자는 몇 개의 불연속적인 에너지 준위 W_1, W_2, W_3…을 가진다. 그때 원자는 가장 낮은 에너지 상태에 둔다.

방출된 전자가 만약 수소원자 에너지 상태를 하나 더 높은 에너지 상태로 만드는 에너지를 갖고 있다면, 전자는 수소원자와 충돌하여 원자에게 에너지를 빼앗기고 처음 갖고 있던 에너지보다 낮은 수치가 되어 빠져나올 것이다.

반대로 전자 에너지가 원자 에너지 준위를 다음 단계로 높이는 데 필요한 분량보다 낮다면 처음에 갖고 있던 에너지 상태로 나올

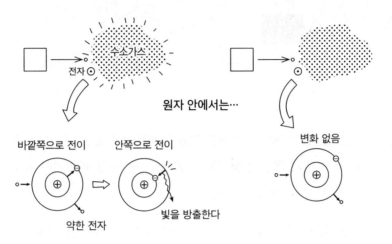

〈수소가스가 빛을 방출하는 경우〉　〈수소가스가 빛을 방출하지 않는 경우〉

실제 실험에서는 Ⓐ와 Ⓑ 사이의 전압을 바꾸어 전자의 속도를 조절할 수 있도록 했다. 전자가 움직이는 속도가 빠르면 에너지가 크다는 뜻이다.

전자가 Ⓐ에서 나와 Ⓒ에 도착하면 전류계가 흔들린다.

Ⓑ에는 +0.5볼트의 전압이 걸려 있기 때문에 전자가 Ⓑ를 통과할 수 있을 만큼의 에너지를 갖고 있지 않다면 Ⓑ에 잡히므로 전류계는 흔들리지 않는다.

　자! 실험을 해볼까?

Ⓐ에서 전자를 방출해 천천히 전압을 올리자 일정 지점부터 전류계가 점점 올라가기 시작했다.

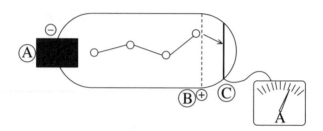

전자는 원자 에너지 준위를 다음 단계로 높일 만한 에너지를 갖고 있지 않기 때문에 원자와 충돌해도 에너지를 빼앗기지 않고 Ⓑ를 지나 ⓒ에 도착한다.

전압을 더 올려 일정 전압이 된 순간 갑자기 전류가 감소했다.

 해냈다! 예상대로야.

강한 에너지를 가진 전자는 원자에 부딪치면서 자기가 갖고 있던 에너지를 원자에게 주고, 원자 에너지 준위를 W_1에서 W_2로 바꾸었다. 전자는 에너지를 잃고 Ⓑ에 잡혀 전류가 흐르지 않게 된다 (원자와 충돌하지 않고 ⓒ에 도착하는 전자도 있으므로 완전히 0은 되지 않는다).

전압을 더 올려보자.

그러자 전류가 다시 증가하기 시작했다.

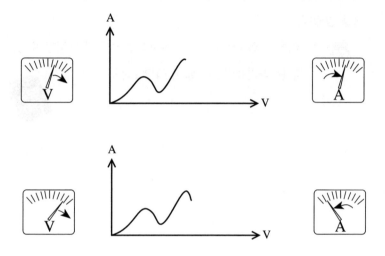

 앗! 정말 일정한 수치까지 전압을 올리면 전류가 흐르지 않는구나.

다시 원자 에너지 준위를 올리자 남은 에너지로 ⓑ를 지나 ⓒ에 도착했다. 실험을 계속하자 아래 그래프처럼 되었다.

보어가 말한 대로 정말 "원자 에너지 준위는 불연속적이었다!" 우리도 이렇게 기쁜데 최초로 실험을 했던 사람은 얼마나 기뻤을까? 이것은 보어가 유도한 에너지 준위와도 정확하게 일치했다. 프랑크와 헤르츠는 자신들의 예상대로 나온 '원자 에너지는 불연속적이다'라는 결과에 만족했다. 1925년, 그들은 이 실험으로 노벨상을 받았다.

 "이론이 있어야 무엇을 관측할 수 있을지 결정할 수 있다"는 아인슈타인이 말이 떠오르는구나.

4. 고전 양자론

대응원리와 양자조건

보어는 더 이상 두려울 것이 없었다. 의심할 여지없이 양자론을 도입하여 세운 가설로 사실을 정확하게 설명한 것이다. 보어는 자신의 이론을 더욱 완벽하게 해줄 작업에 착수했다. 그것이 바로 수소원자의 에너지 준위식이었다.

$$W_n = -\frac{Rhc}{n^2}$$ 이 식의 R 에 주목하자.

R은 리드베리가 식을 만들 때 이용한 것으로, 어떤 원자의 경우에도 변하지 않는 상수이다. 하지만 이것은 실험에서 나온 상수일 뿐 이론적으로는 증명되지 않았다. 이 R의 정체를 밝혀내면 되는 것이다.

그런데 어떻게 하면 될까?

이즈음 보어는 양자역학에 눈부신 발전을 가져올 결정타를 발견한다.

n이 매우 커지면 전자는 궤도의 가장 바깥쪽에 있게 된다. 이때 에너지 준위가 $-\frac{1}{n^2}$에 비례하므로 궤도 간에는 에너지의 차이가 거의 없어진다.

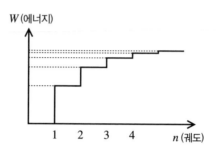

에너지의 차이가 거의 없어지면 사실상 '연속'으로 간주해도 무방할 것이다. 그렇다면 전자가 궤도 간에 전이하여 빛을 방출하는 것과 고전론처럼 '회전하면서 빛을 방출한다'는 것을 똑같이 생각해도 된다.

고전론에서 빛의 진동수는 정수배였다. 비록 빛을 방출하는 구조는 달랐지만, n이 커질 때는 보어의 이론과 고전론에서 얻은 답이 일치했다. 이것을 이용해 n이 커질 때 R을 유도해내려는 것이다. 그렇다면 리드베리 식에서 n이 매우 커질 때 진동수는 어떻게 될지 계산해보자.

리드베리의식

$$v = -\frac{Rc}{n^2} + \frac{Rc}{m^2}$$

그림처럼 전자가 바깥쪽 궤도를 돌고 있다가 안쪽으로 전이할 때 방출하는 빛의 진동수는 어떻게 나타낼 수 있을까?

먼저 m은 n번째 궤도에서 τ (타우)개 아래의 궤도로 전이하였으므로 $m = n - \tau\,(n = 1, 2, 3, \cdots)$가 된다.

그러면 리드베리 식의 m 부분에 $n - \tau$를 넣어 변형시켜보자.

$$\nu = -\frac{Rc}{n^2} + \frac{Rc}{(n - \tau)^2}$$

*m = n − τ*를 넣는다.

$$= \frac{-Rc\left(n^2 - 2n\tau + \tau^2\right) + Rcn^2}{n^2\left(n^2 - 2n\tau + \tau^2\right)}$$

$$= \frac{-Rcn^2 + 2n\tau Rc - Rc\tau^2 + Rcn^2}{n^4 - 2n^3\tau + n^2\tau^2}$$

$$= \frac{2Rc\tau - \dfrac{\tau^2}{n}Rc}{n^3 - 2n^2\tau + n\tau^2}$$

이것을 전부 n으로 나눴다.

$$= \frac{2Rc\tau\left(1 - \boxed{\dfrac{\tau}{2n}}\right)}{n^3\left(1 - \boxed{\dfrac{2\tau}{n}} + \boxed{\dfrac{\tau^2}{n^2}}\right)}$$

n이 큰 경우에는 $\boxed{\dfrac{2\tau}{n}}$과 $\boxed{\dfrac{\tau^2}{n^2}}$ 그리고 $\boxed{\dfrac{\tau}{2n}}$는 분모에 비해 분자가 매우 작아서 전체적으로는 영향이 없다. 따라서 무시해도 좋다. 그러면 다음과 같이 된다.

$$\nu = \frac{2Rc}{n^3}\tau \qquad (\tau = 1, 2, 3, \cdots)$$

🙂 구했다!! 위 식을 보면 알 수 있듯이 고전론의 진동수처럼 정말로 $\dfrac{2Rc}{n^3}$ 가 기본 진동수이고 그것의 τ 배(정수배)가 된다.

🙂 n이 큰 부분에서는 고전론과 일치한다. 고전론에서 진동수 ν는 '쿨롱힘＝원심력'을 사용해 유도한다.

$$\frac{e^2}{r^2} = mr\omega^2 \quad \text{(쿨롱힘＝원심력)}$$

각속도 $\omega = 2\pi\nu$ 이므로 이 관계를 이용해 진동수 ν를 구한다.

$$\nu^2 = \frac{e^2}{4\pi^2 mr^3}$$

$$\nu = \sqrt{\frac{e^2}{4\pi^2 mr^3}}$$

그리고 고전론에서는 이것이 기본 진동수가 되므로 그것의 τ 배가 된다.

┌─── 리드베리의 ν식(n이 커질 때) ───┐
$$\nu = \frac{2Rc}{n^3}\tau \quad (\tau = 1, 2, 3, \cdots)$$

┌─── 고전론의 식 ───┐
$$\nu = \sqrt{\frac{e^2}{4\pi^2 mr^3}}\,\tau$$

그럼 이 성질을 이용해 R을 구해보자.

🙂 그렇지만 이대로는 잘 안 될 텐데.

두 식에서 확실하게 알 수 있는 수는 R을 제외하면 2, c, e^2, 4, π^2, m, 그리고 정수 τ이다. 다시 말해 보어의 이론에서는 n(궤도), 고전론에서는 r(반지름)이 진동수를 결정한다는 뜻이다. n과 r의 크기는 각각 다르게 정해져 있으므로 단순하게 등식으로 만들 수는 없다. 하지만 n과 r은 전자가 가진 에너지의 크기로 정해진다는 공통점이 있기 때문에 에너지의 형태로 치환할 수 있다.

그렇게 하면 결과적으로 같아진다. 안이해 보이지만 이것은 물리학자가 사용하는 수학적 테크닉이다. 마찬가지로 n과 r을 에너지 형태로 나타내어 등식으로 묶으면 아마도…, 아니 분명히 R을 구할 수 있을 것이다!!

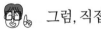 그럼, 직접 도전해보자.

이 두 개의 n과 r을 에너지 형태로 다시 쓰면 다음과 같다.

┌─── **보어의 이론에서 나온 에너지** ───┐   ┌─── **고전론의 에너지** ───┐

$$W_n = -\frac{Rhc}{n^2}$$
$$\downarrow$$
$$n = \sqrt{\frac{Rhc}{|W_n|}} \quad (n \text{이 클 때})$$

$$W = -\frac{e^2}{2r}$$
$$\downarrow$$
$$r = \frac{e^2}{2|W|}$$

이것을 각각 n이 커질 때 n식의 n과 r 부분으로 돌아가 등식으로 만든다.

보어의 식   =   고전론의 식

$$\frac{2Rc}{\left(\sqrt{\dfrac{Rhc}{W_n}}\right)^3}\,\tau \quad = \quad \sqrt{\dfrac{e^2}{4\pi^2 m\left(\dfrac{e^2}{2|W|}\right)^3}}\,\tau$$

> 양변의 τ 를 없애면

$$\frac{2Rc}{\left(\sqrt{Rhc}\right)^3}\left(\sqrt{|W_n|}\right)^3 \quad = \quad \sqrt{\dfrac{e^2}{4\pi^2 m\,\dfrac{e^6}{8|W|^3}}}$$

> $\left(\sqrt{x}\right)^3 = x^{\frac{3}{2}}$

$$\frac{2Rc}{Rhc\sqrt{Rhc}}\,|W_n|^{\frac{3}{2}} \quad = \quad \sqrt{\dfrac{e^2}{4\pi^2 m e^6}\,8|W|^3}$$

$$\frac{2}{\sqrt{Rh^3 c}}\,|W_n|^{\frac{3}{2}} \quad = \quad \sqrt{\dfrac{2}{\pi^2 m e^4}\,|W|^3}$$

$$\frac{2}{\sqrt{Rh^3 c}}\,|W_n|^{\frac{3}{2}} \quad = \quad \sqrt{\dfrac{2}{\pi^2 m e^4}}\,|W|^{\frac{3}{2}}$$

> $|W_n|^{\frac{3}{2}}$ 을 약분하면

$$\frac{2}{\sqrt{Rh^3 c}} \quad = \quad \sqrt{\dfrac{2}{\pi^2 m e^4}}$$

> 양변을 제곱하여 $\sqrt{}$ 를 없앤다.

$$\frac{4}{Rh^3 c} \quad = \quad \dfrac{2}{\pi^2 m e^4}$$

$$R \quad = \quad \dfrac{4}{h^3 c}\,\dfrac{\pi^2 m e^4}{2}$$

$$\boxed{R \quad = \quad \dfrac{2\pi^2 m e^4}{ch^3}}$$

열심   열심

 나왔다!!

이것을 계산하면 리드베리상수와 똑같이 나온다.

직접 계산해보자

원주율: $\pi = 3.142$

전자의 질량: $m = 9.109 \times 10^{-28}$ g

전하: $e^2 = 23.04 \times 10^{-20}$ g·cm³·sec⁻²

전하: $e^2 = 23.04 \times 10^{-20}$ g·cm^3·sec^{-2}

플랑크상수: $h = 6.626 \times 10^{-27}$ g·cm^2·sec^{-1}

광속: $c = 2.998 \times 10^{10}$ cm·sec^{-1}

계산

$R = $ [   ] cm^{-1}

 계산했니? 답이 맞는지 확인해봐.

실제로 수를 대입해 계산하자 정확히 일치하는 것을 알 수 있었다. 그럼 보어의 이론으로 구한 R의 식을 수소원자 에너지 준위식에 대입해보자.

$$W_n = -\frac{Rhc}{n^2}$$

$$= -\frac{\dfrac{2\pi^2 m e^4}{ch^3}\, hc}{n^2}$$

$$= -\frac{2\pi^2 m e^4}{h^2}\,\frac{1}{n^2}$$

Point ☆

에너지 준위식

$$W_n = -\frac{2\pi^2 m e^4}{h^2}\,\frac{1}{n^2}$$

해냈다! 마침내 보어의 이론으로 수소원자 에너지 준위를 완벽하게 나타낼 수 있었다! 굉장해!

여기서 잊지 말아야 할 것은 위에서 계산한 '고전론＝보어이론'은 어디까지나 빛을 방출하는 구조도 다르고, '고전론으로는 원자를 나타낼 수 없다'는 것이다. 그럼에도 우연히 'n이 커질 때 답이 일치한다'는 것을 깨달은 보어가 **고전론의 언어를 빌려 표현**하는 데 성공했다는 점이다.

언뜻 무모해 보이지만, 이것은 다른 사람에게 새로운 것을 설명할 때 흔히 쓰는 방법이다.

처음 먹어본 음식의 맛을 다른 사람에게 설명할 때는 '그건 초콜릿 같지만 달지는 않고 장미꽃 향기가 나면서…'라는 식으로 뭔가에 비유

하여 설명하려 할 것이다. 그렇지 않
으면 다른 사람이 알아듣도록 전달
할 수 없다. 설령 맛이 제대로 전달
되지 못하더라도 듣는 사람은 자기
나름대로 진짜에 가까운 이미지를
얼마든지 상상할 수 있다.

보어는 이처럼 새롭게 전개되기 시작한 미지의 양자론을 고전론의
언어를 빌려 돌파했다. 이것을 **대응원리**라고 하는데, 양자역학이 확립
되는 데 매우 중요한 역할을 담당한다.

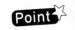

그리고 'n이 커질 때'라는 조건이 붙게 되면 보어의 '양자론'과 고전
론의 답은 일치한다. 이로써 새로운 이론을 명확하게 정리했다고 할 수
있다. 보어의 양자론은 그때까지의 고전론과 전혀 다른 것이 아니라 고
전론까지 포함하여 설명할 수 있는 범위를 확대했다고 할 수 있다.

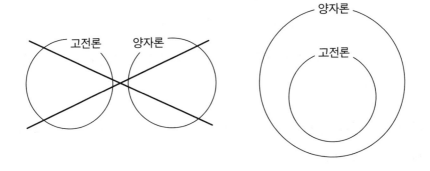

보어의 대응원리로 설명할 수 있는 범위는 더욱 확대되었다.
이것으로 힘을 얻은 보어의 활약은 그 후로도 계속 된다!

양자조건으로 가는 길

보어는 에너지 준위나 진동수 등을 이론에서 유도해내고 실험과도
일치한다는 사실을 증명했다. 또 자신의 이론에서 여러 가지를 유도하
여 양자조건을 발견해낸다.

보어는 더 많은 것을 알아내고 싶었다. 하지만 그때까지의 연구방법
만으로는 부족했다. 여기서 보어는 제3의 가설을 세우기로 한다.

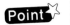

가설 3
전자가 궤도를 돌 때(정상상태)는 고전론을 따른다.

 보어 선생님! 앞에서는 고전론이 틀렸다고 했잖아요.

 가설을 세우는 것도 적당히 해야 하지 않을까요? 지금까지는 실
험과 일치했지만 세 번째도 운이 따라줄까요?

 걱정 말게. 두 번이나 해낸 일은 세 번째도 가능할 테니 분명 잘될
거야.

여러분은 위의 세 번째 가설이 지금까지 보어가 한 연구와는 조금 다
르다는 것을 눈치챘나요?

지금까지 n이 커질 경우 양자론의 진동수와 에너지는 고전론과 일치
했다. 하지만 이 가설은 전자가 방출되지 않고 빙글빙글 회전하기만 할
경우 n이 크든 작든 고전론의 에너지와 진동수가 같다고 가정하려는
것이다.

일단 원자의 크기(반지름)를 구해보자!!

 반지름? 그런 건 지금까지 밝혀지지 않았는데요.

그랬다. 지금까지 보어는 n번째의 궤도라고 해왔지만, 앞에서 궤도와 고전론에서의 반지름을 대응시켰기 때문에 양자론에서는 반지름에 관해서 설명할 수 없었다.

그럼 직접 알아보자.

정상상태에 있을 때 에너지는 '고전론＝양자론'이므로 두 식을 등식으로 만들 수 있다. 그것을 변형시켜 반지름 r을 구해보자.

┌─── 양자론의 에너지를 나타내는 식 ───┐

$$W_n = -\frac{2\pi^2 me^4}{h^2}\frac{1}{n^2}$$

┌─── 고전론의 에너지를 나타낸 식 ───┐

$$W = -\frac{e^2}{2r} \quad \text{(부록 4 참조)}$$

 위의 두 식을 등식으로 묶어 $r =$ 형태로 만들면 된다.

$$-\frac{2\pi^2 me^4}{h^2}\frac{1}{n^2} = -\frac{e^2}{2r}$$

$$\frac{h^2 n^2}{2\pi^2 me^4} = \frac{2r}{e^2}$$

$$\frac{e^2}{2}\frac{h^2 n^2}{2\pi^2 me^4} = \frac{2r}{e^2}\frac{e^2}{2}$$

$$\frac{h^2}{4\pi^2 me^2}n^2 = r$$

힘내라!
힘내라!

구했다! 이것이 원자의 반지름이야!

이 식에서 $n=1$일 때를 '보어반지름'이라고 한다.

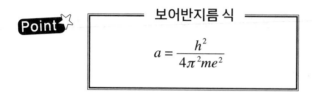

보어반지름 식

$$a = \frac{h^2}{4\pi^2 me^2}$$

즉 원자의 궤도는 그림처럼 n이 커질수록 간격도 넓어진다.

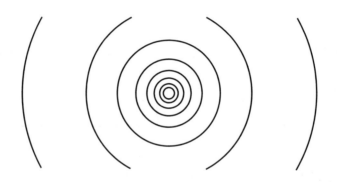

이 식의 n에 1을 대입했을 때가 가장 안정된 상태이므로 이것을 원자의 크기로 삼는다. 계산해보자!!

 실험으로 10^{-8}cm가 된다는 건 밝혀졌어!

 정말 가능할까? 만약 10^{-8}cm가 나온다면 제3의 가설도 옳다고 할 수 있어.

 일단 단위부터 살펴보자!

$$[h] = \mathrm{g \cdot cm^2 \cdot sec^{-1}}$$
$$[m] = \mathrm{g}$$
$$[e^2] = \mathrm{g \cdot cm^3 \cdot sec^{-2}}$$

$$\frac{\mathrm{g^2 \cdot cm^4 \cdot sec^{-2}}}{\mathrm{g \cdot g \cdot cm^3 \cdot sec^{-2}}} = cm$$

이것을 앞의 식에 넣어보자!

단위가 정확히 나왔어.

플랑크상수 h를 넣어서 cm가 나오다니 앞에서 했던 말이 사실이었구나.

그럼, 수치도 계산해보자!

$$h = 6.626 \times 10^{-27}\ \mathrm{g \cdot cm^2 \cdot sec^{-1}}$$
$$\pi = 3.142$$
$$m = 9.109 \times 10^{-28}\ \mathrm{g}$$
$$e^2 = 23.04 \times 10^{-20}\ \mathrm{g \cdot cm^3 \cdot sec^{-2}}$$

가장 안정된 상태인 $n=1$을 대입해볼까?

$$\frac{(6.626 \times 10^{-27})^2}{4 \times (3.142)^2 \times 9.109 \times 10^{-28} \times 23.04 \times 10^{-20}} = 0.5298 \times 10^{-8}$$

구해진 원자의 반지름은 0.53×10^{-8}cm. 지름은 1.06×10^{-8} cm야.

나왔다. 10^{-8}cm가 됐어! 실험값과 맞아떨어져.
즉 제3의 가설도 옳다는 뜻이군.

10^{-8} cm

흠….

 왜 그러니?

 처음에 '크기가 유지되지 않는다'라는 문제가 있었잖아요. 가장 안정된 크기가 원자의 크기라는 건 알겠는데…, 이 경우에 원자는 여러 궤도를 갖고 있으니까 크기도 여러 종류인 거잖아요. 이것도 이상하지 않나요!?

 네 말대로 이상해. 하지만 n이 1일 때는 실험과 일치하니까 괜찮지 않을까? 걱정하지 마.

    가설 3을 이용하여 반지름도 구했다. 여기서 보이는 각운동량도 간단히 구할 수 있다는 사실을 깨달았다.

 그럼 또 계산해볼까?

양자조건의 발견

 각운동량도 간단히 구할 수 있다고 했는데….

 그런데 각운동량이 뭐죠?

    각운동량이란 원이나 타원 위를 회전하고 있을 때의 운동량으로, 원의 경우 보통 운동량 mv에 반지름 r을 곱하면 된다(부록 3 참조).

각운동량

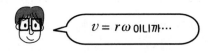

$v = r\omega$ 이니까…

$$M = mvr$$
$$M = mr^2\omega$$

이번에도 보어 이론의 에너지 준위식과 고전적인 에너지 식을 등식으로 묶어 답을 구해보자!!

┌─── 보어의 이론＝고전이론 ───

$$-\frac{2\pi^2 me^4}{h^2}\frac{1}{n^2} = -\frac{e^2}{2r}$$

어? 이번에는 M이나 $mr^2\omega$가 없어. 앞에서는 r이 있어서 간단했는데. 어떡하지?

원자 모델을 만들 때 사용했던 '원심력＝쿨롱힘'을 활용하자. 그러면 각운동량을 구할 때 필요한 m, e, ω라는 재료가 모이니까 M도 구할 수 있을 거야.

$$\frac{e^2}{r^2} = mr\omega^2 \quad (쿨롱힘＝원심력)$$

원심력

쿨롱힘

이것을 조금 변형시킨다.

$$e^2 = mr^3\omega^2$$

'보어의 이론＝고전이론'에 이 식을 대입하면 M을 쉽게 구할 수 있다.

$$-\frac{2\pi^2 me^4}{h^2}\frac{1}{n^2} = -\frac{mr^3\omega^2}{2r}$$

그래. 우변의 분자가 $mr^2\omega$와 비슷해. 그럼 M^2으로 치환해보자! $M^2=m^2r^4\omega^2$이니까,

$$= -\frac{\overset{\text{우변}}{M^2}}{2mr^2}$$

이 돼.

 m과 r이 남아서 분모로 갔구나.

 이제 $M^2=$ 형태가 됐으니 계산해보자!!

$$-\frac{2\pi^2me^4}{h^2}\frac{1}{n^2} = -\frac{M^2}{2mr^2}$$

$$\frac{2\pi^2me^4}{h^2}\frac{1}{n^2} \times 2mr^2 = \frac{M^2}{2mr^2} \times 2mr^2$$

양변에 $2mr^2$을 곱한다.

$$\frac{2\pi^2me^4}{h^2}\frac{2mr^2}{n^2} = M^2$$

그리고 앞에서 구했던,

$$r = \frac{h^2}{4\pi^2me^2}n^2$$

을 대입해보면,

$$\frac{4\pi^2m^2e^4\left(\dfrac{h^2}{4\pi^2me^2}n^2\right)^2}{h^2}\frac{1}{n^2} = M^2$$

$$M^2 = \frac{\cancel{4\pi^2 m^2 e^4} \cdot \dfrac{h^2}{\cancel{4}\cancel{16\pi^4} \cancel{2m^2 e^4}} \cdot \dfrac{n^2}{\cancel{4}}}{h^2} \cdot \frac{1}{\cancel{n^2}}$$

$$= \frac{h^2}{4\pi^2} n^2$$

$$M = \frac{h}{2\pi} n$$

> 계속 지워 나가자!

 구했다! 계산은 복잡하고 힘들었지만 하고 나니 이렇게 간단하네요.

 나도 처음 봤을 때 깜짝 놀랐단다. 지금까지 에너지나 진동수, 반지름 등을 구했지만 이렇게 간단하게 답이 나오다니 정말 놀랐거든!!

이 식에는 원자의 종류에 따라 변하는 m 등의 특별한 수가 들어 있지 않다. 다시 말해 양자적으로 움직이는 모든 것이 충족되는 법칙이 틀림없다고 생각한 보어는 **감격해서** 모든 원자는,

$$M = \frac{h}{2\pi} n$$

Point

을 따른다고 생각해 이름까지 붙였다. 그것이 바로

보어의 양자조건

이다. 지금까지 보어는 스스로 새 이론을 만들고, 실험과 일치한다는

것도 증명했다.

이 식으로 중요한 사실을 한 가지 더 알 수 있다. 플랑크상수 h가 각운동량 m에 2π를 곱하는 간단한 형식으로 나타낼 수 있고, 각운동량과 같은 단위를 갖고 있었다. 원자 에너지의 불연속 상태를 결정하는 h와 각 운동량이 같은 단위를 갖는다는 것은 원자 에너지의 불연속적인 상태를 정하는 데 각운동량이 결정적인 역할을 한다는 뜻이다.

너무나도 기뻤던 보어는 그때까지 해온 연구 결과를 조머펠트에게 보여주었다.

이것을 본 조머펠트는 한마디로 이렇게 말했다.

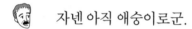   자넨 아직 애숭이로군.

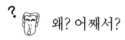   왜? 어째서?

조머펠트가 $M = \dfrac{h}{2\pi}$ 는 안 된다고 말한 이유는 각운동량을 나타내는 이 식이 원이나 타원운동 외에는 적용할 수 없기 때문이다. 양자조건이 물리의 법칙이라면 양자가 어떤 식으로 움직이든 모두 적용되어야 할 것이다.

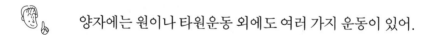   양자에는 원이나 타원운동 외에도 여러 가지 운동이 있어.

그래서 보어와 조머펠트는 $E = nh\nu$ 식으로 좀 더 여러 가지 운동을 설명할 수 있도록 연구했다. 하지만 이 식은 단진동일 때만 활용할 수 있다.

E: 단진동을 하는 빛의 에너지

ν: 단진동을 하는 빛의 진동수

ν와 E를 다른 형태로 치환하고 싶을 때 $E=nh\nu$을 변형하면 ν와 E의 관계는 다음과 같다.

$$\frac{E}{\nu} = nh$$

그럼 $\frac{E}{\nu}$ 를 다른 형식으로 나타내서 특별한 수인 ν나 E를 제거하고 어떻게 움직이더라도 활용할 수 있도록 만들어보자.

이제부터 수식이나 모르는 용어가 많이 나오지만, 익숙해지면 쉬우니까 다들 힘내자고!

그럼 시작해볼까?

조머펠트는 자신이 알고 있는 모든 수식 매뉴얼 중에서 가장 적절한 식을 찾아냈다.

그게 뭔데?

그건 바로 **위상평면**이었지.

그건 또 뭐야?

어려운 용어가 나와도 걱정하지 마. 뉴스에서 모르는 단어가 나와도 듣다 보면 이해하게 되잖아.

힘내! 힘!

간단하게 말해서 위상평면은 운동량과 위치를 평면으로 나타낸 것으로, 단진동은 원으로밖에 표현할 수 없었지만 위상평면을 이용하면 타원으로 나타낼 수 있다.

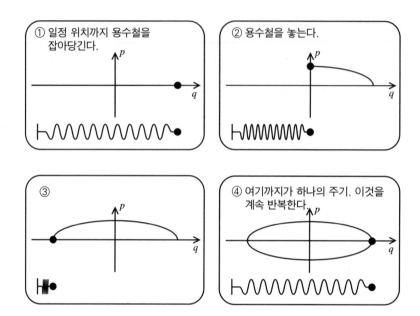

또한 조머펠트는 $\frac{E}{\nu}$ 가 타원의 면적 J와 같아진다는 사실을 발견했다.

  정말??

  J가 단진동수일 경우 실제로 $\frac{E}{\nu}$ 가 되는지 계산해보자!!

그전에 알아둘 것이 타원에 관한 기초지식이다.

타원의 공식: $\dfrac{x^2}{a^2} + \dfrac{y^2}{b^2} = 1$

타원의 면적: $J = \pi\, ab$

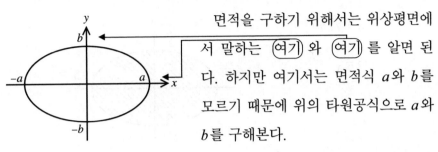

면적을 구하기 위해서는 위상평면에서 말하는 (여기) 와 (여기) 를 알면 된다. 하지만 여기서는 면적식 a와 b를 모르기 때문에 위의 타원공식으로 a와 b를 구해본다.

x와 y에 운동량과 위치를 대입하면 타원식이 나온다.

먼저 단진동 에너지 식은 다음과 같다.

$$E(p,\ q) = \frac{p^2}{2m} + \frac{k}{2}\,q^2$$

이 식에는 운동량과 위치가 들어 있다. 이 식을 타원의 공식 모양으로 변형시켜 a와 b를 구한다.

$$E(p,\ q) = \frac{p^2}{2m} + \frac{k}{2}\,q^2$$

$$1 = \frac{p^2}{2mE} + \frac{k}{2E}\,q^2$$

$$1 = \frac{p^2}{\left(\sqrt{2mE}\right)^2} + \frac{q^2}{\frac{2E}{k}}$$

$$1 = \frac{p^2}{\left(\sqrt{2mE}\right)^2} + \frac{q^2}{\left(\sqrt{\frac{2E}{k}}\right)^2}$$

$$\frac{k}{2E} \times q^2 = q^2 \div \frac{2E}{k}$$

$$= \frac{q^2}{\frac{2E}{k}}$$

오, 비슷하다!

됐다! 똑같아!! 그럼 이건,

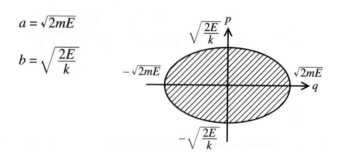

$$a = \sqrt{2mE}$$

$$b = \sqrt{\frac{2E}{k}}$$

이 되었다.

이것만 알면 간단해. 그다음은 타원의 면적식에 대입만 하면
된다.

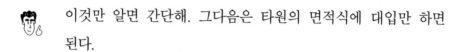

┌─── 타원의 면적 ───┐

$$J = \pi\,ab$$

따라서,

$$J = \sqrt{2mE}\sqrt{\frac{2E}{k}}\,\pi$$
$$= 2\pi\,E\sqrt{\frac{m}{k}}$$

이 식에서 $\sqrt{\dfrac{m}{k}}$ 은 단진동일 때의 ω와 매우 비슷하다. ω는 각속도를
가리키는데, ◯ 회전할 때의 속도였다.

그런데 $\omega = \sqrt{\dfrac{k}{m}}$ 아니었어?

좋은 지적이야! $\sqrt{\dfrac{m}{k}} = \dfrac{1}{\omega}$ 이 되는 거지.

그렇구나! 그럼 $\frac{1}{\omega}$ 을 대입해보자.

$\sqrt{\frac{m}{k}} = \frac{1}{\omega}$ 을 대입하면 이렇게 된다.

$$J = 2\pi E \frac{1}{\omega}$$
$$J = E \frac{2\pi}{\omega}$$

 아!! 이것도 본 적 있어. $\frac{\omega}{2\pi}$ 는 ν니까 앞에서처럼 뒤집어서 넣어주면 돼!

$$J = E \frac{1}{\nu}$$

나왔다! 정말 $J = \frac{E}{\nu}$ 가 됐어!

여기서는 $\frac{E}{\nu} = nh$의 $\frac{E}{\nu}$ 를 변형시켜 J로 나타냈으므로,

$$J = nh$$

라고 쓸 수 있다.

$E = nh\nu$에서 E와 ν를 없애고 좀 더 다양한 경우에 적용할 수 있는 양자조건을 만들고자 했는데, 그 식이 완성되었다! 이 식은 원운동뿐만 아니라 어디에든 쓸 수 있다!

 해냈다! 새로운 양자조건이야.

 그런데 J의 모양새가 나빠 보이지 않아?

 그럼 깔끔하게 만들어보자!

J는 일정하게 반복운동을 하는 하나의 주기를 이용하여 면적을 구한 것이므로 다음과 같이 고쳐 쓸 수 있다.

$$\oint [\ ]dq = nh$$

이것은 운동량이었으므로 [ ]에 p가 들어가서

$$\oint p\,dq = nh \quad (n = 1, 2, 3, 4, \cdots)$$

이것이 완벽한 버전의 양자조건이다!!

양자조건은 양자적으로 움직이는 모든 것을 충족시켜야 하는 조건 이다. 단 반복적인 운동을 하는 것에 국한된다. 이것으로 보어는 그때 까지의 상식(고전론)에서 벗어나 **'빛에너지는 불연속적이다'**라는 양자 론을 토대로 세운 가설과 원자 모델로 그때까지 아무도 설명하지 못 했던 원자가 내는 빛의 스펙트럼, 원자의 안정성 그리고 에너지가 불 연속 상태라는 것까지 설명하는 언어를 멋지게 찾아냈다!

 굉장해요!! 보어 선생님!!

더구나 보어의 새로운 이론인 '양자론'은 그때까지의 언어(고전론)와 양자조건으로 누구나 쉽게 적용할 수 있었다.

고전론에   양자조건 을 뿌리면   양자론 완성!

이로써 눈에 보이지 않는 세계까지 훌륭하게 설명할 수 있었다. 이제 모든 것이 해결되었다고 생각했지만….

잠깐만요!

 스펙트럼이란 건 진동수뿐만 아니라 '그 진동수의 빛이 얼마나 들어가 있는가?'도 중요하잖아요?

'특정 진동수의 빛이 얼마나 들어가 있는가?'는 실제 스펙트럼에서 선스펙트럼의 색의 농도로 읽어낼 수 있다. 선스펙트럼이 진하면 그 진동수에는 많은 분량의 빛이 들어가 있고(= 빛의 세기가 강하다), 옅으면 빛의 분량이 적게 들어가 있다(= 빛의 세기가 약하다)는 뜻이다.

이런!! 그랬다….
재료를 알아도 분량을 모르면 의미가 없다.
카레를 만들 때 고기, 감자, 당근, 카레가루 등 같은 재료를 사용해도 분량이 다르면,

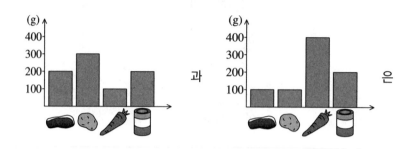

전혀 다른 맛이 난다!! 그랬다, 분량! 보어의 새로운 언어는 스펙트럼의
진동수만 설명하고 있었던 것이다.

5. 이론의 모순과 해결방법

지금까지 해온 작업들이 고작 종류 나누기였나…?

하지만 낙심할 필요는 없다. 그러면 빛의 세기는 어떻게 구하면 될까? 잠시 생각해보자.

 나, 알아! 빛의 세기＝|진폭|²야.

대단한데?

그렇지. 하지만 잘 생각해봐. 진폭이 뭐지? 파동의 높이였잖아. 그건 '빛은 파동'이라고 생각했던 고전론에서 사용한 식이야. 그런데 빛은…,

광양자 입자!

라고 생각하지만 파동 언어는 쓸 수 없다.

고전론에서는 전자가 움직인 흔적이 빛의 파동으로 나타난다고 생각했기 때문에 전자의 움직임은 빛의 파동을 통해서 완벽하게 알 수 있었다. 또 전자의 움직임으로 빛의 진폭도 구할 수 있었다. 하지만 전자는 원자의 내부에서 전이하여 광양자를 방출하기 때문에 고전론의 방법으로는 전자의 움직임을 알 수 없다. 따라서 진폭도 구할 수 없다.

 어떡하지?

 빛 입자(광양자) 1개는 $h\nu$ 에너지라고 정해져 있으니까 일정 진동수 ν의 광양자가 몇 개의 입자를 방출하는지, 즉 전이 횟수를 세면 되지 않을까?
그래! 단위 시간에 몇 개의 입자가 방출됐는지 알면 세기를 구할 수 있을 거야.

빛의 세기 = 전이 횟수

하지만 우리는 전이의 구조에 대해서 아무것도 모른다. 언제 어디서 어떻게 전이해서 빛을 내는지 전혀 예측하지 못하고 있다.

 역시 불가능한 건가….

전이란 원자 안에 있는 전자가 마치 산에 숨어 사는 도인처럼 불연속적인 궤도를 순식간에 뛰어넘는 것을 말한다. 하지만 그런 건 불가능하다. 모두 보어의 이론에 이렇게 비상식적인 가정이 있는 한 잘될 리가 없다고 생각했다. 주변의 물리학자들 중 P. 에렌페스트는 H. 로런츠에게 보낸 편지에 "보어의 발머 공식 양자론에 실망했다네. 그런 방법으로 목적을 달성한다면 나는 물리학을 그만둘 수밖에 없네."라고 썼을 정도였으니 얼마나 반발이 심했는지 짐작할 수 있을 것이다.

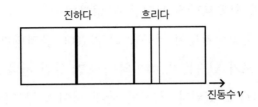

스펙트럼을 보면 선의 농담 정도는 알 수 있다. 하지만 어떻게 전이
되는지 모르는 한 빛의 세기는 나타내지 못한다.

그래서 보어는 전자가 한 궤도에서 다른 궤도로 전이되기 쉽다는 식
으로 빛의 세기를 확률로 나타내고자 했다. 그러면 빛의 세기는 전이의
확률 크기로 결정된다.

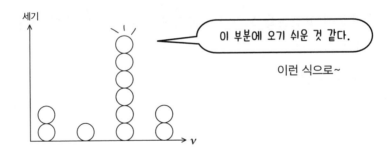

뭔가 미덥지 않은걸!

그 이상 알아낼 방법이 없으니 어쩔 수 없었다. 하지만 일단 답은 구할
수 있었다. 그래서 파동의 세기처럼 제곱해서 전이 확률이 될 만한 '일정
량'이 있었으면 하고 생각했다.

고전론	빛의 세기 = $\lvert$진폭$\rvert^2$
양자론	빛의 세기 = 전이 확률 = $\lvert$일정량$\rvert^2$

빛의 세기를 확률로밖에 설명할 수 없다니….

물론 다른 물리학자들이 납득할 리 없었다. 물리학자 중에는 궤도 사이에 비밀 통로가 있다든지, 전이의 구조만 알면 된다고 생각하고 열심히 연구한 사람도 있었다. 하지만 끝내 전이의 구조를 밝혀내지는 못했다.

 지금까지처럼 대응원리를 이용하면 되지 않을까?

그렇다! 그들은 빈손이 아니었다. 보어의 대응원리로 일단 답은 구할 수 있었다. 보어의 이론에서 n이 클 때, 즉 전자가 궤도의 가장 바깥쪽을 돌고 있을 때는 에너지가 매우 커지므로 전이하여 빛을 방출하는 데 에너지를 사용해도 거의 무시할 수 있었다. 그러면 전자가 돌면서 빛을 내기 때문에 고전론을 도입하여 계산했을 때와 같은 값이 된다.

고전론에서 빛은 파동. 빙글빙글 회전하므로 반복성이 있는 파동이 된다. 이것은 물론…,

 푸리에 급수로 나타낼 수 있구나!

따라서 푸리에 급수,

$$q = \sum_{\tau} \underbrace{Q(n, \tau)}_{\text{진폭}} \underbrace{e^{i2\pi v(n, \tau)t}}_{\text{진동수}}$$

복잡한 파동은 단순한 파동
τ(정수)배의 합

에서 단순한 파동과 1회의 전이로 방출하는 빛을 대응시키면 진폭과 진동수를 구할 수 있다. 물론 진폭의 제곱으로 세기도 구할 수 있다. 그 답은 n이 클 때의 보어가 구한 답과 일치했다! 이렇게 되자 멋지게 해결!

이건 n이 클 때뿐이잖아요?

그렇다. n이 작을 때는 정수배가 아니므로 전혀 맞지 않는다. 하지만 살짝 억지이기는 해도 n이 작을 때도 어느 정도까지는 일치한다.

 어떤 때?

진폭이 0일 때는 다른 궤도로 절대 전이하지 않는다는 것만은 알았던 것 같다. 즉 전이의 패턴이라고 할까?

 전부 나타낼 수 없다니 찜찜해.

보어의 대응원리도 더 이상은 무리일까? 여기까지 왔는데 아깝다.

진정한 이론을 향해서 -대응원리 추천-

보어를 중심으로 한 코펜하겐학파는 이 문제를 열심히 연구했다. 앞으로 새로운 양자의 세계를 나타내는 언어를 어떻게 찾아 나가야 할까?

지금까지 우리가 더듬어온 길을 처음부터 다시 생각해보자.

먼저 보어는 **'원자는 안정되어 있다'**는 사실을 나타내는 언어를 만들고 싶었지만 고전론으로 연구하는 한 설명할 수 없었다. 그래서 고전론으로는 나타내지 못했던 '빛'을 훌륭하게 설명한 새로운 '양자론'인,

플랑크의 '빛에너지는 불연속'

아인슈타인의 '빛은 $h\nu$라는 에너지를 가진 입자(광양자)' 　플랑크　아인슈타인

를 도입하여 원자의 내부에는 **불연속적인 궤도**가 있고 전자는 '불연속적인 에너지'를 갖기 때문에 원자가 붕괴되지 않는다는 사실을 설명했다.

그리고 에너지의 값이 변할 때는 $h\nu$라는 광양자를 주고받는데, 그 교환을 '전이'라는 새로운 용어로 나타내어 불연속적인 선스펙트럼을 설명했다.

또 n이 클 때는 고전론에서 나온 답과 일치한다는 사실을 발견하고 미지의 세계였던 새로운 구조를 고전론의 언어로 나타내는 데 성공했다. 이러한 절차를 **대응원리**라고 하는데, 이론적으로 부족한 부분을 이 대응원리로 보충하면서 실험과 맞는 결과를 차례차례 얻어냈다. 지금까지 우리는 대응원리가 유도하는 대로 진행해온 것이다.

하지만 다음의 두 가지는 전혀 밝혀지지 않은 상태였다.

어째서 불연속적인 에너지밖에 갖지 않는가?
전이의 구조는 어떻게 되는가?

보어는 모순을 알면서도 여기까지 연구를 계속 진행해왔다. 그가 도입한 '양자론'은 실험으로 유도된 확실한 이론이었지만 양자론만으로는 원자의 움직임을 나타낼 수 없었다. 또 고전론으로는 일일이 대입해서 적어가며 설명하지 않으면 아무것도 나타낼 수 없었다. 더욱 곤란했던 것은 양자론으로 계속 설명하는 한 머릿속으로 그려볼 수 있는 원자의 '이미지'가 없다는 점이었다.

하지만 마치 응급처치를 하듯이 고전론에 양자조건을 결합하였고, 고전론의 '언어'를 이용해 구조가 다른 새로운 양자론을 나타낼 수 있었다.

$$고전론 \qquad\qquad 양자조건$$

$$F = m\ddot{q} \quad + \quad \oint p\, dq = nh \quad = \quad \textbf{양자론}$$

$$\text{연속} \qquad\qquad \text{불연속} \qquad\qquad \text{불연속}$$

보어는 항상 "사람이 뭔가를 (이해)한다고 생각할 때는 자신이 알고 있는 뭔가와 비슷할 때"라고 말했다. 그에게 가장 중요했던 것은 절대로 들여다볼 수 없는 원자의 내부를 우리가 아는 범위 내의 언어로 설명하는 것이었다. 보어는 궤도가 있다고 확신했던 것도 아니고, 전이한다는 것을 믿었던 것도 아니다. 보어는 우리가 공통으로 가진 원자의 심상을 불연속적인 궤도가 있는 원자의 형태로 보여준 것이다.

"나는 이 이미지를 고전물리학의 직감적인 언어를 사용해서 원자의 구조를 잘 기술할 수 있기를 진심으로 바라고 있습니다. 여기서는 언어가 시어처럼 쓰여야 한다는 것을 먼저 말해두고 싶습니다. 시의 언어는 상황을 정확하게 묘사할 뿐만 아니라 청중의 의식 속에 이미지를 불러일으켜 사람들 사이에 교감을 만들어내야 합니다."

― 《부분과 전체》에서

여기 두 가지 선택 방향이 있다.

> 1) 양자조건 등을 사용하지 않고, 전이의 구조를 확실하게 밝히는 양자론을 발견한다. 즉 원자의 내부구조를 그려보고 '이해한다'.
>
> 2) 어쩌다 보니 지금까지 대응원리로 잘 진행되었으니 이대로 대응원리를 추진한다.
> 즉 더 이상 구조에 집착하지 말고 현재 알고 있는 원자가 내는 빛의 스펙트럼에서 푸리에 급수를 활용해 진폭과 진동수를 완벽하게 구하여 원자를 '이해한다'.

 난 첫 번째가 좋아. 왠지 깔끔해 보여.

그렇게 생각하는 사람도 있을 것이다. 하지만 전이의 구조를 이해할 수 있는 법칙이 있을까?

 모르겠는데.

그렇다! 아무도 모른다. 물론 열심히 연구해봐도 좋다. 하지만 이것은 애초에 이해하려는 게 무리인지도 모른다. 예를 들어 도쿄에 있던 타로라는 사람이 다음 순간 멕시코에 있다는 사실을 어떻게 이해할 수 있겠는가?

그래서 보어를 비롯한 코펜하겐학파는 전이의 구조를 밝히는 연구를 중단하고 대응원리에 대한 연구를 추진하게 된다. 빛의 세기를 구할 수 있는 유일한 언어인 푸리에 급수를 활용하여 스펙트럼의 진동수와 진폭을 완벽하게 구하는 것이 진짜 이론으로 가는 유일한 길이라고 생각했기 때문이다.

"지금까지 고전론은 과정을 설명할 수 있어야 이해한 것으로 인정했다. 하지만 지금부터는 과정을 설명하지 못해도 결과인 답을 완벽하게 나타낼 수 있다면 그것으로 이해한 것으로 치자"는 것이다.

그렇다면 '이해한다'는 것이 무슨 뜻이냐고 묻고 싶다.

보어의 제자 하이젠베르크는 보어의 이러한 생각을 듣고 누구나 느꼈을 만한 질문을 했다.

"만약 원자의 내부구조가 그렇게 다가가기 어렵고, 선생님 말씀대로 그에 관한 언어도 없다면 도대체 우리는 언제쯤 원자를 이해할 수 있을까요?"
보어는 잠깐 생각하더니 다음과 같이 말했다.
"아니, 그렇게 비관적일 필요는 없소. 우리는 그때야 비로소'이해한다'는 게 뭔지 그 의미를 배울 수 있을 거요."

— 《부분과 전체》에서

이제 전이의 구조를 밝히는 것을 포기했으니 원자의 내부에서 무슨 일이 일어나는지는 더 이상 생각하지 않을 것이다. 대신 푸리에 급수의

|진폭|^{2}에 대응하는 빛의 세기를 전자가 내는 빛의 전이 확률 = |일정량|^{2}의 형태로 구하면 된다!

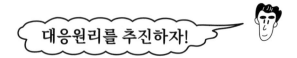

대응원리를 추진하자!

순조롭게 진행되는가 싶었지만…, 대응원리를 추진하면서 보어는 엄청난 사실을 깨닫는다. 그것은 앞으로 점점 더 확실해질 것이다. 어쨌든! 지금부터 고전론과 양자론을 열심히 대응시켜보자.

그래, 열심히 해보자!

일단 대응시킬 고전론을 다시 한 번 살펴보자.

고전론에서 원자가 빛을 방출하는 구조

전자는 **회전하면서** 빛을 방출한다! 그런데 빛을 방출하면 에너지가 줄어들어 원자핵에 끌려가 찌그러진다. 하지만 전자가 가장 바깥쪽을 회전할 때는 에너지가 매우 커지므로 빛을 내면서 에너지를 사용해도 이전과 거의 같은 거리에서 돌 수 있는 에너지를 가지고 있다. 따라서 전자는 빙글빙글 회전하면서 빛을 방출하는 것처럼 보인다.

그때 나오는 빛은 주기가 있는 파동이 되며 그것은 당연히 푸리에 급수로 나타낼 수 있다.

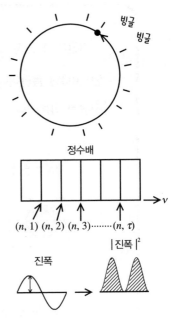

고전론의 푸리에 급수

복잡한 주기함수로 나타내지는 파동은 기본 진동수의 정수배 진동수를 가지는 파동들의 합으로 나타낼 수 있다.

$$q = \sum_{\tau} Q(n, \tau) \, e^{i2\pi v(n, \tau)t}$$

q : 전자의 위치.

$Q(n, \tau)$: n번째 궤도의 파동 속에 포함되어 있는 τ번째 파동의 진폭.

$e^{i2\pi v(n, \tau)t}$: n번째 궤도의 파동 속에 포함되어 있는 τ번째 단순 파동.

이것으로 진동수와 진폭은 물론 세기까지 정확하게 나타낼 수 있다.

$$\text{빛의 세기} = |\text{진폭}|^2$$

푸리에 급수에서 단순한 파동을 더한 q는 전자의 위치를 나타내므로 전자가 어떤 식으로 움직이는지 알게 된다.

이전에는 뉴턴의 운동방정식,

$$F = m\ddot{q} \quad (q: \text{위치})$$

으로 전자의 움직임을 전부 나타낼 수 있었다.

지금까지 고전, 고전 하며 낡은 사고체계처럼 가볍게 취급했지만, 300년 동안이나 사물의 움직임을 전부 나타낸 뉴턴역학은 사실 굉장한 이론이다.

| 행성의 운동 | 던진 돌 | 추의 운동 등 |

언뜻 보기에는 전혀 다른 운동 같지만 본질적으로 같은 원리로 일어난다는 사실을 발견한 사람이 뉴턴이다.

$$\text{힘} \quad = \quad \text{질량} \quad \times \quad \text{가속도}$$
$$F \quad = \quad m \quad \times \quad \ddot{q}$$

미분하는 거구나.

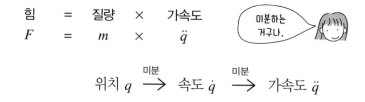

$$\text{위치 } q \xrightarrow{\text{미분}} \text{속도 } \dot{q} \xrightarrow{\text{미분}} \text{가속도 } \ddot{q}$$

이 힘으로 모든 사물의 움직임에서 규칙적인 질서를 발견할 수 있었다. 그리고 위치나 속도를 알고 있으면 사물의 움직임을 전부 나타낼 수 있다. 원자의 내부구조를 제외하면 지금도 이 법칙은 심지어 우주에 로켓을 발사할 때도 사용할 만큼 정확하게 들어맞는다.

양자론에서 원자가 빛을 방출하는 구조

전자는 전이할 때 빛 **입자**를 방출한다! n궤
도에서 $n-\tau$궤도로 전이할 때 일정한 진동수
의 빛을 방출한다. 이 빛들은 원자 특유의 불연
속적인 스펙트럼을 나타내고 있다.

리드베리의 식으로 방출되는 빛의 진동수는
다음과 같이 나타낼 수 있다.

$$\nu = -\frac{Rc}{n^2} + \frac{Rc}{m^2} \text{ (수소원자의 경우)}$$

$$\nu = \frac{W_n - W_{n-\tau}}{h}$$

n

$n-1$

$n-2$

$\vdots$

$(n; n-1)$ $(n; n-3)$
$(n; n-2)$
$\longrightarrow \nu$

이렇게 해서 진동수는 일치! 하지만 세기는
모른다.

하지만 n이 클 때,

$$\nu = \frac{2Rc}{n^3}\tau$$

n이 클 때

정수배다!

$\longrightarrow \nu$

$\frac{2Rc}{n^3}\cdot 1$ $\frac{2Rc}{n^3}\cdot 2$ ... $\frac{2Rc}{n^3}\cdot \tau$

라는 τ(정수)배의 불연속적인 진동수가 된다!

이것을 푸리에 급수에 대응시킨다.

고전론의 구조로는 n이 작을 때를 나타낼 수 없었기 때문에 양자론
의 구조가 되도록 푸리에 급수를 치환하자.

───── **양자론의 푸리에 급수** ─────

전이 성분 $= Q(n; n-\tau)e^{i2\pi\nu(n; n-\tau)t}$

$(n; n-\tau)$: n에서 $n-\tau$번째로 전이했을 때

고전론에서는 전자가 방출하는 빛을 τ(정수)배의 단순한 파동들의 합으로 나타냈지만, 양자론에서는 1회의 전이에 하나의 진동수의 빛이 방출된다. 따라서 스펙트럼의 배열이 정수배일 필요는 없다.

여기서 푸리에 급수에 대응시킨다는 것은 '고전론에서의 단순한 파동' 1개와 전이할 때 나오는 선스펙트럼 1개를 대응시킨다는 뜻이다.

이렇게 해서 n이 클 때나 작을 때 모두 나타낼 수 있는 식이 되었고, 세기와 진동수도 구할 수 있다.

$$빛의 세기 = 전이 횟수$$
$$= 전이 확률$$
$$= |일정량|^2$$

양자론의 구조에서 빛의 세기, 즉 전자의 전이 횟수는 고전론의 푸리에 급수에서 말하는 단순한 파동 하나하나의 진폭을 구하는 방식으로 구할 수 있다.

이것이 양자론으로 생각한 원자의 스펙트럼 구조이다!

양자론에서는 선스펙트럼 하나하나의 진동수가 각각의 전이에 대응하고 있으므로 단순하게 더해봐야 아무런 의미가 없다. 그런데 대응원리를 추진해서 푸리에 급수를 활용하면 전자의 위치에 관해서는 알 수 없는 식이 되어버린다. 그렇게 되면 위치를 알게 됨으로써 사물의 움직임을 나타내는

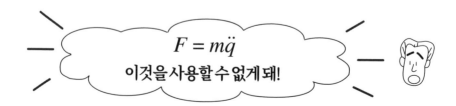

$F = m\ddot{q}$
이것을 사용할 수 없게 돼!

보어는 궤도의 n이 전자의 위치를 나타낸다고 생각했다.

그래서 $F = m\ddot{q}$ 로 나타낼 수 있는 에너지와 대응시켜 전자 에너지와 빛의 진동수도 나타낼 수 있었다. 이때는 당연히 고전론을 이용했다. 하지만 푸리에 급수로 구했던 q가 위치를 나타내지 못한다면 에너지도 진동수도 구할 수 없다. 그러면 지금까지 해왔던 모든 일이 무의미해 진다.

궤도를 생각하지 않는 한 에너지도 구할 수 없어.

이런 이유로 보어는 '궤도'를 이론에 접목시켰다.

'원자의 빛이 방출하는 스펙트럼 진동수와 진폭을 구할 수 있는 푸리에 급수로 나타낼 수 있다면, 머리로 상상할 수는 없다 해도 원자를 이해한 데 만족하자.'

이것이 보어의 본심이었을 것이다. 하지만 그렇게 되면 믿었던 $F = m\ddot{q}$ 자체를 이용할 수 없게 된다.

잠깐만!

그러고 보니 n이 클 때는 고전론에서 푸리에 급수 형태 |진폭|^{2}으로 빛의 세기를 구할 수 있었다.

$$q = \sum_{\tau} \underbrace{Q(n, \tau)}_{\text{진폭}} e^{\underbrace{i2\pi v(n, \tau)t}_{\text{진동수}}}$$ 이 식에서는 정확히 $F = m\ddot{q}$ 와 맞아.

이것이 양자론에서는 다음과 같이 되었다.

$$q = \sum_{\tau} Q(n; n - \tau) e^{i2\pi v(n; n-\tau)t}$$ 그럼 $F = m\ddot{q}$ 를 사용할 수 있어.

응? 그게 무슨 뜻이야?

고전론에서 푸리에 급수는 더한 값이 위치이므로 $F = m\ddot{q}$ 로 전자의 움직임을 나타낼 수 있었다.

앞의 양자론에서 푸리에 급수로 했을 때 원자가 방출하는 빛은 전이에 의한 것이었으므로 푸리에 급수로는 전자의 위치를 나타낼 수 없다는 것을 알고 있다.

하지만 어쩌다 보니 n이 클 때는 진동수와 진폭을 구할 수 있었다.

n이 작을 때는 뉴턴역학으로 나타낼 수 없었기 때문에 뉴턴역학은 틀렸다. 하지만 n이 클 때는 뉴턴역학을 이용할 수 있으므로 푸리에 급수를 양자론의 구조로 치환했을 때처럼 $F = m\ddot{q}$ 를 양자론으로 치환해야 할지도 모른다.

뭐! 그럼 $F = m\ddot{q}$ 의 의미 자체가 변하잖아?

지금까지 우리는 고전론의 $F = m\ddot{q}$ 를 사용하기 위해서 위치에 대응시킨 '궤도'를 생각하지 않는 한 $F = m\ddot{q}$ 를 사용할 수 없다고 생각했다. 하지만 푸리에 급수를 통해 나타낸 것이 전자의 위치에 상관없는 다른 의미를 가졌다면, $F = m\ddot{q}$ 의 의미를 바꾸고 지금의 푸리에 급수에 대응시키는 방법으로 진행시키면 된다.

하지만 정말로 그렇게 되는지는 **전혀 보장할 수 없다.**

보어는 원자를 설명하기 위해서 아예 문제의 성립 방
식을 바꿔버린 것이다.

눈에 보이지 않는 세계에서는 우리가 모르는 일이 일
어난다.

고전론으로 원자의 내부를 나타낼 수 없다고 해도 가진 것은 고전론
의 언어뿐이었다. 그래서 굳이 고전론의 언어를 빌려서 우리가 할 수
있는 범위에서 표현하려고 한 것이다.

고전론(뉴턴역학)은 원자의 내부를 제외한 모든 움직임을 나타냈고,
앞으로도 그것은 변함없을 것이다. 이론으로서는 완벽하다. 거기에 맞
지 않는 현상이 나타났다고 해서 약간이라도 수정을 가할 수는 없다.

만약 수정이 필요하다면 종종걸음을 걷듯이 수정에 수정을 가하는
방식이 아니라 우리의 사고방식 자체를 바꿀 필요가 있지 않을까?

눈으로 볼 수 없는 세계의 구조를 나타내는 새로운 양자론을
나타내는 언어(역학)는 과연 완전히 새로운 사고방식일까?

뉴턴역학 자체를 양자론의 언어로 번역할 수 있다면? 그러면 무너졌
다고 생각한 토대는 더 높게 더 크게 바뀔지도 모른다.

하지만 이 작업이 제대로 될지는 미지수이다. 어쨌든 원자의 내부는
보이지 않는 상황이기 때문이다. 방법은 코앞에 있다. 문제는 할 것인
가 말 것인가, 그것뿐이다.

"누군가 크리스토퍼 콜럼버스가 이뤄낸 미대륙 발견의 위대한 점이 무엇이냐고 묻는다면, '지구가 둥글다는 아이디어에 착안해 서쪽 루트로 인도에 간 것!'이라고 대답할 수는 없다. 이 아이디어는 이미 다른 사람들이 연구하고 시도했기 때문이다. 또한 모험을 위한 세심한 준비, 배의 전문적인 장비도 아니다. 그것은 다른 사람들도 하려고 했다면 충분히 할 수 있었기 때문이다. 이 대항해에서 가장 힘들었던 결정은 육지를 완전히 떠나 비축식량으로는 되돌아갈 수 없었던 지점에서 서쪽으로 배를 더욱 전진하겠다는 판단이었을 것이다."

— 《부분과 전체》에서

이제 모험은 새로운 국면을 맞이한다. 그리고 모험의 주역은 보어에서 그의 제자 W. 하이젠베르크로 넘어간다! 그럼 하이젠베르크의 활약을 지켜보자.

양자의 이상한 모험

-END-

부록 ## 보어가 사용한 역학

보어는 고전역학을 이용해 원자를 설명하려 했다. 그러면 여기서 원자 모델을 만들 때 사용한 도구를 자세히 살펴보자.

부록 1: 원심력과 구심력

양동이에 물을 담아 빙글빙글 돌리면 양동이를 거꾸로 들건 옆으로 들건 물이 쏟아지지 않는다. 양동이를 돌릴 때 양동이 밑으로 물을 끌어당기는 힘이 작용하는 것 같다. 그것은 손에 힘이 있기 때문인데, 손잡이를 꽉 잡지 않으면 양동이는 날아가 버린다. 날아가려는 힘이 물을 양동이 바닥에 딱 달라붙게 한다. 양동이가 날아가지 않게 하려면 손으로 끌어당겨서 날아가는 힘과 같은 크기의 힘을 안쪽에(반대 방향으로) 가하면 된다.

즉 이 두 힘은 반대 방향이면서 같은 크기이다!

여기에서 물을 양동이 밑으로 끌어당기는 힘을 '원심력', 손으로 양동이를 꽉 잡아당기는 힘을 '구심력'이라고 한다.

우선 구심력을 정리해보자. 힘을 구할 때는 뉴턴역학의 기본 공식을 사용한다.

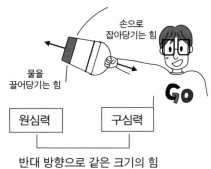

손으로
잡아당기는 힘

물을
끌어당기는 힘

| 원심력 | 구심력 |

반대 방향으로 같은 크기의 힘

$$F = m \ a$$

힘　　　질량　가속도

위치를 x, 속도를 v,
가속도를 a라고 해보자.

'가속도가 있다는 것은 힘이 있다'는 뜻이다. 하지만 일정한 속도로 빙글빙글 돌고 있을 때도 가속도가 존재할까?

예를 들어 고속도로의 인터체인지 출구에 급커브길이 있다고 가정하고 차로 달릴 때를 생각해보자.

가속도는 속도의 변화이다. '현재 속도는 남쪽으로 시속 50킬로미터'라는 표현처럼 일반적으로 속도는 '크기와 방향'으로 나타낸다.

차는 커브를 따라 방향을 바꾸며 같은 속도로 달린다.

속도는 방향과 크기로 결정되므로 이 경우 크기는 변화하지 않지만 방향이 달라졌기 때문에 속도도 달라진다. 속도의 변화가 가속도이므로 가속도가 있다는 뜻이다.

가속도 a는 속도 v를 시간 t로 미분한 것으로 $a = \dfrac{dv}{dt}$ 로 나타낼 수 있다.

또한 속도 v는 x를 시간 t로 미분한 것이므로 $v = \dfrac{dx}{dt}$ 로 나타낼 수 있다.

따라서 언제 어디에 있는지 알면 그 위치에서의 속도를 구할 수 있고, 속도를 알면 가속도도 구할 수 있다. 그리고 질량을 알면 힘도 구할 수 있다.

$$x \;\longrightarrow\; v \;\longrightarrow\; a$$

위치   속도   가속도

고속도로 이야기는 이쯤 하고, 간단히 아래 그림을 예로 들어 계속 생각해보자.

위치 x, y를 반지름 r과 각도 θ로 나타내면,

$$x = r \cos \theta$$
$$y = r \sin \theta$$

각도 θ는,

$$\theta \;=\; \omega \;\times\; t$$

각도   각속도   시간

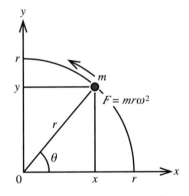

(각속도란 1초 동안 각도가 얼마나 진행되는지를 나타낸다)

가 되고, 위치 x, y는,

$$x = r \cos \omega t$$
$$y = r \sin \omega t$$

가 된다.

여기서 우선 **속도를 구해보자.**

x방향의 속도 v_x는 위치 x를 시간 t로 미분하면 된다.

$$v_x = \frac{dx}{dt} = -r\omega \, \sin \omega t$$

y방향도 마찬가지로 위치 y를 시간 t로 미분하므로,

$$v_y = \frac{dy}{dt} = r\omega \cos \omega t$$

가 된다.

이번에는 가속도를 구해보자.

가속도 a는 속도를 시간 t로 미분하므로 다음과 같은 수식을 얻을 수 있다.

$$a_x = \frac{dv_x}{dt} = -r\omega^2 \cos \omega t$$

$$a_y = \frac{dv_y}{dt} = -r\omega^2 \sin \omega t$$

수식도 익숙해지면 괜찮아.
힘내자고!

가속도가 구해지면 힘 F를 구할 수 있다.

x방향의 힘 F_x와 y방향의 힘 F_y는 $F = ma$를 이용하면 다음과 같다.

$$F_x = ma_x = -mr\omega^2 \cos \omega t$$
$$F_y = ma_y = -mr\omega^2 \sin \omega t$$

이 두 힘을 피타고라스의 정리를 이용해 합친다.

$$F^2 = F_x{}^2 + F_y{}^2$$
$$= m^2 r^2 \omega^4 \cos^2 \omega t + m^2 r^2 \omega^4 \sin^2 \omega t$$

$m^2 r^2 \omega^4$ 을 묶으면,

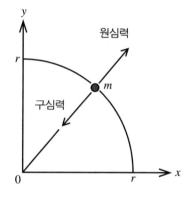

$$= m^2 r^2 \omega^4 \left(\cos^2 \omega t + \sin^2 \omega t \right)$$
$$F^2 = m^2 r^2 \omega^4$$
$$F = mr\omega^2$$

이 된다. 이것이 양동이를 끌어당기는 구심력이다.

원심력은 외부로 향하는 같은 크기의 힘이다.

원의 궤도를 도는 물체에는 마이너스인 구심력과 플러스인 원심력이 작용한다.

"힘을 가하면 반대 방향으로 같은 크기의 힘이 작용한다."

이것이 뉴턴의 제3법칙 '작용 - 반작용'으로, 구심력과 원심력은 '작용 - 반작용'의 관계에 있다.

부록 2: 원자핵의 둘레를 도는 전자

러더퍼드는 원자의 내부에 원자핵이 있다는 것을 실험으로 증명했다.

원자핵은 원자의 중심에 있고, 크기는 원자 전체의 크기보다 훨씬 작기 때문에 전자가 그 주변을 회전하지 않으면 원자의 크기를 유지할 수 없다.

즉 전자가 원자핵의 둘레를 도는 것이 러더퍼드

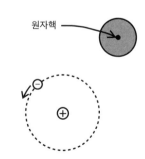

플러스 전하의 성질이 강한 단단한 뭔가가 있지 않을까?

의 원자 모델이다.

'양동이 돌리기'를 예로 들면 양동이가 전자, 빙글빙글 회전하고 있는 궤도가 원자의 크기가 된다.

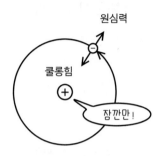

이렇게 해서 쿨롱힘과 원심력의 균형이 맞았으면 좋겠다.

빙글빙글 돌고 있다는 것은 원심력이 바깥쪽을 향해 작용한다는 뜻이다.

하지만 손이 없는 원자핵은 안쪽으로 작용하는 힘을 내지 못하므로 전자가 날아가 버리지 않을까?

전자를 어떻게 끌어당기는 것일까?

실은 쿨롱힘이라는 전자의 힘으로 끌어당기는 것이다.

그럼 이번에는 쿨롱힘에 대해 알아보자.

쿨롱힘은 전기력

책받침을 문지른 후 머리에 대면 머리카락이 달라붙는다. 하지만 책받침과 머리카락 사이에는 아무것도 없다. 사실 이것은 전기의 힘으로 달라붙는 것이다.

전기에는 플러스와 마이너스가 있다. 플러스와 마이너스는 서로 끌어당기는 성질이 있고, 플러스와 플러스, 마이너스와 마이너스끼리는 반발하는 힘이 작용한다. 그런데 머리카락과 책받침은 끌어당기므로 플러스와 마이너스의 관계에 있다.

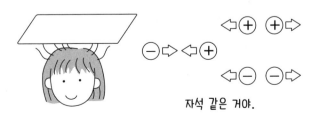

자석 같은 거야.

쿨롱은 이 전기력이 어느 정도 되는지를 연구했다. 그 결과 전기가 끌어
당기는 힘을,

$$F = -\frac{kq_1q_2}{r^2}$$

라는 식으로 나타낼 수 있다는 것을 발견했다.

q는 플러스, 마이너스라는 전기의 크기이고, r은 어느 정도 떨어져 있는
지를 나타낸다.

$$q_1 \overset{F}{\Rightarrow} \quad \overset{F}{\Leftarrow} q_2$$

$$\overset{}{\longleftrightarrow} r$$

수소원자 모델의 경우 원자핵이 플러스 e의 전기를 갖고 있고, 전자가
마이너스 e의 전기를 갖고 있으므로,

$$q_1 = e , \quad q_2 = -e$$

를 쿨롱식에 대입하면,

$$F = -\frac{ke \cdot -e}{r^2} = -\frac{-ke^2}{r^2}$$

즉,

$$F = \frac{ke^2}{r^2}$$

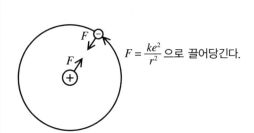

수소원자 모델

$F = \frac{ke^2}{r^2}$ 으로 끌어당긴다.

원자핵이 전자를 끌어당기는 힘은 바로 이것!

의 힘으로 원자핵이 전자를 끌어당기게 된다.

전자가 날아가려는 힘인 '원심력'과 끌어당기려는 '쿨롱힘'의 균형이 맞
을 때 원자는 일정한 크기를 유지한다.

해냈다! 이것으로 원자 모델의 구조를 밝히는 일은 일단락되었다.

그런데… 함정이 있었다.

맥스웰 전자기학에 의하면 전자(전하를 가진 것)는 돌면서 빛을 낸다. 빛을 내면 전자는 에너지를 사용하기 때문에 힘을 잃고 날아가려는 힘, 즉 원심력이 점점 약해진다. 그 결과 전자는 원자핵에 끌려가버린다.

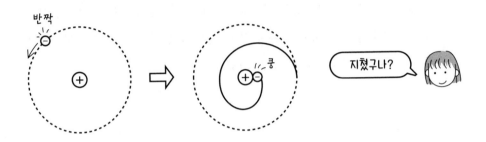

이렇게 되면 원자의 크기를 유지할 수 없다.

그래서 러더퍼드의 원자 모델은 무용지물이 되고 말았다.

러더퍼드의 제자 보어는 이 문제를 해결할 방법을 연구했다. 그것은 맥스웰 전자기학을 무시한 것으로 '전자는 돌아도 빛을 내지 않는다'는 황당한 연구였다. 하지만 보어는 원자의 움직임을 여러 모로 설명할 수 있었다.

부록 3: 각운동량

보어와 조머펠트가 만든 양자조건은 다음과 같은 식이었다.

$$\oint p\,dq = nh$$

이 식은 보어가 발견한,   제가 보어입니다.

$$각운동량 \quad M = \frac{h}{2\pi} n$$

을 확장시킨 것이다. 이 식에는 원자의 구조를 나타내는 상수 e나 m 등이 들어 있지 않다. 따라서 모든 원자에 관한 불연속 상태를 결정하는 조건식 이라고 할 수 있다.

보어가 발견한 식의 경우 불연속 상태는 각운동량 M으로 나타냈다. 여기서는 각운동량에 대해 알아볼 것이다. 먼저 운동량 얘기부터 시작하자.

뉴턴역학의 기본식 $F = ma$를 치환해보자.

$$\begin{aligned} F = ma &= m\frac{dv}{dt} \\ &= \frac{d}{dt}(mv) \end{aligned}$$

이건 기본이야, 기본! 앞에서 나온 거야!!

이라는 식이 된다.

mv가 운동량 p이고, 운동량의 시간변화가 힘 F이다.

그럼 각운동량이 원운동하고 있을 때가 각도의 운동량이냐고 묻는다면, 원운동의 힘에 해당하는 것을 시간 t로 미분한 것이 원운동의 운동량, 즉 각운동량이다.

직선운동과 원운동

직선운동은 일정 시간 t일 때의 위치 x를 알면, 거기서의 속도 v나 가속도 a, 힘 F를 구할 수 있다.

회전운동의 경우에도 직선운동의 위치 x에 해당하는 것을 찾아내면 거기에 대응시켜 각운동량을 구할 수 있다.

위치 x에 대응하는 것은 각도 θ, 속도 v에는 각속도 ω, 가속도 a에는 각가속도 θ를 대응시킨다. 표로 정리하면 다음과 같다.

	직선운동		회전운동		
위치	x		θ		각도
속도	$v = \dfrac{dx}{dt}$		$\omega = \dfrac{d\theta}{dt}$		각속도
가속도	$a = \dfrac{dv}{dt} = \dfrac{d^2x}{dt^2}$		$a_\theta = \dfrac{d\omega}{dt} = \dfrac{d^2\theta}{dt^2}$		각가속도

이 식에 대응시키면서 직선운동으로 알고 있는 힘 F나 운동량 p에 해당하는 회전운동으로 이것을 정의해 나가자.

토크

x와 θ를 대응시켜 직선운동의 힘 F에 해당하는 원운동의 힘 F를 구해 보자. 이것을 '토크'라고 한다.

반지름 r의 원에서 질량 m이 Δt시간이고, 점 p에서 점 Q까지 이동했다고 가정하자.

점 P에 있을 때,

시간은 t

위치는 x, y

각도는 θ

점 P에서 점 Q로 이동하면 시간은 Δt 만큼 증가하므로 점 Q에 있을 때의 시간은 $t + \Delta t$, 위치는 각각 Δx, Δy만큼 증

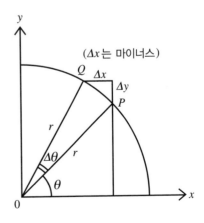

가하므로 점 Q의 위치는 각각 $x + \Delta x$, $y + \Delta y$, 각도는 $\theta + \Delta\theta$가 된다.

  그리고 움직인 시간 Δt를 작게 하면 $\angle QP0$은 점점 직각에 가까워진다.

  $\angle QP0$이 직각이라면 어떻게 될까? 사실 그곳의 각도는 θ가 된다. 그렇게 하면 Δx, Δy는 길이 PQ와 각도 θ를 사용해 다음과 같이 쓸 수 있다.

$$\Delta x = -PQ \sin\theta$$
$$\Delta y = PQ \cos\theta$$

  여기서 길이 PQ는 원의 반지름 r과 각도 $\Delta\theta$로,

$$PQ = r \cdot \Delta\theta$$

라고 쓸 수 있으므로,

$$\Delta x = -r\Delta\theta \, \sin\theta$$
$$\Delta y = r\Delta\theta \, \cos\theta$$

가 된다. 그렇다면,

$$\sin\theta = \frac{y}{r}$$
$$\cos\theta = \frac{x}{r}$$

가 되어 이것을 Δx와 Δy의 식에 대입하면 다음과 같다.

$$\Delta x = -r\Delta\theta \, \frac{y}{r} = -\Delta\theta y$$
$$\Delta y = r\Delta\theta \, \frac{x}{r} = \Delta\theta x$$

　　그러면 이것을 이용해 원운동일 때의 힘을 계산해보자. 여기에서는 '일'을 이용하여 생각한다.

$$일 = 힘 \times 거리$$

로 나타낼 수 있다. 원운동일 때의,

$$일 = (힘에 해당하는 것) \times 각도$$

에 대응시키고, 이것(힘에 해당하는 것)을 구해보자.

　　힘 F로 거리 PQ를 움직인 일은 힘 F_y로 거리 Δy를 움직인 일과 힘 F_x로 거리 Δx를 움직인 일을 더한 것이다. 이것을 식으로 나타내면 다음과 같다.

$$F \times PQ = F_y \Delta y + F_x \Delta x$$

Δx와 Δy를 치환해서,

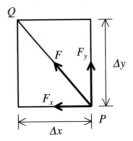

$$F \times PQ = F_y \Delta\theta x + F_x(-\Delta\theta y)$$

를 $\Delta\theta$로 정리하면 다음과 같다.

$$F \times PQ = \left(F_y x - F_x y\right) \times \Delta\theta$$

이 식을 잘 살펴보자.

$$F \quad \times \quad PQ \quad = \left(F_y x - F_x y\right) \times \quad \Delta\theta$$
$$직선의\ 힘 \quad \times \quad 거리 \quad = \quad 원의\ 힘 \quad \times\ 각도$$

이렇게 원운동의 일을 구할 수 있다. $(F_y x - F_x y)$가 원운동할 때의 힘에 해당된다.

이것을 '토크'라고 한다.

각운동량

원운동의 힘을 구했다면 남은 것은 간단하다. 각운동량은 뉴턴의 방정식에 대응하므로 다음과 같은 식이 얻어진다.

$$F = \frac{d}{dt} p$$
$$토크 = \frac{d}{dt} (각운동량)$$

이 식에서 무엇을 미분하면 토크가 되는지, 그 '무엇'이 바로 우리가 구하려는 각운동량이다.

각운동량 $M = mv_y x - mv_x y$가 된다. 이 식을 시간 t로 미분하면 다음과 같이 된다.

$$\frac{d}{dt} M = \frac{d}{dt}\left(mv_y x - mv_x y\right)$$
$$= m \frac{dv_y}{dt} x + mv_y \frac{dx}{dt} - m \frac{dv_x}{dt} y - mv_x \frac{dy}{dt}$$
$$= ma_y x + mv_y v_x - ma_x y - mv_x v_y$$
$$= ma_y x - ma_x y$$
$$= F_y x - F_x y$$

이것이 바로 **토크**이므로 $M = mv_y x - mv_x y$가 각운동량임을 알 수 있다.

각운동량의 시간변화가 토크(원운동의 경우 힘)이므로 토크가 0일 경우 각운동량은 변화가 없다. 이 말은 '각운동량이 일정'하다는 뜻이다. 따라서 토크를 곱하지 않는 한 각운동량은 보존된다.

이것을 '각운동량보존법칙'이라고 한다.

원운동의 각운동량

앞에서 구한 각운동량은 일반적인 경우이고, 당연히 타원궤도의 경우에도 사용할 수 있다. 보어는 수소원자의 전자가 원의 궤도를 돈다고 생각했는데, 여기서 원운동의 각운동량을 구해보자.

원 궤도의 x와 y를 원의 반지름 r과 각도 θ로 나타내면,

$$x = r \cos \theta$$
$$y = r \sin \theta$$

가 된다. 원 궤도를 돌고 있으므로 각도 θ는 시간 t로 변화한다.

각속도 ω로 일정하게 돌고 있으므로 이것을,

$$\theta \quad = \quad \omega \quad \times \quad t$$
각도   각속도   시간

로 바꿔 쓰면,

$$x = r \cos \omega t$$
$$y = r \sin \omega t$$

가 된다. 속도 v_x, v_y는 각각,

원궤도상의 속도

호의 길이는 $s = r\theta$로 구할 수 있다. 그런데 각도 θ가 시간변화하면 어떻게 될까? 원궤도상의 속도를 나타내보자.

$$v = \frac{ds}{dt}$$

이 식에,

$$v = \frac{d}{dt}(r\theta)$$

를 대입하면 r은 시간에 상관없이 일정하므로

$$v = r\frac{d\theta}{dt}$$

가 된다. 그런데 $\frac{d\theta}{dt}$ 은 각도 θ의 시간변화이므로 각속도 ω였다. 따라서

$$v = r\omega$$

라는 식이 되고, 원궤도상의 속도는 각속도에 반지름을 곱한 것이다.

$$v_x = \frac{dx}{dt} = -r\omega \, \sin \omega t$$
$$= -v \, \sin \omega t$$
$$v_y = \frac{dy}{dt} = r\omega \, \cos \omega t$$
$$= v \, \cos \omega t$$

가 되는데 이것을 각운동량의 식에 넣으면,

$$\underset{\text{각운동량}}{M} = mv_y\,x - mv_x\,y$$
$$= m(v \cos \omega t)(r \cos \omega t) - m(-v \sin \omega t)(r \sin \omega t)$$
$$= mvr \cos^2 \omega t + mvr \sin^2 \omega t$$
$$= mvr \left(\cos^2 \omega t + \sin^2 \omega t \right)$$

즉 각운동량 $M = mvr$ 이 된다.

mv는 운동량 P이므로 원 궤도의 각운동량은 운동량 P에 반지름 r을 곱한 형태가 된다.

부록 4: 고전론에서 총에너지를 구하다

쿨롱힘과 원심력은 균형을 이루고 있으므로,

$$\frac{e^2}{r^2} = mr\omega^2$$

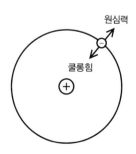

으로 나타낼 수 있다. 그리고 $\omega = \frac{v}{r}$ 이므로 이것을 변형하여,

$$\frac{e^2}{r^2} = m\,\frac{v^2}{r}$$

으로 쓸 수도 있다.

그럼 이 식에서 에너지를 구해보자!!

에너지에는 운동에너지와 위치에너지가 있고, 총에너지는 이 둘을 더한 값이다.

$$W(총에너지) = K(운동에너지) + V(위치에너지)$$

위치에너지는 정의에 의해,

$$V = -\int^{x} F\,dx$$

가 되고 힘 F는 쿨롱힘이므로 F 부분에 $-\frac{e^2}{r^2}$ 을 대입하면

$$V = -\int_{\infty}^{r} -\frac{e^2}{r^2}\,dr = -\left[e^2\frac{1}{r} \right]_{\infty}^{r} = -e^2\frac{1}{r}$$

쿨롱힘과 원심력은 서로 반대 방향으로 작용하는 힘이므로 쿨롱힘에는 마이너스 기호를 붙인다 (자세한 것은 부록 I을 보면 돼).

이 된다.

위치에너지는 $V = -\frac{e^2}{r}$

한편 운동에너지는 $K = \frac{1}{2}mv^2$

쿨롱힘의 식은 $\dfrac{e^2}{r^2} = m\,\dfrac{v^2}{r}$

이 부분은 운동에너지 형태와 비슷하므로 변형시켜보자.

$$\dfrac{e^2}{r^2} = \dfrac{1}{2}\,mv^2\,\dfrac{2}{r}$$

이것을 같은 형태로 만들어보자!

$$\dfrac{1}{2}\,mv^2 = \dfrac{e^2}{2r}$$

됐다! 드디어 운동에너지가 나왔다.

이렇게 되면 간단해진다! 이 둘을 만족시키면 되므로 총에너지 W는 다음과 같다.

$$W = -\dfrac{e^2}{r} + \dfrac{e^2}{2r} = -\dfrac{e^2}{2r}$$

이것이 총에너지이다!

그리고 이 크기는 절대값 기호를 붙여서 다음과 같이 된다.

$$|W| = \dfrac{e^2}{2r}$$

이것이 고전론에서의 총에너지이다.

고전역학이 더욱 궁금해지는데?

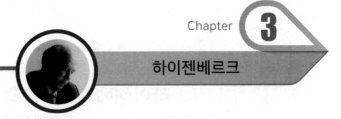
양자역학의
탄생

보어는 원자 스펙트럼의 '진동수'를 구하는 방법을 찾았지만
스펙트럼의 '세기'는 구하지 못했다. 물리학자들은 몹시 당황
스러웠다.

그때 첫발을 내디딘 물리학자가 바로 젊은 영웅 하이젠베르크였다.
하이젠베르크는 당시의 상식을 깨뜨리고 뉴턴의 운동방정식
$F = m\ddot{q}$ 의 새로운 가능성을 발견했다.

지금부터 행렬역학이 완성되어 가는 모습을 살펴보자!

1. 양자역학의 모험을 떠나기 전에

'양자'란 눈에 보이지는 않지만 신기한 작용을 하는 빛이나 전자를 가리킨다. 그렇다면 역학이란 무엇인가? 양자역학은 자연과학부 물리학과에 속하는 최첨단 학문이라고 할 수 있다.

굉장해! 멋있어.   무슨 말인지 모르겠어!

자연과학은 자연의 변함없이 반복되는 질서를 발견하는 학문으로, 트래칼리에서는 언어를 자연과학하고 있다. 언어의 변함없는 질서란,

아이는 누구나 말을 배워서 하게 된다.

트래칼리에서는 언어를 습득하는 메커니즘을 찾으려는 것이다.

사실 난 최근까지 몰랐는데 말야.
지금까지 언어의 질서라고 하면 일본어면 일본어의 질서,
프랑스어면 프랑스어의 질서가 따로 있는 줄 알았어.
'하지만 항상 똑같지는 않은데?'라고 생각했지.
왜냐하면 에도시대의 일본어와 지금의 말이 다르고,
또 처음부터 일본어가 지금 모습이었던 건 아니잖아.
이런 생각을 하다 보니 트래칼리가 하는 일들이 이해가
안 됐던 적도 있었지만, '언어를 습득한다'는 것 자체가 언제나
변하지 않는 불변의 질서라는 걸 깨달았을 때 정말 기뻤어.

그리고 자연과학 중에서도 물리학은 물질의 움직임이나 상호작용과 관련된 질서를 찾는 학문이다. 예를 들어,

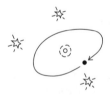

행성의 움직임

컵에 담긴 커피 분자의 움직임

등 물질이 움직이는 불변의 질서를 찾는 것이다.

지금까지 세상에 있는 모든 물질이 움직이는 질서를 설명할 수 있었던 고전역학(뉴턴역학, 맥스웰 전자기학) 덕분에 물리학 세계는 평화로웠다.

그러다가 아주 작은 세계에서는 고전역학이 성립되지 않는다는 사실을 알게 되었는데, 원인은 바로 '빛'과 '원자' 때문이었다.

빛에 관하여

옛날부터 빛은 아무도 실체를 본 적이 없어 정체를 알 수 없었던 신비로운 존재였다. 그러던 어느 날 누군가 '슬릿 실험'을 했다.

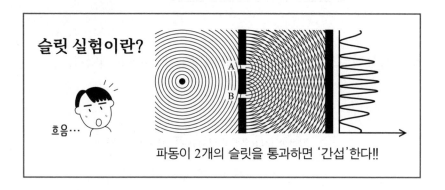

즉시 빛으로 실험해보았다.

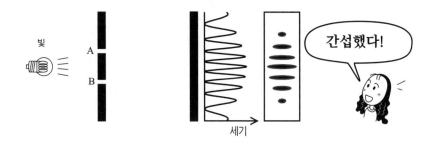

이 실험으로 물리학자들은 빛을 파동 같은 것이라고 생각하게 되었다.

그런데 1900년에 들어와 다시 빛은 동란기에 접어들었다. 플랑크가 발견한 '빛에너지는 $h\nu$의 정수배 값만을 취한다'는 사실 때문이었다.

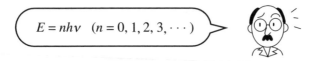

$$E = nh\nu \quad (n = 0, 1, 2, 3, \cdots)$$

빛을 파동이라고 생각하는 한 결코 설명할 수 없는 문제였다.

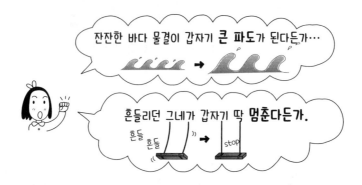

아무리 생각해도 이상했다! 사람들은 플랑크의 발견에 의구심을 품게 되었다.

그 후 등장한 아인슈타인은 플랑크의 발견에 대해 '빛은 $h\nu$라는 에너지를 가진 입자 같은 것'이라고 설명했다.

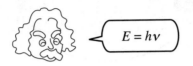

$$E = h\nu$$

그리고 광전 효과, 콤프턴 효과 등 빛이 입자라고 생각하지 않으면 설명할 수 없는 실험이 계속 등장했다.

여기까지 오자 빛의 정체는 또다시 모호해졌다. 빛은 파동으로도 입자로도 생각할 수 있다는 것이다. 실험 결과가 그렇게 나오자 의심할 여지는 없었다. 그것이 정확한 사실일 것이다.

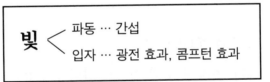

빛은 정말 입자이기도 하며 파동이기도 한 것일까?

물리학자들은 그것이 불가능하다고 생각했다. 빛은 고전역학으로는 설명할 수 없는 대상이 되었다. 그래서 물리학자들은 이 정체불명의 빛을 '양자'라고 부르는 동시에 고전역학에서 제외시켰다.

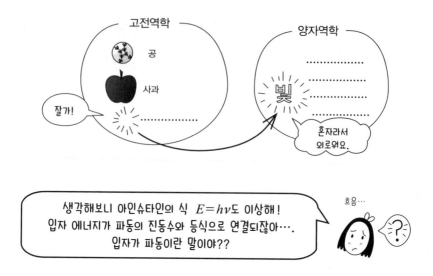

원자에 관하여

1) 원자의 구조를 생각해보자

당시 빛과 함께 '원자'에 관한 연구도 진행되고 있었다. 원자란 '물질의 최소 단위'를 뜻한다.

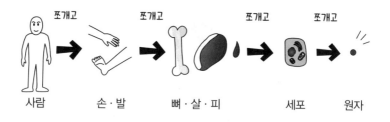

인간을 비롯해 개나 고양이, 사과 등을 계속 쪼개다 보면 더 이상 나눌 수 없게 되는 물질이 바로 원자이다. 그런데 연구가 진행되면서 원자 역시 더욱 작은 물질로 구성되어 있다는 사실이 밝혀졌다.

- + 전하를 띤 무거운 원자핵
- − 전하를 띤 가벼운 전자
  그리고 원자의 크기는 전자와 원자핵에 비해서 훨씬 크다
  (약 1옹스트롬 = 10^{-8}cm)

원자의 종류는 원자 내부에 있는 전자의 개수에 따라 달라진다.

전자 수	1	2	3	4	5	6	7	8	9	10	···
화학기호	H	He	Li	Be	B	C	N	O	F	Ne	···
원자명	수소	헬륨	리튬	베릴륨	붕소	탄소	질소	산소	불소	네온	···

이 점을 고려하여 원자의 구조를 알아볼 것이다
(이제부터 가장 간단한 수소원자에 관해 살펴볼 것이다).

일반적으로 ⊕와 ⊖는 서로 끌어당기는 성질 때문에 ⊕⊖가 되어 원자의 크기보다 훨씬 작아진다. 원자가 약 1옹스트롬이라는 크기를 유지하기 위해서는 전자가 원자핵의 둘레를 돌고 있어야 한다.

러더퍼드의 원자 모델

실험 코너!

 그럼 여기서 간단한 실험을 해보 자!! 라면 그릇과 구슬을 준비한다. 구슬을 전자라고 생각하고, 그릇 바 닥에 원자핵이 있다고 가정하는 거 야. 이 경우 구슬이 바닥에 끌려가 지 않게 하려면 어떻게 해야 할까?

 구슬이 그릇 바닥으로 떨어지지 않게 옆에 붙인다!?

 그것도 좋은 방법이지. 그런데 접착제가 없다면?

 알았다!! 그릇을 빙글빙글 돌리는 거야! 이렇게 말 이야.

대단한데! 정답이야. 원자 도 이것과 마찬가지야. 회전하고 있을 때 $\oplus$와 $\ominus$는 달라붙지 않기 때문에 크기가 일정하게 유지되는 거지!!

그렇구나….

2) 원자를 밝히는 중요한 열쇠!

원자의 내부를 볼 수는 없지만 원자의 구조를 밝힐 수 있는 중요한 열쇠를 발견했다. 그것은 바로 '**스펙트럼**'이다!

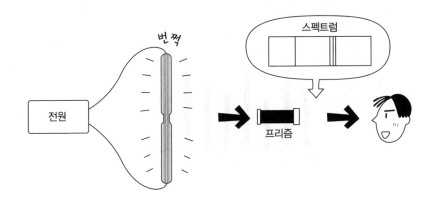

원자를 넣은 유리관 안에 전기를 흐르게 한 다음 에너지를 가하면 빛을 방출한다. 이때 빛의 색(스펙트럼)은 원자의 종류마다 다르다!

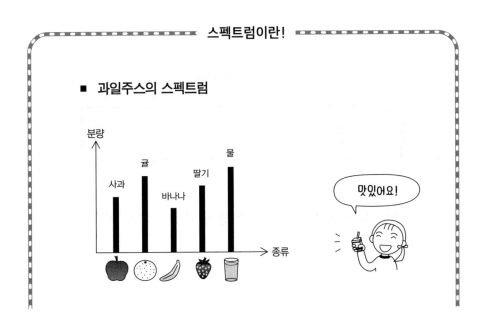

과일주스의 맛은 과일의 종류와 분량에 따라 결정된다. 그것을
한눈에 알아볼 수 있게 나타낸 것이 스펙트럼이다!

■ 빛의 스펙트럼

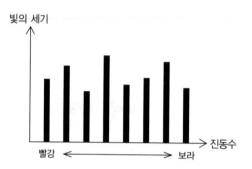

빛의 종류는 색의 종류(예를 들어 무지개)라고 할 수 있는데, 사
실 이것은 '진동수'의 차이에서 비롯된다. 빛의 분량이 강할수록
밝고 약할수록 어둡다. 이것을 '세기'라고 하며, 빛의 성질은 '진동
수'와 '세기'로 결정된다.

수소원자의 스펙트럼

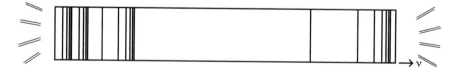

스펙트럼이 원자를 밝히는 중요한 열쇠라는 두 가지 이유는 다음과
같다.

(1) 수소원자라면 수소원자, 헬륨이라면 헬륨… 이런 식으로 원자마다 항상 일정한 스펙트럼을 방출한다.

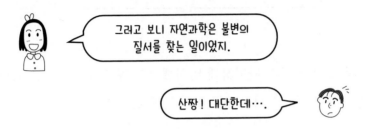

(2) 원자의 내부에는 원자핵과 전자밖에 없다. 원자핵은 전자에 비해 무거우므로 원자의 내부에서 움직이는 것은 전자라고 생각할 수 있다. 스펙트럼을 만드는 것은 전자이므로 스펙트럼을 조사하면 전자의 움직임도 알 수 있다.

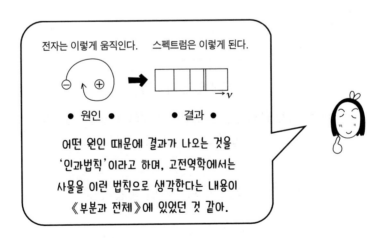

이렇게 중요한 스펙트럼의 진동수를 수식으로 나타내는 데 성공한 사람이 있었으니 그가 바로 리드베리이다!

———— 수소원자 스펙트럼의 진동수 ————

$$\nu = \frac{Rc}{m^2} - \frac{Rc}{n^2} \quad m, n\text{은 정수}(n > m)$$

이 식은 스펙트럼과 완벽하게 일치했지만 리드베리 본인을 포함하여 당시에는 아무도 이 식의 의미를 알지 못했다.

3) 러더퍼드 원자 모델의 문제점

원자의 구조를 알기 위해서는 스펙트럼을 설명하는 것이 매우 중요했기 때문에 즉시 러더퍼드의 원자 모델로 스펙트럼을 설명하려고 했다.

러더퍼드의 원자 모델

여기에는 실험과 이론도 적절하게 설명할 수 있는 고전역학의 상식이 있다.

맥스웰 전자기학

전하를 가진 물체가 원운동을 하면 빛의 파동을 방출한다.

전자는 ⊖전하를 갖고 있으며 회전하면 빛을 방출한다.

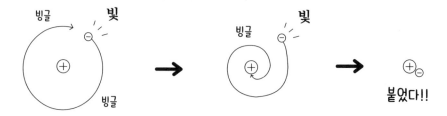

이것은 전자가 에너지를 잃으면 원자핵에 가서 붙어버린다는 뜻이다.

원자가 크기를 유지하기 위해서는 전자가 회전하고 있어야 하는데, 전자가 회전하고 있으면 크기를 유지할 수 없게 된다!

그리고 이때의 스펙트럼은,

진동수가 높은 쪽으로 움직이기 때문에 당연히 실험 결과의 스펙트럼과 일치하지 않는다.

보어 등장

러더퍼드의 원자 모델로는 원자의 스펙트럼을 설명할 수 없었다.

보어는 원자 안에는 ⊕인 원자핵과 ⊖인 전자가 있고 일정한 크기를 유지한다는 것이나 스펙트럼도 모두 실험으로 증명한 사실인데 설명을 할 수 없다는 것을 이상하게 생각했다.

이건 실험 사실이 잘못된 게 아니라 맥스웰의 전자기학과 맞지 않는 거야. 맥스웰 전자기학은 빛을 파동으로 정의하는 이론이니까!

플랑크와 아인슈타인에 의해 빛은 어느 때는 입자였다가 어느 때는 파동이라고 설명할 수밖에 없었다. 그리고 이것은 사상 유례가 없었던 정체불명의 '양자'라고 정의되면서 고전역학에서 제외되었다.

보어는 빛을 양자라고 가정했을 때 원자의 구조가 어떻게 되는지 연구해보기로 했다.

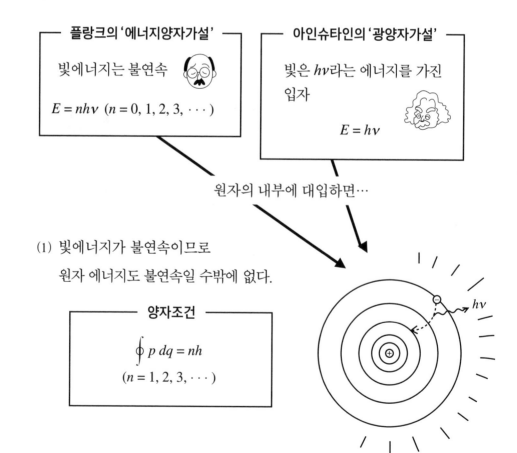

—— 플랑크의 '에너지양자가설' ——

빛에너지는 불연속

$E = nh\nu$ $(n = 0, 1, 2, 3, \cdots)$

—— 아인슈타인의 '광양자가설' ——

빛은 $h\nu$라는 에너지를 가진 입자

$E = h\nu$

원자의 내부에 대입하면…

(1) 빛에너지가 불연속이므로

원자 에너지도 불연속일 수밖에 없다.

—— 양자조건 ——

$$\oint p \, dq = nh$$

$(n = 1, 2, 3, \cdots)$

$h\nu$

(2) 전자가 바깥쪽 궤도에서 안쪽 궤도로 전이할 때 남은 에너지 $h\nu$를
　　빛으로 방출한다.

보어의 진동수 관계

$$\nu = \frac{W_n}{h} - \frac{W_m}{h} \quad (n > m)$$

아무튼 빛을 양자로 생각하자 원자가 크기를 유지하는 동시에 스펙트럼의 진동수에 관해서도 완벽하게 설명할 수 있었다.

이에 기뻐하고 있던 보어에게 이런 편지가 도착했다.

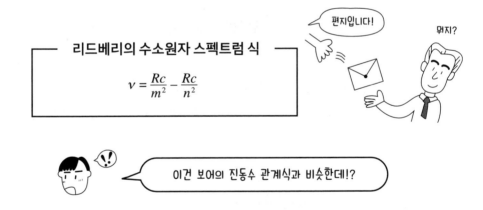

리드베리의 수소원자 스펙트럼 식

$$\nu = \frac{Rc}{m^2} - \frac{Rc}{n^2}$$

편지입니다!

뭐지?

이건 보어의 진동수 관계식과 비슷한데!?

똑같은 ν(진동수) 등식으로, 양쪽 다 '무엇 빼기 무엇'의 형태가 된다. 이 식을 본 순간 보어는 자신의 연구가 옳다고 확신했다.

완벽해!!

그 후 보어는 열심히 연구하여 이론을 완성시켰다.

보어 이론의 문제점

그런데 보어의 이론은 지금까지의 문제점들은 해결했지만, 새로운 두 가지 문제점이 생겨났다.

> (1) 전자의 전이 구조를 알 수 없다.
> (2) 스펙트럼의 세기를 설명할 수 없다.

문제점 1: 전이에 대해

═════ 전이란 무엇인가? ═════

이제야 전이를 설명하다니 좀 늦은 감이 든다.

쉽게 말해서 전이란 '순간이동'을 뜻한다. 더 쉽게 말하면 '워프'를 상상하면 된다.

도쿄 시부야에 있는 카바진(히포 테이프의 캐릭터)이 다음 순간 달에 있다면 어디를 통과했는지 알 수 없다!

전자가 전이한다는 것은 그 순간 전자가 어디를 지나갔는지 알 수 없다는 뜻이다.

스펙트럼이 설명된다면 원자 내부의 전자가 어떻게 움직이는지 알 수 있다고 했다. 하지만 보어의 이론(전이)은 스펙트럼에 대해서는 설명할 수 있었지만 전자의 움직임은 여전히 오리무중이었다.

하지만 보어는 포기하지 않았다!

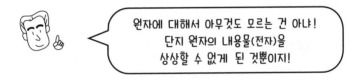

이렇게 해서 전자도 정체불명인 양자의 동료로 합류하게 되었다.

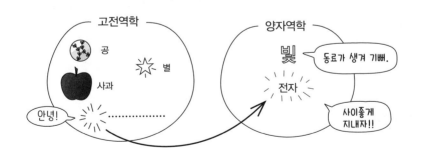

문제점 2 : 스펙트럼의 세기에 관해

보어의 이론은 스펙트럼의 진동수에 관해서는 완벽하게 설명할 수 있었지만 스펙트럼의 세기를 구하지는 못했다.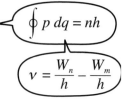
그 당시 보어의 주변 사람들은 이렇게 외쳤다!

하지만 스펙트럼의 세기를 구하자고 수없이 외친들 방법을 찾지 못하면 소용없다.

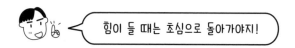

고전역학의 입장에서 n이 작을 때(궤도가 안쪽일 때)는 전자가 원자에 달라붙기 때문에 원자를 설명할 수 없었다. 하지만 보어는 n이 클 때(궤도가 바깥쪽일 때)는 고전역학으로든 보어의 이론으로든 설명할 수 있다는 사실을 발견했다.

대응원리

n이 클 경우에는 고전역학으로 생각한다

맥스웰 전자기학에 의하면 전자는 회전하면서 빛의 파동을 방출한다. 이로써 n이 작을 때는 찌그러들어 곧

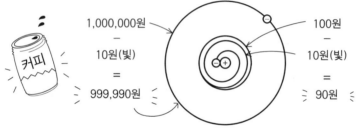

란했지만 n이 클 때는 회전을 하고 있어도 찌그러들지 않는다고 생각할 수 있다.

n이 작을 때 안쪽 궤도를 회전하고 있는 전자는 에너지가 작아. 그래서 빛을 내느라 조금이라도 에너지를 잃으면 바로 찌그러져. 반대로 n이 클 때 바깥쪽 궤도를 회전하는 전자는 에너지가 크기 때문에 빛을 내면서 약간의 에너지를 잃는다 해도 찌그러지지 않는 거지.

아니, 잘 모르겠어!

이렇게 생각해봐.
빛을 낼 때 사용하는 에너지를 10원이라고 가정해보자. 그리고 n이 클 때의 전자에너지를 100만 원, 작을 때의 전자에너지를 100원이라고 가정하는 거야.

어느 날 H군이 100원짜리 캔커피를 사러 갔다.

😊 그런 거구나.

😎 이거 욕조 안의 때 같지 않아?
욕조 바닥에 있는 마개를 뽑으면 소용돌이가 생기잖아. 그러면 욕조에 떠 있던 때도 함께 빙글빙글 돌아. 소용돌이에서 멀리 있는 때는 천천히 돌면서 좀처럼 빨려가지 않지만 소용돌이에 가까워지면 쿠릉쿠릉 순식간에 빨려 들어가지.

천천히 돈다

좀 지저분한 얘기지만 그렇긴 해.

 이해가 안 되는 사람은 직접 실험해봐!

그런데 n이 클 때 이렇게 전자가 같은 곳을 빙글빙글 돌고 있다면, 빛의 파동은 그 움직임에 맞춰서 반복적이고 복잡한 파동이 된다.

반복적이고 복잡한 파동은?

단순한 파동들의 합!

마나 짱, 대단한데!?

그렇다! 바로 **푸리에 급수**이다! 푸리에 급수의 가장 큰 특징은 진동수가 정수배가 된다는 것이라고 할 수 있다.

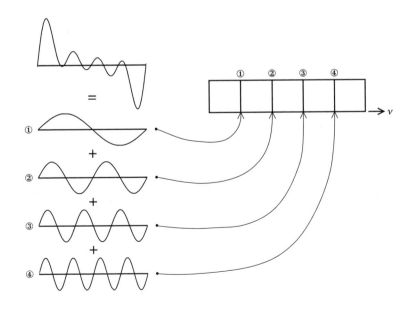

실험 결과 스펙트럼은 어떻게 됐더라?

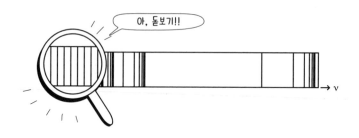

 n이 클 때는 분명히 정수배가 된다!!

 그래, n이 클 때는 고전역학으로 설명할 수 있어!

이것을 말로 설명하면 다음과 같다.

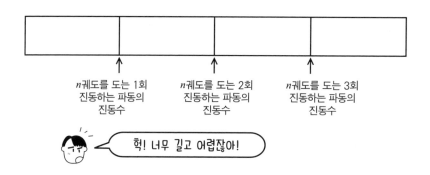

그러면 이런 기호로 나타내보자.

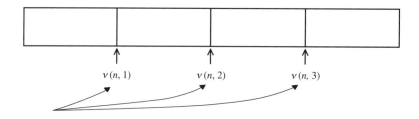

이 부분이 정수배 1, 2, 3, …으로 바뀌므로 τ(타우)로 놓는다.

이것을 일반화하면 $\nu(n, \tau)$라고 쓸 수 있다.

n이 클 경우에는 보어의 이론으로 생각한다

전자가 한 궤도에서 다른 궤도로 전이할 때 $h\nu$라는 에너지를 가진 광양자를 방출한다. n이 클 때는 궤도 간의 에너지 차이가 등간격이 되므로 정수배의 스펙트럼이 설명된다. 자세히 들여다보면 다음과 같다.

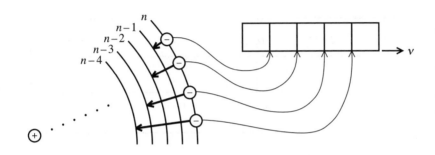

이것을 말로 설명하면 다음과 같다.

n궤도에서 $n-1$궤도로 전이했을 때 방출되는 빛의 진동수

n궤도에서 $n-2$궤도로 전이했을 때 방출되는 빛의 진동수

n궤도에서 $n-3$궤도로 전이했을 때 방출되는 빛의 진동수

이것도 너무 길다! 그래서 기호로 나타내보았다.

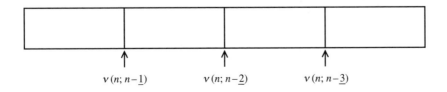

$\nu(n; n-\underline{1})$　　$\nu(n; n-\underline{2})$　　$\nu(n; n-\underline{3})$

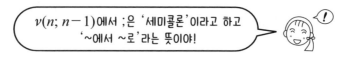
$\nu(n; n-1)$에서 ;은 '세미콜론'이라고 하고 '~에서 ~로'라는 뜻이야!

이것도 1, 2, 3, …으로 바뀌므로 τ로 놓는다.

일반화하면 $\nu(n; n-1)$이라고 쓸 수 있다.

기호로 나타낸 고전역학과 보어의 이론을 정리해보자.

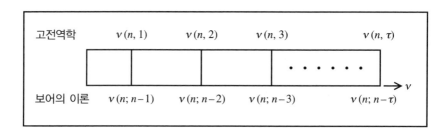

고전역학 $\nu(n,1)$ $\nu(n,2)$ $\nu(n,3)$ $\nu(n,\tau)$

보어의 이론 $\nu(n;n-1)$ $\nu(n;n-2)$ $\nu(n;n-3)$ $\nu(n;n-\tau)$

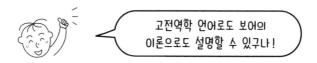
고전역학 언어로도 보어의 이론으로도 설명할 수 있구나!

즉 n이 클 때는 같은 스펙트럼의 진동수를 고전역학으로든 보어의 이론으로든 설명할 수 있다.

스펙트럼의 세기를 생각하다

이제는 문제가 됐던 스펙트럼의 세기에 대해 생각해보자!

고 전 역 학

고전역학에서는 n이 클 때 단순한 파동 하나하나의 진폭을 구할 수 있다. 스펙트럼의 세기는 그 진폭을 제곱하면 된다.

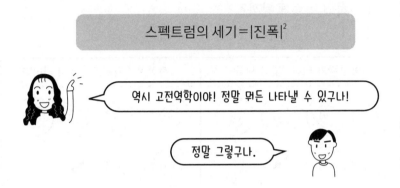

스펙트럼의 세기 = $|진폭|^2$

역시 고전역학이야! 정말 뭐든 나타낼 수 있구나!

정말 그렇구나.

내친 김에 진폭도 기호로 나타내보자! 진폭은 Q라는 기호로 나타낸다.

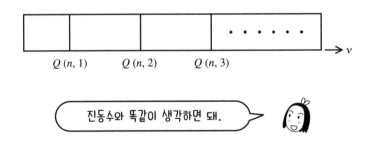

$Q(n, 1)$ $Q(n, 2)$ $Q(n, 3)$ ν

진동수와 똑같이 생각하면 돼.

일반화하면 $Q(n, \tau)$라고 쓸 수 있다.

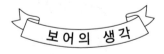

보 어 의 생 각

보어의 이론에서 스펙트럼의 세기가 어떻게 되는지 알고 싶어.

그러고 보니 광전 효과 실험에서 아인슈타인은 **'빛이 세면 빛의 입자가 많고, 빛이 약하면 빛의 입자가 적다'** 는 사실을 발견했지.

빛 입자는 1회의 전이로 1개 방출되니까 빛 입자의 개수는 '전이 횟수'와 관련이 있을 거야.

 정리하면 이렇게 될까?

전이 횟수가 많다…빛이 세다	전이 횟수가 적다…빛이 약하다

하지만 문제는 '전이가 왜 일어나는지?'를 전혀 모르는 거잖아. 전이가 왜 일어나는지 원인을 알지 못하면 '전이 횟수'도 알아낼 수 없어.

그건 스펙트럼의 세기도 구할 수 없다는 뜻이야!

할 수 없지. 일단은 지금까지 살펴본 고전역학과 보어 이론의 장점과 단점을 알기 쉽게 표로 정리해볼게!

	진동수		빛의 세기
	n이 작을 때	n이 클 때	
고전역학	X	◯	◯
보어 이론	◯	◯	X

각기 장단점이 있구나!

이 표에 의하면 n이 클 때 스펙트럼의 세기는 고전역학에서 단순한 파동의 진폭을 제곱해서 구할 수 있어. 하지만 빛은 파동이 아니었으니까 사실 구한 것은 빛 입자의 개수였던 거지.

그럼 n이 클 때 전이의 원인을 몰라도 전이의 횟수를 구할 수 있어?

굉장해! 불가능하다고 생각했는데 가능하잖아!

그래. 보어의 이론은 n이 작을 때도 진동수를 구할 수 있어.

그렇다면 고전역학을 큰 틀로 하고, 거기에 보어의 이론을 도입하면 n이 작을 때의 진동수와 스펙트럼의 세기도 구할 수 있는 거잖아?

오~ 그렇구나, 해보자!

두근두근 해보자!

만약 그게 가능하다면 그야말로 양자를 설명하는 역학, 즉 '양자역학'이 되는 거야!

어느 날 보어의 연구소에는 다음과 같은 벽보가 나붙었다.

새로운 양자역학을 만드는 방법!

고전역학에서 n이 클 때는 전이 횟수(스펙트럼의 세기)를 구할 수 있었다. 이것을 큰 틀로 해서 약간 변형을 가하면 n이 작을 때도 전이 횟수를 구할 수 있다. 그것이 바로 '양자역학'이다.

이 벽보를 본 보어 연구소의 젊은 물리학자들은 밤낮없이 연구에 매진했다. 그중 한 사람이 하이젠베르크이다. 하지만 그가 활약하는 시기는 좀 더 나중의 일이다.

고전역학을 큰 틀로 하여 새로 만든 양자역학은 고전역학과 완전히 다른 것이 아니라 고전역학까지 포함한 학문이 될 것이다.

사실 난 '포함 법칙' 같은 걸 좋아하고 매우 멋지다고 생각하지만, '고전역학을 큰 틀로 하여 양자역학을 만든다'는 말이 무슨 뜻인지 감이 안 오는 거야. 그런데 어느 날 양자역학과는 전혀 상관없는 책에서 이런 글을 발견했어. "새로운 발상은 언뜻 새롭게 보여도 대개 기존의 것을 바탕으로 이루어진다." 그 순간 '이거구나!'라는 생각이 들었어. 생각해보니 다 그렇더라. 자동차의 새 모델도 구형 모델을 토대로 하잖아. 갑자기 새로운 물건을 만드는 게 아닌 것 같아.

'고전역학을 큰 틀로 하여 양자역학을 만든다'는 말은 먼저 큰 틀인 고전역학으로 n이 클 때의 전이 횟수를 구하는 방법을 알지 못한다면 아무것도 할 수 없다는 뜻이다. 그러니 그것을 찾아보자!

2. 고전역학으로 단진동을 풀다

고전역학에서 n이 클 때 수소원자 스펙트럼의 전이 횟수를 빨리 구하고 싶겠지만 그것은 계산하기가 상당히 난해하다. 대신 단진동을 풀어보기로 하자!

"이런 걸 해도 돼?"라는 사람을 위해 한마디 할게.

단진동이란 무엇인가?

용수철에 달린 추를 아래 그림과 같이 화살표 방향으로 끌어당겼다가 놓았을 때의 반동 상태를 관찰한다.

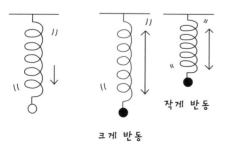

크게 반동

작게 반동

예를 들어 용수철은 크거나 작게 반동한다.

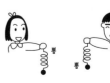

수소원자의 경우와 비교하면 큰 궤도를 돌거나 작은 궤도를 돌 때의 움직임과 같은 이치이다.

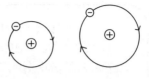

작은 궤도   큰 궤도

수소원자의 경우 전자가 에너지를 잃고 찌그러지는 것은 용수철의

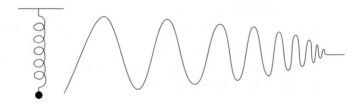

경우에 비유하면 반동이 점점 작아지는 것과 같다고 할 수 있다.

 용수철 끝에 전자가 달려 있다면 어떻게 될까?

이것은 실제로 용수철이 아니다. 용수철의 힘과 비슷한 힘이 전자에 작용하는 것이다.

무슨 뜻인지 알겠니?

다시 말해 '수소원자'와 '단진동'은 기본적으로는 같다.

중요한 것은 '어떤 방법으로 움직이는가?'인데, 여기서는 간단한 '단진동'을 보면 된다. 그럼 직접 계산해보자!

계산을 좋아할 사람은 아무도 없겠지?
대부분의 사람은 계산이라는 말을 들으면 고개를 저을
거야. 나도 좋지는 않아. 그래서 조언 한마디 할까 해!
여기 나오는 계산은 결코 어렵지 않아.
단지 식이 길어서 귀찮은 것뿐이야. 하지만!
풀다 보면 머리가 좋아진 기분이 들어서
자신이 멋지게 느껴져.
또 식은 길지만 하나만 기억해두면 나머지는 비슷한
형태니까 금방 외울 수 있다는 장점이 있어.
그러니 일단 계산은 건너뛰고, 식을 읽어보고 내용만이라도
기억했으면 좋겠어. 무엇을 하느냐가 중요하거든.

고전역학 중에는 **'뉴턴의 운동방정식'**이라는 매우 유명한 식이 있다.

뉴 턴

$$F = m\ddot{q}$$

이 식을 이용하면 물체가,

언제 어디에 있는가?

를 정확하게 구할 수 있다. 이것이야말로 고전역학의 진수이다.

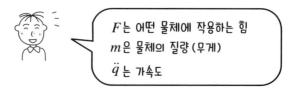
F는 어떤 물체에 작용하는 힘
m은 물체의 질량 (무게)
$\ddot{q}$는 가속도

　대부분의 경우 물체에 작용하는 힘은 간단하게 구할 수 있다. 그리고 위의 식을 이용해 가속도를 구할 수 있다.

　가속도란 물체가 '속도를 어떻게 변화시키는가?'를 나타내는데, 가속도를 알면 물체의 속도를 구할 수 있다. 또 속도는 물체가 '위치를 어떻게 변화시키는가?'를 나타내므로 속도를 알면 그 물체가 언제, 어디에 있는지 알 수 있다.

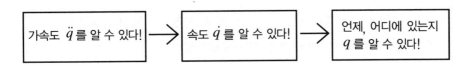

가속도 $\ddot{q}$ 를 알 수 있다! $\longrightarrow$ 속도 $\dot{q}$ 를 알 수 있다! $\longrightarrow$ 언제, 어디에 있는지 q 를 알 수 있다!

자전거를 탈 때

힘껏 페달을 밟을 때의 가속도는 어떻게 될까?

 커요! 왜냐하면 $F = m\ddot{q}$ 에서 힘 F 가 크니까 가속도 $\ddot{q}$ 도 당연히 커져요.

　맞다. 가속도가 크다는 것은 자전거의 속도가 점점 빨라진다는 뜻으로, 실제로 달려보면 알 수 있다.

　그럼 이번에는 같은 힘으로 페달을 밟고 있지만, 뒷자리에 씨름 선수를 태우고 있다고 가정하자. 이 경우 가속도는 어떻게 될까?

 $F = m\ddot{q}$ 에서 질량 m 이 크니까 가속도 $\ddot{q}$ 는 작다!

정답! 하나만 더. 힘이 0일 때 페달에서 발을 떼면 어떻게 될까?

 $F = m\ddot{q}$ 에서 힘 F 가 0이니까 가속도 $\ddot{q}$ 도 당연히 0이 되어 자전거는 움직이지 않을 것 같은데?

그래. 그것도 답이지만, 하나 더 있어. 자전거가 일정 속도로 달리고 있을 때 페달에서 발을 떼면 어떻게 될까?

 그대로 속도를 유지하며 달린다!

그렇지!! 이처럼 자전거의 경우에는 뉴턴의 운동방정식으로 나타낼 수 있어. 어떤 물체든 그것에 작용하는 힘을 알면 $F = m\ddot{q}$ 로 가속도를 구할 수 있는 거지.

 그렇구나.

그럼 이제 단진동 문제를 풀어보자!

실험을 통해 전자가 단진동을 하는 경우 $F = m\ddot{q}$ 에서 m 이 전자의 질량이라는 것은 이미 알고 있다.

그렇다면 단진동의 경우 힘 F 는 어떻게 될까?

용수철을 잡아당길 때를 생각해보자!

용수철을 잡아당기면 잡아당기는 반대 방향으로 되돌아가려는 힘이 작용한다. 힘껏 잡아당길수록 그 힘은 더 커진다. 단단한 용수철일수록 되돌아가려는 힘이 더 커지는데, 식으로 나타내면 이렇게 된다.

$$F = -kq$$

q는 용수철의 균형이 맞아떨어지는 곳에서 잰 전자의 위치이다.

k는 용수철의 강성을 나타내는 상수로, 이 수치가 클수록 딱딱하다.

마이너스가 붙은 것은 잡아당긴 쪽과 반대 방향으로 작용하는 힘을 의미한다.

힘을 알고 있다고 가정하고, 이것을 뉴턴의 운동방정식 $F = m\ddot{q}$에 대입해보자!

$$-kq = m\ddot{q}$$

지금부터는 활용하기 쉽도록 방정식을 살짝 변형하기로 한다.

$$\ddot{q} + \frac{k}{m}\,q = 0$$

이 식을 '단진동의 운동방정식'이라고 한다.

이 식을 계산해서 전자의 위치 q를 구할 것이다. 그렇게 하면 전자가 언제 어디에 있는지(위치) 알 수 있다.

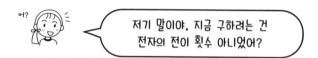

저기 말이야, 지금 구하려는 건 전자의 전이 횟수 아니었어?

그렇다. 하지만 그것은 전자의 위치를 구하는 것과 같다. 맥스웰 전자기학에 의하면 빛의 파동은 전자의 움직임에 맞춰 방출되기 때문이다.

전자가 크게 진동하면 빛의 파동도 커지고 작게 진동하면 파동도 작아진다.

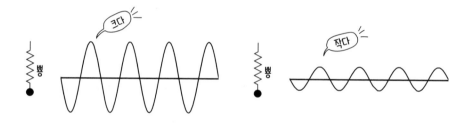

전자가 빠르게 진동하면 빛의 파장은 작아지고, 반대로 느리게 진동하면 파장은 커진다.

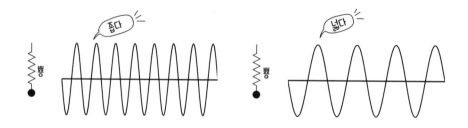

따라서 전자의 위치를 알면 빛의 파동도 알 수 있다.

그렇구나!

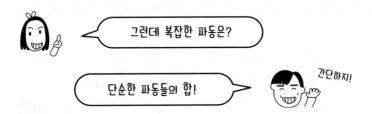

정답! 앞에서도 말했다시피 이것은 '푸리에 급수'로 나타낼 수 있다.

운동방정식을 풀어 전자의 위치를 구한다

이 문제는 결국 다음과 같은 의미를 가진다.

단순한 빛의 파동 각각의 진폭 $Q(n, \tau)$와 진동수 $\nu(n, \tau)$를 구한다는 뜻이 된다.

그래서 n이 클 때는 빛의 파동 진폭의 제곱 $\left|Q(n, \tau)\right|^2$이 전자의 전이 횟수가 될 것이다. 직접 계산해보자!

먼저 단순한 파동을 나타내는 기호를 정한다.

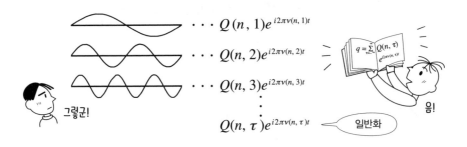

이 식은 언뜻 어렵게 보이지만 익숙한 것이 들어 있다.

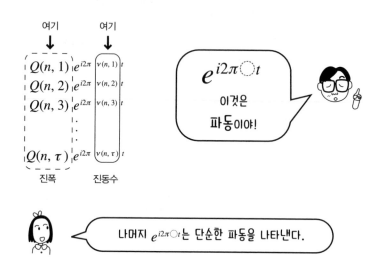

복잡한 파동은 단순한 파동들의 합이므로,

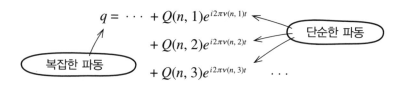

이렇게 복잡해지니까 Σ(시그마)를 이용해 나타내면 다음과 같다.

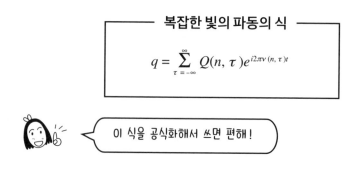

이제 단진동의 운동방정식,

$$\ddot{q} + \frac{k}{m}\, q = 0$$

에 전자의 위치를 나타내는 복잡한 빛의 파동의 식,

$$q = \sum_{\tau} Q(n, \tau) e^{i2\pi v(n,\, \tau)t}$$

를 대입해 차근차근 계산해보자!

이 식에서 $\ddot{q}$ 는 q 를 2차 미분한 것인데, 일단 $\ddot{q}$ 가 무엇인지 알아보자.

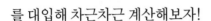

e의 미분은 e의 지수가 그대로 내려오는 거야!

미분은 간단해!!

$e^{\triangle\square\Diamond\!\!\times t}$ 는 $\triangle\square\bigcirc\Diamond e^{\triangle\square\Diamond\!\!\times t}$ 이 되는 거구나!

공식화 하자!

$$q = \sum_{\tau} Q(n, \tau) e^{i2\pi v(n,\, \tau)t}$$

1차 미분 $\cdots$ $\dot{q} = \sum_{\tau} \underline{i2\pi v(n, \tau)\, Q(n, \tau)} e^{i2\pi v(n,\, \tau)t}$

2차 미분 $\cdots$ $\ddot{q} = \sum_{\tau} \underline{\left\{ i2\pi v(n, \tau) \right\}^2} Q(n, \tau) e^{i2\pi v(n,\, \tau)t}$

$$= \sum_{\tau} -4\pi^2 v(n, \tau)^2 Q(n, \tau) e^{i2\pi v(n,\, \tau)t}$$

$\ddot{q}$ 와 q 를 단진동의 운동방정식,

$$\ddot{q} + \frac{k}{m}\,q = 0$$

그 다음에는!?

에 대입한다.

$$\sum_{\tau} -4\pi^2 v(n, \tau)^2 Q(n, \tau)e^{i2\pi v(n, \tau)t} + \frac{k}{m}\sum_{\tau} Q(n, \tau)e^{i2\pi v(n, \tau)t} = 0$$

여기서 $\frac{k}{m} = (2\pi v)^2 = 4\pi^2 v^2$ 이라고 한다.

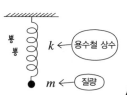

m 은 전자의 질량, k 는 용수철 상수이며,
양쪽 다 실험을 통해 이미 알고 있는 정해진 값이다.
따라서

$4\pi^2 v^2 = \frac{k}{m}$ 가 되도록

$v = \frac{1}{2\pi}\sqrt{\frac{k}{m}}$ 라고 정하면 결국 같다.

k ← 용수철 상수

m ← 질량

$$\sum_{\tau} -4\pi^2 v(n, \tau)^2 Q(n, \tau)e^{i2\pi v(n, \tau)t} + 4\pi^2 v^2 \sum_{\tau} Q(n, \tau)e^{i2\pi v(n, \tau)t} = 0$$

복잡하니까 수식을 간단히 정리해보자!

간단해!

$$\sum_{\tau} 4\pi^2 \left\{ v^2 - v(n, \tau)^2 \right\} Q(n, \tau)e^{i2\pi v(n, \tau)t} = 0$$

이 식이 성립되는(=0이 되는) 경우를 생각해보자.

단순한 파동의 덧셈 식,

$$q = \sum_{\tau} Q(n, \tau) e^{i2\pi v(n, \tau)t}$$

와 비교하면 이렇게 된다.

$$4\pi^2 \Big\{ v^2 - v(n, \tau)^2 \Big\} Q(n, \tau)$$

이로써 새로운 진폭을 가진 단순한 파동을 더한 식이 되었다. 단순한 파동을 더해서 복잡한 파동을 0으로 만들려면 어떻게 하면 될까?

모르겠어.

그럼 예를 들어 사과, 귤, 딸기를 이용해 아무 맛도 나지 않는 주스를 만들면 어떨까?

아무것도 안 넣어!

그렇다. 파동의 경우에도 아무것도 넣지 않으면 된다.

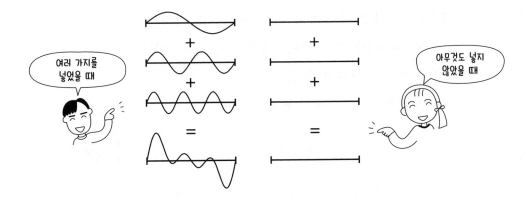

이처럼 각각 단순한 파동의 진폭,

$$4\pi^2 \left\{ \nu^2 - \nu(n, \tau)^2 \right\} Q(n, \tau)$$

에서 τ가 $-\infty$에서 ∞까지 어떤 경우에든 전부 0이 된다면 이 방정식,

$$\sum_{\tau} 4\pi^2 \left\{ \nu^2 - \nu(n, \tau)^2 \right\} Q(n, \tau) e^{i2\pi\nu(n, \tau)t} = 0$$

그렇구나!!

이 성립된다는 것을 알 수 있다.

$$\frac{4\pi^2}{\underset{\hookrightarrow \neq 0}{}} \underline{\left\{ \nu^2 - \nu(n, \tau)^2 \right\}} \ \underline{Q(n, \tau)} = 0$$

이 식에서 $4\pi^2$은 결코 0이 될 수 없으므로 $\left\{ \nu^2 - \nu(n, \tau)^2 \right\}$ 혹은 $Q(n, \tau)$ 중 하나가 0이 되어야 한다.

그럼 먼저 $\left\{ \nu^2 - \nu(n, \tau)^2 \right\}$이 어떤 경우에 0이 되는지 생각해보자!

ν는 원래 m과 k에 의해 결정되는 상수이다. 그에 비해 $\nu(n, \tau)$는 n 궤도를 τ회 도는 단순한 파동의 진동수이므로 τ에 따라 무한한 값을 갖는다.

그러면 τ가 1일 경우, 즉 $\nu(n, 1)^2 = \nu^2$으로 정해진다.

진동수 $\nu(n, \tau)$가 정수배라는 것 외에는 아직 아무것도 정해지지 않았으므로 여기서 정하면 된다.

그러면 τ가 1일 때 진동수 $\nu(n, 1)$는,

흐음…

$$\nu(n, 1) = \nu$$

가 되고, 그때 진폭 $Q(n, 1)$는 0이 아닌 값을 갖게 된다.

$\tau=1$일 때 $\{v^2-v(n,\tau)^2\}$이 0이 된다면, $\tau=2, 3, 4, \cdots$인 경우에는 당연히 0이 되지 않는다. 따라서 $\tau=2, 3, 4, \cdots$일 때 진폭 $Q(n, \tau)$는 반드시 0이 되어야 한다.

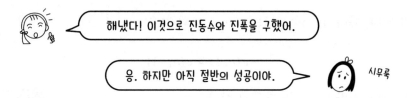

앞에서 $v(n,1)^2 = v$라고 정했다. 이것은 $v(n,1) = v$일 경우에도 물론 성립하지만,

$$-v(n, 1) = v$$

의 경우에도 성립된다. 제곱하면 $v(n,1)^2 = v^2$과 같아진다. 따라서,

$$-v(n, 1)$$

이 어떤 뜻인지 생각해야 한다.

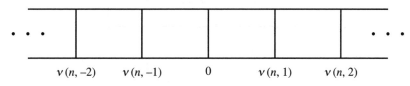

위의 그림을 보면 알 수 있듯이 고전역학의 경우 진동수 $v(n, \tau)$는 정수배가 된다. 따라서,

$$v(n, 2)는\ v(n, 1)의\ 2배$$
$$v(n, 3)는\ v(n, 1)의\ 3배 \cdots$$

가 된다. τ가 마이너스인 경우에도 마찬가지로,

$$v(n, \underline{-1})는 v(n, 1)의 \underline{-1}배$$
$$v(n, \underline{-2})는 v(n, 1)의 \underline{-2}배\cdots$$

가 된다. 따라서 $-v(n, 1)$는 $v(n, -1)$와 같은,

$$-v(n, 1) = v(n, -1)$$

이 된다. 일반적으로는 다음과 같다.

$$-v(n, \tau) = v(n, -\tau)$$

τ가 1일 경우와 τ가 -1일 경우에 진폭 $Q(n, \tau)$는 0 이외의 값을 갖고, τ가 다른 값일 경우 $Q(n, \tau)$는 0이 된다는 것을 알았다.

정리

$v(n, 1) \ = v$
$v(n, -1) = -v$
$Q(n, 1) \ \neq 0$
$Q(n, -1) \neq 0$
$Q(n, \tau) \ = 0 \quad (\tau \neq \pm 1)$

 모르겠어!!

 응? 뭐가?

 앞에서 τ가 1일 때 $\{v^2 - v(n, \tau)^2\}$ 이 성립되면 멋대로 정한 거잖아. 그렇다면 τ가 2든 3이든 뭐든 상관없지 않아?

 좋은 질문인데? 맞아. τ가 2든 3이든 상관없어. 아직 진동수는 정

해지지 않았으니 마음대로 정하는 거야. 단지 1이 가장 간단하니 1로 한 것뿐이야.

τ가 ± 1일 때 $\left\{ v^2 - v(n, \tau)^2 \right\} = 0$ 이 성립한다고 가정해보자.

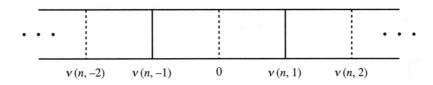

그러면 점선으로 표시된 $\tau = 0$, ± 2, ± 3, $\cdots$일 때 진폭 $Q(n, \tau)$는 전부 0이 돼.

이번에는 τ가 ± 2일 때 $\left\{ v^2 - v(n, \tau)^2 \right\} = 0$이 성립된다고 가정해볼게.

그러면 $\tau = 0$, ± 1, ± 3, $\cdots$의 진폭은 전부 0이 되지. 결국 2개의 파동만 남고 나머지는 전부 0이 되므로 남은 2개의 파동이 $\tau = \pm 1$이든 $\tau = \pm 2$이든 마찬가지야. '어느 것이든 2개'라는 게 핵심이야.

알겠다! 그렇구나, 이해됐어.

그렇다면 지금 구한 진폭과 진동수를 다음식에 대입해보자!

$$q = \sum_{\tau} Q(n, \tau) e^{i2\pi v(n, \tau)t}$$

Point ⭐

$$q = Q(n, 1)e^{i2\pi vt} + Q(n, -1)e^{-i2\pi vt}$$

이것이 바로 전자가 언제 어디에 있는지 나타낸 식이다!

응? 이것으로 답을 구한 게 되는 거야?

응, 그래.

하지만 진폭 $Q(n, \tau)$가 값이 있는 것은 알았지만, 실제로 얼마인지는 모르잖아?

하지만 괜찮아.

예를 들어 용수철을 세게 잡아당겼을 때는 크게 튕기고, 약하게 잡아당겼을 때는 작게 튕긴다. 따라서 진폭은 어떤 값을 취하든 상관없다.

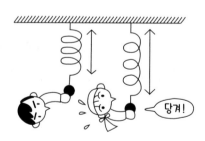

수소원자의 경우로 생각하면 n이 클 때는 빛의 파동 진폭이 커지고, n이 작을 때는 빛의 파동 진폭도 작다.

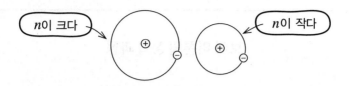

이렇게 진폭은 실제로 값이 얼마인지 구하지 않아도 되지만, 대응원리를 생각할 때 고전역학과 보어의 이론은 n을 통해 대응하고 있다.

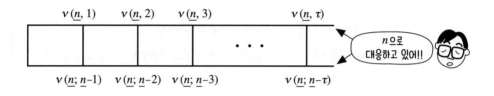

따라서 고전역학에서 진폭은 'n에 따라 어떤 값을 갖는가?', 즉 진폭은 n의 함수로 나타낸다.

진폭을 n의 함수로 나타내다

이를 위해서는 보어의 양자조건 식을 사용한다.

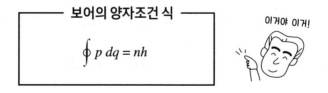

이 식은 전자의 궤도는 h의 정수배라는 사실을 나타내고 있다.

보어 이론의 성립 과정

고전역학에   양자조건을 가미하자   보어의 이론이 완성되었다.

당시 양자조건은 '불연속'이라는 큰 의미를 가졌지만,

여기서는 '불연속'이라는 사실에 신경 쓰지 말고 단순하게 진폭을 n의 함수로

나타내기 위해서 사용한다.

따라서 n은 2든 $\frac{5}{8}$이든 0.3이든 정수가 아니어도 되며 연속적인 값을 갖는다.

먼저 보어의 식을 변형시킨다.

$$\oint p\,dq = nh$$

- $\oint$는 하나의 주기를 적분으로 나타낸다는 기호로, $\int_{0}^{\frac{1}{v}}$ 이 된다.

- p는 운동량으로 $p = m\dot{q}$ 로 나타낼 수 있다.

- $dq = \dfrac{dq}{dt}\,dt = \dot{q}\,dt$가 된다.

여기서는 계산하기 쉬운 형태로 만드는 중이야.

이렇게 해서 보어의 양자조건 식은 다음과 같이 된다.

바꿔줘!

$$\int_0^{\frac{1}{\nu}} m \cdot \dot{q} \cdot \dot{q} \, dt = nh$$

$$\downarrow$$

$$(\dot{q})^2$$

오!

이 식의 q에, 앞에서 뉴턴의 운동방정식을 풀어서 구한,

$$q = Q(n, 1)e^{i2\pi\nu t} + Q(n, -1)e^{-i2\pi\nu t}$$

를 대입한다.

먼저 q의 1차 미분,

$$\dot{q} = i2\pi\nu \, Q(n, 1)e^{i2\pi\nu t} - i2\pi\nu \, Q(n, -1)e^{-i2\pi\nu t}$$

를 보어의 식에 대입한다.

$$\int_0^{\frac{1}{\nu}} m \cdot \left\{ i2\pi\nu \, Q(n, 1)e^{i2\pi\nu t} - i2\pi\nu \, Q(n, -1)e^{-i2\pi\nu t} \right\}^2 dt = nh$$

여기야!

{ } 안이 제곱 형태이므로 공식 $(A-B)^2 = A^2 + B^2 - 2AB$를 사용해 전개한다.

$$\int_0^{\frac{1}{v}} m \cdot \left[\left\{ i2\pi v\, Q(n, 1)e^{i2\pi vt} \right\}^2 + \left\{ i2\pi v\, Q(n, -1)e^{-i2\pi vt} \right\}^2 \right.$$

$$\left. -2\left\{ i2\pi v\, Q(n, 1)\underline{e^{i2\pi vt}} \right\}\left\{ i2\pi v\, Q(n, -1)\underline{e^{-i2\pi vt}} \right\} \right] dt = nh$$

$e^{i2\pi vt}$ 의 곱셈은 지수의 덧셈 $e^{i2\pi vt} \times e^{i2\pi vt} = e^{i2\pi vt \,\pm\, -i2\pi vt}$ 을 사용한다.

$$\int_0^{\frac{1}{v}} m \left[\left\{ \underline{-4\pi^2 v^2\, Q(n, 1)^2 e^{i4\pi vt}} \right\} + \left\{ \underline{-4\pi^2 v^2\, Q(n, -1)^2 e^{-i4\pi vt}} \right\} \right.$$

$$\left. -2\left\{ (-4)\pi^2 v^2\, Q(n, 1)Q(n, -1)\,\underline{e^0} \right\} \right] dt = nh$$

술술 잘 풀리는데!?

매뉴얼 $e^0 = 1$

이것을 $-4\pi^2 v^2$ 으로 묶는다.

$$\int_0^{\frac{1}{v}} \underline{-4\pi^2 v^2 m} \left\{ Q(n, 1)^2 e^{i4\pi vt} + Q(n, -1)^2 e^{-i4\pi vt} \right.$$

$$\left. -2Q(n, 1)Q(n, -1) \right\} dt = nh$$

적분과 상관없는 $-4\pi^2 v^2 m$ 을 $\int dt$ 의 밖으로 꺼낸다.

그리고?

$$-4\pi^2 v^2 m \int_0^{\frac{1}{v}} \left\{ \underline{Q(n, 1)^2 e^{i4\pi vt}} + \underline{Q(n, -1)^2 e^{-i4\pi vt}} - \underline{2Q(n, 1)Q(n, -1)} \right\} dt = nh$$

그런 다음 적분한다.

$$-4\pi^2\nu^2 m\Bigg\{Q(n,\,1)^2\int_0^{\frac{1}{\nu}} \underline{e^{i4\pi\nu t}}\ dt + Q(n,\,-1)^2\int_0^{\frac{1}{\nu}} \underline{e^{-i4\pi\nu t}}\ dt$$

$$-2Q(n,\,1)Q(n,\,-1)\int_0^{\frac{1}{\nu}} \underline{1}\ dt\Bigg\} = nh$$

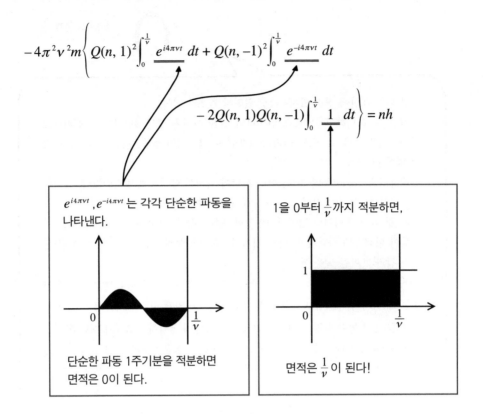

$e^{i4\pi\nu t}, e^{-i4\pi\nu t}$ 는 각각 단순한 파동을 나타낸다.

단순한 파동 1주기분을 적분하면 면적은 0이 된다.

1을 0부터 $\frac{1}{\nu}$까지 적분하면,

면적은 $\frac{1}{\nu}$ 이 된다!

$$-4\pi^2\nu^2 m\Bigg\{0 + 0 - 2Q(n,\,1)Q(n,\,-1)\frac{1}{\nu}\Bigg\} = nh$$

에서 ( )를 제거한다.

$$8\pi^2\nu m Q(n,\,1)Q(n,\,-1) = nh$$

양변을 $8\pi^2\nu m$ 으로 나눈다.

$$Q(n,\,1)Q(n,\,-1) = \frac{h}{8\pi^2 m\nu}\,n$$

아! 여기서 또 귀찮은 계산이 등장한다.

지금 다들 계산에 질려 있지? 나도 완전히 녹초가 됐어.

하지만 여기서 하이젠베르크 연구반의 연습 시절을 생각해봤어. 하이젠베르크 팀은 7기생인 유코, 페로, 리키, 5기생인 나, 1기생인 현군, 반군, 마나, 그리고 몇 명이 더 있어.

트래칼리에서는 처음에 좀 더 아는 사람이 나서서 얘기하는 방식이잖아. 그러다 보니 7기생들보다는 작년에 들어온 내가 얘기하는 일이 많았지.

그때 첫 회는 그럭저럭 넘어갔지만 2회, 3회… 등 몇 번씩 같은 계산을 해도 학생들이 이해를 못하더라고. 나도 지쳐서 '짜증나, 몰라' 하는 생각이 들 무렵 현군이 갑자기 이런 말을 했어.

"D씨(히포의 아버지 회원)가 그러는데 흉내(히포의 테이프처럼 똑같이 노래 부르는 것)는 보여주는 게 아니라 직접 함으로써 다들 따라 부를 수 있게 되는 거래. '모두 노래 부르듯 몇 번씩 똑같은 걸 흉내내는 연습이지' 그렇게 생각하는 D씨가 대단해~."

여기서 나는 또 배웠지. 그렇구나! 내가 수식어를 말함으로써 언젠가 유코나 페로도 말할 수 있게 된다면 얼마나 좋을까? 그렇게 생각했더니 몇 번씩 같은 말을 반복하고 계산하는 게 편해졌어. 흉내내기 연습이라고 생각하고 편안하게 봐줘. 그러다 보면 조금씩 이해할 수 있을 거야.

원점으로 되돌아가 보자.

$$\frac{Q(n, 1)Q(n, -1)}{} = \frac{nh}{8\pi^2 m\nu}$$

↑

여기를 하고 있었어.

이건 진폭이야.   에헴!

이 진폭 부분을 자세히 봐!

실수 ────→   복소수 ●

$$\underline{q} = \sum_{\tau} \underline{Q(n, \tau)}\, e^{i2\pi\nu(n, \tau)t}$$

이 식에서 q는 '위치'를 나타내고 있으므로 실제 관측할 수 있는 '실수'지만 진폭 $Q(n, \tau)$는 관측할 수 없는 '복소수'다. 복소수란 '실수+허수'를 말한다. 허수란 이 세상에는 존재하지 않고 수학의 세계에서만 존재하는 개념으로, 이것을 사용하면 계산이 편리해진다.

여기서는 진폭이 '복소수'라는 데 주안점을 두고, 진폭의 성질을 알아보자.

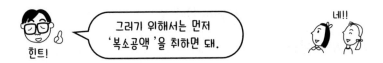

복소공액이란 허수 앞의 부호를 바꾸는 것이다. 기호는 *(별표)를 쓴다. 실수는 허수가 들어가지 않으니 복소공액을 취해도 원래의 수 그대로이다.

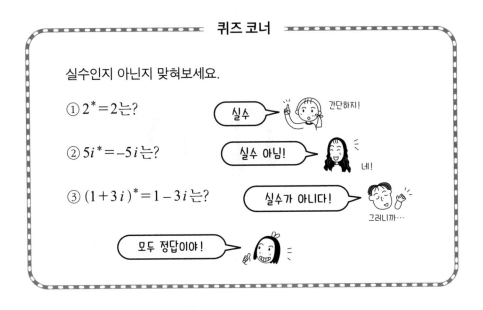

퀴즈 코너

실수인지 아닌지 맞혀보세요.

① $2^* = 2$는?   실수   간단하지!

② $5i^* = -5i$는?   실수 아님!   네!

③ $(1+3i)^* = 1-3i$는?   실수가 아니다!   그러니까…

모두 정답이야!

그런데 q는 실수이므로 $q^* = q$가 될 것이다.

이렇게 되기 위해서 진폭은 어떤 성질을 갖는지 살펴보자!

Σ를 분해해서 생각하면 이해하기 쉬워!

힌트!

$$q = \cdots Q(n, -1)e^{i2\pi v(n, -1)t}$$
$$+ Q(n, 0)e^{i2\pi v(n, 0)t}$$
$$+ Q(n, 1)e^{i2\pi v(n, 1)t} \cdots$$

복소공액을 취한다.

$$q^* = \cdots Q(n, -1)^* e^{-i2\pi v(n, -1)t}$$
$$+ Q(n, 0)^* e^{-i2\pi v(n, 0)t}$$
$$+ Q(n, 1)^* e^{-i2\pi v(n, 1)t} \cdots$$

$-v(n, \tau) = v(n, -\tau)$이므로 다음과 같이 된다.

$$q^* = \cdots Q(n, -1)^* e^{i2\pi v(n, 1)t}$$
$$+ Q(n, 0)^* e^{i2\pi v(n, 0)t}$$
$$+ Q(n, 1)^* e^{i2\pi v(n, -1)t} \cdots$$

순서를 바꿔 넣는다.

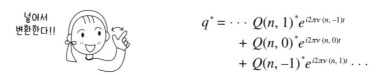

넣어서
변환한다!!

$$q^* = \cdots Q(n, 1)^* e^{i2\pi v(n, -1)t}$$
$$+ Q(n, 0)^* e^{i2\pi v(n, 0)t}$$
$$+ Q(n, -1)^* e^{i2\pi v(n, 1)t} \cdots$$

q 와 q^* 를 비교하기 위해서 각각 단순한 파동의 진동수를 모아보자.

$$q^* = \cdots\; Q(n, 1)^*\, e^{i2\pi v\,(n,\,-1)t}$$
$$+\; Q(n, 0)^*\, e^{i2\pi v\,(n,\,0)t}$$
$$+\; Q(n, -1)^*\, e^{i2\pi v\,(n,\,1)t} \cdots$$

$$q = \cdots\; Q(n, -1)\, e^{i2\pi v\,(n,\,-1)t}$$
$$+\; Q(n, 0)\, e^{i2\pi v\,(n,\,0)t}$$
$$+\; Q(n, 1)\, e^{i2\pi v\,(n,\,1)t} \cdots$$

이것이 각각 똑같아져야 하므로 진폭 부분은,

$$Q(n, 1)^* = Q(n, -1)$$
$$Q(n, 0)^* = Q(n, 0)$$
$$Q(n, -1)^* = Q(n, 1)$$

이 되어야 한다.

일반화하면 이렇게 된다.

대단한데!

$$Q(n, \tau)^* = Q(n, -\tau)$$

처음으로 돌아가자! 앞에서,

$$Q(n, 1)Q(n, -1) = Q(n, 1)Q(n, 1)^*$$

이 된다는 것을 알았으므로,

$$Q(n, 1)Q(n, -1) = \frac{h}{8\pi^2 m v}\, n$$

은

$$Q(n, 1)Q(n, 1)^* = \frac{h}{8\pi^2 m v}\, n$$

이 된다.

  그런데 사실 어떤 복소수와 그 복소공액의 곱은 절대값의 제곱이
된다.

$$(복소수) \cdot (복소수)^* = |복소수|^2$$

  따라서,

$$Q(n, 1)Q(n, 1)^* = \frac{h}{8\pi^2 m\nu}\, n$$

은

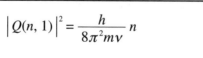

$$\left| Q(n, 1) \right|^2 = \frac{h}{8\pi^2 m\nu}\, n$$

이 된다.

  이것이 단진동의 진폭 $Q(n, \tau)$를 n의 함수로 나타낸 결과이다!!

3. 양자역학을 만들다

 모두 힘들지? 이제부터 양자역학을 본격적으로 파헤쳐볼 거야! 우리가 고대하던 하이젠베르크의 대활약이 시작돼.

하이젠베르크는 보어와 함께 양자역학을 열심히 연구하던 젊은 물리학자 중 하나였다. 스펙트럼 빛의 세기를 구하기 위해 골몰하던 어느 날, 건초열에 걸린 그는 보른 교수에게 2주간의 휴가를 받고 헬골란트 섬으로 요양을 갔다.

하이젠베르크는 n이 작을 경우에도 스펙트럼의 세기, 즉 '전이 횟수 × 빛 입자 1개의 에너지 $h\nu$'를 구할 수 있는 방법을 찾으려 했다.

고전역학과의 대응을 살펴보다

지금까지 n이 클 때는 고전역학으로 스펙트럼의 세기를 구할 수 있었다. 빛을 파동이라고 생각한 고전역학은 잘못된 이론이었다. 하지만 n이 클 때는 스펙트럼의 세기를 구할 수 있다. 이것은 고전역학의 큰 틀,

뉴턴의 운동방정식	+	보어의 양자조건
$\ddot{q} + \dfrac{k}{m}\, q = 0$		$\oint p\, dq = nh$

은 옳다는 뜻이다.

뉴턴   보어

=== 고전역학의 방법 ===

 전자의 위치를 나타내는 복잡한 파동식,

$$q = \sum_{\tau} Q(n, \tau)\, e^{i2\pi v(n, \tau)t}$$

를 단진동의 운동방정식,

$$\ddot{q} + \frac{k}{m}\, q = 0$$

에 넣어 풀고, 진폭을 n의 함수로 나타내기 위한 보어의 양자조건 식,

$$\oint p\, dq = nh$$

에 넣어 풀면 스펙트럼의 세기를 구할 수 있다.

그것에 착안하여 이제부터 고전역학 중에서, '빛은 파동'이라고 생각하는 부분을 '빛은 $h\nu$라는 에너지를 가진 입자다'로 대체하기로 한다.

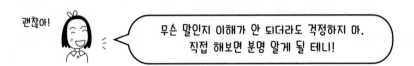

괜찮아!

무슨 말인지 이해가 안 되더라도 걱정하지 마.
직접 해보면 분명 알게 될 테니!

먼저 빛의 '진동수'부터 생각해보자!

빛은 전자의 회전으로 나오는 것이 아니라 전자가 어떤 궤도에서 다른 궤도로 '전이'함으로써 나오는 것이라고 생각해야 했다.

따라서 'n 궤도를 돌 때 나오는 빛의 τ회 진동인 단순한 파동의 진동수 $\nu(n, \tau)$'는 양자역학에서는 'n에서 $n-\tau$로 전이할 때 나오는 빛의 진동수 $\nu(n; n-\tau)$'로 바꿔 써야 한다.

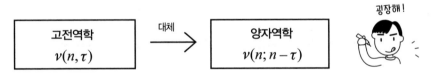

| 고전역학 $\nu(n, \tau)$ | 대체 $\longrightarrow$ | 양자역학 $\nu(n; n-\tau)$ |

굉장해!

이번에는 빛의 '진폭'에 대해 생각해보자!

고전역학에서는 단순한 파동의 '진폭 $Q(n, \tau)$를 제곱'하여 스펙트럼의 세기를 구했다. 하지만 아인슈타인의 발견에 의하면 스펙트럼의 세기는 '전이 횟수×빛 입자 1개의 에너지 $h\nu$'라고 생각할 수밖에 없었다.

그래서 여기서는 $\sqrt{\text{전이 횟수} \times h\nu}$ 를 $Q(n; n-\tau)$라고 쓰고 이것을 고전역학의 진폭 $Q(n, \tau)$ 대신 쓰기로 한다.

'전이 횟수 × $h\nu$ 제곱근'이 무슨 뜻인지는 전혀 모르겠지만 '스펙트럼 세기의 제곱근'이 $Q(n, \tau)$에는 확실히 대응하게 된다.

다음으로 고전역학에서는 τ회 진동하는 단순한 빛의 파동(푸리에 성분)을,

$$\underline{Q(n, \tau)e^{i2\pi \nu (n, \tau)t}}$$

로 나타냈다. 양자역학에서는

$$Q(n, \tau) \rightarrow Q(n; n-\tau)$$
$$\nu(n, \tau) \rightarrow \nu(n; n-\tau)$$

가 되었으므로 이 '단순한 파동'이 양자역학에서는,

$$\underline{Q(n; n-\tau)e^{i2\pi \nu (n; n-\tau)t}}$$

가 된다. 이제부터 이것을 '전이성분'이라고 부르기로 한다.

그런데 이건 뭘 나타내는 거야?

잘 몰라. 하지만 아인슈타인과 보어의 이론에 의해 '파동'을 '양자'로 바꿔 쓰면 이렇게 된다는 거야. 그리고 고전역학에서는,

질문!

복잡한 파동은?

단순한 파동들의 합!!

네!

이라는 푸리에 급수의 이론이 성립되므로 앞의 단순한 파동을 더해서,

$$q = \sum_{\tau} Q(n, \tau)e^{i2\pi v(n, \tau)t}$$

라고 나타낼 수 있다.

마찬가지로 양자역학의 경우에는 다음과 같다.

$$q = \sum_{\tau} Q(n; n-\tau)e^{i2\pi v(n; n-\tau)t}$$

그런데 이, 이건 어떤 의미야?   ?? 으음…

어렵다.

고전역학의 경우 복잡한 빛의 파동 q는 전자의 '위치'가 어떤 식으로 시간변화하는지 나타낸다. 왜냐하면 '전자가 회전하면서 빛을 방출한다'고 생각했기 때문이다.

하지만 양자는 회전하고 있을 때는 빛을 내지 않고 궤도에서 궤도로 '전이'할 때 빛을 내지.

그렇다. 전자가 전이할 때는 그 전자가 어떤 궤도를 통과하는지 알 수 없다!! 이것은 전이성분의 덧셈인 양자 q는 전자의 위치를 '나타내지' 않는다는 뜻이다.

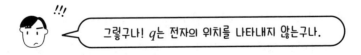

!!! 그렇구나! q는 전자의 위치를 나타내지 않는구나.

고전역학의 경우 여기까지 오면,

$$q = \sum_{\tau} Q(n, \tau)e^{i2\pi v(n, \tau)t}$$

를 뉴턴의 운동방정식 $F = m\ddot{q}$ 에 넣고, 마지막에 잠깐 '보어의 양자조건식'을 이용하면 단순한 파동(푸리에 성분) 각각의 진폭 $Q(n, \tau)$ 와 진동수 $\nu(n, \tau)$ 를 구할 수 있었다.

그럼 양자역학의 경우에도,

해냈다!!

$$q = \sum_{\tau} Q(n; n - \tau)e^{i2\pi\nu(n; n - \tau)t}$$

를 뉴턴의 운동방정식 $F = m\ddot{q}$ 에 넣어서…,

 어? 잠깐만!!

 왜?

 $F = m\ddot{q}$ 에서 q 는 '위치'였어. 그래서 고전역학의 q 를 넣을 수 있었던 거야. 하지만 양자의 경우에는 어떻게 되는 거지?

 앗! q 는 '위치'가 아니구나!

 위치 q 의 시간변화 $\dot{q}$ (1차 미분)는 '속도'를 나타내고, 속도의 시간변화 $\ddot{q}$ (2차 미분)는 '가속도'를 나타내. 그리고 가속도에 질량을 곱하면 '힘'이 돼. 이러면 이해하기 쉽겠지?

하지만 양자의 경우 q 가 뭔지 모르니까 시간변화 $\dot{q}$ 도 뭔지 알 수 없고, 또 $\dot{q}$ 의 시간변화 $\ddot{q}$ 가 뭔지는 더더구나 알 수 없어. 그런 것에 질량을 곱한다고 해서 힘 F 와 같아질 리가 없지.

양자역학의 경우에 뉴턴의 운동방정식 $F = m\ddot{q}$ 는 사용할 수 없는 게 아닐까?

끄응… 그래, 이상해.

역시 그래. 위치를 나타내는 것도 아닌 q 를 $F = m\ddot{q}$ 에 대입한다는 건 상식에서 벗어나 보여.

 음…, 곤란한데.

 역시 안 돼. 양자역학을 만드는 건 불가능해.

 그렇겠지? 지금까지 보어를 비롯한 많은 물리학자가 도전했지만 불가능했어. 그렇게 쉽게 될 리가 없지.

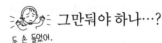 그만둬야 하나…?

하지만 하이젠베르크의 의지는 강했다.

 무·조·건!!??

그렇다.

$$q = \sum_{\tau} Q(n; n - \tau) e^{i2\pi v (n; n - \tau)t}$$

는 이유를 알 수 없긴 해도 n이 클 때는 고전역학의,

$$q = \sum_\tau Q(n, \tau)e^{i2\pi v(n, \tau)t}$$

와 똑같은 식이 된다.

왜냐하면 n이 클 때 $Q(n; n-\tau)$와 $v(n; n-\tau)$는 $Q(n, \tau)$나 $v(n, \tau)$와 똑같은 값이 되기 때문이다.

사실 빛은 양자이기 때문에 n이 클 때도 q는 물체의 '위치'를 나타내지 않는다. 그럼에도 $F = m\ddot{q}$로 올바른 답을 얻을 수 있었다. 그렇다면 n이 작을 때도 가능하지 않을까?

하이젠베르크는 대담하게 q를 $F = m\ddot{q}$에 넣어 계산을 계속했다.

여기서 나는 그런 생각이 들었다.

만약 하이젠베르크가 병에 걸리지도 않았고, 헬골란트 섬에도 가지 않았고, 연구를 강행하지도 않았다면 보어가 양자역학을 완성시킬 수 있었을까? '보어라면 할 수 있어! 보어는 못 해!' 등등 오락가락 생각이 많았는데 지금이라면 결론을 내릴 수 있어. 역시 보어 혼자서는 무리였을 거야⋯. 보어는 하이젠베르크보다 나이가 많았고, 그만큼 물리학적 지식이 쌓여 있었으니 위치가 아닌데 위치의 식에 넣는 변칙은 절대로 생각하지 못했을 거야. 젊은 하이젠베르크였기에 가능했다고나 할까? 나는 그렇게 상식을 깬 하이젠베르크가 마음에 들어!

양자역학으로 단진동을 풀다

그러면 어서 계산해보자!

앞의 고전역학에서 했던 것처럼 이번에도 단진동의 운동방정식을 풀 것이다.

단진동의 운동방정식은 다음과 같다.

$$\ddot{q} + \frac{k}{m}\, q = 0$$

이 식에 $q = \sum_\tau Q(n; n-\tau)e^{i2\pi v (n;\, n-\tau)t}$ 를 대입한다.

먼저 $\ddot{q}$ 를 계산한다.

 고전역학에서 했던 것처럼 '성분마다' 각각 미분해보자!

1차 미분 $\cdots$ $\dot{q} = \sum_\tau \underline{i2\pi v (n; n-\tau)}\, Q(n; n-\tau)e^{i2\pi v (n;\, n-\tau)t}$

2차 미분 $\cdots$ $\ddot{q} = \sum_\tau \underline{(i2\pi)^2 v(n; n-\tau)^2}\, Q(n; n-\tau)e^{i2\pi v (n;\, n-\tau)t}$

$= \sum_\tau -4\pi^2 v(n; n-\tau)^2 Q(n; n-\tau)e^{i2\pi v (n;\, n-\tau)t}$

리키 대단해!!

$\ddot{q}$ 와 q 를 단진동의 운동방정식에 대입한다.

$$\underline{\ddot{q}} + \frac{k}{m}\, \underline{q} = 0$$

힘내!!

$$\sum_{\tau} -4\pi^2 v(n; n - \tau)^2 Q(n; n - \tau)e^{i2\pi v(n; n - \tau)t}$$

$$+ \frac{k}{m} \sum_{\tau} Q(n; n - \tau)e^{i2\pi v(n; n - \tau)t} = 0$$

여기서 $\frac{k}{m} = (2\pi v)^2 = 4\pi^2 v^2$ 으로 한다.

고전역학과 계산이 완전히 똑같구나!

$$\sum_{\tau} -4\pi^2 v(n; n - \tau)^2 Q(n; n - \tau)e^{i2\pi v(n; n - \tau)t}$$

$$+ 4\pi^2 v^2 \sum_{\tau} Q(n; n - \tau)e^{i2\pi v(n; n - \tau)t} = 0$$

같은 것이 많으니까 수식을 간단히 정리하자!

$$\sum_{\tau} 4\pi^2 \left\{ v^2 - v(n; n - \tau)^2 \right\} Q(n; n - \tau)e^{i2\pi v(n; n - \tau)t} = 0$$

깔끔해졌다!

이 식이 성립될(= 0이 될) 경우를 생각해보자.

고전역학의 경우 '새로운 진폭을 가진 단순한 파동들의 합'이라는 방정식이 성립하기 위해서는 각각 단순한 파동의 '새로운 진폭'이 모두 0이 되어야 했다.

현대 양자역학에서는 빛을 파동이라고 생각하지 않는다. 하지만 수식상으로는 위의 식도 '단순한 파동들의 합'의 형태이다. 따라서 이 식이 성립되기 위해서는 각 파동의 새로운 진폭은 0이 되어야 한다.

$$4\pi^2 \left\{ v^2 - v(n; n - \tau)^2 \right\} Q(n; n - \tau) = 0$$

$$\hookrightarrow \neq 0$$

그리고 $4\pi^2$은 절대 0이 되지 않기 때문에 $\{v^2 - v(n; n-\tau)^2\}$ 또는 $Q(n; n-\tau)$ 중 하나가 0이 되어야 한다.

고전역학과 마찬가지로 τ가 1일 때 $v(n; n-1)=v$은 0이 된다고 정해져 있다.

그렇구나~
$$v^2 - v(n; n-1)^2 = 0$$

그러면 여기서,

$$v(n; n-1) = v$$

가 되는 것을 알 수 있고, 이때 진폭 $Q(n; n-1)$은 0이 아닌 값을 갖게 된다. 또 $\tau = 2, 3, 4, \cdots$의 경우 $\{v^2 - v(n; n-\tau)^2\}$은 0이 되지 않으므로 이때 $Q(n; n-1)$이 0이 되어야 한다.

이것으로 답이 절반쯤 구해졌지만 고전역학의 경우와 마찬가지로 다른 경우인 $-v(n; n-\tau)= -v$일 때도 성립된다. 따라서 앞으로는,

$$-v(n; n-1)$$

그렇구나!

이 어떻게 될지 연구하면 된다.

단순하게 고전역학과 똑같이 생각하면 이것은 $v(n; n+1)$이 된다.

고전역학의 진동수는 '정수배'라는 성질이 있었지!

하지만 양자역학의 경우 스펙트럼을 보면 알 수 있듯 진동수는 정수배가 아니다. 따라서 이 방법은 틀렸다.

양자역학의 경우 진동수에 있는 마이너스 기호는 어떻게 해야 할까?

흐음…

> 양자역학의 진동수를 바르게 나타낸 식이 있었어.
> 리드베리의 식 $\nu = \dfrac{Rc}{m^2} - \dfrac{Rc}{n^2}$ 이다.
> 이것으로 뭔가 알아낼 수 있지 않을까?

좋은 생각이야! 빨리 해보자!

알겠어?

리드베리의 식은 보어에 의해 'n궤도에서 m궤도로 전이했을 때의 진동수'가 되었다. 이것을 현재 사용하는 기호로 나타내면, 'n에서 $n - \tau$로 전이했을 때의 진동수 $n(n;\, n - \tau)$'는,

$$\nu(n;\, n - \tau) = \frac{Rc}{(n - \tau)^2} - \frac{Rc}{n^2}$$

가 된다. 이 식에서 $-n(n;\, n - \tau)$가 어떻게 되는지 알아보자!

$$-\nu(n;\, n - \tau) = -\left\{ \frac{Rc}{(n - \tau)^2} - \frac{Rc}{n^2} \right\} = \frac{Rc}{n^2} - \frac{Rc}{(n - \tau)^2}$$

처음의 리드베리 식과 비교하면 이것은 $n(n - \tau;\, n)$, 즉 $n - \tau$에서 n으로 전이했을 때의 진동수가 된다. 양자역학의 경우 진동수에 마이너스가 붙으면 '역전이'가 된다.

$$-\nu(n;\, n - \tau) = \nu(n - \tau;\, n)$$

따라서 $-\nu(n;\, n - \tau)$는 $-\nu(n;\, n - 1) = \nu(n - 1;\, n)$이 되는 거지.

그렇구나! 혹시 눈치챘니? 우리는 고전역학과 대응시켜 양자역학을 만들고 있지만, 똑같이 흉내만 내는 건 아냐. 양자역학과 맞지 않는 부분은 다 부정하고 있어!

결국 이렇게 답을 구한 셈이다. 단진동의 경우,

$$n에서\ n-1의\ 진폭\ Q(n;n-1)$$
$$n-1에서\ n의\ 진폭\ Q(n-1;n)$$

이 둘만 값을 갖고, 나머지 진폭은 전부 0이어야 한다는 사실을 알았다. 따라서,

$$n에서\ n-1의\ 진동수\ \nu(n;n-1)는\ \nu$$
$$n-1에서\ n의\ 진동수\ \nu(n-1;n)는\ \nu$$

가 된다.

여기에서 단진동의 경우에만 특별한 점이 있다.

단진동의 진동수 $\nu(n;n-1)=\nu$는,

이게 뭐야?

$$\left.\begin{array}{c} \nu(5;4) \\ \nu(4;3) \\ \nu(3;2) \end{array}\right\} = \nu$$

이렇게 안쪽 궤도로 1개가 전이했을 때는 n에 상관없이 전부 ν가 된다. 또 $\nu(n-1;n)=-\nu$도,

$$
\left.\begin{array}{l}
v(4;5)\\
v(3;4)\\
v(2;3)
\end{array}\right\} = -v
$$

 오!

이렇게 바깥쪽 궤도로 2개가 전이했을 때는 n에 상관없이 전부 $-v$가 된다. 따라서 $(n-1; n)$은 $(n; n+1)$이라고 써도 결과는 같다.

정리

$$Q(n; n-1) \neq 0$$
$$Q(n; n+1) \neq 0$$
$$Q(n; n-\tau) = 0 \quad (\tau \neq \pm 1)$$
$$v(n; n-1) = v$$
$$v(n; n+1) = -v$$

양자역학의 진폭 $Q(n; n-\tau)$를 n의 함수로 나타내다

고전역학의 경우와 마찬가지로 뉴턴의 운동방정식을 풀어서 진폭 $Q(n; n-\tau)$가 어떤 경우에 값을 갖는지 알 수 있었다.

여기서는 다시 보어의 양자조건 식 $\oint p\, dq = nh$를 사용해 진폭을 n의 함수로 나타내기로 한다.

이것이 가능하다면 모든 전이의 진폭을 구체적인 값까지 구할 수 있다.

보어의 양자조건 코너

 그런데 왜 양자조건을 사용하는 거지?

 어? 사용하면 안 되는 거야?

 왜냐하면 지금은 '양자역학'을 만드는 거니까!

 그건 말이야, 보어일 때는 양자조건은 나중에 덧붙이는 것이었어.

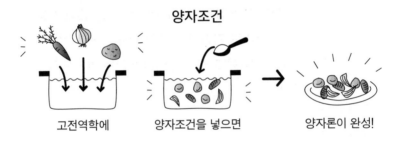

양자조건

고전역학에   양자조건을 넣으면   양자론이 완성!

 그리고 양자조건 $\oint p\,dq = nh$ 의 n이 정수가 된 데는 그렇게 하면 실험을 잘 설명할 수 있다는 것 외에 납득할 수 있는 다른 이유는 없었어.

 하지만 지금 하이젠베르크가 하고 있는 건 나중에 불연속이라는 걸 덧붙인 게 아니라, 고전역학의 재료를 하나씩 조심스럽게 음미하면서 양자역학을 만들려는 거잖아.

 그래. 하이젠베르크는 고전역학의 '빛은 파동'이라는 부분을 '빛은 양자'로 바꿔 쓰는 거야.

 그렇다면 나중에 양자조건을 덧붙일 필요는 없지 않을까?

뭐? 잘 모르겠는데???

 그럼 좀 더 자세히 설명할게!

먼저 고전역학에서 'τ'는 복잡한 파동 하나의 주기 중에서 단순한 파동이 몇 번 진동하는가를 나타냈어. 따라서 이것은 당연히 정수여야 해.

그리고 양자역학에서 τ는 고전역학의 τ를 그대로 사용한 것이니까 이것도 정수가 돼.

그래서 양자역학의 경우 n은 $n-τ$ 형태라고 정해져 있지. 여기서 n을 5라고 가정하면 다음 궤도는 τ가 정수니까 $5-1=4$, 그다음은 $5-2=3$, 이런 식으로 반드시 정수가 되는 거야.

 알겠어?

 ???

 다시 말해서 양자역학에서는 굳이 양자조건($n=0$, 1, 2, 3, …)을 사용하지 않아도 τ가 정수면 n도 자연히 정수가 된다는 뜻이야.

 그렇다면 더 이상 양자조건은 필요 없는데 어째서 여기에 또 나온 거야?

 앞에서도 설명했듯이 고전역학과 양자역학의 'n'이 같은 것으로 대응하고 있기 때문이야.

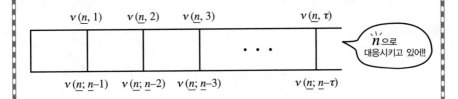

여기서 고전역학을 바꿔 써서 양자역학을 만들려면 진동
수든 진폭이든 n이 몇 개인지를 모르면 소용없어.
예를 들어 고전역학에서 n이 3이고 τ가 1일 때 진폭
$Q(3, 2)$를 양자역학에서는 $Q(3; 3-2)$로 한 거야.
여기서 n은 $n=1, 2, 3, \cdots$과 같이 정해져 있는 확실한
의미를 갖는 수야. 따라서 이 식을 사용해야 해.

 그렇구나. 이제 좀 알 것 같아.

 사실 하이젠베르크는 양자조건 식을 새로운 사용방법에
적합하게 다시 쓴 거야.

$$\sum_{\tau} P(n; n-\tau)Q(n-\tau; n) - \sum_{\tau} Q(n; n+\tau)P(n+\tau; n) = \frac{h}{2\pi i}$$

 이게 뭐야? 이러니까 또 하나도 모르겠어!

 괜찮아. 이건 계산이 좀 복잡해서 여기서는 다루지 않을
거야. 이제부터 양자역학 q를 보어의 식에 넣을 때도 계
산하기 번거로우니까 이 식은 사용하지 않아.
하지만 사실 이 식을 사용해야 한다는 건 기억해둬!

 응. 알았어.

그럼 어서 계산해보자!

고전역학일 때와 마찬가지로 보어의 양자조건 식을 치환한 것을 사용한다.

$$\int_0^{\frac{1}{v}} m \cdot \left(\dot{q}\right)^2 dt = nh$$

양자역학의 경우 q는 다음과 같았다.

$$q = \sum_{\tau} Q(n;\, n - \tau)\, e^{i2\pi v(n;\, n - \tau)t}$$

여기에 앞에서 구한 단진동일 때의 진폭과 진동수를 넣으면 다음과 같다.

$$q = Q(n;\, n - 1)e^{i2\pi vt} + Q(n;\, n + 1)e^{-i2\pi vt}$$

포인트!

> 이것이 고전론처럼 전자의 위치를 나타내지 않는다는 걸 잊으면 안 돼!

q의 1차 미분 $\dot{q}$는,

$$\dot{q} = i2\pi v\, Q(n;\, n - 1)e^{i2\pi vt} - i2\pi v\, Q(n;\, n + 1)e^{-i2\pi vt}$$

가 되므로 앞의 $\int_0^{\frac{1}{v}} m \cdot \left(\dot{q}\right)^2 dt = nh$의 식에 대입한다.

$$\int_0^{\frac{1}{v}} m \left\{ i2\pi v\, Q(n;\, n - 1)e^{i2\pi vt} - i2\pi v\, Q(n;\, n + 1)e^{-i2\pi vt} \right\}^2 dt = nh$$

여기다!

{ } 안이 제곱 형태가 되었으므로 공식 $(A-B)^2 = A^2 + B^2 - 2AB$를 사용해 푼다.

$$\int_0^{\frac{1}{v}} m\left\{-4\pi^2 v^2 Q(n; n-1)^2 e^{i4\pi vt} + \left(-4\pi^2 v^2\right) Q(n; n+1)^2 e^{-i4\pi vt}\right.$$
$$\left. + 2\left(-4\pi^2 v^2\right) Q(n; n-1)Q(n; n+1)e^0 \right\} dt = nh$$

$-4\pi^2 v^2$ 으로 묶는다.

$$\int_0^{\frac{1}{v}} -4\pi^2 m v^2 \left\{ Q(n; n-1)^2 e^{i4\pi vt} + Q(n; n+1)^2 e^{-i4\pi vt}\right.$$
$$\left. - 2Q(n; n-1)Q(n; n+1)\right\} dt = nh$$

그런 다음 $-4\pi^2 v^2$ 을 적분 밖으로 꺼낸다.

$$-4\pi^2 m v^2 \int_0^{\frac{1}{v}} \left\{ Q(n; n-1)^2 e^{i4\pi vt} + Q(n; n+1)^2 e^{-i4\pi vt}\right.$$
$$\left. - 2Q(n; n-1)Q(n; n+1)\right\} dt = nh$$

이번에는 적분한다.

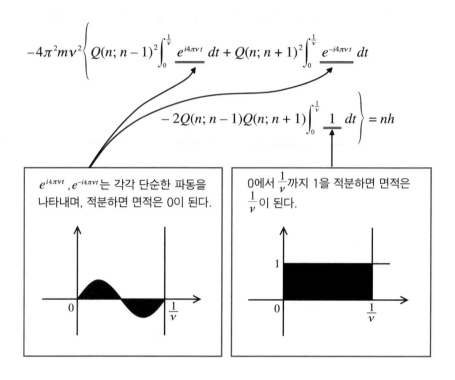

$$-4\pi^2 m v^2 \left\{ Q(n;n-1)^2 \int_0^{\frac{1}{v}} \underline{e^{i4\pi vt}}\ dt + Q(n;n+1)^2 \int_0^{\frac{1}{v}} \underline{e^{-i4\pi vt}}\ dt \right.$$

$$\left. -2Q(n;n-1)Q(n;n+1) \int_0^{\frac{1}{v}} \underline{1}\ dt \right\} = nh$$

$e^{i4\pi vt}$, $e^{-i4\pi vt}$ 는 각각 단순한 파동을 나타내며, 적분하면 면적은 0이 된다.

0에서 $\frac{1}{v}$까지 1을 적분하면 면적은 $\frac{1}{v}$이 된다.

$$-4\pi^2 m v^2 \left\{ 0+0-2Q(n;n-1)Q(n;n+1)\frac{1}{v} \right\} = nh$$

여기에서 { }를 제거한다.

$$8\pi^2 m v\, Q(n;n-1)Q(n;n+1) = nh$$

양변을 $8\pi^2 mv$ 로 나눈다.

$$\underline{Q(n;n-1)Q(n;n+1)} = \frac{h}{8\pi^2 mv}\, n$$

정말 나눠지네!

여기서 $Q(n;n-1)Q(n;n+1)$을 일반적인 형태로 쓰면 $Q(n;n-1)Q(n-1;n)$이 어떻게 되는지 생각해야 한다.

고전역학의 경우 진폭의 성질 $\{Q(n, \tau)^* = Q(n, -\tau)\}$에서 $Q(n, \tau)$

$Q(n, -\tau)$는 $|Q(n, \tau)|^2$이 되었다. 양자역학의 경우에도 단순하게 $Q(n; n+\tau) = Q(n; n-\tau)^*$로 해도 괜찮을까?

진동수의 경우 고전역학의 $\nu(n, -\tau) = -\nu(n, \tau)$는 양자역학의 $\nu(n-\tau; n) = -\nu(n; n-\tau)$와 '역전이'로 생각하지 않으면 안 되었다. 그래서 고전역학의 진폭 성질 $\{Q(n, 1)^* = Q(n, -1)\}$은 양자역학에서는 '역전이'로 바꿔 쓰기로 한다.

$$Q(n; n-\tau)^* = Q(n-\tau; n)$$

그렇게 하면 $Q(n; n+1) = Q(n-1; n) = Q(n; n-1)^*$이 되고,

$$Q(n; n-1)Q(n; n+1) = \left| Q(n; n-1) \right|^2$$

이 되어 결국 다음과 같이 된다.

$$\left| Q(n; n-1) \right|^2 = \frac{h}{8\pi^2 m\nu} n$$

Point★

이것을 실험에서 나온 값과 비교하면… 정확히 맞아떨어진다!!

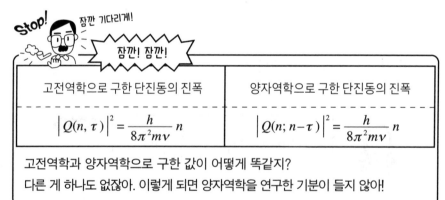

고전역학으로 구한 단진동의 진폭	양자역학으로 구한 단진동의 진폭
$\left\| Q(n, \tau) \right\|^2 = \dfrac{h}{8\pi^2 m v} n$	$\left\| Q(n; n-\tau) \right\|^2 = \dfrac{h}{8\pi^2 m v} n$

고전역학과 양자역학으로 구한 값이 어떻게 똑같지?

다른 게 하나도 없잖아. 이렇게 되면 양자역학을 연구한 기분이 들지 않아!

이렇게 생각하는 사람을 위해서!

사실 단진동은 문제가 너무 간단해서 이런 결과가 되었다. 이것만으로 부족한 사람은 좀 더 복잡한 문제, 예를 들어 '비조화 진동자' 같은 것을 풀어 보면 된다.

하이젠베르크도 사실 이 비조화 진동자를 풀어서 양자역학을 발견했다.

비조화 진동자란 전자에 작용하는 힘이 다음과 같은 것을 말한다.

$$F = -kq - \lambda\,q^2$$

이것을 단진동의 힘 $F = -kq$와 비교하면 $-\lambda\,q^2$이라는 여분의 항이 있다. 이 항이 있는 만큼 단진동보다 복잡하다.

힘 $F = -kq - \lambda\,q^2$을 뉴턴의 운동방정식에 대입하면 다음과 같은 비조화 진동자의 운동방정식이 완성되므로 이것을 풀면 된다.

$$m\ddot{q} + kq + \lambda\,q^2 = 0$$

($F = m\ddot{q}$)

단진동의 경우와 마찬가지로 이 식에 다음을 대입하여 계산하면 된다.

$$q = \sum_{\tau} Q(n;\, n - \tau)\,e^{i2\pi v\,(n;\, n - \tau)t}$$

하지만 단진동의 경우에는 없었던 q^2(제곱 형태)가 있다. 이것을 양자역학에서 어떻게 계산할지 생각해야 한다.

그럼 여기에서 양자역학의 곱셈 방식을 알아보자!

양자역학의 곱셈을 생각하다

먼저 고전역학의 경우 곱셈이 어땠는지 알아보자!

여기서는 x와 y를 단순한 파동의 덧셈 형태로 나타냈다고 가정하자.

$$x = \sum_{\tau} X(n, \tau)e^{i2\pi v(n, \tau)t}$$
$$y = \sum_{\tau} Y(n, \tau)e^{i2\pi v(n, \tau)t}$$

x와 y를 곱해보자!

$$xy = \sum_{\tau} X(n, \tau)e^{i2\pi v(n, \tau)t} \cdot \sum_{\tau} Y(n, \tau)e^{i2\pi v(n, \tau)t}$$

Σ는 합계를 나타내므로 다음과 같은 방법으로 하면 된다.

$$(a_1 + a_2) \cdot (b_1 + b_2) = a_1(b_1 + b_2) + a_2(b_1 + b_2)$$

$$= a_1 b_1 + a_1 b_2 + a_2 b_1 + a_2 b_2$$

덧셈의 곱셈

곱셈의 덧셈

그렇군. 덧셈한 후에 곱셈하는 건 곱셈한 후 덧셈하는 거랑 같은 거였지.

$$xy = \sum_{\tau}\sum_{\tau'} X(n, \tau)e^{i2\pi v(n, \tau)t} \cdot Y(n, \tau')e^{i2\pi v(n, \tau')t}$$

e의 곱셈은 지수의 덧셈이므로 다음과 같다.

$$xy = \sum_{\tau}\sum_{\tau'} X(n, \tau)Y(n, \tau')e^{i2\pi v(n, \tau)t + i2\pi v(n, \tau')t}$$

$$= \sum_{\tau}\sum_{\tau'} X(n, \tau)Y(n, \tau')e^{i2\pi\left\{v(n, \tau) + v(n, \tau')\right\}t}$$

공식이야!

여기서 e의 지수 $\nu(n, \tau) + \nu(n, \tau')$가 어떻게 되는지 생각해보자!
고전역학에서 빛의 진동수는 정수배였다.

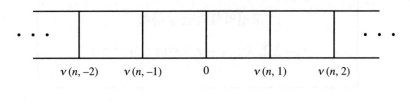

그렇다. 1+2를 하면 되고, 일반적으로는 $\tau + \tau'$를 하면 된다.

$$\nu(n, \tau) + \nu(n, \tau') = \nu(n, \tau + \tau')$$

이때 xy는 다음과 같이 된다.

$$xy = \sum_{\tau}\sum_{\tau'} X(n, \tau - \tau')\, Y(n, \tau')\, e^{i2\pi\nu(n,\tau)t}$$

잠깐 정리해보자.

$\nu(n, \tau + \tau')$에서 τ 나 τ' 는 $-\infty$에서 ∞까지의 정수가 전부 들어간다.
따라서 당연히 $\tau + \tau'$와 τ 의 값이 같을 때도 있다.

$\tau + \tau' = 5$가 될 때도 있고, τ 가 5가 될 때도 있다는 거죠.

위의 식에서 $\tau + \tau'$를 τ 라고 한다. 그러면 τ 는 $\tau - \tau'$가 된다.

고전역학의 곱셈 규칙

$$xy = \sum_{\tau}\sum_{\tau'} X(n, \tau - \tau') \, Y(n, \tau') e^{i2\pi \nu(n,\tau)t}$$

사실 이렇게 정리한 데는 그럴만한 이유가 있다.

원래의 x, y와 비교해보면…,

$$x = \sum_{\tau} X(n, \tau) e^{i2\pi \underline{\nu(n,\tau)t}}$$

$$y = \sum_{\tau} Y(n, \tau) e^{i2\pi \underline{\nu(n,\tau)t}}$$

이처럼 x, y와 xy의 진동수가 같기 때문이다.

고전역학에서는 곱셈을 해도
다른 진동수가 나오지 않는다!

이 사실에 근거하여 양자역학의 곱셈 규칙을 생각해보자!

$$x = \sum_{\tau} X(n; n - \tau) e^{i2\pi \nu(n; n-\tau)t}$$

$$y = \sum_{\tau} Y(n; n - \tau) e^{i2\pi \nu(n; n-\tau)t}$$

이것을 곱셈한다.

방법은 고전역학과 똑같아.

$$xy = \sum_{\tau} X(n; n-\tau)e^{i2\pi\nu(n; n-\tau)t} \cdot \sum_{\tau'} Y(n; n-\tau')e^{i2\pi\nu(n; n-\tau')t}$$

$$= \sum_{\tau} \sum_{\tau'} X(n; n-\tau)e^{i2\pi\nu(n; n-\tau)t} \cdot Y(n; n-\tau')e^{i2\pi\nu(n; n-\tau')t}$$

$$= \sum_{\tau} \sum_{\tau'} X(n; n-\tau)Y(n; n-\tau')e^{i2\pi\left\{\nu(n; n-\tau) + \nu(n; n-\tau')\right\}t}$$

그럼 여기에서 e의 지수 $\nu(n, n-\tau) + \nu(n, n-\tau')$가 어떻게 되는지 생각해보자.

? ? ? 생각해보자!

거듭 설명했다시피 양자역학의 진동수는 정수배가 아니다. 따라서 고전역학과 마찬가지로 단순하게,

$$\nu(n; n-\tau) + \nu(n; n-\tau') = \nu(n; n-\tau-\tau')$$

처럼 덧셈으로 계산할 수는 없다. 이렇게 하면 곱셈한 값의 진동수가 곱셈하기 전의 진동수와 달라지기 때문이다.

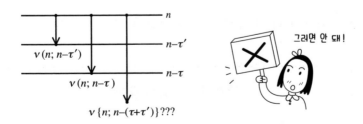

n
$n-\tau'$
$n-\tau$
$\nu(n; n-\tau')$
$\nu(n; n-\tau)$
$\nu\{n; n-(\tau+\tau')\}$???

그러면 안 돼!

고전역학에서는 곱셈을 해도 다른 진동수가 나오지 않는다. 사실 이 것은 계산상 매우 중요한 의미가 있다.

양자역학도 고전역학과 기본적으로는 똑같은 계산이 나오도록 해야 한다. 따라서 곱셈을 해도 원래의 값과 다른 진동수가 나오지 않게 곱 셈 규칙을 잘 정해둬야 한다.

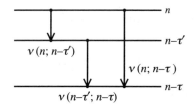

$$xy = \sum_{\tau} \sum_{\tau'} X(\ ?\ )Y(\ ?\ )e^{i2\pi v(n;\,n-\tau)t}$$

양자역학의 진동수를 더해서 원래의 진동수가 아닌 것이 나오지 않게 하려면 이렇게 계산해야 한다.

$$v(n; n - \tau') + v(n - \tau'; n - \tau) = v(n; n - \tau)$$

그림을 보면 쉽게 알 수 있다.

이것을 이용해 xy의 곱셈 규칙을 정하면 다음과 같다.

양자역학의 곱셈 규칙

$$xy = \sum_{\tau} \sum_{\tau'} X(n; n - \tau')Y(n - \tau'; n - \tau)e^{i2\pi v(n;\,n-\tau)t}$$

이것이 결정되면 비조화 진동자의 운동방정식도 풀 수 있다.

일이 순조롭게 잘 진행되어 파울리는 이 방법으로 수소원자를 풀었고, 그 결과 실험과 일치했다.

에너지 보존

 하지만!! 기뻐하기에는 아직 일러! 《부분과 전체》에 이런 글이 있어.

> 하지만 나는 그렇게 완성된 수학적 형식을 전혀 모순되지 않게 쓸 수 있다는 보장이 없다는 사실을 그때 깨달았다.

스펙트럼의 진폭과 진동수를 계산한 하이젠베르크는 실험 결과와 일치하자 매우 기뻤지만 곧 냉정하게 살펴보고 불안함을 느끼기 시작했다.

하이젠베르크는 전이성분을 더한 q가 전자의 위치를 나타내지 않았음에도 연구를 강행하여 $F = m\ddot{q}$에 대입하였고, 실험과 일치하는 답을 구할 수 있었다. 하지만 정말 그렇게 해도 되는 것일까?

하이젠베르크가 막무가내로 연구를 강행한 것은 아니었구나.

 그래. 고전역학과의 대응을 충실하게 생각했기에 가능했던 거였어.

 그렇다면 $F = m\ddot{q}$ 외에 다른 것에서도 양자역학이 고전역학에 대응한다는 것을 나타낼 수 있으면 되지 않을까⋯?

 맞아. $F = m\ddot{q}$ 만으로는 부족해. 우연히 맞은 건지도 모르잖아.

 고전역학이라면 $F = m\ddot{q}$ 외에 어떤 게 있을까?

 역시 가장 중요한 건 '에너지'야. 에너지보존법칙은 어떤 경우에든 성립되니까⋯.

 그렇구나.

 플랑크, 아인슈타인, 보어도 에너지를 통해서 양자의 세계에 입문했잖아.

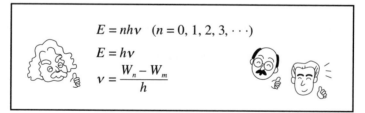

$$E = nh\nu \quad (n = 0, 1, 2, 3, \cdots)$$
$$E = h\nu$$
$$\nu = \frac{W_n - W_m}{h}$$

 그럼 q가 전자의 위치를 나타내지 않아도 고전역학과 제대로 대응하는지 에너지로 나타내면 되겠구나.

 그렇지.

 그러려면 일단 '보존'과 '보어의 진동수 관계'를 충족시켜야 해.

그렇구나. 그럼 직접 확인해보자!

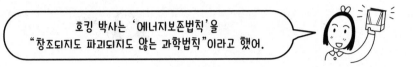

호킹 박사는 '에너지보존법칙'을
"창조되지도 파괴되지도 않는 과학법칙"이라고 했어.

여기서는 역학 에너지를 알아보려 한다. 역학 에너지에는 운동에너지와 위치에너지 두 종류가 있고, 이 두 에너지를 합한 총에너지는 일정한 값을 취한다.

$$\begin{array}{ccccc} \text{운동에너지} & + & \text{위치에너지} & = & \text{일정} \\ \frac{1}{2}\,m(\dot{q})^2 & + & V(q) & = & W \end{array}$$

이것을 에너지보존법칙 이라고 하며, 이 법칙은 지금도 깨지지 않았다.

예를 들어 건물 위에서 공을 떨어뜨렸을 경우

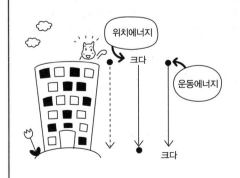

위치에너지는 처음에는 컸다가 떨어질수록 작아진다. 반대로 운동에너지는 처음에는 0이지만 떨어질수록 커진다. 둘을 더한 값은 항상 일정하다.

하이젠베르크의 양자역학이 에너지보존법칙을 충족시키는지 살펴보자!

오예!!

에너지 공식은 다음과 같다.

$$W = \frac{1}{2} m(\dot{q})^2 + V(q)$$

단진동의 경우 위치에너지 $V(q)$ 는 $\frac{1}{2} mq^2$ 이므로 단진동 에너지는 다음과 같다.

$$W = \frac{1}{2} m \underline{(\dot{q})^2} + \frac{1}{2} k \underline{q^2}$$

먼저 q^2, $(\dot{q})^2$ 이 어떻게 되는지 생각해보자.

계산도구를 준비해두면 편리해!

$$q = \sum_{\tau} Q(n; n - \tau) e^{i2\pi v(n; n-\tau)t}$$

제곱 형태인 건 앞에서 정리한 곱셈 규칙을 쓰면 돼!

제곱 ⋯ $q^2 = \sum_{\tau} \sum_{\tau'} Q(n; n - \tau')Q(n - \tau'; n - \tau) e^{i2\pi v(n; n-\tau)t}$

1차 미분 ⋯ $\dfrac{dq}{dt} = \dot{q} = \sum_{\tau} i2\pi v(n; n -\tau) Q(n; n - \tau) e^{i2\pi v(n; n-\tau)t}$

1차 미분의 제곱…

$$\left(\frac{dq}{dt}\right)^2 = (\dot{q})^2 = \sum_\tau \sum_{\tau'} \frac{(i2\pi)^2 v(n; n-\tau')v(n-\tau'; n-\tau)}{Q(n; n-\tau') \, Q(n-\tau'; n-\tau) \, e^{i2\pi v\,(n;\,n-\tau)t}}$$

$$= \sum_\tau \sum_{\tau'} -4\pi^2 v(n; n-\tau')v(n-\tau'; n-\tau)$$
$$Q(n; n-\tau') \, Q(n-\tau'; n-\tau) \, e^{i2\pi v\,(n;\,n-\tau)t}$$

다음에는 k의 모양을 살짝 바꾼다.

$\dfrac{k}{m} = (2\pi v)^2 = 4\pi^2 v^2$ 이므로 $k = 4\pi^2 m v^2$ 이 된다.

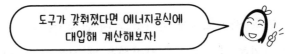

도구가 갖춰졌다면 에너지공식에
대입해 계산해보자!

$$W = \frac{1}{2} m \sum_\tau \sum_{\tau'} -4\pi^2 v(n; n-\tau')v(n-\tau'; n-\tau)$$
$$Q(n; n-\tau') \, Q(n-\tau'; n-\tau) \, e^{i2\pi v\,(n;\,n-\tau)t}$$
$$+ \frac{1}{2}(4\pi^2 m v^2)\sum_\tau \sum_{\tau'} Q(n; n-\tau') \, Q(n-\tau'; n-\tau) \, e^{i2\pi v\,(n;\,n-\tau)t}$$

좋아!!

힘내자!!

수식을 정리해보자.

$$W = 2\pi^2 m \sum_\tau \sum_{\tau'} -v(n; n-\tau')v(n-\tau'; n-\tau)$$
$$Q(n; n-\tau')Q(n-\tau'; n-\tau) \, e^{i2\pi v\,(n;\,n-\tau)t}$$
$$+ 2\pi^2 m v^2 \sum_\tau \sum_{\tau'} Q(n; n-\tau')Q(n-\tau'; n-\tau) \, e^{i2\pi v\,(n;\,n-\tau)t}$$

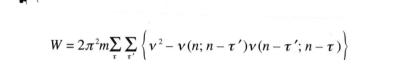 똑같은 게 많이 있네.

앗! 이 패턴은 앞에서도 나왔는데!! 뉴턴의 운동방정식을 풀 때였던 것 같아!

수식을 깔끔하게 정리하자!

$$W = 2\pi^2 m \sum_{\tau} \sum_{\tau'} \left\{ v^2 - v(n; n-\tau')v(n-\tau'; n-\tau) \right\}$$
$$Q(n; n-\tau')Q(n-\tau'; n-\tau)e^{i2\pi v(n; n-\tau)t}$$

그런데 단진동의 진폭과 진동수를 구했을 때 n에 상관없이,

→안쪽 궤도로 1개 전이했을 때 진동수는 v

바깥쪽 궤도로 1개 전이했을 때 진동수는 $-v$

였다. 그리고 진폭 $Q(n; n-\tau)$는 이 두 경우에만 값을 갖고 나머지는 전부 0이 된다는 사실을 알았다.

$$v(n; n-1) = v$$
$$v(n; n+1) = -v$$
$$Q(n; n-1) \neq 0$$
$$Q(n; n+1) \neq 0$$
$$Q(n; n-\tau) = 0 \quad (\tau \neq \pm 1)$$

이것으로 위의 '$W=$' 식에서 $Q(n; n-\tau')$와 $Q(n-\tau'; n-\tau)$가 양쪽 다 1개만 전이할 경우 이외에는 항목이 전부 0이 된다는 사실을 알 수 있다.

$\tau' = 1$일 때

$$Q(n; n-1)Q(n-1; n-2) \quad (\tau = 2)$$
$$Q(n; n-1)Q(n-1; n-0) \quad (\tau = 0)$$

$\tau' = -1$일 때

$$Q(n; n+1)Q(n+1; n+2) \quad (\tau = -2)$$
$$Q(n; n+1)Q(n+1; n-0) \quad (\tau = 0)$$

진폭 $Q(n; n-\tau')\, Q(n-\tau'; n-\tau)$ 는 이 네 가지 경우 외에는 값을 갖지 않는다.

이때 진동수는 다음과 같다.

$$\nu(n; n-1)\nu(n-1; n-2) = \text{안} \cdot \text{안} = \nu \cdot \nu = \nu^2$$
$$\nu(n; n-1)\nu(n-1; n-0) = \text{안} \cdot \text{밖} = \nu \cdot (-\nu) = -\nu^2$$
$$\nu(n; n+1)\nu(n+1; n+2) = \text{밖} \cdot \text{밖} = (-\nu) \cdot (-\nu) = \nu^2$$
$$\nu(n; n+1)\nu(n+1; n-0) = \text{밖} \cdot \text{안} = (-\nu) \cdot \nu = -\nu^2$$

이것을 앞의 에너지 공식에 대입한다.

이걸 넣는 거야!!

$\tau' = 1, \tau = 2$
$$W = 2\pi^2 m \underbrace{\left(\nu^2 - \nu^2 \right)}_{= 0} Q(n; n-1)Q(n-1; n-2)e^{i2\pi\nu(n; n-2)t} \quad (= 0)$$

$\tau' = 1, \tau = 0$
$$+ 2\pi^2 m \underbrace{\left\{ \nu^2 - (-\nu^2) \right\}}_{= 2\nu^2} Q(n; n-1)Q(n-1; n)e^{i2\pi\nu(n; n)t}$$

$$\tau'=-1, \tau=-2$$
$$+2\pi^2 m\left(\underbrace{\nu^2-\nu^2}_{=0}\right)Q(n; n+1)Q(n+1; n+2)e^{i2\pi\nu(n; n+2)t} \quad (=0)$$

$$\tau'=-1, \tau=0$$
$$+2\pi^2 m\left\{\underbrace{\nu^2-(-\nu^2)}_{=2\nu^2}\right\}Q(n; n+1)Q(n+1; n)e^{i2\pi\nu(n; n)t}$$

1항과 3항이 제거된다.

$$W=4\pi^2 m\nu^2 Q(n; n-1)Q(n-1; n)e^{i2\pi\underline{\nu(n; n)t}}$$
$$+4\pi^2 m\nu^2 Q(n; n+1)Q(n+1; n)e^{i2\pi\underline{\nu(n; n)t}}$$

$\nu(n; n)$는 n에서 n으로 전이했을 때의 진동수인데, n에서 n으로 전이했다는 것은 결국 전이하지 않았다는 뜻이므로 $\nu(n; n)$은 0이 된다. 따라서 $e^{i2\pi\nu(n; n)t}=e^{i2\pi 0t}=1$이 된다.

$$W=4\pi^2 m\nu^2\left\{Q(n; n-1)\underline{Q(n-1; n)}+\underline{Q(n; n+1)}Q(n+1; n)\right\}$$

복소공액의 기술,

$$Q(n-1; n)=Q^*(n; n-1)$$
$$Q(n; n+1)=Q^*(n+1; n)$$

을 사용한다.

$$=4\pi^2 m\nu^2\left\{\underline{Q(n; n-1)Q^*(n; n-1)}+\underline{Q^*(n+1; n)Q(n+1; n)}\right.$$

그리고

$$Q(n; n-1)Q^*(n; n-1) = \left| Q(n; n-1) \right|^2$$

$$Q^*(n+1; n)Q(n+1; n) = \left| Q(n+1; n) \right|^2$$

힘 내!

이제 조금만
더 하면 돼.
힘내자!

이 된다.

$$W = 4\pi^2 m v^2 \left\{ \left| Q(n; n-1) \right|^2 + \left| Q(n+1; n) \right|^2 \right\}$$

 해냈다! 이게 단진동 에너지구나!

 이 식에는 t(시간)가 포함되어 있지 않아! 왜지…?

 단진동 에너지가 시간변화를 하지 않는다는 건 에너지보존법칙

이 성립된다는 뜻이야!

굉장하다!!

그럼 이 식에 앞서서 구했던 빛의 세기,

$$\left| Q(n; n-1) \right|^2 = \frac{h}{8\pi^2 m v} n$$

을 대입해보자.

n이 $n+1$이 되었어.

$$W = 4\pi^2 m v^2 \left\{ \left| Q(n; n-1) \right|^2 + \left| Q(n+1; n) \right|^2 \right\}$$

$$\uparrow \qquad\qquad \uparrow$$

$$\frac{h}{8\pi^2 m v} n \qquad \frac{h}{8\pi^2 m v}(n+1)$$

$$= 4\pi^2 m v^2 \left\{ \frac{h}{8\pi^2 mv} n + \frac{h}{8\pi^2 mv} (n+1) \right\}$$

$$= 4\pi^2 m v^2 \left(\frac{h}{8\pi^2 mv} n + \frac{h}{8\pi^2 mv} n + \frac{h}{8\pi^2 mv} \right)$$

$\dfrac{h}{8\pi^2 mv}$ 를 ( ) 밖으로 꺼낸다.

$$= 4\pi^2 m v^2 \frac{h}{8\pi^2 mv} (n + n + 1)$$
$$= \frac{1}{2} hv (2n + 1)$$
$$= hv \left(n + \frac{1}{2} \right)$$

Point ☆

$$W = \left(n + \frac{1}{2} \right) hv$$

이것은 플랑크가 구한 에너지 값 $E = nhv$ 와 $\left(\dfrac{1}{2} hv \right)$ 만 다르다. 하지만 하이젠베르크가 구한 에너지 값이 훨씬 적절히 설명된다는 것을 확인할 수 있었다!

마지막으로 이것이 보어의 진동수 관계 $v = \dfrac{W_n - W_m}{h}$ 을 충족시키는지 확인해보자!

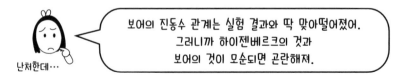

난처한데…

보어의 진동수 관계는 실험 결과와 딱 맞아떨어졌어.
그러니까 하이젠베르크의 것과
보어의 것이 모순되면 곤란해져.

앞에서 구한 에너지를 보어의 진동수 관계식에 대입해본다.

$$\nu(n; n-1) = \frac{W_{(n)} - W_{(n-1)}}{h}$$

$$= \frac{\left(n + \frac{1}{2}\right)h\nu - \left(n - 1 + \frac{1}{2}\right)h\nu}{h}$$

$$= \frac{nh\nu + \frac{1}{2}h\nu - nh\nu + h\nu - \frac{1}{2}h\nu}{h}$$

$$= \underline{\nu}$$

단진동의 경우 안쪽으로 1개 전이했을 때 진동수는 ν였다.

딱 맞는다!!

 하이젠베르크의 방법으로 계산한 에너지는 에너지가 충족되어야 하는 조건을 모두 충족시키고 있구나.

 그런데 이 에너지는 q가 전자의 위치가 아니게 됐으니 지금까지와 마찬가지로 에너지가 아니게 된 거야. q가 뭔지 알 수 없게 되었으니 사실은 이 에너지도 뭔지 모르는 셈이지. 하지만 이것은 보존과 보어의 진동수 관계까지 충족시켰어. 그건….

 그래! 그럼 이걸 새롭게 '양자역학의 에너지'라고 부르자!

 좋아! 이유를 모른다는 것 외에는 지금까지 에너지 조건을 모두 충족시켰으니까 상관없잖아!

그래그래, 그렇게 하자!

하이젠베르크가 헬골란트 섬에서 양자역학을 만들었을 때의 일들은 《부분과 전체》에 실려 있다.

처음에는 경악을 금할 수 없었다. 나는 원자 현상의 표피를 파헤치고 들어가 깊이 숨겨져 있던 독특한 내부의 아름다움을 엿본 기분이었다. 그리고 자연이 펼쳐 보이는 휘황찬란한 수학적 구조의 풍요로움을 연구해야 한다는 생각이 들자 현기증이 날 것 같았다. 흥분한 나머지 잠을 이룰 수 없었고 아무 생각도 할 수 없었다. 그래서 새벽에 숙소를 나와 동이 터오는 섬의 남단을 향해 걸었다. 그곳에는 항상 등반 유혹을 불러일으키는, 바다 쪽으로 고개를 삐죽 내민 높은 암벽이 있었다. 어렵지 않게 정상까지 오르는 데 성공한 나는 그 암벽 끝에서 해가 뜨기를 기다렸다. 그날 내가 헬골란트 섬에서 본 것은 아헨 호반의 산에서 보았던 햇빛 찬란한 암벽보다 더 웅장한 것이었을까?

4. 행렬이 되다

헬골란트 섬에서 건초열을 치료하고 돌아온 하이젠베르크는 섬에서 발견한 내용들을 보고서로 만들어 친구 파울리와 보른 교수에게 제출한 후 이번에는 등산길에 올랐다.

이 보고서를 본 파울리와 보른은 놀라움을 금치 못했다.

하지만 하이젠베르크의 수식은 매우 복잡하고 난해했다. 수식을 계속 풀어보던 보른은 이 수식이 20년 전 대학 강의에서 들었던 계산방법과 비슷하다는 느낌을 받았다.

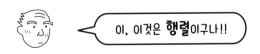

보른은 하이젠베르크의 계산이 행렬 계산이라는 것을 깨달았다.

 행렬이 뭐야?

 행렬은 숫자 집합을 질서정연하게 나열한 거야.

 어떻게 하는 건데?

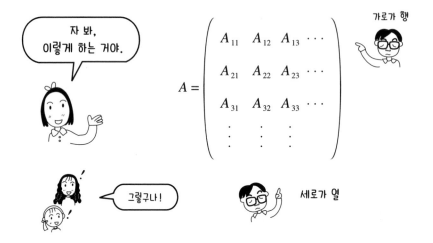

자 봐,
이렇게 하는 거야.

$$A = \begin{pmatrix} A_{11} & A_{12} & A_{13} & \cdots \\ A_{21} & A_{22} & A_{23} & \cdots \\ A_{31} & A_{32} & A_{33} & \cdots \\ \vdots & \vdots & \vdots & \end{pmatrix}$$

가로가 행

그렇구나!

세로가 열

행렬의 가로줄을 '행', 세로줄을 '열'이라고 하고, 각각의 수는 '요소'라고 한다.

행렬의 요소는 일반적으로 다음과 같이 쓸 수 있다.

$$A_{nn'}$$

하이젠베르크는 고전역학과 대응시켜 전이성분의 합,

$$q = \sum_{\tau} \underbrace{Q(n; n-\tau)e^{i2\pi v(n; n-\tau)t}}_{\text{전이성분}}$$

를 생각해냈다.

고전역학에서 단순한 파동들의 합,

$$q = \sum_{\tau} Q(n, \tau) e^{i2\pi v(n, \tau)t}$$

는 뭐였지?

 음…, 위치!

 맞았어! 그렇다면 전이성분의 합은?

 모르겠는데.

 정답!! 뭐가 뭔지 전혀 모르는 거였어.

전이성분의 합에는 아무런 의미가 없다. 차라리 각각의 전이성분

$$Q(n; n - \tau) e^{i2\pi v(n; n - \tau)t}$$

를 고려해서 q를 이 전이성분의 집합이라고 하는 것이 깔끔하지 않을까? 그런데 이것은 행렬로 나타낼 수 있다!

 행렬로 나타내기 쉽도록 기호를 조금 변형해보고 지금까지 $n - \tau$ 라고 썼던 부분을 n' 라고 쓰기로 하자! 그러면 전이성분은 이렇게 쓸 수 있어!

$$Q_{nn'} e^{i2\pi v_{nn'}t}$$

 간단해서 좋네!

이 행렬 q의 nn' 요소를 $q_{nn'}$라고 하면, 행렬 q는 다음과 같이 쓸 수 있지.

$$q = \begin{pmatrix} q_{11} & q_{12} & q_{13} & \cdots \\ q_{21} & q_{22} & q_{23} & \cdots \\ q_{31} & q_{32} & q_{33} & \cdots \\ \vdots & \vdots & \vdots & \end{pmatrix}$$

 그렇구나!

 이제부터 행렬 q를 양자역학의 '위치'라고 부르기로 하자!

 뭐!? 하지만 양자역학에서 q는 위치가 아니었잖아.

 그래. 물론 여기서의 q는 소위 고전역학에서 말하는 전자의 위치를 나타내지 않아. 하지만 거기에 '대응한다'는 의미에서 이렇게 부르는 거야.

양자역학의 위치 q가 행렬이 되면,

$$F = m\ddot{q}$$

의 q도 행렬이므로 F도 당연히 행렬이 되고, 그 밖의 모든 물리량도 행렬이 된다.

그럼? 모두 수의 집합이 되는구나!

그렇지. 물리량에는 전부 q가 들어 있으니까.

물리량들

$\underline{q}$ (위치)　　　$\underline{\dot{q}}$ (속도)　　　$\underline{\ddot{q}}$ (가속도)

$p = m\,\underline{\dot{q}}$ (운동량)　　　　$F = m\,\underline{\ddot{q}}$ (힘)

$M = \dfrac{m(\underline{\dot{q}})^2}{r}$ (각운동량)

$E = \dfrac{1}{2}\,m(\underline{\dot{q}})^2 + V(\underline{q})$ (에너지)

양자역학의 언어는 모두 행렬로 나타낼 수 있다.

하지만 모든 행렬이 다 성립하는 것은 아니다. 여기에는 조건이 붙는다.

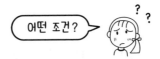 어떤 조건?

양자역학에서 진폭의 성질 중에는,

$$Q(n;\,n-\tau)^* = Q(n-\tau\,;\,n)$$

이라는 것이 있었다. 이것을 행렬로 나타내면 다음과 같다.　끄덕 　끄덕

$$Q_{nn'}{}^* = Q_{n'n}$$

여기서 행렬 q가 어떤 성질을 가졌는지 살펴보자! 행렬 q의 요소 $q_{nn'}$는,

$$q_{nn'} = Q_{nn'}e^{i2\pi v_{nn'}t}$$

였다. 복소공액을 취해보자(별 표시를 붙인다).

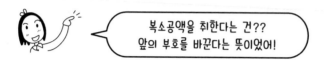

복소공액을 취한다는 건??
앞의 부호를 바꾼다는 뜻이었어!

$$q_{nn'}^{*} = Q_{nn'}^{*}e^{-i2\pi v_{nn'}t}$$

$Q_{nn'}^{*} = Q_{n'n}$, $-v_{nn'} = v_{n'n}$ $-v(n; n-\tau) = v(n-\tau ; n)$ 을 지금 사용하고 있는
기호로 나타낸 것)이므로,

$$q_{nn'}^{*} = Q_{n'n}e^{i2\pi v_{n'n}t}$$
$$= q_{n'n}$$

즉 이렇게 된다.

$$q_{nn'}^{*} = q_{n'n}$$

이것을 행렬로 나타내면 다음과 같다.

$$\begin{pmatrix} q_{11} & q_{12} & q_{13} \cdots \\ q_{21} & q_{22} & q_{23} \cdots \\ q_{31} & q_{32} & q_{33} \cdots \\ \vdots & \vdots & \vdots \end{pmatrix} = \begin{pmatrix} q_{11}^{*} & q_{21}^{*} & q_{31}^{*} \cdots \\ q_{12}^{*} & q_{22}^{*} & q_{32}^{*} \cdots \\ q_{13}^{*} & q_{23}^{*} & q_{33}^{*} \cdots \\ \vdots & \vdots & \vdots \end{pmatrix}$$

이처럼 대각선을 중심으로 행과 열을 바꿔 넣어 복소공액을 취한 행렬이 원래의 것과 같아지는 행렬을 수학자 에르미트가 연구해 '에르미트 행렬'이라고 한다. 이 행렬 언어를 사용하면,

물리학은 모두 에르미트 행렬로 나타낼 수 있지.

내가 에르미트일세!

계산규칙

양자역학에서 '물리량은 행렬'이라는 사실을 알게 되었다. 하지만 하이젠베르크가 한 계산을 보른이 행렬이라고 생각한 이유는 하이젠베르크가 만든 계산규칙과 행렬의 계산규칙이 비슷했기 때문이다.

 계산규칙이 뭐야?

 덧셈이나 곱셈 같은 연산 방법을 말해.

이제부터 하이젠베르크의 계산규칙과 행렬의 계산규칙을 비교해보자!

 그럼 먼저 **덧셈**부터 해보자!

단진동의 운동방정식,

$$\ddot{q} + \frac{k}{m}\, q = 0$$

을 풀었을 때 전이성분마다 덧셈으로 계산했다.

행렬의 덧셈은 다음과 같이 요소마다 덧셈을 하면 된다.

$$\begin{pmatrix} A_{11} & A_{12} & \cdot\cdot \\ A_{21} & A_{22} & \cdot\cdot \\ \vdots & \vdots & \end{pmatrix} + \begin{pmatrix} B_{11} & B_{12} & \cdot\cdot \\ B_{21} & B_{22} & \cdot\cdot \\ \vdots & \vdots & \end{pmatrix} = \begin{pmatrix} A_{11}+B_{11} & A_{12}+B_{12} & \cdot\cdot \\ A_{21}+B_{21} & A_{22}+B_{22} & \cdot\cdot \\ \vdots & \vdots & \end{pmatrix}$$

하이젠베르크의 계산과 행렬 계산은 완전히 똑같구나!

다음은 **시간미분** 차례야!

하이젠베르크의 연구에서는 시간미분이 잔뜩 나왔다.

시간미분이라는 것은 점이 하나
또는 2개가 찍혀 있는 거야?

그렇다. 이것은 다음과 같이 계산했다.

$$q = \sum_{\tau} Q(n; n-\tau)\, e^{i2\pi v(n; n-\tau)t}$$

1차 미분 $\cdots$ $\dot{q} = \sum_{\tau} \underline{i2\pi v(n; n-\tau)}\, Q(n; n-\tau)\, e^{i2\pi v(n; n-\tau)t}$

고전역학과 마찬가지로 전이성분마다 계산한 것이다.

그런데 행렬미분,

$$\frac{d}{dt}\begin{pmatrix} q_{11} & q_{12} & \cdot\cdot \\ q_{21} & q_{22} & \cdot\cdot \\ \vdots & \vdots & \end{pmatrix} = \begin{pmatrix} \dot{q}_{11} & \dot{q}_{12} & \cdot\cdot \\ \dot{q}_{21} & \dot{q}_{22} & \cdot\cdot \\ \vdots & \vdots & \end{pmatrix}$$

$$= \begin{pmatrix} i2\pi\nu_{11}Q_{11}e^{i2\pi\nu_{11}t} & i2\pi\nu_{12}Q_{12}e^{i2\pi\nu_{12}t}\cdot\cdot \\ i2\pi\nu_{21}Q_{21}e^{i2\pi\nu_{21}t} & i2\pi\nu_{22}Q_{22}e^{i2\pi\nu_{22}t}\cdot\cdot \\ \vdots & \vdots \end{pmatrix}$$

도 요소마다 미분하면 된다.

그럼 이번엔 **곱셈**을 해보자!   좋았어 O.K

이것이 문제가 되는데, 하이젠베르크는 곱셈규칙을 특별한 형태로 정했다.

$$xy = \sum_{\tau}\sum_{\tau'} X(n;\, n-\tau')Y(n-\tau';\, n-\tau)e^{i2\pi\nu(n;\, n-\tau)t}$$

이것의 성분을 하나하나 살펴보면,

$$\sum_{\tau'} X(n;\, n-\tau')Y(n-\tau';\, n-\tau)e^{i2\pi\nu(n;\, n-\tau)t}$$

가 된다.

행렬의 곱셈은 어떻게 되는 거야?

행렬의 곱셈은 이렇게 된다.

$$\begin{pmatrix} A & B \\ C & D \end{pmatrix} \times \begin{pmatrix} a & b \\ c & d \end{pmatrix} = \begin{pmatrix} Aa + Bc & Ab + Bd \\ Ca + Dc & Cb + Dd \end{pmatrix}$$

이건 규칙이야!

여기서,

$$x = \begin{pmatrix} x_{11} & x_{12} & \cdot\cdot \\ x_{21} & x_{22} & \cdot\cdot \\ \vdots & \vdots & \end{pmatrix} \qquad y = \begin{pmatrix} y_{11} & y_{12} & \cdot\cdot \\ y_{21} & y_{22} & \cdot\cdot \\ \vdots & \vdots & \end{pmatrix}$$

를 사용해 일반적으로 쓰면,

차근차근 풀어보자

$$xy = \begin{pmatrix} x_{11}y_{11} + x_{12}y_{21} \cdot\cdot & x_{11}y_{12} + x_{12}y_{22} \cdot\cdot \\ x_{21}y_{11} + x_{22}y_{21} \cdot\cdot & x_{21}y_{12} + x_{22}y_{22} \cdot\cdot \\ \vdots & \vdots \end{pmatrix}$$

$$= \begin{pmatrix} \sum_n x_{1n}y_{n1} & \sum_n x_{1n}y_{n2} \cdot\cdot \\ \sum_n x_{2n}y_{n1} & \sum_n x_{2n}y_{n2} \cdot\cdot \end{pmatrix}$$

가 되고, 행렬요소 $(xy)_{nn'}$ 는,

$$(xy)_{nn'} = \sum_{n''} x_{nn''}y_{n''n'}$$

가 된다.

행렬 x, y가,

$$x_{nn'} = X_{nn'}e^{i2\pi v_{nn'}t}$$

$$y_{nn'} = Y_{nn'}e^{i2\pi v_{nn'}t}$$

인 경우에는 다음과 같이 된다.

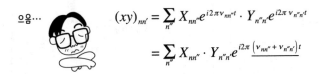

$$(xy)_{nn'} = \sum_{n''} X_{nn''}e^{i2\pi v_{nn''}t} \cdot Y_{n''n'}e^{i2\pi v_{n''n'}t}$$

$$= \sum_{n''} X_{nn''} \cdot Y_{n''n'}e^{i2\pi \left(v_{nn''} + v_{n''n'}\right)t}$$

진동수의 성질 $v_{nn''} + v_{n''n'} = v_{nn'}$ 를 사용하면 다음과 같다.

$$(xy)_{nn'} = \sum_{n''} X_{nn''} \cdot Y_{n''n'}e^{i2\pi v_{nn'}t}$$

Point

이럴 수가! 이건 하이젠베르크가 정한 곱셈규칙과 완전히 똑같
잖아!

하이젠베르크의 곱셈에서 $n \rightarrow n$, $n-\tau' \rightarrow n''$, $n-\tau \rightarrow n'$ 로 대입
하면 전부 똑같아져.

정말 굉장하다!

하이젠베르크의 계산규칙과 행렬의 계산규칙은 덧셈, 미분, 곱셈이
모두 똑같았다.

하이젠베르크의 계산은 매우 복잡해서 본인은 잘 안다 해도 다른 사
람들이 이해하기 어려웠지만 행렬로 정리하면 모두 쉽게 이해할 수 있
었다.

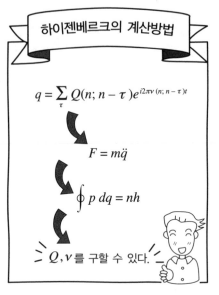

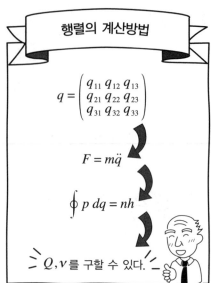

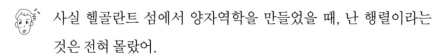

 사실 헬골란트 섬에서 양자역학을 만들었을 때, 난 행렬이라는 것은 전혀 몰랐어.

정말요?

하지만 미지의 물리학 분야를 개척하려면, 필요하다면 수학은 스스로 발견하고 만들어내야 해.

앗, 야마짱(하이젠베르크의 조수로 11년간이나 일하고, 지금은 트래칼리의 연구원인 야마자키 가즈오 선생님)이다!!

역시, 일단 해보는 게 가장 중요하군요!

정준교환관계

 이렇게 하이젠베르크의 계산을 행렬로 정리하자, 하이젠베르크의 계산이 훨씬 더 강력해진다는 것을 알게 되었지.

할 수 없군. 가르쳐주지. 행렬의 계산을 이용하면,

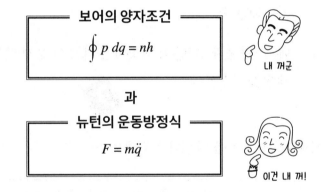

보어의 양자조건

$$\oint p \, dq = nh$$

내 꺼군

과

뉴턴의 운동방정식

$$F = m\ddot{q}$$

이건 내 꺼!

를 치환할 수 있다. 그렇게 하면 세 가지 장점이 있다.

 그게 뭐죠?

 그건 다음과 같은 이유 때문이란다.

① 어떤 경우든 에너지보존법칙이 성립한다는 사실을 증명할 수 있다.

② 어떤 경우든 보어의 진동수 관계가 성립한다는 사실을 증명할 수 있다.

③ 결국 고유값 문제가 된다.

알겠나?

아뇨, 하나도 모르겠어요.

괜찮네. 차차 알게 될 테니. 지금은 세 가지 장점이 있다는 정도만 기억하면 돼.

포인트!

내가 《부분과 전체》에 썼듯이 우리는 이 문제 때문에 몇 달간 숨 막힐 듯 연구했어.

이제부터 이 부분을 열심히 공부해보자!

지금부터는 몇 개월 동안의 숨 막힐 듯한 연구라고 《부분과 전체》에도 써 있을 만큼 난해한 계산이 많이 나와. 더구나 전반부처럼 헬골란트 섬에서의 대발견 같은 것도 없어. 눈앞이 캄캄하겠지만 수학의 위력은 느낄 수 있을 거야. 힘내!!

보어의 양자조건을 양자역학의 형태로 바꿔 쓰면 다음과 같았다.

$$\oint p \, dq = nh$$

$$\sum_\tau P(n; n-\tau)Q(n-\tau; n) - \sum_\tau Q(n; n+\tau)P(n+\tau; n) = \frac{h}{2\pi i}$$

미안하지만 이 부분의 증명은 생략했어.

이것을 행렬 기호로 쓰면 이렇게 된다.

$$\sum_{n''} P_{nn''} Q_{n''n} - \sum_{n''} Q_{nn''} P_{n''n} = \frac{h}{2\pi i}$$

Go! Go!

앞에서 구한 행렬의 곱셈규칙,

$$(xy)_{nn'} = \sum_{n''} x_{nn''} y_{n''n'}$$

으로 생각하면 위의 식은 PQ, QP의 곱셈 nn 요소(대각선 요소)가 된다. 이것을 사용해 식을 바꿔 쓴다.

$$(PQ)_{nn} - (QP)_{nn} = \frac{h}{2\pi i}$$

아니!

그리고 nn 요소 이외의 요소는 전부 0이 된다고 가정하자.

슥슥

슥슥

$$(PQ)_{nn'} - (QP)_{nn'} = \begin{cases} \dfrac{h}{2\pi i} & (n = n') \\[2mm] 0 & (n \neq n') \end{cases}$$

이처럼 대각선 요소만 값을 갖고, 나머지는 전부 0이 되는 행렬을 '대각선 행렬'이라고 한다. 이것은 다음과 같이 쓸 수도 있다.

$$\begin{pmatrix} \dfrac{h}{2\pi i} & 0 & 0 & \cdots \\ 0 & \dfrac{h}{2\pi i} & 0 & \cdots \\ 0 & 0 & \dfrac{h}{2\pi i} & \cdots \\ \vdots & \vdots & \vdots & \end{pmatrix} = \dfrac{h}{2\pi i} \begin{pmatrix} 1 & 0 & 0 & \cdots \\ 0 & 1 & 0 & \cdots \\ 0 & 0 & 1 & \cdots \\ \vdots & \vdots & \vdots & \end{pmatrix} = \dfrac{h}{2\pi i} 1$$

두근두근

대각선만 1이고 나머지는 전부 0인 행렬을 **'단위행렬'**이라고 하고 **'1'**이라고 쓴다.

 Point ☆

행렬 $\cdots PQ - QP = \dfrac{h}{2\pi i} 1$

행렬 요소 $\cdots (PQ)_{nn'} - (QP)_{nn'} = \dfrac{h}{2\pi i} \delta_{nn'}$

$\delta_{nn'}$ 는 크로네커 델타야! 의미는 $n = n'$ 일 때 1

$\qquad\qquad\qquad\qquad\qquad n \neq n'$ 일 때 0

$$q_{nn'} = \underline{Q_{nn'}} \, e^{i2\pi \nu_{nn'} t}$$

흐음…

대문자 P, Q는 진폭이었는데, 이 진폭이 위의 식과 같은 관계가 될 때 소문자 p, q로 나타나는 전이성분은 어떤 관계를 갖는지 알아보자!

$$(pq - qp)_{nn'} = \sum_{n''} p_{nn''} q_{n''n'} - \sum_{n''} q_{nn''} p_{n''n'}$$

전이성분 형태로 바꾼다.

$$= \sum_{n''} P_{nn''}\, e^{i2\pi v_{nn''} t}\, Q_{n''n'}\, e^{i2\pi v_{n''n'} t} - \sum_{n''} Q_{nn''}\, e^{i2\pi v_{nn''} t}\, P_{n''n'}\, e^{i2\pi v_{n''n'} t}$$

수식을 정리한다.

그렇구나!

$$= \sum_{n''} P_{nn''}\, Q_{n''n'}\, e^{i2\pi v_{nn'} t} - \sum_{n''} Q_{nn''}\, P_{n''n'}\, e^{i2\pi v_{nn'} t}$$

$e^{i2\pi v_{nn'} t}$ 로 묶는다.

$$= \left\{ \sum_{n''} P_{nn''}\, Q_{n''n'} - \sum_{n''} Q_{nn''}\, P_{n''n'} \right\} e^{i2\pi v_{nn'} t}$$

행렬 요소 형태로 나타낸다.

$$= (PQ - QP)_{nn'} \cdot e^{i2\pi v_{nn'} t}$$

빨리 하자~

결국 다음과 같이 된다.

$$= \frac{h}{2\pi i}\, \delta_{nn'} \cdot e^{i2\pi v_{nn'} t}$$

여기서 $e^{i2\pi v_{nn'} t}$ 는 $n = n'$ 일 때는 $e^{i2\pi v_{nn'} t}$ 가 되고, $n \neq n'$ 일 때 $\delta_{nn'}$ 는 0이 된다.

정리

$$pq - qp = \frac{h}{2\pi i}\, 1$$

$$(pq - qp)_{nn'} = \frac{h}{2\pi i}\, \delta_{nn'}$$

$$\delta_{nn'} = \begin{cases} n = n' \cdots 1 \\ n \neq n' \cdots 0 \end{cases}$$

그렇구나!

이렇게 보어의 양자조건을 행렬로 나타내면 지금까지 깨닫지 못했던 새로운 의미가 보일 것이다.

 어떤 의미인데?

 행렬의 곱셈은 순서를 바꾸면 답이 달라져. 예를 들어,

$$A = \begin{pmatrix} 1 & 2 \\ 3 & 4 \end{pmatrix} \quad B = \begin{pmatrix} 5 & 6 \\ 7 & 8 \end{pmatrix}$$

의 경우,

$$A \times B = \begin{pmatrix} 1 & 2 \\ 3 & 4 \end{pmatrix}\begin{pmatrix} 5 & 6 \\ 7 & 8 \end{pmatrix} = \begin{pmatrix} 5+14 & 6+16 \\ 15+28 & 18+32 \end{pmatrix} = \begin{pmatrix} 19 & 22 \\ 43 & 50 \end{pmatrix}$$

$$B \times A = \begin{pmatrix} 5 & 6 \\ 7 & 8 \end{pmatrix}\begin{pmatrix} 1 & 2 \\ 3 & 4 \end{pmatrix} = \begin{pmatrix} 5+18 & 10+24 \\ 7+24 & 14+32 \end{pmatrix} = \begin{pmatrix} 23 & 34 \\ 31 & 46 \end{pmatrix}$$

이런 식으로 $AB \neq BA$가 되는 거지.

$5 \times 3 = 3 \times 5$

 보통의 수일 때는 $AB = BA$가 돼.

 그래. 그런데 행렬의 경우에는 곱셈의 교환법칙이 성립되지 않아!

 그렇게 되면 계산하기가 곤란한데.

 행렬의 순서를 바꾸면 어떻게 될까? 이걸 모르면 다른 계산도 할 수 없어. 지금까지 봐왔던,

$$pq - qp = \frac{h}{2\pi i}\ 1$$

에서 행렬 p와 q의 곱셈 순서를 바꾸면 그 차이는 항상 $\dfrac{h}{2\pi i}$ 가 돼.

이것을,

정준교환관계!

라고 하며, 행렬역학의 중요한 계산규칙이다.

정준교환관계의 식은 원래 보어의 양자조건,

$$\oint p \, dq = nh$$

인데, 이것은

고전역학 ＋ 양자조건

으로 양자역학을 만드는, 굳이 말하자면 불필요한 거였어. 하지만 여기서 정준교환관계라는 계산규칙이 되어 행렬에는 없어서는 안 되는 존재가 되었어!

양자역학　양자조건

이런 거야!

하이젠베르크의 운동방정식

이렇게 양자역학의 계산규칙은 곱셈의 교환법칙 $AB=BA$를 따르지 않고 정준교환관계,

$$pq - qp = \frac{h}{2\pi i}\,1$$

을 사용하게 되었다.

그런데 정준교환관계를 사용하면 뉴턴의 운동방정식,

또 접니다!

$$F = m\ddot{q}$$

가 더욱 강력한 식으로 변모한다는 것을 알 수 있었다. 정준교환관계가 사실상 미분 역할을 한 것이다.

네? 정준교환관계가 미분이라고?

그래. 구체적으로 계산해보자! 예를 들어… 행렬 p, q의 함수,

$$f(p, q) = 2p + 3q^2 + pq$$

를 살펴볼까? 이것을 행렬 q로 '편미분'하면 다음과 같아.

$$\frac{\partial f(p, q)}{\partial q} = 6q + p$$

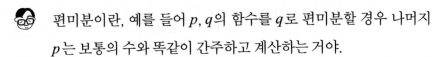 편미분이란, 예를 들어 p, q의 함수를 q로 편미분할 경우 나머지 p는 보통의 수와 똑같이 간주하고 계산하는 거야.

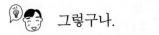 그렇구나.

 다음은,

$$pf(p, q) - f(p, q)p$$

를 계산해보자!

 p, q는 행렬이니까 곱셈 순서를 바꾸면 안 돼.

$$f(p, q) = 2p + 3q^2 + pq$$
$$pf(p, q) - f(p, q)p = p(2p + 3q^2 + pq) - (2p + 3q^2 + pq)p$$

( )를 제거한다.

$$= 2p^2 + 3pq^2 + p^2q - 2p^2 - 3q^2p - pqp$$

3과 p로 묶는다.

$$= 3\{pq^2 - q^2p\} + p\,(pq - qp)$$

여기서 정준교환관계 $pq - qp = \dfrac{h}{2\pi i}1$ 을 사용한다.

$$= 3(pq^2 - q^2p) + \dfrac{h}{2\pi i}\,p$$

$pq^2 - q^2p$를 pq로 묶는다.

$$= 3\left\{ \underline{(pq)q} - q^2 p \right\} + \frac{h}{2\pi i}\, p$$

정준교환관계 $pq - qp = \dfrac{h}{2\pi i}\, 1$ 에서 $pq = qp + \dfrac{h}{2\pi i}\, 1$ 이 된다.

끄덕끄덕

$$= 3\left\{ \underline{\left(qp + \frac{h}{2\pi i}\right)q - q^2 p} \right\} + \frac{h}{2\pi i}\, p$$

( )를 제거한다.

$$= 3\left(qpq + \frac{h}{2\pi i}\, q - q^2 p \right) + \frac{h}{2\pi i}\, p$$

q로 묶는다.

$$= 3\left\{ \frac{h}{2\pi i}\, q + q\,\underline{(pq - qp)} \right\} + \frac{h}{2\pi i}\, p$$

다시 정준교환관계를 사용한다.

어지러워

나도

$$= 3\left(\frac{h}{2\pi i}\, q + \frac{h}{2\pi i}\, q \right) + \frac{h}{2\pi i}\, p$$

$$= 3\,\frac{h}{2\pi i}\, 2q + \frac{h}{2\pi i}\, p$$

$\dfrac{h}{2\pi i}$ 로 묶는다.

$$\boxed{\; pf - fp = \frac{h}{2\pi i}(6q + p) \;}$$

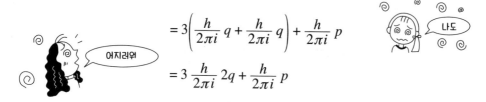

그럼 여기서 같은 함수 $f(p, q)$를 미분한 것과 정준교환관계를 사용해 계산한 것을 비교해보자!

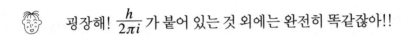

미분	정준교환관계
$$\frac{\partial f(p, q)}{\partial q} = 6q + p$$	$$pf - fp = \frac{h}{2\pi i}(6q + p)$$

굉장해! $\frac{h}{2\pi i}$ 가 붙어 있는 것 외에는 완전히 똑같잖아!!

그래. 이걸 정리하면 이렇게 쓸 수 있어!

$$\frac{\partial f(p, q)}{\partial q} = \frac{2\pi i}{h}(pf - fp)$$

그렇구나.

마찬가지로 $f(p, q)$를 p로 미분하면,

$$\frac{\partial f(p, q)}{\partial p} = -\frac{2\pi i}{h}(qf - fq)$$

가 돼.

굉장해! $pf - fp$와 $qf - fq$가 미분 역할을 하고 있어!

이것을 본 보른은 '바로 이거다!'라고 생각했다. 그것은 다음과 같다.

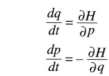

해밀턴의 정준 운동방정식

$$\frac{dq}{dt} = \frac{\partial H}{\partial p}$$

$$\frac{dp}{dt} = -\frac{\partial H}{\partial q}$$

이것은 뉴턴의 운동방정식 $F = m\ddot{q}$를 p, q의 미분 형태로 나타낸 것이다! H는 '해밀토니안'이라고 하는데, 에너지를 p, q의 함수 형태로 나타낸 것이다.

$$H(p, q) = \frac{1}{2m} p^2 + V(q)$$

단진동의 경우 위치에너지 $V(q)$는,

$$V(q) = \frac{k}{2} q^2$$

이다. 따라서 단진동의 해밀토니안은,

$$H(p, q) = \frac{1}{2m} p^2 + \frac{k}{2} q^2$$

이 된다.

 시험 삼아 이것을 해밀턴의 정준 운동방정식에 대입해보자!

$$\frac{dq}{dt} = \frac{\partial H}{\partial p} = \frac{\partial}{\partial p}\left\{\frac{1}{2m} p^2 + \frac{k}{2} q^2\right\} = \frac{p}{m} = \underline{v}$$

이것은 $\frac{dq}{dt} = \dot{q}$가 속도 v라는 당연한 사실을 나타내고 있다.

그리고 또 한 가지는,

$$\frac{dp}{dt} = -\frac{\partial H}{\partial q} = -\frac{\partial}{\partial q}\left\{\frac{1}{2m}\,p^2 + \frac{k}{2}\,q^2\right\} = -kq = \underline{F}$$

가 되는데, $dp/dt = m(dv/dt) = m\ddot{q}$ 이므로 이것은 결국 $F = m\ddot{q}$ 와 같은 것이 된다.

그런데 뉴턴의 운동방정식과 해밀턴의 정준 운동방정식은 본질적으로는 똑같다. 해밀턴이 굳이 이 정준 운동방정식을 만든 이유는 한 가지!

수학적으로 아름답기 때문이지!

해밀턴일세.

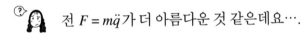

전 $F = m\ddot{q}$ 가 더 아름다운 것 같은데요….

단순히 보기에 아름다운 게 아니라 좀 더 깊은 뜻이 있다네. 하지만 여기서는 그것까지 다루지는 않을 생각이야.

문제를 풀기에 아름답든 그렇지 않든 상관없다. 실제로 뉴턴의 방정식이 훨씬 간단했기 때문에 대부분의 사람들은 그쪽을 선택했고, 해밀턴의 정준 운동방정식은 빛을 보지 못했다.

그런데! 해밀턴의 정준 운동방정식,

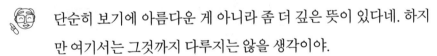

$$\frac{dq}{dt} = \frac{\partial H}{\partial p}$$
$$\frac{dp}{dt} = -\frac{\partial H}{\partial q}$$

와 앞의,

$$\frac{\partial f(p, q)}{\partial q} = \frac{2\pi i}{h} (pf - fp)$$

$$\frac{\partial f(p, q)}{\partial p} = -\frac{2\pi i}{h} (qf - fq)$$

를 자세히 비교해보면…,

f는 p와 q의 함수라면 뭐든 상관없다. 그리고 H도 p와 q의 함수이므로 위 식의 f를 H로 치환할 수 있다.

$$\frac{\partial H}{\partial q} = \frac{2\pi i}{h} (pH - Hp)$$

$$\frac{\partial H}{\partial p} = -\frac{2\pi i}{h} (qH - Hq)$$

이것을 해밀턴의 정준 운동방정식과 결합한다.

$$\frac{dp}{dt} = -\frac{2\pi i}{h} (pH - Hp)$$

$$\frac{dq}{dt} = -\frac{2\pi i}{h} (qH - Hq)$$

아주 간단한 식이 되었다. 그리고 p와 q의 함수 g를 이용하여 하나로 정리하면…,

$$\frac{dg}{dt} = -\frac{2\pi i}{h}(gH - Hg)$$

가 된다. 이것을,

'하이젠베르크의 운동방정식'

이라고 한다.

　정준교환관계를 이용하면 뉴턴의 운동방정식은 이렇게 바꿔 쓸 수 있다.

 왜 굳이 시간을 들여서 뉴턴의 운동방정식을 치환한 거지?

 그건 앞에서도 말했다시피 세 가지 장점이 있기 때문이야.

---

① 어떤 경우든 에너지보존법칙이 성립한다는 것을 증명할 수 있다.

② 어떤 경우든 보어의 진동수 관계가 성립한다는 것을 증명할 수 있다.

③ 결국 고유값 문제가 된다.

지금부터 이것을 알아볼 거야!

장점 ①과 ②에 관해서

하이젠베르크는 전자의 위치가 아닌 것을 뉴턴의 운동방정식에 대입하여 문제를 푸는 획기적인 방법을 감행했다. 그럼에도 그것은 에너지를 보존했고 보어의 진동수 관계도 만족시켰다.

위치도 아닌 것을 대입해 계산한 에너지는 그때까지 알고 있었던 에너지는 아니었지만, 에너지도 보존되었고 보어의 진동수 관계와도 모순되지 않았으므로 '에너지'라고 부를 수 있었다. 뿐만 아니라 기타 고전역학의 언어를 양자역학에서 그대로 사용할 수도 있었다.

즉,

> ■ 에너지가 보존된다!
> ■ 보어의 진동수 관계와 모순되지 않는다.

으음…

는 것이 고전역학의 언어를 양자역학에서도 그대로 사용할 수 있는 조건이다.

이렇게 단진동(하이젠베르크의 비조화 진동자)에 관해서는 성립한다는 것을 알았지만, 다른 경우에도 성립될지는 미지수였다. 하이젠베르크의 이론이 의미를 가지려면 어떤 경우든 반드시 성립되어야 한다.

1) 에너지 보존

하이젠베르크의 운동방정식,

$$\frac{dg}{dt} = -\frac{2\pi i}{h}(gH - Hg)$$

에서 g가 p, q의 함수라면 뭐든 상관없었다.

그런데 에너지를 나타내는 행렬의 해밀토니안은,

$$H(p, q) = \frac{1}{2m}\, p^2 + V(q)$$

에서처럼 p, q의 함수이다.

하이젠베르크의 운동방정식을 H로 생각하면,

$$\frac{dH}{dt} = -\frac{2\pi i}{h}\,(\underline{HH - HH})$$

가 된다. 여기서 $HH - HH = 0$이므로,

$$\frac{dH}{dt} = 0$$

이 된다. 이 식에서 에너지의 시간변화 dH/dt는 0이다. '에너지가 시간 변화하지 않는다'는 것은 **에너지가 보존된다!**는 뜻이다. 단진동뿐만 아니라 어떤 경우에나 에너지가 보존되고 있다(시간변화하지 않는다)는 것이 이렇게 간단하게 증명된 것이다!

이상해! 뭔가 속고 있는 기분이 들어. 나만 그렇게 생각하는 거야?

에너지가 시간변화하지 않는다는 것도 증명되었고, 한 가지 더 알아낸 사실이 있다. 에너지 H는 p나 q와 마찬가지로 행렬이다.

양자역학의 물리량은 모두 행렬이었지.

H를 각 요소별로 보면,

$$H_{nn'} = \bar{H}_{nn'} e^{i2\pi \nu_{nn'} t}$$

라고 쓸 수 있다($H_{nn'}$ 는 진폭).

$H_{nn'}$ 는 t(시간)를 포함하고 있으므로 당연히 시간변화한다.
하지만 유일하게 시간변화하지 않을 때가 있다.

정답! $n=n'$일 때 진동수 ν_{nn}은 n에서 n으로 전이했을 때의 진동수,
다시 말해 전이하지 않는 것이 되므로 0이 된다.

따라서,

$$H_{nn} = \bar{H}_{nn} e^{i2\pi \underline{\nu_{nn}} t} = \bar{H}_{nn} e^{i2\pi 0 t} = \bar{H}_{nn} e^0 = \bar{H}_{nn}$$

이 된다.

행렬 H가 시간변화하지 않는다는 것은 행렬 H의 요소 중에 시간변
화하지 않는 $n=n'$의 요소 H_{nn}, 즉 대각선 요소만이 값을 갖고 나머지
는 전부 0이 되어야 한다는 뜻이다.

솔솔 풀리네~

$$\begin{pmatrix} H_{11} & 0 & 0 & \cdots \\ 0 & H_{22} & 0 & \cdots \\ 0 & 0 & H_{33} & \cdots \\ \vdots & \vdots & \vdots & \end{pmatrix}$$

행렬 H의 대각선 요소 값을 W_1, W_2, W_3, ··· 으로 하면 행렬 H는,

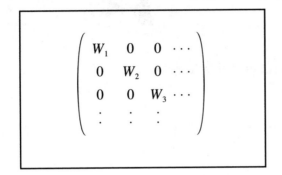

이 된다.

에너지의 행렬 H는 대각선 행렬이 된다!!

H의 행렬 요소를 크로네커 델타 $\delta_{nn'}$ 로 나타내면 다음과 같다.

$$H_{nn'} = W_n \delta_{nn'}$$

$\delta_{nn'}$ 는 ' $n = n'$ 일 때는 1이고, 그 밖에는 0이 된다'는 사실을 나타내고 있어!

2) 보어의 진동수 관계

앞에서 나온 하이젠베르크의 운동방정식을 살펴보자!

$$\frac{dg}{dt} = -\frac{2\pi i}{h}(gH - Hg)$$

이 식에서 보어의 진동수 관계가 성립된다는 것을 증명하려는 것인데···.

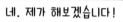

네, 제가 해보겠습니다!

 그럼 여기는 페로가 맡도록 해!

하이젠베르크의 운동방정식에 들어 있는 g는 당연히 행렬이고, 그 요소는,

$$g_{nn'} = G_{nn'}\, e^{i2\pi v_{nn'}t}$$

이지. 이제부터 하이젠베르크의 운동방정식을 좌변과 우변으로 나눠서 각각의 요소가 어떤 것인지 살펴볼 거야!

먼저 좌변 dg/dt의 요소는

페로 대단한데!

$$\left(\frac{dg}{dt}\right)_{nn'} = i2\pi v_{nn'}\, G_{nn'}\, e^{i2\pi v_{nn'}t}$$

인데, $G_{nn'}\, e^{i2\pi v_{nn'}t} = g_{nn'}$ 였으니까 이것은,

$$좌변 = i2\pi v_{nn'}\, g_{nn'}$$

가 된다. 이것으로 **좌변**은 끝!

이번에는 우변을 생각해보자!

$$\left\{ -\frac{2\pi i}{h}\left(gH - Hg\right)\right\}_{nn'} = -\frac{2\pi i}{h}\left(\sum_{n''} g_{nn''}H_{n''n'} - \sum_{n''} H_{nn''}g_{n''n'}\right)$$

가 되겠지만, 앞에서 에너지 H는 대각선 행렬이 되는

$$H_{nn'} = W_n \delta_{nn'}$$

라는 것을 알았으니 이것을 위의 식에 대입하면,

$$H_{n''n'} = W_{n''}\,\delta_{n''n'}$$

$$H_{nn''} = W_n \delta_{nn''}$$

가 되므로 다음과 같다.

$$= -\frac{2\pi i}{h}\left(\sum_{n''} g_{nn''}W_{n''}\,\delta_{n''n'} - \sum_{n''} W_n \delta_{nn''}g_{n''n'}\right)$$

크로네커 델타 $\delta_{n''n'}$는 $n''=n'$일 때만 1이 되고, 나머지는 0이 된다. 마찬가지로 $\delta_{nn''}$도 $n=n''$일 때만 1이 되고 나머지는 0이 된다. 따라서 $\sum_{n''}$는 사라진다.

$$= -\frac{2\pi i}{h}\left(g_{nn'}W_{n'} - W_n g_{nn'}\right)$$

$g_{nn'}$로 묶는다.

$$= -\frac{2\pi i}{h}\left(W_{n'} - W_n\right)g_{nn'}$$

마이너스를 ( ) 안에 넣으면 ( ) 안이 바뀐다.

$$= \frac{2\pi i}{h}\left(W_n - W_{n'}\right)g_{nn'}$$

그리고 마지막으로 h도 ( ) 안에 넣는다.

$$\text{우변} = 2\pi i\left(\frac{W_n - W_{n'}}{h}\right)g_{nn'}$$

이것으로 **우변**도 끝!

지금까지 계산한 것은 하이젠베르크의 운동방정식,

$$\frac{dg}{dt} = -\frac{2\pi i}{h}\left(gH - Hg\right)$$

의 좌변과 우변이었다.

$$\text{좌변} \quad i2\pi\nu_{nn'}\,g_{nn'} \qquad\qquad \text{우변} \quad 2\pi i\,\frac{W_n - W_{n'}}{h}\,g_{nn'}$$

여기서 좌변과 우변을 등식으로 연결시키면,

$$\cancel{i2\pi}\nu_{nn'}\cancel{g_{nn'}} = \cancel{2\pi i}\,\frac{W_n - W_{n'}}{h}\,\cancel{g_{nn'}}$$

$$\boxed{\nu_{nn'} = \frac{W_n - W_{n'}}{h}}$$

가 된다.

이것으로 보어의 진동수 관계가 항상 성립한다는 사실이 증명되었다!

페로, 훌륭했어!!

> ──── **정리** ────
>
> 하이젠베르크의 운동방정식,
>
> $$\frac{dg}{dt} = -\frac{2\pi i}{h}(gH - Hg)$$
>
> 에서 '에너지가 항상 보존된다'는 것과 '보어의 진동수　관계가 항상 충족된다'는 것이 확실하게 증명되었다.

고유값 문제

그럼 하이젠베르크의 운동방정식의 최대 장점인 **'고유값 문제가 된다'** 는 것에 대해 살펴보자!

고유값?

낯선 단어일 테니 행렬수학을 잘 아는 사람에게 물어보자!

행렬이라면?

행렬을 논하려면 **고유값 문제**를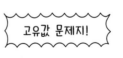
고유값 문제지!
파울리

빼놓을 수 없다.

　지금까지 우리는 스펙트럼의 '진폭'과 '진동수'를 구하고자 했다. 그리고 그것을 구하기 위해서는 하이젠베르크의 운동방정식을 풀면 된다. 하지만 보른은 운동방정식을 풀지 않고 직접 Q, n를 구할 수 있는 방법을 찾아냈다. 그것이 바로 '고유값 문제'이다.

그렇군요.

고유값은 행렬이라는 수학 문제 중 하나이다. 여러 곳에서 사용되고 오래전부터 푸는 방식이 연구되었기 때문에 엄청난 공식이 쌓여 있다.

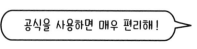

공식을 사용하면 매우 편리해!

이제부터 고유값 문제를 이용해 스펙트럼의 진폭과 진동수를 어떻게 하면 구할 수 있는지 알아보자!

제1단계: 소문자 p, q와 대문자 P, Q

먼저 스펙트럼의 진폭 $P_{nn'}$, $Q_{nn'}$를 모아 행렬을 만든다.

$$P = \begin{pmatrix} P_{11} & P_{12} & P_{13} \cdots \\ P_{21} & P_{22} & P_{23} \cdots \\ P_{31} & P_{32} & P_{33} \cdots \\ \vdots & \vdots & \vdots \end{pmatrix} \quad Q = \begin{pmatrix} Q_{11} & Q_{12} & Q_{13} \cdots \\ Q_{21} & Q_{22} & Q_{23} \cdots \\ Q_{31} & Q_{32} & Q_{33} \cdots \\ \vdots & \vdots & \vdots \end{pmatrix}$$

그러면 '진폭 $P_{nn'}$, $Q_{nn'}$를 구한다'는 것은 '행렬 P, Q를 구한다'와 같은 뜻이 된다.

이렇게 일부러 진폭 $P_{nn'}$, $Q_{nn'}$를 모아서
행렬을 만들 만한 어떤 장점이 있어?

있지.

사실 행렬 P, Q는 다음과 같이 재미있는 성질이 있다.

$$f(p, q)_{nn'} = f(P, Q)_{nn'} \, e^{i2\pi\nu_{nn'}t}$$

소문자 함수는 대문자 함수에 $e^{i2\pi\nu_{nn'}t}$를 곱하면 된다.

먼저 $f(p, q) = p$나 $f(p, q) = q$의 경우는,

$$p_{nn'} = P_{nn'} \, e^{i2\pi\nu_{nn'}t}$$
$$q_{nn'} = Q_{nn'} \, e^{i2\pi\nu_{nn'}t}$$

가 되고 행렬 p, q의 요소 자체가 된다.

그렇구나!

이제 **덧셈**의 경우를 살펴보자.

$$(p + q)_{nn'} = P_{nn'} \, e^{i2\pi\nu_{nn'}t} + Q_{nn'} \, e^{i2\pi\nu_{nn'}t}$$
$$= \left(P_{nn'} + Q_{nn'} \right) e^{i2\pi\nu_{nn'}t}$$

역시 소문자 함수는 대문자 함수 $\times \, e^{i2\pi\nu_{nn'}t}$가 된다.

마지막으로 **곱셈**의 경우를 살펴보자.

$$(pq)_{nn'} = \sum_{n''} p_{nn''} q_{n''n'}$$

$$= \sum_{n''} P_{nn''} e^{i2\pi \nu_{nn''}t} Q_{n''n'} e^{i2\pi \nu_{n''n'}t}$$

$$= \sum_{n''} P_{nn''} Q_{n''n'} e^{i2\pi \left(\nu_{nn''} + \nu_{n''n'} \right)t}$$

$$\nu_{nn'}$$

$$= \sum_{n''} P_{nn''} Q_{n''n'} e^{i2\pi \nu_{nn'}t}$$

$$(pq)_{nn'} = (PQ)_{nn'} e^{i2\pi \nu_{nn'}t}$$

역시 소문자 함수는 대문자 함수$\times e^{i2\pi \nu_{nn'}t}$가 된다.

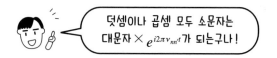

덧셈이나 곱셈 모두 소문자는
대문자$\times e^{i2\pi \nu_{nn'}t}$가 되는구나!

대부분의 함수는 덧셈과 곱셈의 조합으로 이루어져 있다. 따라서 p, q는 덧셈과 곱셈 모두, '소문자 함수는 대문자 함수$\times e^{i2\pi \nu_{nn'}t}$'가 된다는 것은 p와 q의 어떤 함수 $f(p, q)$라도 그렇게 된다는 뜻이다.

그렇구나.

정말 재미있는 것은 이제부터다. 소문자 p, q의 정준교환관계,

$$(pq - qp)_{nn'} = \frac{h}{2\pi i}$$

를 살펴보자.

좌변의 $(pq - qp)_{nn'}$ 는 소문자 함수이므로 대문자 함수 $\times e^{i2\pi v_{nn'}t}$ 가 된다.

$$(pq - qp)_{nn'} = (PQ - QP)_{nn'} \, e^{i2\pi v_{nn'}t}$$

여기서 정준교환관계 $(pq - qp)_{nn'} = \dfrac{h}{2\pi i}$ 를 이용한다.

$$(PQ - QP)_{nn'} \, e^{i2\pi v_{nn'}t} = \frac{h}{2\pi i} \, \delta_{nn'} = \begin{cases} \dfrac{h}{2\pi i} & (n = n') \\[3mm] 0 & (n \neq n') \end{cases}$$

이 식의 의미는,

$$n = n', \; e^{i2\pi v_{nn'}t} = 1 \text{이므로} \; (PQ - QP)_{nn'} = \frac{h}{2\pi i} \, ,$$

$$n \neq n', \; e^{i2\pi v_{nn'}t} \neq 0 \text{이므로} \; (PQ - QP)_{nn'} = 0$$

이 된다.

정리

$$(PQ - QP)_{nn'} = \frac{h}{2\pi i} \, \delta_{nn'}$$

소문자 p, q 에서 정준교환관계가 성립될 때는
대문자 P, Q 에서도 정준교환관계가 성립된다.

마지막으로 해밀토니안 $H(p, q)$ 에 관해서도 살펴보자!

소문자 함수는 대문자 함수 $\times e^{i2\pi v_{nn'}t}$ 이므로,

$$H(p, q)_{nn'} = H(P, Q)_{nn'} e^{i2\pi \nu_{nn'} t}$$

가 되는데, 여기서 소문자 해밀토니안 $H(p, q)$가 대각선 행렬이 되어 있다. 만약,

$$H(p, q)_{nn'} = W_n \delta_{nn'}$$

가 되면,

$$H(P, Q)_{nn'} e^{i2\pi \nu_{nn'} t} = W_n \delta_{nn'}$$

가 되어 정준교환관계일 때와 같아진다.

정리

$$H(P, Q)_{nn'} = W_n \delta_{nn'}$$

해밀토니안이 대각선 행렬이 될 때 소문자 p, q에서 성립되면 대문자 P, Q에서도 성립된다.

 소문자와 대문자 모두 똑같이 성립한다니 재미있네.

 글쎄 말이야. 그렇게 하면 뭔가 될 것 같지 않아? 지금까지는 전부 소문자 p, q로 생각했잖아. 그런데….

 대문자로만 생각해도 돼!

 그래! 대문자 P, Q는 진폭 $P_{nn'}$, $Q_{nn'}$를 모은 행렬이었으니까 처음부터 대문자로 생각하면 더 편할 거야.

 그게 가능할까?

가능하다니까! 여기까지 오면 사실 대문자 P, Q가,

---

① 정준교환관계를 충족시키고,

② 해밀토니안 $H(P, Q)$가 대각선 행렬이 될 때, 소문자 p, q가 정준교환관계와 하이젠베르크의 운동방정식을 충족시키는 것.

을 증명할 수 있어.

 이게 무슨 뜻이야?

 지금까지 정준교환관계와 하이젠베르크의 운동방정식을 충족시키는 소문자 p, q를 구하는 것이 바로 진폭과 진동수를 구하는 방법이었어.

 그럼 이제부터는 그걸 하지 않아도 되는 거야?

 그래. 이제부터는 위의 ①, ② 조건을 충족시키는 대문자 P, Q를 찾음으로써 직접 진폭과 진동수를 구할 수 있어.

 그럼, 빨리 증명해보자!!

 그래!!

$$P = \begin{pmatrix} P_{11} & P_{12} & P_{13} & \cdots \\ P_{21} & P_{22} & P_{23} & \cdots \\ P_{31} & P_{32} & P_{33} & \cdots \\ \vdots & \vdots & \vdots & \end{pmatrix} \quad Q = \begin{pmatrix} Q_{11} & Q_{12} & Q_{13} & \cdots \\ Q_{21} & Q_{22} & Q_{23} & \cdots \\ Q_{31} & Q_{32} & Q_{33} & \cdots \\ \vdots & \vdots & \vdots & \end{pmatrix}$$

을 살펴보고 해밀토니안

$$H(P, Q) = \frac{1}{2m} P^2 + V(Q)$$

가 정준교환관계

$$PQ - QP = \frac{h}{2\pi i} 1$$

을 만족시키고 대각선 행렬이 된다고 가정해보자.

$$H(P, Q)_{nn'} = W_n \delta_{nn'}$$

여기서 대문자 P, Q의 요소를 진폭으로 갖고, 해밀토니안 $H(P,Q)$의 대각선요소 $W_1, W_2, W_3, \cdots$에서 보어의 진동수 관계

$$\nu_{nn'} = \frac{W_n - W_{n'}}{h}$$

로 구한 $\nu_{nn'}$를 진동수로 갖는 전이성분

$$p_{nn'} = P_{nn'} e^{i2\pi \nu_{nn'} t}$$
$$q_{nn'} = Q_{nn'} e^{i2\pi \nu_{nn'} t}$$

를 이용하여 $P_{nn'}, Q_{nn'}$를 요소로 가지는 소문자 행렬 p, q도 생각해보자.
먼저 p, q가 정준교환관계를 충족시키는지가 문제인데, 이것은 앞에서 나온 보어의 양자조건에서 정준교환관계를 유도했을 때와 마찬가지로 증명할 수 있기 때문에 여기서는 생략하기로 한다.

　남은 문제는 이것이 과연 하이젠베르크의 운동방정식을 충족시키는가
이다.

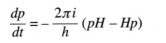

먼저 운동량 p부터 살펴보자!

　운동량 p에 관한 하이젠베르크의 운동방정식은,

$$\frac{dp}{dt} = -\frac{2\pi i}{h}\,(pH - Hp)$$

안녕!

이다. 지금부터 좌변과 우변의 요소가 어떻게 변화하는지 살펴보자!

소문자 p가 하이젠베르크의 운동방정식을 충족시키는지는
이 좌변과 우변이 같은지를 보면 알 수 있어.

　좌변은,

$$\left(\frac{dp}{dt}\right)_{nn'} = i2\pi v_{nn'} P_{nn'}\, e^{i2\pi v_{nn'}t}$$

이고, $P_{nn'}\, e^{i2\pi v_{nn'}t} = P_{nn'}$ 이므로 이것은 다음과 같이 된다.

$$\boxed{\text{좌변} = i2\pi v_{nn'} p_{nn'}}$$

호음…

　그리고 우변은,

$$-\left(\frac{2\pi i}{h}\right)\Big\{pH(p,\,q) - H(p,\,q)p\Big\}$$

인데, $H(P, Q)$는 소문자 함수이고, 우변 전체도 소문자 함수이므로 앞에서와 마찬가지로 '소문자 $=$ 대문자 $\times e^{i2\pi v_{nn'}t}$'를 이용할 수 있다.

$$\left[-\frac{2\pi i}{h}\left\{ pH(p, q) - H(p, q)p \right\} \right]_{nn'}$$

$$= \left[-\frac{2\pi i}{h}\left\{ PH(P, Q) - H(P, Q)P \right\} \right]_{nn'} e^{i2\pi v_{nn'}t}$$

곱셈을 요소 형태로 바꾼다.

$$= -\frac{2\pi i}{h}\left\{ \sum_{n''} P_{nn''}H(P, Q)_{n''n'} - \sum_{n''} H(P, Q)_{nn''}P_{n''n'} \right\} e^{i2\pi v_{nn'}t}$$

대문자의 해밀토니안 $H(P, Q)$는 대각선 행렬이 되므로,

$$H(P, Q)_{nn''} = W_n \delta_{nn''}$$

$$H(P, Q)_{n''n'} = W_{n''} \delta_{n''n'}$$

가 되어 다음과 같이 된다.

$$= -\frac{2\pi i}{h}\left\{ \sum_{n''} P_{nn''} W_{n''} \delta_{n''n'} - \sum_{n''} W_n \delta_{nn''} P_{n''n'} \right\} e^{i2\pi v_{nn'}t}$$

여기에서 $W_{n''} \delta_{n''n'}$는 $n'' = n'$ 요소 외에는 0, $W_{n''} \delta_{n''n'}$는 $n'' = n$ 요소 외에는 0이므로 $\sum_{n''}$가 제거된다.

$$= -\frac{2\pi i}{h}\,(P_{nn'}W_{n'} - W_n P_{nn'})e^{i2\pi \nu_{nn'}t}$$

마이너스를 ( ) 안에 넣는다.

$$= \frac{2\pi i}{h}\,(W_n P_{nn'} - W_{n'} P_{nn'})e^{i2\pi \nu_{nn'}t}$$

h를 ( ) 안에 넣어 $P_{nn'}$ 로 묶는다.

$$= 2\pi i\left(\frac{W_n - W_{n'}}{h}\right)P_{nn'}\,e^{i2\pi \nu_{nn'}t}$$
$$\longrightarrow = p_{nn'}$$

결국 우변은 다음과 같이 된다.

$$\boxed{\;우변 = 2\pi i \nu_{nn'}\,p_{nn'}\;}$$

하이젠베르크 운동방정식의 좌변과 우변을 비교해보면 다음과 같다.

좌변	우변
$i2\pi \nu_{nn'}p_{nn'}$	$2\pi i \nu_{nn'}p_{nn'}$

완전히 똑같다!!

q의 경우도 같은 방법으로 할 수 있다. 이상으로 대문자 P, Q로 만든 소문자 $P_{nn'}$는 하이젠베르크의 운동방정식을 충족시킨다는 사실이 증명되었다.

—— 정리 ——

정준교환관계를 충족시키고 해밀토니안이 대각선 행렬이 되는 대문자 P, Q를 찾으면 스펙트럼의 진폭과 진동수를 구할 수 있다.

제2단계: 유니타리 변환

 이렇게 해서

---

① 정준교환관계를 충족시키고
② 해밀토니안이 대각선 행렬이 되는
   대문자 P, Q를 찾는다면 스펙트럼의 진폭과 진동수를 구할 수 있다.

는 사실을 알게 되었어.

이런 조건을 충족시키는 P, Q를 실제로 어떻게 구하지?

 방법이 있어.

먼저 행렬 $P°$, $Q°$를 생각해보자. $P°$, $Q°$는 정준교환관계

$$P°Q° - Q°P° = \frac{h}{2\pi i}\, 1$$

을 충족시키는 것이라면 무엇이든 상관없어. 어디에서든 마음대로 가져와도 되는 거지.

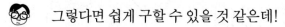 그렇다면 쉽게 구할 수 있을 것 같은데!

그래, 조건이 하나 줄어든 셈이지. 그런데 마음대로 가져온 P°, Q°의 해밀토니안

$$H(P^\circ, Q^\circ)$$

는 어디까지나 마음대로 가져온 거니까 보통은 대각선 행렬이 되지 않아.

 그렇겠구나. 그럼 어떡해?

이때 어떤 기술을 쓰면 P°, Q°가 대각선 행렬이 돼. 그 기술이 바로,

$$\boxed{\text{유니타리 변환}}$$

이야.

그럼 유니타리 변환이 무엇인지 알아보자!

유니타리 변환이란 어떤 행렬을 유니타리 행렬 U에 끼워 넣는 것을 말한다.

$$U^\dagger A U$$

유니타리 행렬이란,

$$U^\dagger U = U U^\dagger = 1 \quad \text{(단위행렬)}$$

이 되는 행렬을 가리킨다.

†는 '대거 dagger'라는 기호로, 행과 열을
바꿔 넣어 복소공액을 취한다는 뜻이다.

$$\begin{pmatrix} A & B \\ C & D \end{pmatrix}^{\dagger} = \begin{pmatrix} A^{*} & C^{*} \\ B^{*} & D^{*} \end{pmatrix}$$

$H(P^{\circ}, Q^{\circ})$는 대각선 행렬이 아니다. 하지만 다행히 유니타리 변환을 하면 $U^{\dagger} H(P^{\circ}, Q^{\circ}) U$가 대각선 행렬이 된다.

$$U^{\dagger}H(P^{\circ}, Q^{\circ})U = \begin{pmatrix} W_1 & 0 & 0 & \cdot\cdot \\ 0 & W_2 & 0 & \cdot\cdot \\ 0 & 0 & W_3 & \cdot\cdot \\ \vdots & \vdots & \vdots & \end{pmatrix}$$

하지만 대문자 P, Q를 구하고 싶었는데….

그걸 구하는 방법이 있어.
그게 바로 유니타리 변환의 위력이지!

단진동을 예로 들어 살펴보자!

단진동의 경우 P°, Q°의 해밀토니안 $H(P^{\circ}, Q^{\circ})$는 다음과 같다.

$$H(P^{\circ}, Q^{\circ}) = \frac{1}{2m}(P^{\circ})^2 + \frac{k}{2}(Q^{\circ})^2$$
$$= \frac{1}{2m}P^{\circ}P^{\circ} + \frac{k}{2}Q^{\circ}Q^{\circ}$$

이것을 유니타리 행렬 $U^\dagger$, U에 끼워 넣어 대각선 행렬로 만들었다고 가정하자.

$$U^\dagger H(P^\circ, Q^\circ)U = \begin{pmatrix} W_1 & 0 & 0 & \cdot\cdot \\ 0 & W_2 & 0 & \cdot\cdot \\ 0 & 0 & W_3 & \cdot\cdot \\ \vdots & \vdots & \vdots & \end{pmatrix}$$

좌변에 단진동 해밀토니안을 넣어 다시 계산해보자! 먼저 ( )를 제거한다.

$$U^\dagger \left(\frac{1}{2m} P^\circ P^\circ + \frac{k}{2} Q^\circ Q^\circ \right) U = \frac{1}{2m} U^\dagger P^\circ P^\circ U + \frac{k}{2} U^\dagger Q^\circ Q^\circ U$$

여기서 유니타리 행렬이 위력을 발휘하게 된다. P°와 P° 사이, Q°와 Q° 사이에 $UU^\dagger$ 를 넣는다.

$$= \frac{1}{2m} U^\dagger P^\circ U U^\dagger P^\circ U + \frac{k}{2} U^\dagger Q^\circ U U^\dagger Q^\circ U$$

$U^\dagger U$는 1이니까 수식에 아무런 영향도 미치지 않아.

여기에서 새롭게 $U^\dagger P^\circ U$, $U^\dagger Q^\circ U$를,

$$P = U^\dagger P^\circ U$$
$$Q = U^\dagger Q^\circ U$$

로 놓는다. 그렇게 하면 놀랍게도,

$$= \frac{1}{2m} P^2 + \frac{k}{2} Q^2$$

이 된다. 유니타리 행렬에 삽입되어 대각선 행렬이 되었으므로,

$$\frac{1}{2m} P^2 + \frac{k}{2} Q^2 = \begin{pmatrix} W_1 & 0 & 0 & \cdot \cdot \\ 0 & W_2 & 0 & \cdot \cdot \\ 0 & 0 & W_3 & \cdot \cdot \\ \vdots & \vdots & \vdots & \end{pmatrix}$$

이 된다. 즉 마음대로 고른 P°, Q°를 유니타리 행렬 $U^\dagger U$에 삽입한,

$$P = U^\dagger P^\circ U$$
$$Q = U^\dagger Q^\circ U$$

는 구하고 싶었던 대문자 P, Q, 즉 스펙트럼의 진폭이다.

그렇다. 바로 이 U를 구하는 방법이 고유값 문제이다.

그럼 남은 건, 유니타리 변환하면
$H(P^\circ, Q^\circ)$가 대각선 행렬이 되는
유니타리 행렬 U를 구하기만 하면 되는 거야?

$U^\dagger H(P^\circ, Q^\circ)U$가 대각선 행렬이 되므로,

$$U^\dagger H(P^\circ, Q^\circ)U = \begin{pmatrix} W_1 & 0 & 0 & \cdot \cdot \\ 0 & W_2 & 0 & \cdot \cdot \\ 0 & 0 & W_3 & \cdot \cdot \\ \vdots & \vdots & \vdots & \end{pmatrix}$$

이 된다. 양변에 좌측부터 U를 곱하면 $U^\dagger U = 1$이므로 다음과 같이 된다.

$$H(P^\circ, Q^\circ)U = U \begin{pmatrix} W_1 & 0 & 0 & \cdot\cdot \\ 0 & W_2 & 0 & \cdot\cdot \\ 0 & 0 & W_3 & \cdot\cdot \\ \vdots & \vdots & \vdots & \end{pmatrix}$$

$$= \begin{pmatrix} U_{11} & U_{12} & U_{13} & \cdot\cdot \\ U_{21} & U_{22} & U_{23} & \cdot\cdot \\ U_{31} & U_{32} & U_{33} & \cdot\cdot \\ \vdots & \vdots & \vdots & \end{pmatrix} \begin{pmatrix} W_1 & 0 & 0 & \cdot\cdot \\ 0 & W_2 & 0 & \cdot\cdot \\ 0 & 0 & W_3 & \cdot\cdot \\ \vdots & \vdots & \vdots & \end{pmatrix}$$

$$= \begin{pmatrix} U_{11}W_1 & U_{12}W_2 & U_{13}W_3 & \cdot\cdot \\ U_{21}W_1 & U_{22}W_2 & U_{23}W_3 & \cdot\cdot \\ U_{31}W_1 & U_{32}W_2 & U_{33}W_3 & \cdot\cdot \\ \vdots & \vdots & \vdots & \end{pmatrix}$$

우변은 1열에는 W_1만, 2열에는 W_2만, 3열에는 W_3만 관련되어 있으므로 열을 각각 따로 생각해도 똑같다. 여기서 유니타리 행렬의 각 열을 따로 나타낸 것을 ξ (크사이)라고 하자.

$$\xi = \begin{pmatrix} \xi_1 \\ \xi_2 \\ \xi_3 \\ \vdots \end{pmatrix}$$

크사이?

Point ☆

$$H(P^\circ, Q^\circ)\xi - W\xi = 0$$

이 방정식을 푸는 것이 바로 고유값 문제이다.

고유값 문제를 풀면 대문자 P, Q를 구할 수 있고, 스펙트럼의 진폭과 진동수도 알 수 있다.

5. 아인슈타인과의 대화

하이젠베르크의 발견은 이렇게 '행렬역학'이라는 체계로 정리되었다. 그의 논문은 발표되자마자 세상에 커다란 반향을 일으켰다. 그 당시까지 미스터리로 남아 있던 '스펙트럼의 세기'를 구하는 방법을 발견했기 때문이다.

얼마 후 그는 베를린 대학의 물리학학회로부터 행렬역학에 관해 강연을 해달라는 초청을 받는다. 당시 물리학의 아성이라고 일컬어지던 베를린 대학에서는 플랑크와 아인슈타인이 연구하고 있었고, 물리학학회에는 그들을 비롯하여 쟁쟁한 물리학자들이 참석했다.

그래, 해보는 거야!

물리학계의 거장들과 친분을 맺을 수 있는 기회라고 생각한 하이젠베르크는 의욕에 불타올라 자신의 발견을 잘 이해시킬 수 있도록 세심하게 준비했다.

친구 파울리를 상대로 수없이 연습한 대로 학회 당일, 하이젠베르크는 회심의 강의를 진행했다. 그리고 그의 바람대로 아인슈타인이 그의 연구에 흥미를 보였다.

내 집에 가서 천천히 대화해보지 않겠나?

아인슈타인의 제안에 하이젠베르크의 다리는 후들후들 떨렸다.

아인슈타인의 집으로 자리를 옮긴 후 대화는 본격적으로 시작되었다. 과연 아인슈타인다운 날카로운 질문이었다.

자네가 학회에서 한 얘기는 흥미롭게 잘 들었네.
자네는 원자의 내부에 전자가 있다고 가정했어.
하지만 안개상자 안에서는 전자의 궤도를 직접
볼 수 있었음에도 원자 내부의 전자 궤도는 배제했네.
이렇게 기이한 가정을 하게 된 이유를
좀 더 자세히 설명해주게.

하이젠베르크는 고전역학과의 대응원리를 생각하며 양자역학을 만들었다. 고전역학의 큰 틀은 남겨둔 채 그중에서 '빛은 파동'이라는 부분을 아인슈타인의 주장대로 '빛은 양자'라고 바꿔 썼던 것이다. 그렇게 함으로써 원자를 탐색하는 유일한 실마리인 '스펙트럼'을 완벽하게 설명하는 데 성공했다.

그런데 그 과정에서 하이젠베르크는 터무니없는 일을 저지르고 만다. 전이성분의 합,

$$q = \sum_{\tau} Q(n; n - \tau)e^{i2\pi v\,(n;\,n\,-\,\tau)t}$$

가 전자의 위치, 즉 아인슈타인의 언어로 표현하자면 '전자의 궤도'를 나타내지 않게 됐음에도 무리하게 뉴턴의 운동방정식 $F = m\ddot{q}$에 대입한 것이다. 결국 이 q는 행렬이라는 수의 집합이 되었다.

그러나 이러한 강행돌파는 무모한 실수가 아니었다. q가 전자의 궤도를 나타내지 않고 행렬이 되었지만, 이 에너지는 제대로 보존된데다 보어의 진동수 관계까지 만족시켰던 것이다.

하지만 하이젠베르크가 전자의 궤도가 아닌 것을 토대로 이론을 수립했다는 사실에는 변함이 없다.

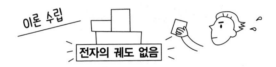

전자의 궤도가 존재하며, 전자가 궤도 간에 일정한 '경로'를 그리며 '움직인다'는 것을 확실하게 알 수 있는 것은 '안개상자 실험'이다. 안개상자 내부에서는 전자가 궤도를 그리며 날아가는 것을 확실하게 볼 수 있다. 그런데도 이것을 전혀 설명하지 못하는 하이젠베르크의 이론에는 분명 석연치 않은 면이 있었다.

하지만 이 같은 질문이 나올 거라고 충분히 예상한 하이젠베르크는 준비한 답을 아인슈타인에게 들려주었다.

원자 내부의 전자 궤도는 관측할 수 없습니다. 하지만 전자가 방출하는 빛으로 진동수와 진폭을 구할 수는 있습니다. 고전물리학에서도 진동수와 진폭은 전자 궤도의 대용품 같은 존재였습니다. 논리적인 이론을 위해서라면 관측할 수 있는 양만 이론에 도입해야 하므로 그것을 전자 궤도의 대체물로 보는 것은 자연스럽다고 생각합니다.

역시 훌륭한 답변이었다.

전자는 '보이지 않는다'. 안개상자 안에서는 전자의 흔적을 '안개'로 볼 수는 있지만 원자 내부의 전자를 눈으로 확인할 수 없다. 하지만 전자가 방출하는 빛의 진동수와 진폭은 스펙트럼으로 알 수 있다.

고전역학에서도 전자는 당연히 '보이지 않는' 것이었지만 빛의 진동수 $v(n, \tau)$와 진폭 $Q(n, \tau)$를 알면 전자의 궤도 또한 알 수 있을 것이라고 생각했다.

$$q = \sum_{\tau} Q(n, \tau)\, e^{i2\pi v(n, \tau)t}$$

그런데 고전역학을 양자로 '바르게' 바꾸면,

$$q = \sum_{\tau} Q(n; n - \tau)\, e^{i2\pi v(n; n - \tau)t}$$

는 궤도가 아니게 된다. 그 말은 '궤도'라고 생각한 것 자체가 처음부터 잘못됐다는 뜻이다.

'전자는 보이지 않지만 궤도는 있다'고 생각한 것이 아니라 '보이지 않는 것은 존재하지 않는다'라고 생각하면 되지 않을까!? 하이젠베르크는 이렇게 생각한 것이다.

전자는 보이지 않아요!!

하지만 아인슈타인은 수긍하지 못했다.

하지만 자네는 설마 물리학 이론에서 관측이 가능한 것만 취해야 한다고 믿는 건가? 무엇이 관측 가능한지 결정하는 건 바로 이론일세.

'보이지 않으니 존재하지 않는다'는 주장은 지나치게 단순하다.

예를 들어 옆방에서 '쿵' 소리가 났다고 가정하자. 사실 그곳은 아이가 쓰는 방이고 평소 아이가 방에서 공을 차며 논다는 것을 알고 있다면 방 안을 보지 않고 소리만으로도 '방 안에서 아이가 공놀이를 하고 있다'는 것을 상상할 수 있다.

원자의 내부도 같은 원리를 적용할 수 있다. 전자를 볼 수는 없다 해도 전자가 방출하는 빛으로 그곳에서 '무슨 일이 일어나는지' 상상하는 것이 바로 인간이 사물을 설명하는 물리학이다.

따라서 하이젠베르크처럼 '전자가 어떻게 움직이는지'에 대한 설명 없이 방출하는 빛만 설명하는 데 그친다면 기뻐할 일이 아니라 실수를 저지르고 있다고 볼 수 있다.

아인슈타인은 그것을 하이젠베르크에게 차근 차근 설명했다.

하지만 하이젠베르크도 물러서지 않았다.

아인슈타인이 무슨 말을 하든 반론하려 들었다.

그러나 형세는 하이젠베르크에게 불리할 수밖에 없었다.

"원자 안에서 무슨 일이 일어나고 있는가?"

아인슈타인의 이러한 질문에 하이젠베르크는 답을 갖고 있지 않았기 때문이다.

마지막으로 아인슈타인은 이렇게 물었다.

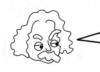

중요한 의문이 아직도 이렇게 많은데
자네는 어떻게 그토록 자신의 이론에 자신만만할 수 있나?

하이젠베르크는 선뜻 대답하지 못했다. 하지만 곧 이렇게 말했다.

> 저도 선생님처럼 자연법칙의 간명簡明함은 객관적인
> 특성을 가진다고 믿습니다. 자연의 법칙이 지금껏 아무도
> 생각하지 못한 매우 간명하고 아름다운 수학적인 형식 -
> 여기서 제가 말하는 형식이란 기본적인 가정이나 원리 등의
> 수미일관된 체계를 뜻합니다 -으로 도출된다면
> 그것이 바로 자연의 진실이라고 믿을 수밖에 없겠지요.
> 자연이 불현듯 한 인간 앞에 펼쳐 보이는 예상치 못한
> 현상들의 간명함과 지금까지는 제각각이었던 질서들이
> 순식간에 하나가 될 때의 완벽함을 마주하면서 느끼는
> 공포와도 같은 경이를 선생님께서도 체험하셨을 줄 압니다.
> 그런 상황에 압도당하면서 느끼는 기쁨은 수공예품을
> 잘 만들어냈을 때 느끼는 기쁨과는 차원이 다르지 않을까요?
> 그래서 저는 앞에서 말한 난관들이 어떻게든 잘 해결될 거라고 믿습니다.

아인슈타인은 하이젠베르크의 대답에 수긍하지는 못했지만 이렇게 대화를 마쳤다.

> 자네가 말하는 간명함이라는 것에 흥미가 느껴지는군.
> 하지만 내가 정말 자연법칙의 간명함이 무엇인지
> 이해했는지는 모르겠네.

이날 아인슈타인과의 토론을 통해 하이젠베르크는 양자역학이 아직 완성되지 않았다는 사실을 깨닫는다.

새로운 이미지

그때까지 물리학자들은 전자를 '입자'라고 생각하고 그 움직임을 완벽하게 설명해왔다. 하지만 하이젠베르크의 "궤도를 버려라!"라는 한마디에 전자의 이미지는 사라지고 말았다.

그 무렵 아인슈타인을 동경해 물리학에 눈을 뜬 드브로이는 "전자는 '파동'의 성질도 있다"라는 대담한 이론을 발표한다. 그와 동시에 전자는 파동이라는 사실이 발견된다. 뜻밖의 상황에서 그것을 알게 된 슈뢰딩거는 전자를 파동으로 상정하여 그 움직임을 차례차례 설명해나갔다.

1. 모험의 전반부를 돌아보자

이제 모험도 후반부에 접어들었는데, 지금까지 어떻게 모험했는지 잊어버린 사람을 위해서 잠시 전반부를 돌아보자.

옛날부터 물리학자들은 빛을 파동이라고 생각했다. 빛을 파동이라고 생각하면 설명이 가능한 '간섭'과 '회절'이라는 실험이 있었기 때문이다. 파동에너지는 |진폭|^{2}으로 나타내고 진폭은 파동의 크기를 뜻한다. 따라서 빛에너지는 파동이기 때문에 당연히 어떤 크기의 값이든 나타낼 수 있었다.

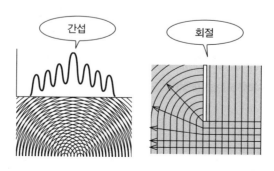

그런데!!

플랑크가 흑체복사 실험을 통해,

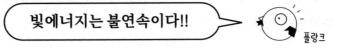

빛에너지는 불연속이다!!

플랑크

라는 발표를 한다. 수식언어로,

$$E = nh\nu(n = 0, 1, 2, 3, \cdots)$$

흑체복사

으로 나타낼 수 있다.

쉿, 비밀이야…!

양자역학의 문

'파동에너지는 어떤 값이라도 취할 수 있는데 빛에너지는 불연속이라니…. 참으로 이상하군.'

자신의 발견에서 모순을 느낀 플랑크는 사람들에게 발표하지 않기로 한다. 하지만 플랑크는 자신도 모르는 사이에 양자역학의 문을 열어버린 것이다.

이때 아인슈타인이 등장한다.

'빛에너지는 불연속'이라는 플랑크의 발견이 모순인 이유는 빛을 '파동'이라고 생각했기 때문이다.

빛은 $h\nu$라는 에너지를 가진 **입자**다!!

$$E = h\nu$$

아인슈타인

아인슈타인은 이렇게 생각하면 문제가 없다고 주장했다.

아래의 그림처럼 큰 진공 상자 안에 구멍을 뚫은 작은 상자가 있다. 빛을 입자라고 가정하면 작은 상자 안의 빛 입자는 그림과 같이 '1개씩' 증감할 것이다.

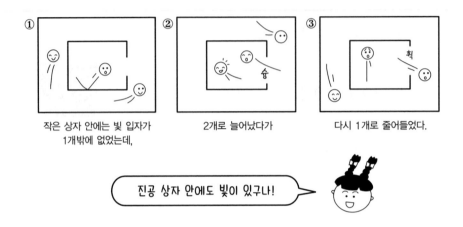

작은 상자 안에는 빛 입자가 1개밖에 없었는데,

2개로 늘어났다가

다시 1개로 줄어들었다.

진공 상자 안에도 빛이 있구나!

그리고 1개당 입자에너지가 hv이므로 이때 작은 상자 안의 빛에너지는 당연히 불연속적으로 변하게 된다.

작은 상자 안의 에너지는 hv씩 불연속적으로 변화한다!

① ☺×1(개)＝hv → ② ☺×2(개)＝$2hv$ → ③ ☺×1(개)＝hv

이것이 아인슈타인이 주장한 '광양자가설'이다.

또한 빛을 입자라고 생각하면 파동이라고 가정했을 때는 설명할 수 없었던 실험 결과도 설명할 수 있었다! 그 실험은 바로 '광전 효과'와 '콤프턴 효과'이다. 광전 효과 실험은 빛 입자 1개의 에너지를 hv라고 생각하면 어렵지 않게 설명할 수 있었다.

광전 효과

 그리고 콤프턴 효과의 실험으로 빛 입자의 '운동량'은,

$$p = \frac{h}{\lambda}$$

콤프턴 효과

라는 사실도 밝혀졌다.

 하지만 빛을 파동으로 생각하지 않으면 설명할 수 없는 '간섭'과 '회절'이라는 두 실험에 대한 문제는 여전히 남아 있었다.

 어느 때는 입자처럼, 어느 때는 파동처럼…?

 빛이 가진 이러한 '모순된 이중성'은 양자역학의 모험 과정에서 해결할 수 없는 엄청난 문제였다. 그래서 화제는 빛에서 양자역학의 주인공인 **'원자 안의 전자'**로 넘어간다. 사실 전자도 그때까지의 상식으로는 생각할 수 없었던 이상한 움직임을 보이고 있었다.

 당시 물리학자들의 화두는 원자 안의 전자가 '어떻게 움직이는가?'였다.

 원자 안의 전자를 '눈으로 볼 수 없었기' 때문에 전자가 방출하는 빛의 '스펙트럼'만이 유일한 단서였다. 그래서 스펙트럼의 질서를 설명하기에 앞서 전자가 어떻게 움직이는지 밝히려고 한 것이다. 하지만 그때까지의 이론으로는 설명할 수 없었기 때문에 곤란한 상황이었다.

 이때 등장한 사람이 바로 보어이다. 보어는 '빛이 가진 에너지는 불연속적으로 변한다'는 플랑크의 연구와 '빛은 $h\nu$라는 에너지를 가진 입자'라는 아인슈타인의 연구를 도입하여 원자가 방출하는 빛의 스펙트럼을 설명할 수 있는 가설을 세운다.

① 전자는 불연속적인 궤도 위에서만 회전한다. 이때 빛은 방출하지 않는다.

② 전자는 다른 궤도로 전이(순간이동)할 때 빛을 방출한다.

③ 불연속적인 궤도는

$$\oint p\, dq = nh \qquad (n = 1, 2, 3, \cdots)$$

에 의해 결정된다.

보어의 원자 모델

이렇게 그때까지의 상식으로는 생각할 수 없었던 가설을 세운 것도 **'원자는 안정되어 있다'**는 주장을 이론의 출발점으로 삼았기 때문이다.

보어

보어는 이 원자 모델을 이용해 빛의 스펙트럼의 진동수 ν를 완벽하게 구할 수 있었다.

하지만 이 가설들은 '왜 그렇게 되는가?'라는 질문에는 답하지 못했다.

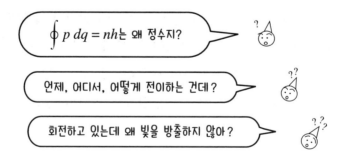

$\oint p\, dq = nh$는 왜 정수지?

언제, 어디서, 어떻게 전이하는 건데?

회전하고 있는데 왜 빛을 방출하지 않아?

이때 씩씩하게 등장한 이가 있었으니 바로 젊음과 지성과 미모의 3박자를 고루 갖춘 하이젠베르크였다. 하이젠베르크는 "궤도가 있다고 생각하기 때문에 대답할 수 없는 것"이라고 주장했다.

궤도를 버려라!

하이젠베르크

궤도를 버리면 '궤도를 회전할 때 왜 빛을 방출하지 않는가?'라든지 '어떻게 전이하는가?' 등을 생각하지 않아도 된다.

그리고 빛의 스펙트럼의 진동수 ν와 세기 $|Q|^2$을 완벽하게 구할 수 있는 '행렬역학'을 만들었다. 여기서 한걸음 더 나아가 하이젠베르크는

원자에서 방출되는 스펙트럼의 진동수와 세기를
설명할 수 있다면 전자의 궤도 같은 건 몰라도 돼!!

라고 주장했다.

하지만 전자의 궤도를 버리면 전자가 '언제 어디에 있는지' 알 수 없게 된다. 사실 '전자는 원자 안에서 어떻게 움직이는가?'를 알고 싶어서 《수학으로 배우는 파동의 법칙》을 읽어왔는데, "원자 안에 있는 전자의 모습을 떠올리지 마!!"라는 하이젠베르크의 주장에 화를 낸 사람은 아인슈타인이었다.

물질이 어떻게 움직이는지 머릿속으로 떠올릴 수
있도록 설명하는 것이 물리학자의 본분이다!
떠올릴 수 있는 이미지가 없다면 그건 물리가 아니다!!

과연 양자역학의 모험은 어떻게 전개될까?

모험의 전반부 돌아보기는 이쯤에서 마치고 모험의 후반부를 시작해보자.

2. 느긋한 남자 드브로이 등장

후반부의 초반을 장식하는 사람은 **루이 드브로이**다!

드브로이는 매우 운이 좋은 사람으로, 지금까지 등장한 물리학자들과는 달리 물리를 전공하지 않았다.

 드브로이 등장

옛날에 프랑스의 어느 큰 성에 루이와 모리스라는 두 형제가 살았다. 부모가 신분이 높은 부자 '귀족'이었기 때문에 이 형제는 일을 하지 않고도 편하게 살 수 있었다.

무럭무럭 자라나 성인이 된 형제는 각자 좋아하는 것을 하며 살았다. 형 모리스는 물질의 움직임을 알고 싶어 물리학을 연구했고, 동생 루이는 옛날 사람들은 어떻게 살았는지 궁금하여 역사학을 연구했다.

어느 날, 물리학자들의 모임(솔베이회의)에 참가했다가 돌아온 모리스는 누가 와서 어떤 발표를 했는지 동생 루이에게 들려주었다.

회의의 주요 화제는 당시 물리학자들 사이에서 유행했던 '빛'에 관해서였다. 형이 들려주는 이야기에 루이는 물리학이라는 학문에 흥미가 생겼다. 그래서 매일 조금씩 책을 읽거나 형에게 물으면서 물질의 움직임을 설명하는 데 사용하는 언어인 수식언어를 배웠다.

당시 물리학계의 슈퍼히어로로는 두말할 것도 없이

아인슈타인  짜잔!

이었다. 드브로이 역시 아인슈타인을 흠모하여 그의 논문을 열심히 읽었다.

드브로이가 특히 흥미를 느낀 부분은 아인슈타인의 광양자가설,

$$E = h\nu \text{ 와 } \quad p = h\frac{1}{\lambda}$$

이었다. 빛 '입자'의 에너지 E는 '파동'의 진동수 ν로, 그리고 빛 '입자'의 운동량 p는 '파동'의 파장 λ로 나타낸다.

일반적으로 '입자'와 '파동'은 결코 등식(=)으로 성립되지 않는 관계이다.

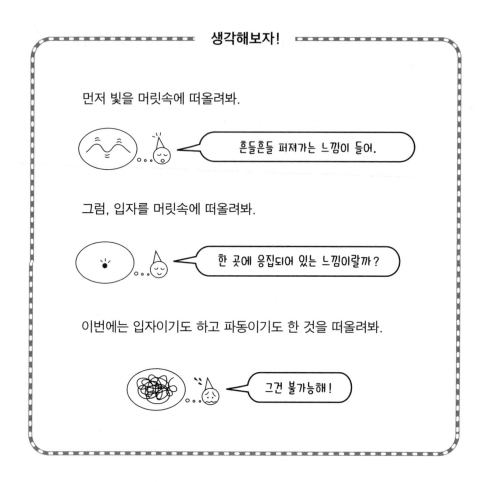

생각해보자!

먼저 빛을 머릿속에 떠올려봐.

흔들흔들 퍼져가는 느낌이 들어.

그럼, 입자를 머릿속에 떠올려봐.

한 곳에 응집되어 있는 느낌이랄까?

이번에는 입자이기도 하고 파동이기도 한 것을 떠올려봐.

그건 불가능해!

흔들흔들 퍼지면서 한 곳에 응집되어 있는 것이 있을 리 없다. 따라서 입자와 파동은 완전히 다른 존재이다.

입자와 파동은 이렇게 완전히 다른 것임에도 아인슈타인은 파동이라고 여겼던 빛을 입자로도 나타낼 수 있다고 주장했다.

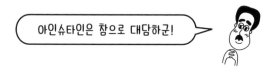

아인슈타인은 참으로 대담하군!

드브로이는 그런 아인슈타인이 매우 마음에 들었다.

그 무렵 제1차 세계대전이 발발하자 드브로이는 전쟁에 참전해야 했다. 전장에서 돌아왔을 때는 이미 아인슈타인의 시대는 가고 **닐스 보어**의 시대로 바뀌어 있었다.

드브로이는 다소 실망했지만 보어의 연구를 공부하면서 그의 연구가 해결하기 힘든 문제를 끌어안고 있다는 사실을 깨달았다. 그것은 바로,

> **원자 안에서 전자의 궤도가**
> **왜 불연속이 되는지 설명할 수 없다!**

는 것이었다.

보어에 의하면 원자 안의 전자의 궤도는 각운동량이,

$$M = \frac{h}{2\pi}\, n \qquad (n = 1, 2, 3, \cdots)$$

이라는 정수배만 허용된다고 한다. 이것은 나중에 조머펠트와의 공동연구에 의해 다음과 같은 형태로 나타나게 된다.

$$\oint p\, dq = nh \qquad (n = 1, 2, 3, \cdots)$$

이렇게 해서 원자가 방출하는 스펙트럼의 진동수를 멋지게 표현했지만, **'왜 정수배인가?'**라는 의문에는 아무도 대답하지 못했다.

드브로이의 직감

그 당시의 보편적인 생각은 전자는 '입자'라는 것이었다. 이것은 다양한 실험을 통해 확인된 사실이었다. 하지만 그때 드브로이는 이렇게 직감했다.

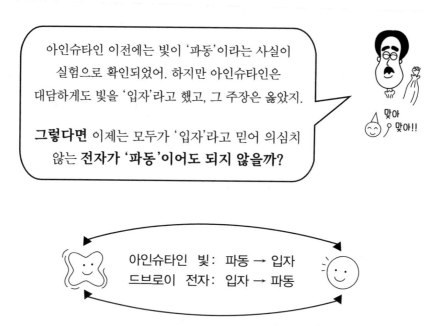

아인슈타인 이전에는 빛이 '파동'이라는 사실이 실험으로 확인되었어. 하지만 아인슈타인은 대담하게도 빛을 '입자'라고 했고, 그 주장은 옳았지.

그렇다면 이제는 모두가 '입자'라고 믿어 의심치 않는 **전자가 '파동'이어도 되지 않을까?**

맞아 맞아!!

아인슈타인 빛: 파동 → 입자
드브로이 전자: 입자 → 파동

이는 아인슈타인에 뒤지지 않는 대담한 발상이었다. 게다가 당시 물리학에서 '정수배'가 나오는 경우는 '파동'에 관한 현상뿐이었다.

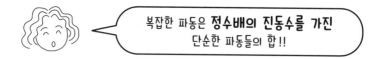

복잡한 파동은 **정수배의 진동수를 가진** 단순한 파동들의 합!!

드브로이는 아인슈타인의 광양자가설,

$$E = h\nu \quad \text{와} \quad p = h\frac{1}{\lambda}$$

이 전자에 관해서도 성립한다고 생각했다.

전자의 에너지가 E, 운동량이 p라는 것은 바로 전자가 진동수는 ν, 파장은 λ인 '파동'이라는 뜻이다.

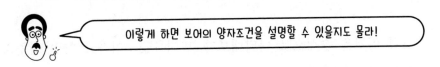

이렇게 하면 보어의 양자조건을 설명할 수 있을지도 몰라!

어서 해보자.

드브로이, '노벨상'을 향하여

보어 때처럼 가장 간단한 '수소원자'에 관해서 생각해보자.

수소원자 안의 전자를 파동이라고 상정하면…,

이런 느낌일까?

오!

이처럼 파동이 진동하는 횟수는 반드시 **정수여야 한다.**

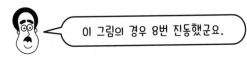

이 그림의 경우 8번 진동했군요.

만약 파동이 진동하는 횟수가 정수가 아니라면…
이렇게 파동이 뚝 끊어지는 경우, 파동은 약해져
서 정상적으로 존재할 수 없다.

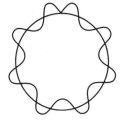

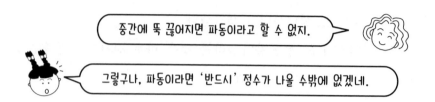

중간에 뚝 끊어지면 파동이라고 할 수 없지.

그렇구나, 파동이라면 '반드시' 정수가 나올 수밖에 없겠네.

그럼 이것을 수식으로 나타내보자. 반지름을 r이라고 하면 원주의 길이는 어떻게 될까?

$2\pi r\,!!$

정답! 그럼 다음 문제. 파장(파동이 1회 진동할 때의 길이)이 λ인 파동이 n 회 진동할 때 그 파동의 전체 길이는?

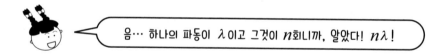

음… 하나의 파동이 λ이고 그것이 n회니까, 알았다! $n\lambda$!

정답!! 하나 더! 원주의 길이와 파동이 n회 진동하는 거리는 같으니까….

$2\pi r = n\lambda\,!!$

네!!

정답! 그런데 여기서 전자가 일으킨 파동의 파장은 그것을 입자로 가정했을 때의 운동량과

$$p = \frac{h}{\lambda}$$

의 관계가 있다고 추정하면 파장 λ는,

$$\lambda = \frac{h}{p}$$

가 된다. 이것을 $2\pi r = n\lambda$ 의 λ 에 대입하면,

$$2\pi r = n\frac{h}{p}$$

가 된다. 그리고 분수는 이해하기 어려우니까 양변에 p 를 곱하면,

$$2\pi rp = nh$$

에서 $rp = M$ 이므로,

$$2\pi M = nh$$

M 은 각운동량이야. 앞에서 보어를 배울 때 나왔지?

가 돼. 이것을 2π 로 나누면 다음과 같다

Point

$$M = \frac{h}{2\pi}n$$

이, 이럴 수가!
이건 보어의 양자조건이잖아!!

n 은 '파동이 진동하는 횟수'였으니까
반드시 '정수'($n = 1, 2, 3, \cdots$)가 돼.

이렇듯 그때까지 아무도 설명하지 못했던 '전자의 각운동량'은 원자
안에서 '정수배의 불연속인 값이 된다'는 실험 결과를 '전자는 파동'이
라고 가정하면 **'당연히', '반드시'** 도출될 수밖에 없다!

드브로이는 이것을 논문으로 발표했다.

굉장해! 해냈다, 드브로이!!

실험 발견!

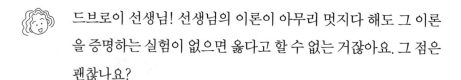

드브로이 선생님! 선생님의 이론이 아무리 멋지다 해도 그 이론
을 증명하는 실험이 없으면 옳다고 할 수 없는 거잖아요. 그 점은
괜찮나요?

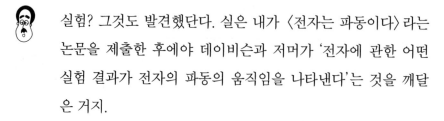

실험? 그것도 발견했단다. 실은 내가 〈전자는 파동이다〉라는
논문을 제출한 후에야 데이비슨과 저머가 '전자에 관한 어떤
실험 결과가 전자의 파동의 움직임을 나타낸다'는 것을 깨달
은 거지.

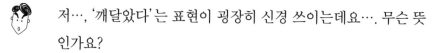

저…, '깨달았다'는 표현이 굉장히 신경 쓰이는데요…. 무슨 뜻
인가요?

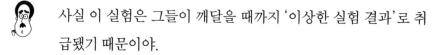

사실 이 실험은 그들이 깨달을 때까지 '이상한 실험 결과'로 취
급됐기 때문이야.

거드름피우지 말고 빨리 말해주세욧!

 그게 말이지, 내가 '전자는 파동'이라고 발표할 때까지만 해도 물리학자들은 여러 가지 이론이나 실험 결과를 통해 '전자는 입자'라고 믿고 있었어. 그래서 그때까지 발견한 전자의 현상은 전부 입자의 움직임으로밖에 생각할 수 없었거든. 그런데 딱 하나, 전자에 관련된 이해할 수 없는 실험 결과가 있었는데, 그게 바로 데이비슨과 저머의 실험이었던 거야.

데이비슨과 저머는 전자선을 이용해 어떻게든 원자를 찾으려고 불철주야 실험을 계속했다. 그 과정에서 이해할 수 없는 실험 결과가 나왔다.

두 사람은 아무래도 실험이 실패한 것 같다고 생각했다. 하지만 드브로이가 '전자는 파동이다'라는 이론을 발표하자 엘사서^{W.Elsasser}라는 사람이 다음과 같은 의견을 내놓았다.

 이건 혹시 전자의 **간섭**에 의한 것이 아닐까?

그러고 나서 데이비슨과 저머가 다시 자세히 실험한 결과 너무나도 깨끗한 규칙성을 가진 간섭무늬를 발견할 수 있었다. 고맙게도 이 실험 결과는 드브로이의 이론을 명쾌하게 증명했다.

즉 드브로이의 '전자는 파동이다'라는 이론이 없었다면 그들의 실험은 언제까지나 이해할 수 없는 결과로 치부되었을지도 모른다.

 드브로이도 운이 좋지만 이 두 사람도 꽤 운이 좋구나.

역시 정확한 이론이 있으면 막연한 가운데서도 질서를 찾을 수 있어.

드브로이는 대담하게도 **'전자는 파동이다!'**라고 주장했다. 그 결과 보어의 양자조건이 무나도 **간단하게** 도출된데다 전자가 **간섭한다**는 사실까지 **실험으로 증명**되었다.

이러한 공적을 인정받은 드브로이는 마침내! **노벨상**을 수상한다!

이것으로 드브로이의 이야기는 끝!

드브로이의 전자파 이야기

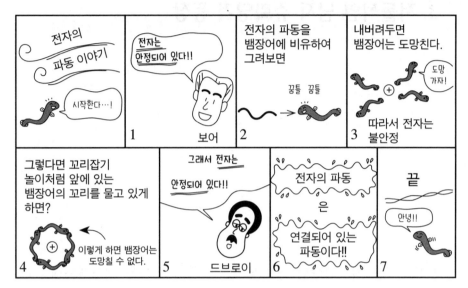

연결되어 있는 뱀장어는 3마리 또는 4마리처럼 반드시 정수배가 되잖아. 예를 들어 3.5마리가 연결된 뱀장어 고리는 불가능하니까.

입자와 파동의 이상한 움직임

히포에서도 머릿속에서는 테이프 소리가 흘러나오고 있는데 말은 입 밖으로 나오다가 마는 경우가 자주 있어. 그건 마치 머릿속은 파동과 비슷한데 입 밖으로 나오는 말은 입자 같은 느낌이야.

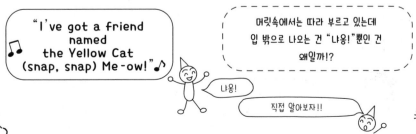

"I've got a friend named the Yellow Cat (snap, snap) Me-ow!"

머릿속에서는 따라 부르고 있는데 입 밖으로 나오는 건 "냐옹!"뿐인 건 왜일까!?

나옹!

직접 알아보자!!

3. 저돌적인 남자 슈뢰딩거 등장

드브로이는 지도교수인 랑주뱅Paul Langevin에게 논문을 제출했는데, 그것을 읽은 랑주뱅은 왠지 산뜻하지 못한 느낌을 받았다.

지극히 상식적인 사람이었던 랑주뱅은 드브로이의 이론이 역사적인 대발견이라고는 생각하지 못했다. 하지만 귀족 중에서도 가장 지위가 높은 공작이었던 드브로이인지라 다른 경우라면 논문을 책상에 그냥 던져두었겠지만 그럴 수 없었다. 랑주뱅은 어떻게 할지 고민하다가 드브로이의 논문 속에 아인슈타인의 이론이 인용되어 있는 것을 보고 친구인 아인슈타인에게 논문을 보냈다.

이 논문이 겉도는지 아닌지 좀 판단해주게.

아인슈타인도 드브로이의 논문을 이해하지 못했다.

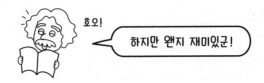

호오!

하지만 왠지 재미있군!

그래서 아인슈타인은 그 무렵 알게 된 **에르빈 슈뢰딩거**에게 드브로이의 논문을 건네주고는 다음 세미나 때 소개하라고 했다.

드브로이와는 달리 무엇이든지 저돌적으로 추진하는 타입이었던 슈뢰딩거는 처음에는 마지못해 논문을 읽기 시작했지만 점점 '어쩌면 이건 대발견이 될지도 모르겠다'는 생각을 하게 되었다.

호오오옹

드브로이는 전자를 '파동'이라고 설명했는데 그가 논문에서 주장하는 것이 하나 더 있었다. 그것은 전자의 파동이 어떤 법칙을 따르고 있는지 명확히 밝힐 수 있다는 것이다.

전자가 입자인 경우 그 전자는 '뉴턴역학'이라는 법칙으로 움직임이 기술된다. 그런데 전자는 입자인 동시에 파동이라는 사실이 분명해졌으므로 당연히 그 파동이 따르는 법칙이 존재해야 한다. 드브로이는 뉴턴역학에 대응하여 그것을 '**파동역학**'이라고 이름 붙였다.

슈뢰딩거는 파동역학이라는 존재에 강하게 끌렸다. 사실 슈뢰딩거는 평소 불만을 품고 있었다. 왜냐하면 보어는 원자를 설명하는 데 지금까지의 이론으로는 상상할 수 없었던,

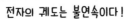

전자의 궤도는 불연속이다!

라는 아이디어를 도입했고, 하이젠베르크는 원자 내부에 있는 전자의 움직임에 관하여,

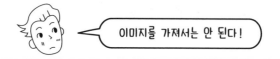

이미지를 가져서는 안 된다!

라는 이해할 수 없는 주장을 했기 때문이다.

이미지를 가져서는 안 된다고!?
그런 건 물리학이 아니야!!

보어와 하이젠베르크도 처음에는 전자를 '입자'라고 생각했다. 그런데 드브로이가 지적한 것처럼 전자를 파동이라고 생각하면 보어의 양자조건, 즉 '전자의 각운동량은 정수배의 불연속이 된다'는 의문은 매우 당연한 현상이 된다.

그렇다면 드브로이의 주장대로 파동역학을 발견한다면 이미지를 버리라는 하이젠베르크의 무시무시한 주장을 깨뜨릴 수 있을지도 모른다.

슈뢰딩거는 그것을 본격적으로 연구하기로 결심한다.

파동역학을 만들자!

드브로이의 이론에 의하면 '에너지가 E, 운동량이 p인 전자는 진동수가 ν, 파장이 λ인 파동'이라고 할 수 있다.

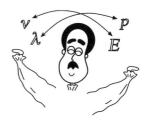

그런데 전자를 '입자'라고 생각할 경우 에너지 E는 보존되므로 변화하지 않는다고 볼 수 있지만, 운동량 p는 일반적으로 시간에 따라 변화한다. 그리고 그 '운동량 변화의 법칙'을 주는 것이 바로,

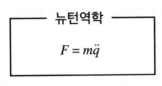

$$F = m\ddot{q}$$

뉴턴역학

뉴턴

이다. 이 식을 풀면 운동량 p가 어떤 경우에 어떤 값을 갖는지 완벽하게 구할 수 있다.

한편 전자를 '파동'이라고 생각할 경우, 진동수 ν는 에너지에 대응하므로 변화하지 않지만 파장 λ는 운동량에 대응하므로 당연히 '변화'한다. 그런데 드브로이의 이론만으로는 **파장 λ가 어떻게 변화하는지** 전혀 알 수 없다. 하지만 파동이론을 전개하기 위해서는 그것을 모르면 곤란하다.

어떡하지…?

파장 λ의 변화법칙은 어떻게 발견할 수 있을까?

=== 그럴 때는 ===

예를 들어 히포에 가입한 사람이 다양한 언어를 배울 때 간혹 이런 일이 생긴다.

 내가 멕시코에 갔을 때 나를 대한 호스트패밀리에게 스케줄을 확인한 적이 있었어.

"오늘은 ~에 가는 거죠? 내일은 ~고요? 그리고 또….."이런 말을 스페인어로 하고 싶었는데, 그때만 해도 나는 'pasado de mañana(모레)'라는 말을 몰랐어. 하는 수 없이 'mañana y mañana(내일의 내일)'이라고 했더니 그래도 저쪽에서 제대로 알아들었어.

나도 그런 적 있어. 여름방학 때 한국에서 홈스테이를 했을 때인데 몹시 더웠어. 함께 있던 한국인 친구에게 '땀이 많이 난다'고 말하고 싶었는데 '땀'이라는 한국어를 몰랐거든. 그래서 눈물이 '눈의 물', 콧물이 '코의 물'이니까 땀은 몸의 물일 거라고 짐작해서 '몸물(몸의 물)'이라고 말해봤어. 그랬더니 그 친구가 웃으면서 "땀이구나!" 하면서 알아듣더라….

나는 물, 땀, 바다, 강 등 아무튼 물과 관계된 말은 전부 '물'이라는 한마디로 표현했어!

그건 아이들과 똑같구나. 우리 애도 말을 조금밖에 몰랐을 때는 전부 한 단어로 표현했어. 사과든 딸기든 감이든 전부 '토마토'라고 했거든.

왜 그랬는지 알 것 같아. 전부 빨간 과일이니까 그랬을 거야.

이렇듯 종종 지금 내가 알고 있는 말로 어떻게든 설명해야 할 경우가 있어. 여러분도 그런 경험이 한번쯤은 있겠지?

그렇다! 말이 막힐 때는 자신이 알고 있는 말로 해결하는 것이 가장 좋은 방법이다. 드브로이의 이론 중에는 파장 λ 의 변화법칙은 없지만 파장에 대응하는 '운동량의 변화법칙'이 있지 않은가? 그것이 바로 뉴턴역학이다!

이것을 잘 활용하자!

슈뢰딩거는 즉시 연구를 시작했다.

진동수 ν 나 파장 λ 는 전자를 '파동'으로 상정하여 그것을 말로 설명한 것이니까,

파동언어

라고 할 수 있어. 그에 반해 뉴턴역학에서는 전자를 '입자'로 상정하고 그것을 설명한 것이니까,

입자언어

라고 할 수 있지.
파장 λ 의 변화법칙이 '파동언어'에는 없었으니까 슈뢰딩거는 '입자언어'를 활용해보려고 한 거야.

뉴턴의 운동법칙 $F = m\ddot{q}$ 의 양변을 적분하면,

— 에너지보존법칙 —

$$E = \frac{p^2}{2m} + V$$

가 나온다. E는 에너지, p는 운동량, m은 입자의 질량, V는 위치에너지이다. 이 식을 바꿔 쓰면,

$$E - V = \frac{p^2}{2m}$$

$$p^2 = 2m(E - V)$$

이므로 다음과 같이 된다.

$$p = \sqrt{2m(E - V)}$$

잠시 식의 의미를 생각해보자. 이 식에서 위치에너지 V를 크게 하면 운동량 p는 어떻게 될까?

 질량 m과 에너지 E는 일정하잖아. 일정한 것에서 큰 것을 빼면 ⋯ 운동량 p는 작아지겠지!!

정답! 그럼 위치에너지 V가 작아질 때는?

 운동량 p는 커져!

정답이야! 정리하면 이렇게 돼.

위치에너지 V가 크면   운동량 p는 작다.

위치에너지 V가 작으면   운동량 p는 크다.

⟨ 실험해보자!! ⟩

건물 위에서 공을 떨어뜨린다. 공은 손을 떠난 직후에는 속도가 느리지만 아래로 떨어질수록 속도가 빨라진다.

공의 위치에너지 V는 공의 위치가 지면에서 높을수록 커진다.

공의 운동량 p는,

$$p \quad = \quad m \quad \cdot \quad v$$
(운동량)　　　(질량)　　　(속도)

이므로 공의 속도가 빨라질수록 커진다. 즉 공의 위치에너지 V가 클 때 공의 운동량 p는 작고, 공의 위치에너지 V가 작을 때 운동량 p는 크다.

앞에서 나온 식 $p = \sqrt{2m(E - V)}$는 정말 운동량의 변화를 나타내는구나.

입자언어인 뉴턴역학은 입자의 움직임에 관한 것이라면 무엇이든 설명할 수 있다.

 뭐 생각나는 거 없어?

 맞아, $p = \dfrac{h}{\lambda}$ 라는 식이 있었어!

$p = \sqrt{2m(E-V)}$ 는 운동량의 변화를 완벽하게 나타낼 수 있으니까 p 를,

$$p = \frac{h}{\lambda}$$

를 써서 $\lambda = \boxed{}$ 인 식으로 만들면 파장 λ 가 어떻게 변화하는지 알 수 있지 않을까?

 그렇구나. 그리고 에너지 E 도 $E = h\nu$ 를 이용하여 바꿔 쓰면 돼!

 굉장해!! 입자언어인 뉴턴역학을 전부 파동언어로 번역할 수 있다니!

 그러고 보니 아인슈타인의 두 식,

$$E = h\nu \text{와} \ p = \frac{h}{\lambda}$$

는 '파동언어와 입자언어를 연결하는 다리' 같은 존재였어.

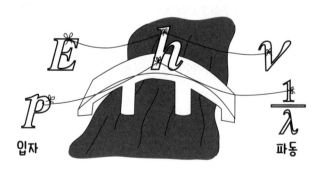

그래. 플랑크상수 h에는 그토록 중요한 의미가 있었던 거야!

빨리 '번역'해보자.

$$p = \sqrt{2m(E - V)}$$

에서 p와 E를,

$$E = h\nu \quad 와 \quad p = \frac{h}{\lambda}$$

로 바꿔 쓸 수 있다.

$$\frac{h}{\lambda} = \sqrt{2m(h\nu - V)}$$

이것을 $\lambda = \fbox{}$ 의 형태로 바꿔 쓰면 이렇게 된다.

$$\lambda = \frac{h}{\sqrt{2m(h\nu - V)}}$$

 구했다! 이렇게 해서 파장 λ의 변화법칙을 알 수 있게 됐어!

 잠깐만! 아직 입자의 질량 m과 입자의 위치에너지 V가 남아 있어.

 그런가? 파동언어 안에 입자언어가 있으면 곤란한데….

 그런데 '파동의 질량'이라는 게 있었나?

 글쎄….

 만들면 돼!

네?

 $E = h\nu$ 와 $p = \dfrac{h}{\lambda}$ 를 이렇게 바꾸면 되지 않을까?

$$m = h\mathfrak{M} \qquad V = h\mathfrak{B}$$

 그런데 $\mathfrak{M}$ 과 $\mathfrak{B}$ 은 대체 뭐죠?

 몰라도 돼. 일단 질량과 위치에너지에 '대응하는 것'이라고 해두자.

알았어요.

슈뢰딩거 선생님의 의견을 받아들여 $m = h\mathfrak{M}$, $V = h\mathfrak{B}$ 라고 하면,

$$\lambda = \frac{h}{\sqrt{2h\mathfrak{M}(h\nu - h\mathfrak{B})}}$$

가 되고 h 를 묶으면 다음과 같다.

$$\lambda = \frac{h}{\sqrt{h^2 2\mathfrak{M}(\nu - \mathfrak{B})}}$$

$$\lambda = \frac{h}{h\sqrt{2\mathfrak{M}(\nu - \mathfrak{B})}}$$

그리고 분모와 분자를 h 로 약분한다.

$$\lambda = \frac{1}{\sqrt{2\mathfrak{M}(\nu - \mathfrak{B})}}$$

짜잔! 마침내 파장 λ 의 변화식을 구했어.

이런 방법으로 아인슈타인의 두 식을 이용해 입자언어인 뉴턴역학을 번역하자 파장 λ 의 변화법칙을 유도해낼 수 있었다.

전자의 파동방정식

이처럼 슈뢰딩거는 파장 λ 의 변화법칙을 유도해낼 수 있었지만,

그것만으로는 아직 부족하다는 것을 깨달았지.

전자의 파동인 파장 λ 가 어떻게 변화하는지뿐만 아니라,

그 파동이 어떤 형태를 띠고 있는지

를 아직 모르기 때문이다. 그것이 바로 '이미지를 그린다'는 것이다.

하지만 슈뢰딩거는 파동수학의 대가였다. 그는 어떤 파동이든 파동의 형태 자체를 구할 수 있는 식을 알고 있었다. 그 식은 다음과 같다.

$$\nabla^2 \Psi + \left(\frac{2\pi v}{u}\right)^2 \Psi = 0$$

이 식을 '**파동방정식**'이라고 한다.

식의 의미를 생각해보자!

처음에는 대략적으로만 알아도 돼.

∇^2 : 미분이라는 방법으로 2회 변신시킨다는 뜻이다.

'라프라시안'이라고 읽어.

'프사이'라고 읽어.

Ψ : 파동의 형태를 나타낸다. '파동의 높이'
가 언제, 어디서, 어느 정도인지를 나타
낸다. 이것을 구하면 언제, 어떤 형태를
띠는 파동인지 알 수 있다. 물론 전자의
파동도 나타낼 수 있다.

π : 원주율

ν : 진동수

π나 ν는
다들 알고 있을 거야.

u : 파동의 속도(위상속도)

위의 식을 풀어 파동함수 Ψ를 구하면 '파동의 형태'를 알 수 있다.
하지만 그러기 위해서는 먼저 위상속도 u를 알아야 한다. 전자의 파동
에서 위상속도란 무엇일까?

위상속도란 무엇인가?

① 파동 위에 둥둥 떠 있던 수박이
② 1초 후, 2회 진동 분량만큼 진행했다.

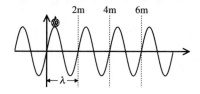
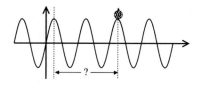

파동이 1회 진동하는 길이인 '파장' $\lambda = 2(m)$

1초 동안 진동하는 횟수인 '진동수' $\nu = 2(매초)$

따라서 1초 동안 파동이 진행한 거리는 $2 \times 2 = 4(m)$

그리고 1초 동안 파동이 진행하는 거리는 파동의 진행 속도가 된다. 따라서 '위상속도' u는 파장 λ에 1초 동안 파동이 진동하는 횟수 ν를 곱하면 된다. 이것을 수식언어로 쓰면 다음과 같다.

$$u = \lambda \nu$$

알겠니?

앞에서 전자의 파동인 경우 파장 λ는 다음과 같은 식이었다.

$$\lambda = \frac{1}{\sqrt{2\mathfrak{M}(\nu - \mathfrak{B})}}$$

따라서 위상속도 $u = \lambda \nu$는 다음과 같이 구할 수 있다.

$$u = \frac{v}{\sqrt{2\mathfrak{M}(v - \mathfrak{B})}}$$

　　전자의 파동 형태를 구할 수 있는 식, 즉 '전자의 파동방정식'은 파동방정식,

$$\nabla^2 \varPsi + \left(\frac{2\pi v}{u}\right)^2 \varPsi = 0$$

에서 u에 전자의 위상속도,

$$u = \frac{v}{\sqrt{2\mathfrak{M}(v - \mathfrak{B})}}$$

를 대입하면 된다.

　　그럼 슈뢰딩거와 함께 '전자의 파동방정식'을 만들어보자!

전자의 파동방정식 만들기

　　여러 가지 재료를 섞으면 '전자의 파동방정식'으로 급변한다. 여기서는 어려운 계산을 사용하지 않기 때문에 처음 하는 사람도 수식 만드는 재미를 느낄 수 있다.

　　수식 만들기는 순서가 가장 중요하다. 여기서는 미리 도구와 재료를

완벽하게 준비한 후에 만든다는 기본기를 습득하여 수식 만들기의 흐름을 확실하게 익히도록 하자.

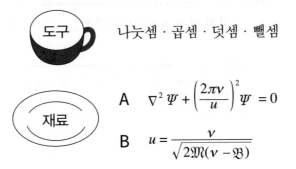

도구   나눗셈 · 곱셈 · 덧셈 · 뺄셈

재료

A $\nabla^2 \Psi + \left(\dfrac{2\pi v}{u}\right)^2 \Psi = 0$

B $u = \dfrac{v}{\sqrt{2\mathfrak{M}(v - \mathfrak{B})}}$

A 방정식은 여러 가지 파동의 형태를 구할 수 있는 식이다. 방정식 u에 구하고 싶은 파동의 속도를 대입하면 파동의 형태를 알 수 있다.

B 방정식은 전자의 파동이 진행하는 속도 u를 나타내는 식이다. 다시 말해서 A식의 u에 B식을 대입하면 전자의 파동 형태를 구하는 식이 완성된다.

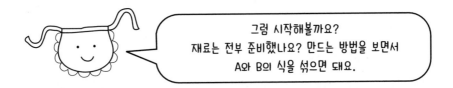

그럼 시작해볼까요?
재료는 전부 준비했나요? 만드는 방법을 보면서
A와 B의 식을 섞으면 돼요.

A의 u에 B를 대입한다.

$$\nabla^2 \Psi + \left(\dfrac{2\pi v}{\dfrac{v}{\sqrt{2\mathfrak{M}(v - \mathfrak{B})}}}\right)^2 \Psi = 0$$

$$\nabla^2 \Psi + \left(2\pi v \, \dfrac{\sqrt{2\mathfrak{M}(v - \mathfrak{B})}}{v}\right)^2 \Psi = 0$$

$$\nabla^2 \Psi + 4\pi^2 \cdot 2\mathfrak{M}(v - \mathfrak{B}) \Psi = 0$$

Point

$$\nabla^2 \varPsi + 8\pi^2 \mathfrak{M}(v - \mathfrak{B}) \varPsi = 0$$

전자의 파동방정식 완성!

> 전자를 파동이라고 주장한 드브로이를 기려서
> 이 방정식을 '드브로이의 파동방정식'이라고 해.

복잡한 전자의 파동방정식

이렇게 해서 슈뢰딩거는 '전자의 파동방정식'을 완성했다! 자신의 생각을 수식언어로 표현할 수 있게 된 것이다.

그런데 이 방정식에는 진동수를 나타내는 v가 있다. v에는 21이라든지 100 같은 특정한 하나의 값밖에 들어갈 수 없으니 이 식에서 유도된 파동 $\varPsi$는 특정한 진동수로 진동하는 파동, 즉 '단순한 파동'이다.

하지만 우리 주변의 자연을 이루고 있는 파동은 단순하지 않고 여러 가지 파동들이 더해져 만들어진 '복잡한 파동'이다. 물론 전자의 파동도 마찬가지라고 할 수 있다.

그래서 복잡한 파동 $\varPsi$를 유도할 수 있는 방정식도 필요했다.

> 복잡한 파동은 단순한 파동들의 합이었으니까
> 앞에서 만들었던 '전자의 파동방정식'에서 단순한 파동
> $\varPsi$를 아주 많이 더하면 복잡한 파동 $\varPsi$를 나타낼 수 있어!

(복잡한 $\varPsi$) = (단순한 $\varPsi$①) + (단순한 $\varPsi$②) + (단순한 $\varPsi$③) + …

그러기 위해서는 방정식을 풀 때 처음부터,

$$(\text{단순한 } \Psi ①) + (\text{단순한 } \Psi ②) + (\text{단순한 } \Psi ③) + \cdots$$

이런 식으로 복잡한 파동을 구할 수 있는 방정식을 만들어야 한다. 그러려면 방정식에 ν가 들어 있지 않아야 한다.

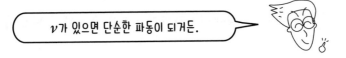

ν가 있으면 단순한 파동이 되거든.

슈뢰딩거는 공식을 많이 알고 있었기 때문에 곧 어떤 방법이 생각났다.

$$\frac{\partial^2 \Psi}{\partial t^2} = -(2\pi\nu)^2 \, \Psi$$

이 식도 단순한 파동을 충족시키는 방정식이다. 용수철의 움직임 같은 대부분의 조화진동에는 이 방정식을 사용한다.

두 식 모두 단순한 파동방정식이고 ν가 있으므로 이 두 식을 조합하면 ν를 소거할 수 있지 않을까? 한번 해보자!!

$$\nabla^2 \Psi + 8\pi^2 \mathfrak{M}(\nu - \mathfrak{B})\Psi = 0 \quad \cdots ①$$

$$\frac{\partial^2 \Psi}{\partial t^2} = -(2\pi\nu)^2 \, \Psi \qquad \cdots ②$$

그런데 여기서 막히고 말았다.

②식의 ν에 주목해보자. 예를 들어 $\nu = 5$일 때,

$$\frac{\partial^2 \Psi}{\partial t^2} = -(2\pi \cdot 5)^2 \Psi = -100\pi^2 \Psi$$

가 된다. 그럼 $\nu = -5$일 때는 어떻게 될까?

$$\frac{\partial^2 \Psi}{\partial t^2} = -(2\pi \cdot -5)^2 \Psi = -100\pi^2 \Psi$$

가 되어, ν가 5이든 -5이든 똑같은 형태가 된다는 것을 알 수 있다.

그럼 이번에는 ①식에서 ν가 5와 -5일 경우를 살펴보자.

$\nu = 5$일 때　　$\nabla^2 \Psi + 8\pi^2 \mathfrak{M}(5 - \mathfrak{B})\Psi = 0$

　　　　　　　　$\nabla^2 \Psi + 40\pi^2 \mathfrak{M}\Psi - 8\pi^2 \mathfrak{M}\mathfrak{B}\Psi = 0$

$\nu = -5$일 때　$\nabla^2 \Psi + 8\pi^2 \mathfrak{M}(-5 - \mathfrak{B})\Psi = 0$

　　　　　　　　$\nabla^2 \Psi - 40\pi^2 \mathfrak{M}\Psi - 8\pi^2 \mathfrak{M}\mathfrak{B}\Psi = 0$

①식에서는 ν가 -5와 5일 경우 등호가 바뀌어 다른 형태가 되었다.

그런데 ①은 ν가 -5와 5일 경우에 따라 식의 형태가 변하고,
②는 ν가 -5이든 5이든 형태가 변하지 않아요.
①과 ②는 ν에 관해서 완전히 다른 성질인데,
똑같다고 생각해도 될까요?

으음… 실패다. 좋아, 다시 해보자.

슈뢰딩거는 새로운 방정식을 만들기 위해 수많은 계산을 반복했다.

②식은 $2\pi v$가 제곱 형태가 되었으니까 v의 값이 5이든 −5이든 식의 형태가 같아진다. 왜 그렇게 되는지 식의 의미를 생각해보자.

$$\frac{\partial^2 \Psi}{\partial t^2} = -(2\pi v)^2 \, \Psi$$

이 식의 형태는 Ψ를 t(시간)로 2차 편미분하면 Ψ가 또 나오고, 그전에는 v가 제곱 형태로 나오는건가….

그러면 미분했을 때 v가 제곱이 아니라 1승($v \times \Psi$)의 형태가 되는 식을 찾으면 된다. 앞의 식은 2차 미분해서 v가 제곱이 되었으니까 이번에는 1차 미분하면 v가 1승이 될 것이다.

다시 말해서 Ψ는 1차 미분하면 $v \times \Psi$ 형태의 조화진동 식이 된다.

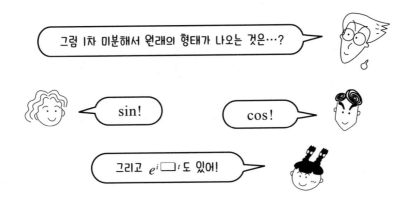

여기서 질문!!

sin의 1차 미분은?

cos!

cos의 1차 미분은?

– sin!

$e^{i\square t}$ 를 t로 1차 미분하면?

$$\frac{\partial}{\partial t} e^{i\square t} = i \boxed{} e^{i\square t}$$

1차 미분했을 때 원래의 형태로 돌아가는 것은 $e^{i\square t}$ 뿐이다. 따라서 Ψ는 $e^{i\square t}$ 형태가 될 수밖에 없다.

앞의 2차 미분식을 살펴보자.

$$\frac{\partial^2 \Psi}{\partial t^2} = -(2\pi v)^2 \Psi$$

이렇게 되면 $i \boxed{}$ 부분에는 $-2\pi v$ 가 들어가면 될 것 같다. 그럼 $e^{-i2\pi vt}$ 를 t로 1차 미분해서 확인해보자.

$$\frac{\partial}{\partial t} e^{-i2\pi vt} = -i2\pi v e^{-i2\pi vt}$$

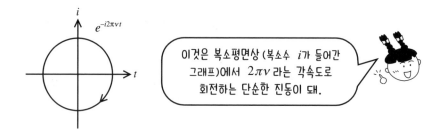

이것은 복소평면상 (복소수 i가 들어간 그래프)에서 $2\pi v$ 라는 각속도로 회전하는 단순한 진동이 돼.

따라서 ψ 의 시간항은 역시 이렇게 된다.

$$e^{-i2\pi\nu t}$$

처음에는,

$$\frac{\partial^2 \psi}{\partial t^2} = -(2\pi\nu)^2 \psi$$

를 사용해서 ν 를 소거하려고 했지만 잘되지 않았다. 그 대신,

$$\frac{\partial \psi}{\partial t} = -i2\pi\nu\psi$$

를 사용하면 ν 에 더 이상 제곱이 붙지 않는다. 이렇게 되면 단순한 전자의 파동식과 합체시켜서 복잡한 전자의 파동 ψ 를 한 번에 유도해낼 수 있는 방정식을 만들 수 있을 것 같다.

$$\nabla^2 \psi + 8\pi^2 \mathfrak{M}(\nu - \mathfrak{B})\psi = 0 \quad \cdots ①$$

$$\frac{\partial \psi}{\partial t} = -i2\pi\nu\psi \qquad\qquad \cdots ②$$

①식의 괄호를 제거하고 각각의 형태로 만들어보자.

$$\nabla^2 \psi + 8\pi^2 \mathfrak{M}\nu\psi - 8\pi^2 \mathfrak{M}\mathfrak{B}\psi = 0$$

그런 다음 ①식과 ②식을 합체시킨다. 두 식에서 같은 문자를 찾아보았더니 $\nu\psi$ 가 식의 양변에 들어 있음을 알 수 있다.

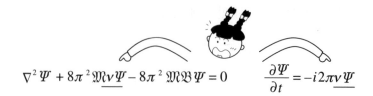

$$\nabla^2 \Psi + 8\pi^2 \mathfrak{M} v \Psi - 8\pi^2 \mathfrak{M} \mathfrak{B} \Psi = 0 \qquad \frac{\partial \Psi}{\partial t} = -i 2\pi v \Psi$$

이제 $v\Psi$를 이용하여 ②식을 $v\Psi = \square$의 형태로 변형시킨다.

$$v\Psi = \frac{-1}{2\pi i} \frac{\partial \Psi}{\partial t}$$

$$v\Psi = \frac{i^2}{2\pi i} \frac{\partial \Psi}{\partial t}$$

$$v\Psi = \frac{i}{2\pi} \frac{\partial \Psi}{\partial t}$$

분자의 −1에 −1＝i²를 대입한 후 i를 약분해보자.

이 식을 ①의 식에 대입해보자.

$$\nabla^2 \Psi + 8\pi^2 i \mathfrak{M} \cdot \frac{i}{2\pi} \frac{\partial \Psi}{\partial t} - 8\pi^2 \mathfrak{M} \mathfrak{B} \Psi = 0$$

Point

$$\nabla^2 \Psi + 4\pi i \mathfrak{M} \frac{\partial \Psi}{\partial t} - 8\pi^2 \mathfrak{M} \mathfrak{B} \Psi = 0$$

짜잔! 드디어 식 안의 v를 없앴다. 이렇게 해서 복잡한 전자의 파동 형태를 한 번에 유도할 수 있는 방정식 완성!!

만세!!

전자의 파동 형태

그런데 Ψ는 어떤 형태를 띠고 있을까?

전자는 우리가 살아가고 있는 3차원 공간에 존재한다. 따라서 전자의 파동 Ψ는 언제(시간: t), 어디에서(공간: x, y, z), 어떻게 존재하는지를 나타내는 함수가 된다.

앞에서 복잡한 전자의 파동방정식을 구할 때,

$$\frac{\partial \Psi}{\partial t} = -i2\pi v\Psi$$

기억나?

를 사용하였다.

왜냐하면 Ψ의 시간항은,

$$e^{-i2\pi vt}$$

밖에 없다고 생각했기 때문이다.

이제 남은 Ψ의 공간 항목(x, y, z)도 함수를 만들어 나타내야 Ψ의 정체를 알 수 있다. 이때 Ψ의 공간 항목을 나타내는 함수를 $\Phi(x, y, z)$라고 하자. 그러면 Ψ는, 다음과 같이 나타낼 수 있다.

$$\Psi(x, y, z, t) = \Phi(x, y, z)e^{-i2\pi vt}$$

그리고 복잡한 전자의 파동 Ψ는,

(복잡한 Ψ) = (단순한 Ψ①) + (단순한 Ψ②) + (단순한 Ψ③) + …

으로 나타낼 수 있으므로 Ψ는 다음과 같이 나타낼 수 있다.

$$\Psi(x, y, z, t) = \Psi_1(x, y, z, t) + \Psi_2(x, y, z, t) + \Psi_3(x, y, z, t) + \cdots$$

$$= \Phi_1(x, y, z)e^{-i2\pi\nu_1 t} + \Phi_2(x, y, z)e^{-i2\pi\nu_2 t} + \Phi_3(x, y, z)e^{-i2\pi\nu_3 t} + \cdots$$

$$= \sum_n \Phi_n(x, y, z)\, e^{-i2\pi\nu_n t}$$

그렇군.

그런데
$\Psi(x, y, z, t) = \Phi(x, y, z)e^{-i2\pi\nu t}$
라는 형태가 된다고 했잖아요?
허수 i가 들어간다는 건 혹시…
보, 보, **복소수의 파동**!?
그게 뭐예요?

허수 i라는 건, $i^2 = -1$이 되는 수잖아요.
그건 상상할 수 없는데요?

괜찮아!

파동의 세기는 진폭의 크기의 제곱으로 나타낼 수 있으니까 Ψ 크기의
제곱을 취해보자.

$$\left| \Psi \right|^2 = \Phi\, e^{-i2\pi\nu t} \times \left(\Phi\, e^{-i2\pi\nu t} \right)^*$$

$$= \Phi\, e^{-i2\pi\nu t} \times \Phi^*\, e^{+i2\pi\nu t}$$

$$= \Phi\, \Phi^* e^{-i2\pi\nu t + i2\pi\nu t}$$

$$= \Phi\, \Phi^* e^0$$

$$= \Phi\, \Phi^*$$

$$= \left| \Phi \right|^2$$

$e^0 = 1$

복소수의 크기를 구할 때는 i 앞의 기호만 바꿔서 곱한다.
이것을 '**공액복소수**'를 취한다고 표현하지.
*는 공액복소수를 취할 때의 표시야.

앗! 복소수가 사라졌어!

슈뢰딩거는 위 식의 $\left| \Psi \right|^2 = \left| \Phi \right|^2$ 를 '물질밀도'라고 생각했다.

물질밀도? 그건 또 뭐지? 점점 더 모르겠어.

원자의 내부에서는 질량이 있는 전자의 파동이 어느 부분은 진하고
어느 부분은 엷을 것이라고 추정할 수 있다. 예를 들어 냄비에 콩소메
수프 한 알갱이를 넣으면 콩소메 수프의 맛은 점점 주변으로 퍼진다.
이때 수프는 어느 부분에서는 맛이 진하고 또 어느 부분에서는 묽다.
원자 내부의 전자의 파동도 이와 비슷하다고 상상하면 된다.

검은 부분이 물질밀도가 높은 곳이다. Ψ가
복소수라 해도 $\left| \Psi \right|^2$ 은 역시 '물질밀도'로서
실수가 되므로 큰 문제는 아니다.

훗훗훗, 전자는 파동이 틀림없군!

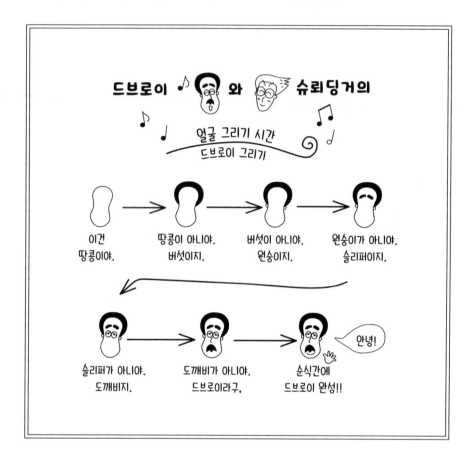

4. 자연에게 물어봐!

$$\nabla^2 \Psi + 8\pi^2 \mathfrak{M}(\nu - \mathfrak{B})\Psi = 0$$

$$\nabla^2 \Psi + 4\pi i \mathfrak{M}\frac{\partial \Psi}{\partial t} - 8\pi^2 \mathfrak{M}\mathfrak{B}\Psi = 0$$

이 식으로 전자의 파동이
어떤 형태를 띠는지 알았어!

슈뢰딩거는 전자를 파동이라고 할 때, 자신이 만든 식으로 전자를 설명
할 수 있는지 확인하고 싶었다. 하이젠베르크의 이론 중에'원자 안의 전
자가 어떤 모습인지 그 이미지를 상상해서는 안 된다'라는 부분을 받아들
일 수 없었기 때문이다.

'전자는 파동이다'라는 확실한 이미지를 가진 이론이 있어야 전자가 일
으키는 다양한 현상, 예를 들어 원자 에너지 준위, 스펙트럼 등을 설명할
수 있지 않을까?

전자는 원자의 내부뿐만 아니라 다양한 곳에 존재한다. 그래서 슈뢰딩거는 다양한 상황에서 전자의 파동이 어떤 형태를 띠는지, 그리고 자신이 만든 방정식으로 현상을 설명할 수 있는지 확인해보기로 했다.

물리의 세계에서는 아무리 대단한 수식을 만들었다고 해도 실제 자연현상을 나타내지 못한다면 아무런 의미가 없다. 물리학이란 자연이 어떻게 이루어졌는지 설명하는 학문이기 때문이다.

그럼, 이제 마음을 가다듬고 출발해볼까? 이름하여 **'자연에게 물어봐!'**

여기서는

매우 간단한 조건	········	1 단계
조금 복잡한 조건	········	2 단계
자연에 가까운 조건	········	3 단계
진짜 자연의 조건	········	4 단계

이 4단계를 거쳐 '슈뢰딩거의 식으로 정말 자연을 나타낼 수 있는지' 살펴보기로 한다.

왜 이런 단계를 거치는 거야?

갑자기 어려운 건 할 수 없으니까!

 그런데 난 전자와 히포에 가입한 아버지의 행동이 비슷하다는 사실을 발견했어!!

어떤 점이 비슷한데?

 그건 지금부터 전자가 놓인 조건을 다양하게 바꿔가면서 슈뢰딩거 선생님이 만든 식으로 정말 전자를 나타낼 수 있는지 확인해볼 건데, 그 과정에서 전자의 움직임들이 히포에 가입해서 조금씩 변해가는 아버지들의 행동 패턴과 비슷한 것 같아.

똑같이 히포에 들어온 사람들인데, 왜 아버지만 그렇다는 거야?

 그건 '아버지'라고 생각하면 설명하기도 쉽고 재미있으니까. 사실은 누구라도 상관없지만, 일반적으로 히포에 가입한 아버지들에게서 이런 패턴이 많이 보이거든.

아하!

대략적으로 정리하면 이런 느낌이다.

	Step 1	Step 2	Step 3	Step 4
아버지	집안	히포룸	카펫방	중국
전자	자유공간	상자 안	후크장	수소원자

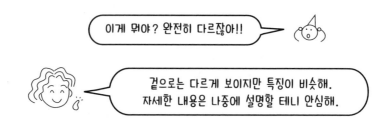

이게 뭐야? 완전히 다르잖아!!

겉으로는 다르게 보이지만 특징이 비슷해.
자세한 내용은 나중에 설명할 테니 안심해.

그럼, 먼저 전자가 놓인 상황을 아버지의 경우로 생각해보자.

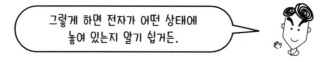

그렇게 하면 전자가 어떤 상태에
놓여 있는지 알기 쉽거든.

그리고 나서 전자의 경우를 설명할 것이다. 그럼 이제 전자와 아버지의
이야기를 시작해볼까?

아버지의 경우

우리집은 아내 가노코와 딸 소노코, 아들 유타와 나 이렇게 4인 가족이다. 최근 우리 가족 모두 '히포'에 가입했다.

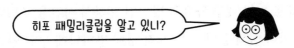

히포 패밀리클럽을 알고 있니?

'히포'에 가입한 후부터 매일 집에 오면 무슨 말인지도 모르는 테이프를 틀어놓는다.

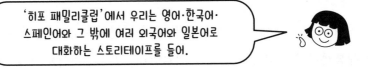

'히포 패밀리클럽'에서 우리는 영어·한국어·스페인어와 그 밖에 여러 외국어와 일본어로 대화하는 스토리테이프를 들어.

그리고 매주 금요일 밤이 되면 아내는 아이들을 데리고 어디론가 간다.

히포에 들어오면 '패밀리'라는 모임에 참가하게 돼. 여러 나라 말이 오가는 즐거운 공원이지. 우리 가족 같은 경우에는 매주 금요일, '펠로'인 나카시로 씨 반에서 활동해. 펠로가 뭐냐고? 펠로는 패밀리를 이끌어주는 사람이야.

하지만 나는 직장 일 때문에 한 번도 간 적이 없다. 그래서 무엇을 하는 곳인지 잘 모른다.

거기서는 노래하고 춤추고 여러 나라 언어로
히포의 이야기를 연기해. 굉장히 재미있어!

노래하고 춤춘다고? 내가 어떻게 그런 걸! 우리 집안은 대대로 교육자였어. 내가 춤추고 노래하는 걸 학생들이 알면…. 또 일이 바빠서 패밀리가 시작하는 시간에 맞춰 돌아올 수도 없고….

이런 이유로 나는 매주 금요일 밤이면 혼자서 시간을 보냈다.

어느 날, 일이 일찍 끝나 아무 생각 없이 방바닥에 누워 있었다. 그때 갑자기 머릿속에서 '라코샹퍄오프시피엔' 하는 히포 테이프의 말소리가 흘러나오기 시작했다.

나는 아내와 아이들이 "연기하자!"라며 테이프의 말을 따라하던 것이 생각났다.

'연기'란 테이프에 나오는 말을 똑같이 따라하는 것을 뜻한다. '나도 한번 해볼까?' 하는 마음에 흉내를 내보았다. 그러자 지금까지 한 번도 테이프를 진지하게 들은 적이 없는데도 테이프에서 흘러나오던 구절을 말할 수 있었다!!

하지만 허무하게도 그 목소리는 벽에 흡수될 뿐 아무런
반응도 없어 쓸쓸했다.

쓸쓸하군.

전자의 경우

그럼 이 이야기에 나오는 아버지의 상황을 전자의 경우에 비교하면 어떤 상황일까?

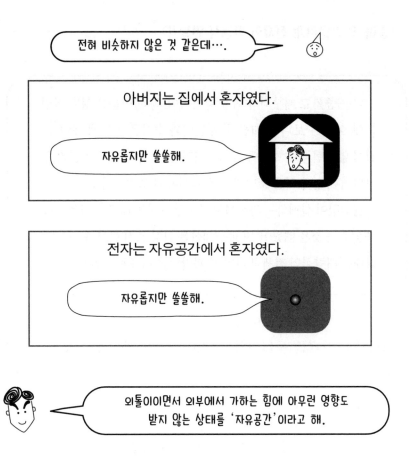

전자의 경우 외톨이 상태는 아버지의 경우처럼 '전자에 아무런 힘도 가해지지 않고, 속박하는 것도 전혀 없는' 경우이다.

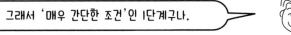

그렇다면 전자가 자유공간에 있을 때, 그 전자의 파동은 어떤 형태를 띠고 있을까? 슈뢰딩거가 만들어낸 식을 이용해 구해보자.

〈준비 1: 간단하게 전자의 파동식 만들기〉

> 나는 중학교 때부터 수학을 싫어했어. 특히 미분은 정말 싫었는데, 어쩌다 보니 '트래칼리'에 들어와 수식을 만들게 됐어. 소질이 없었던 나는 실수투성이였지만 함께 힘을 모아 조금씩 완성되어 가는 수식을 보니까 기뻐서 의욕이 생기더라고.
>
> 끊임없이 실패하는 과정에서 못하면 못하는 대로 수식을 만들 수 있다는 것을 배웠어. 자세한 계산은 신경 쓰지 말고 '수식이 나타내는 대략적인 전체적 의미'를 파악하는 데 주력하면 돼!

여러분도 실패를 두려워하지 말고 수식을 좋아하는 사람이 되길 바랄게!

 도구   곱셈 · 나눗셈 · 미분

 재료

A $\nabla^2 \Psi + 8\pi^2 \mathfrak{M}(\nu - \mathfrak{B})\Psi = 0$

B $\Psi(x, y, z, t) = \Phi(x, y, z)e^{-i2\pi\nu t}$

> 도구와 재료를 준비했다면 '수식의 의미'를 생각해보자.
> 먼저 수식에 관한 지식을 습득한 후
> 대화하는 마음으로 계산하면 수식과 친구가 될 수 있어.

$$\text{A} \qquad \nabla^2 \varPsi + 8\pi^2 \mathfrak{M}(v - \mathfrak{B})\varPsi = 0$$

이것은 '전자의 파동'을 나타낸 수식이었다.

$$\text{B} \qquad \varPsi(x, y, z, t) = \varPhi(x, y, z)e^{-i2\pi vt}$$

앞에서 전자의 복잡한 파동을 나타내는 식을 만들었을 때, $\varPsi$는 '복소수의 파동'이고 수식으로 쓰면 이런 형태라는 것을 알았다.

$\varPsi$가 B 같은 형태를 띤다는 사실을 알았으니 이것을 A식에 맞게 대입해보자.

먼저 B를 A식에 대입한다.

$$\nabla^2 \varPhi \, e^{-i2\pi vt} + 8\pi^2 \mathfrak{M}(v - \mathfrak{B})\varPhi \, e^{-i2\pi vt} = 0$$

$e^{-i2\pi vt}$은 t의 함수이므로 x, y, z뿐인 미분 ∇^2과는 상관없기 때문에 양변을 $e^{-i2\pi vt}$로 나눠도 된다.

$$\nabla^2 \varPhi + 8\pi^2 \mathfrak{M}(v - \mathfrak{B})\varPhi = 0$$

이것을 조금 변형시키면 다음과 같다.

$$\nabla^2 \varPhi = -8\pi^2 \mathfrak{M}(v - \mathfrak{B})\varPhi$$

이렇게 해서 전자의 파동방정식이 조금 간단해졌다. 이제부터 이 식에 나오는 $\varPhi$를 구할 것이다. 그렇게 구한 $\varPhi$에 $e^{-i2\pi vt}$를 곱하면 $\varPsi$를 구할 수 있다.

Φ는 위치(x, y, z)의 함수인데, 파동이 어디에서 얼마나 높은지를 나타낸다.

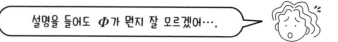

설명을 들어도 Φ가 먼지 잘 모르겠어….

| Φ는 어떤 파동? | Ψ 파동은 움직인다. 꿈틀 꿈틀 | Ψ에서 '시간'의 함수를 빼앗는다!! $\Phi = \Psi$ | '시간'을 빼앗긴 Ψ는 Φ가 되었다!! 잠잠 | Φ는 정지해 있는 파동이다!! |

Φ는 Ψ의 시간을 멈췄을 때의 파동이구나!

이와 같은 사전준비는 2단계 이후의 경우에도 마찬가지이다. 앞으로는 이 설명을 생략하기로 한다.

〈준비 2: $\mathfrak{B}$를 조건에 맞추기〉

앞에서 설명했듯이 자유공간에서는 전자에 외부에서 아무런 힘도 작용하지 않는다.

힘이 작용하지 않는다는 것은 위치에너지 V가 0이라는 뜻이다.

$$V = 0$$

그리고,

$$V = h\mathfrak{B}$$

이므로,

$$\mathfrak{B} = \frac{V}{h}$$

$$\mathfrak{B} = \frac{0}{h}$$

$$= 0$$

이 된다. 그러면 전자의 파동식은 다음과 같다.

$$\nabla^2\Phi = -8\pi^2\mathfrak{M}(\nu - \mathfrak{B})\Phi$$

$$\nabla^2\Phi = -8\pi^2\mathfrak{M}\nu\Phi$$

이것이 '자유공간에서 전자의 파동방정식'이다.

이렇게 먼저 $\mathfrak{B}$를 조건에 맞추는 것부터 시작하는 거야.

■ Φ값 추정하기

그럼, 이제 이 식에서 Φ를 구해보자.

Φ를 구하는 방법은 조금 달라.

$\varPhi(x, y, z)$는 'x, y, z 세 방향으로 퍼지는 파동'이었다. 이런 경우 세 방향의 파동을 곱하면 된다.

$$\varPhi(x, y, z) = (x방향의\ 파동) \times (y방향의\ 파동) \times (z방향의\ 파동)$$

공간 속의 파동은 $e^{ik_x x}$로 나타낼 수 있다.

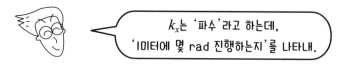

따라서 x방향의 파동 진폭을 A_{k_x}라고 하면,

$$A_{k_x} e^{ik_x x}$$

의 형태가 될 것이다.

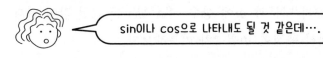

sin이나 cos으로 나타내도 될 것 같은데….

사실 $e^{i\Box}$ 로 sin이나 cos 파동도 나타낼 수 있어.

마찬가지로 y방향, z방향도,

$$A_{k_y}e^{ik_y y} , A_{k_z}e^{ik_z z}$$

가 되므로 $\Phi(x,y,z)$는 세 방향의 파동을 곱한,

$$\Phi(x, y, z) = A_{k_x}e^{ik_x x} \cdot A_{k_y}e^{ik_y y} \cdot A_{k_z}e^{ik_z z}$$

라는 형태가 된다. 진폭 $A_{k_x}, A_{k_y}, A_{k_z}$를 하나로 묶어 $A_{k_x k_y k_z}$로 만들면 Φ는,

$$\Phi(x, y, z) = A_{k_x k_y k_z}e^{ik_x x}e^{ik_y y}e^{ik_z z}$$

가 된다. 이렇게 해서 Φ값을 추정했다.

■ 전자의 파동방정식에 대입해서 확인해보자.

지금까지 자유공간 속의 전자의 파동 Φ를 추정했는데 그것이 정말 전자의 파동방정식에 들어맞는지 확인해야 한다.

전자의 파동방정식,

$$\nabla^2\Phi = -8\pi^2 \mathfrak{M}\nu\Phi$$

는 'Φ를 위치에서 2차 미분과 Φ에 상수 $-8\pi^2 \mathfrak{M} v$를 곱한 값이 된다'는 의미이므로 앞에서 추정한 Φ를 2차 미분해보자.

드디어 계산이다! 계산은 순서가 매우 중요해.
익숙해지면 별것 아니지만, 자칫 빼먹거나 타이밍을
맞추지 못하면 계산이 복잡해지거나 실수하게 되거든.
그리고 여기서 계산하는 건 앞으로 나올
'상자 안의 전자', '후크장에서의 전자'에도
사용할 거야. 그러니까 계산의 흐름을 잘 기억해둬.
그러면 앞으로 나올 계산이 훨씬 편해질 테니까.

∇^2 기호는,

$$\nabla^2 \Phi = \frac{\partial^2 \Phi}{\partial x^2} + \frac{\partial^2 \Phi}{\partial y^2} + \frac{\partial^2 \Phi}{\partial z^2}$$

이므로 이 경우는,

$$\nabla^2 \Phi = \frac{\partial^2}{\partial x^2} A_{k_x k_y k_z} e^{ik_x x} e^{ik_y y} e^{ik_z z}$$

$$+ \frac{\partial^2}{\partial y^2} A_{k_x k_y k_z} e^{ik_x x} e^{ik_y y} e^{ik_z z}$$

$$+ \frac{\partial^2}{\partial z^2} A_{k_x k_y k_z} e^{ik_x x} e^{ik_y y} e^{ik_z z}$$

왜 이렇게
길어!!

가 된다. $A_{k_x k_y k_z}$는 상수이므로 미분과 상관없다. 일단 잔뜩 나온 미분 기호부터 조금씩 정리하자.

x 방향 : $\dfrac{\partial^2}{\partial x^2} e^{ik_x x}e^{ik_y y}e^{ik_z z}$

y 방향 : $\dfrac{\partial^2}{\partial y^2} e^{ik_x x}e^{ik_y y}e^{ik_z z}$

z 방향 : $\dfrac{\partial^2}{\partial z^2} e^{ik_x x}e^{ik_y y}e^{ik_z z}$

봐! 형식은 모두 똑같지? 그러니까 하나만 미분하면 다른 두 개는 그 식의 변수 (x) 부분만 대입하면 돼.

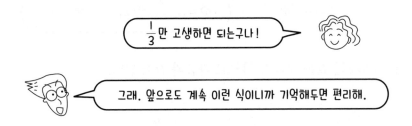

x 방향에 대해서만 미분해보자.

$$\dfrac{\partial^2 \varPhi}{\partial x^2}$$

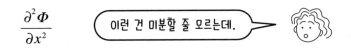

이것은 'x 로 $\varPhi$ 를 2차 미분한다'는 뜻이다. 이때 y 와 z 는 상관없으니까 단순하게 숫자처럼 생각하면 된다. 그러면,

1차 : $\dfrac{\partial \varPhi}{\partial x}$ $\rightarrow$ $A_{k_x k_y k_z}e^{ik_x x}e^{ik_y y}e^{ik_z z}$

$\rightarrow$ $ik_x A_{k_x k_y k_z}e^{ik_x x}e^{ik_y y}e^{ik_z z}$

2차: $\dfrac{\partial^2 \Phi}{\partial x^2}$ →

$$ik_x A_{k_x k_y k_z} e^{ik_x x} e^{ik_y y} e^{ik_z z}$$

→ $(ik_x)^2 A_{k_x k_y k_z} e^{ik_x x} e^{ik_y y} e^{ik_z z}$

→ $-k_x^2 A_{k_x k_y k_z} e^{ik_x x} e^{ik_y y} e^{ik_z z}$

$i \times i = -1$이니까

가 되어 지수의 계수가 맞춰서 두 번 내려온다.

$$\frac{\partial^2 \Phi}{\partial x^2} = -k_x^2 A_{k_x k_y k_z} e^{ik_x x} e^{ik_y y} e^{ik_z z}$$

$$= -k_x^2 \Phi$$

$\Phi = A_{k_x k_y k_z} e^{ik_x x} e^{ik_y y} e^{ik_z z}$ 였으니까.

그리고 y와 z는 같은 형태가 되므로 다음과 같이 된다.

$$\frac{\partial^2 \Phi}{\partial x^2} = -k_x^2 \Phi, \quad \frac{\partial^2 \Phi}{\partial y^2} = -k_y^2 \Phi, \quad \frac{\partial^2 \Phi}{\partial z^2} = -k_z^2 \Phi$$

이것을 앞의 식,

$$\nabla^2 \Phi = \frac{\partial^2 \Phi}{\partial x^2} + \frac{\partial^2 \Phi}{\partial y^2} + \frac{\partial^2 \Phi}{\partial z^2}$$

에 대입하면,

$$\nabla^2 \Phi = -k_x^2 \Phi - k_y^2 \Phi - k_z^2 \Phi$$

$$\nabla^2 \Phi = -(k_x^2 + k_y^2 + k_z^2) \Phi$$

이제 얼마 안 남았어!!

가 되어 Φ의 2차 미분이 끝났다.

여기서 자유공간 속의 전자의 방정식과 비교해보자.

$$\nabla^2 \Phi = -8\pi^2 \mathfrak{M} \nu \Phi$$

$$\nabla^2 \Phi = -(k_x{}^2 + k_y{}^2 + k_z{}^2)\Phi$$

둘 다 'Φ를 2차 미분하면 상수$\times \Phi$가 된다'는 **매우 비슷한 형태를 취하고 있다**. 좌변이 둘 다 $\nabla^2 \Phi$이므로,

정말이네!

$$k_x{}^2 + k_y{}^2 + k_z{}^2 = 8\pi^2 \mathfrak{M} \nu$$

가 되면 앞에서 추정했던 Φ는 자유공간에서 전자의 파동이라고 할 수 있다. 위의 식을 치환하면,

$$\boxed{\nu = \frac{k_x{}^2 + k_y{}^2 + k_z{}^2}{8\pi^2 \mathfrak{M}}}$$

이 되므로 역으로 말하면 전자의 진동수 ν를 구했다고 할 수 있다.

와! Φ를 구하는 과정에서 ν까지 알게 됐어!!

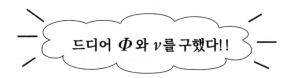

드디어 Φ와 ν를 구했다!!

■ Ψ 구하기

자유공간에서의 Φ는

$$\Phi(x, y, z) = A_{k_x k_y k_z} e^{ik_x x} e^{ik_y y} e^{ik_z z}$$
$$= A_{k_x k_y k_z} e^{i(k_x x + k_y y + k_z z)}$$

와 같이 지수의 곱셈은 지수의 덧셈이 돼!

단,

$$k_x{}^2 + k_y{}^2 + k_z{}^2 = 8\pi^2 \mathfrak{M} \nu$$

가 돼. 그런데 전자의 파동이 움직이는 모습을 나타내는 것은 Ψ였다.

$$\Psi(x, y, z, t) = \Phi(x, y, z) e^{-i2\pi \nu t}$$

따라서 Φ를 알면 거기에 $e^{-i2\pi \nu t}$를 곱해서 Ψ를 구할 수 있다.

진동수 ν는 이미 구했으니까.

$$\Psi(x, y, z, t) = A_{k_x k_y k_z} e^{i(k_x x + k_y y + k_z z)} e^{-i2\pi \nu t}$$

Point

$$\Psi(x, y, z, t) = A_{k_x k_y k_z} e^{i(k_x x + k_y y + k_z z - i2\pi \nu t)}$$
$$단, \ \nu = \frac{k_x{}^2 + k_y{}^2 + k_z{}^2}{8\pi^2 \mathfrak{M}}$$

이렇게 해서 자유공간에서 전자의 파동 Ψ가 '**언제 어디에 어떤 모습으로 존재하는지**' 알아냈다!

하지만 슈뢰딩거 선생님! Ψ를 알게 되었다고 해도
수식언어만으로는 이해가 안 돼요.

그래? 그럼 이 수식언어가 어떤 파동을
나타내고 있는지 살펴볼까?
나는 원래 원자 안에서 전자가 어떻게 움직이는지
알고 싶었기 때문에 방정식을 만든 거야.
하이젠베르크와는 달리 내 식에는 확실한 **이미지**가 있어.

그럼 실제로 자유공간에서 전자의 파동을 알아보자. 먼저 앞에서 구한 Ψ를 살펴보자.

$$\Psi(x, y, z, t) = A_{k_x k_y k_z} e^{i(k_x x + k_y y + k_z z - 2\pi vt)}$$

Ψ는 x, y, z의 세 방향으로 퍼지는 파동이다. 여기서는 x방향에 대해서만 살펴보자.

$$\Psi(x, t) = A e^{i(k_x x - 2\pi vt)}$$

진폭도 x방향만 생각하면 되니까
A_{k_x}는 그냥 A라고 하자.

복소수의 파동? 눈으로 볼 수 없잖아요!

그건 상관없어. 사실 $e^{i\square}$라는 건,

오일러의 공식

$$e^{i\theta} = \cos\theta + i\sin\theta$$

처럼 sin과 cos의 덧셈이 된다. 그러니까 여기서는 간단하게 sin 파동만 생각해보자.

$$\Psi(x, t) = A\sin(k_x x - 2\pi\nu t)$$

단순한 파동이므로 ν는 하나의 값만 갖는다.

$$\nu : 1초에 몇 번 진동하는가?$$
$$k_x : 1미터에 몇 \text{ rad} 진행하는가?$$

일단 $\nu = 1, k_x = 2\pi$라고 해두자. 그러면 이 식은,

$$\Psi(x, t) = A\sin(2\pi x - 2\pi t)$$

가 된다.

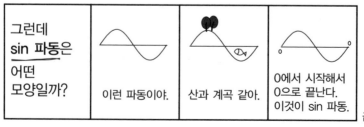

| 그런데 sin 파동은 어떤 모양일까? | 이런 파동이야. | 산과 계곡 같아. | 0에서 시작해서 0으로 끝난다. 이것이 sin 파동. 끝! |

이번에는 시간과 함께,

$$\Psi(x, t) = A \sin(2\pi x - 2\pi t)$$

위의 파동이 어떻게 변화하는지 살펴보자.

어떻게?

그래. 지금부터 그것을 설명하려고 해.

--- 조사 방법 ---

① 시간을 정한다. 먼저 $t = 0$으로 놓고 계산한다.

$$\Psi(x, 0) = A \sin(2\pi x - 2\pi \cdot 0)$$
$$= A \sin 2\pi x$$

② $t = 0$일 때 파동의 형태를 알아본다. 그러기 위해서는,

$$\Psi(x, 0) = A \sin 2\pi x$$

에서 x를 0, 0.25, 0.5, 0.75, … 이런 식으로 대입하고, 각각의 위치에서 파동의 높이를 조사하여 선으로 이으면 된다.

이렇게 구하는 거야!

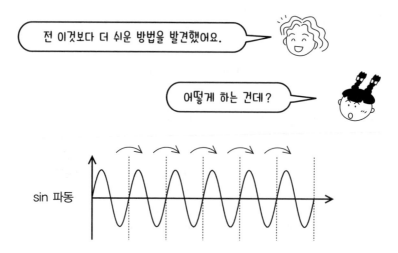

sin 파동

그건 바로 파동의 반복적인 성질을 이용하는 거야. sin 파동은 계속 똑같은 형태가 반복되니까 한 주기 동안의 변화를 조사하면 그 다음은 똑같거든.

1) 먼저 식에 $t = 0$을 대입해서 $t = 0$일 때의 파동 형태부터 조사해보자.

$$\Psi(x, 0) = A \sin(2\pi x - 2\pi \cdot 0)$$
$$= A \sin 2\pi x$$

힘내자!

x에 0, 0.25, 0.5, 0.75, 1을 순서대로 대입해보자.

$x = 0$의 위치일 때!

$$\Psi(0, 0) = A \sin 2\pi \cdot 0$$
$$= A \sin 0$$
$$= A \cdot 0$$
$$= 0$$

여기

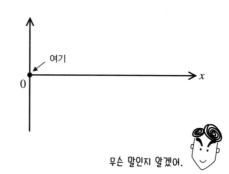

무슨 말인지 알겠어.

$x = 0.25 \left(x = \dfrac{1}{4} \right)$의 위치일 때!

$$\Psi(0.25, 0) = A \sin 2\pi \cdot \dfrac{1}{4}$$

$$= A \sin \left(\dfrac{1}{2} \right)\pi$$

$$= A \cdot 1$$

$$= A$$

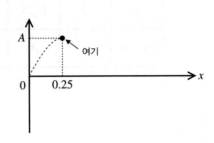

$x = 0.5 \left(x = \dfrac{1}{2} \right)$의 위치일 때!

$$\Psi(0.5, 0) = A \sin 2\pi \cdot \dfrac{1}{2}$$

$$= A \sin \pi$$

$$= A \cdot 0$$

$$= 0$$

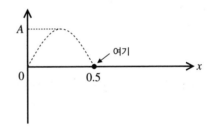

$x = 0.75 \left(x = \dfrac{3}{4} \right)$의 위치일 때!

$$\Psi(0.75, 0) = A \sin 2\pi \cdot \dfrac{3}{4}$$

$$= A \sin \left(\dfrac{3}{2} \right)\pi$$

$$= A \cdot -1$$

$$= -A$$

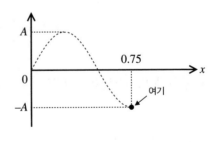

$x = 1$의 위치일 때!

$$\Psi(1, 0) = A \sin 2\pi \cdot 1$$

$$= A \sin 2\pi$$

$$= A \cdot 0$$

$$= 0$$

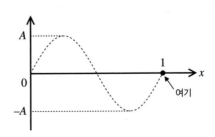

그러면 $t=0$일 때 각 위치에서 파동의 높이를 표로 정리해보자!

x	0	0.25	0.5	0.75	1
$\Psi(x, 0)$	0	A	0	$-A$	0

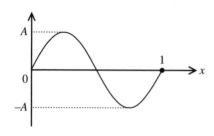

이렇게 해서 한 주기 동안의 변화를 구했다. 이후에는 이것이 반복되니까 0과 0 사이에 A와 $-A$가 번갈아 들어간다.

이렇게 구하는 거구나.

2) 다음은 식에 $t=0.25$를 대입해서 $t=0.25$일 때의 파동 형태를 알아보자.

$$\Psi(x, 0.25) = A \sin\left(2\pi x - 2\pi \cdot \frac{1}{4}\right)$$
$$= A \sin\left\{2\pi x - \left(\frac{1}{2}\right)\pi\right\}$$

아까와 똑같아!!

x 부분에 0, 0.25, 0.5, 0.75, 1을 순서대로 대입해보자.

$x=0$의 위치일 때!

$$\Psi(0, 0.25) = A \sin\left\{2\pi \cdot - \left(\frac{1}{2}\right)\pi\right\}$$
$$= A \sin\left(-\frac{1}{2}\right)\pi$$
$$= A \cdot -1$$
$$= -A$$

여기

$x = 0.25 \left(x = \dfrac{1}{4} \right)$의 위치일 때!

$$\Psi(0.25, 0.25) = A \sin \left\{ 2\pi \cdot \dfrac{1}{4} - \left(\dfrac{1}{2} \right)\pi \right\}$$

$$= A \sin \left\{ \left(\dfrac{1}{2} \right)\pi - \left(\dfrac{1}{2} \right)\pi \right\}$$

$$= A \sin 0$$

$$= A \cdot 0$$

$$= 0$$

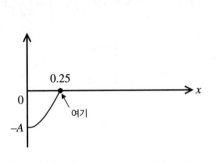

$x = 0.5 \left(x = \dfrac{1}{2} \right)$의 위치일 때!

$$\Psi(0.5, 0.25) = A \sin \left\{ 2\pi \cdot \dfrac{1}{2} - \left(\dfrac{1}{2} \right)\pi \right\}$$

$$= A \sin \left(\dfrac{1}{2} \right)\pi$$

$$= A \cdot 1$$

$$= A$$

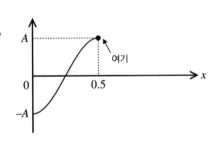

$x = 0.75 \left(x = \dfrac{3}{4} \right)$의 위치일 때!

$$\Psi(0.75, 0.25) = A \sin \left\{ 2\pi \cdot \dfrac{3}{4} - \left(\dfrac{1}{2} \right)\pi \right\}$$

$$= A \sin \pi$$

$$= A \cdot 0$$

$$= 0$$

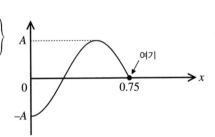

$x=1$의 위치일 때!

$$\Psi(1, 0.25) = A \sin\left\{2\pi \cdot 1 - \left(\frac{1}{2}\right)\pi\right\}$$

$$= A \sin\left(\frac{2}{3}\right)\pi$$

$$= A \cdot -1$$

$$= -A$$

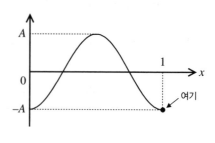

앞에서 $t=0$일 때와 같이 정리해서 하나의 표로 만들어보자.

t \ x	0	0.25	0.5	0.75	1
0	0	A	0	$-A$	0
0.25	$-A$	0	A	0	$-A$

하나씩 비스듬하게 어긋나 있네?

앞에서 sin은 파동의 형태가 반복된다고 했지?
그래서 이렇게 계속 하나씩 숫자가 어긋나게 되는 거야.

시간이 지나면 파동의 마루와 골이 이동해 간다. 그럼 이번에는 처음에 $x=0.25$m인 위치에 떠 있던 고래가 시간이 지남에 따라 어떻게 움직이는지 그래프로 확인해보자!

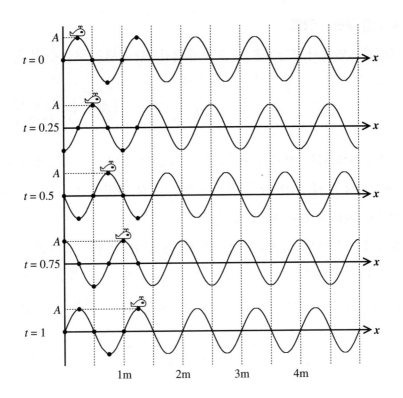

 자유공간에서 전자의 파동은
이런 식으로 진행하는 것처럼 보여.
이런 파동을 멋지게 '**진행파**'라고 표현해.

이것으로 전자의 파동방정식은,

$$\nabla^2 \Phi + 8\pi^2 \mathfrak{M}(\nu - \mathfrak{B})\Phi = 0$$

$$\nabla^2 \Psi + 4\pi i \mathfrak{M}\frac{\partial \Psi}{\partial t} - 8\pi \mathfrak{M}\mathfrak{B}\Phi = 0$$

이고, 전자의 파동 형태도 '**그려볼**' 수 있었다!

■ E를 구하는 방법

에너지는 앞에서 구한 v를, 다음 식에 대입하면 간단히 구할 수 있다.

$$E = hv$$

내가 만든
식이라네.

자유공간에 있는 전자의 에너지를 측정하는 실험은 불가능하기 때문에 에너지를 구해도 그 값이 맞는지 확인할 수 없지만 2~4단계에서는 실험으로 에너지 값을 알 수 있다.

슈뢰딩거가 만든 식으로 구한 에너지가 실험 결과와 일치해야 비로소 자연을 설명하는 진정한 이론이라고 할 수 있다. 그리고 그때야 비로소 슈뢰딩거의 주장대로 전자는 파동이라고 할 수 있을 것이다!!

그래서 지금까지 계산을 했던 거야!

■ 정리

다음 단계로 가기 전에 지금까지 계산해온 과정을 간단히 정리해보자.

$\mathfrak{B}$를 조건에 맞춘다.
↓
Φ의 값을 추정한다.
↓
전자의 파동방정식에 대입하여 확인한다.
↓
Ψ를 구한다.
↓
E를 구한다.

마지막으로 아버지와 전자의 경우를 비교해보자.

아버지의 경우

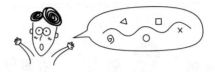

어느 날 갑자기 아버지의 머릿속에서 테이프의 한 구절이 흘러나오기 시작했다. 그것을 말해보니 말이 되었다. 하지만 정말 말이 통할까?

전자의 경우

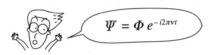

전자의 파동방정식으로 자유공간에 있는 전자를 나타낼 수는 있었지만 조합한 실험 결과가 없다. 이 식은 정말 옳은 것일까?

그럼, 1단계의 준비운동도 끝났으니 2단계로 넘어가보자. 앞으로도 외국어를 습득한 아버지와 전자의 파동방정식 모험이 계속될 테니 기대하시라.

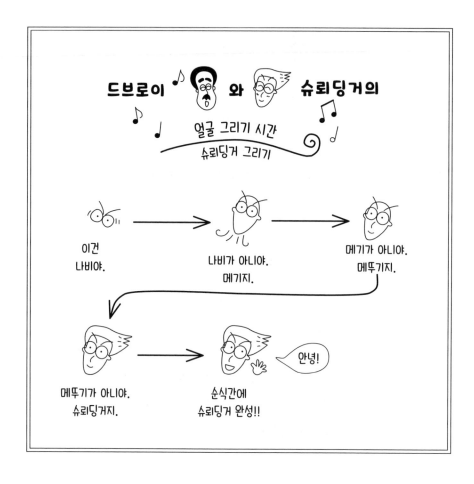

2단계 - 상자 안

아버지의 경우

오늘은 금요일. 아내와 아이들은 아직 히포 활동 중이고, 아버지는 차 안에서 기다리고 있었다.

'늦는군.'

흘끔 시계를 보니 벌써 8시를 훌쩍 넘어 있었다.

'다른 때는 일찍 나왔는데…. 대체 뭘 하기에? 내가 운전기사도 아니고….'

아버지는 불쾌한 듯 중얼거렸다.

째깍째깍째깍…. 시계소리가 더 신경 쓰이기 시작했다.

'할 수 없지, 들어가봐야겠군….'

차 문을 열자 바람이 차가웠다. 코트 깃을 세우고 빠른 걸음으로 히포룸으로 향하다가 점점 커지는 테이프 소리에 잠시 주춤거렸다.

'지금 들어가면 춤이라도 춰야 하는 거 아닐까?'

하지만 더 이상 기다릴 수 없었다. 아버지는 마음을 굳게 먹고 히포룸의 문을 열었다. 헉…! 안에서는 모두 큰 원을 만들어 즐거운 듯 이야기를 나누고 있었다. 주위에서 놀고 있는 아이들 틈에 유타도 보였다. 테이프 소리는 계속 흘러나오고 있었다.

"저…."

하지만 아무도 그에게 눈길을 주지 않았다.

"여보!"

아버지는 자기도 모르게 큰소리로 아내를 부르고 말았다. 사람들이 갑자기 말을 멈추고 놀란 듯이 이쪽을 쳐다보았다.

'낭패로군.'

아버지는 그렇게 생각하면서 머뭇머뭇 물었다.

"오쿠라 가노코, 소노코, 유타가 여기 있습니까? 데리러 왔는데요…."

"어머, 반가워요! 소노코와 유타의 아버지신가요? 어서 오세요."

한 중년 여성이 일어서서 다가왔다. 그 여성이 이곳 담당자인 듯했다.

"아, 예…."

아버지는 중년 여성의 안내를 받아 원의 대열에 끼게 되었다. 원의 반대편에는 가노코와 소노코가 반갑다는 듯 보고 있었다.

"저는 나카시로라고 합니다. 여기서 매주 히포 활동을 하고 있죠. 만나서 반갑습니다."

아버지는 주변을 둘러보았다. 갓난아이, 초등학생들 그리고 남성도 드문드문 섞여 있었다.

"그럼 오쿠라 씨, 자기소개 좀 부탁드릴게요."

와~ 하는 박수소리에 아버지는 당황했지만 입을 열 수밖에 없었다.

"저는 오쿠라입니다. 아내와 아이들이 이곳에 다니고 있지요. 글쎄, 전 데리러 온 것뿐인데 이거 좀 당황스럽군요…."

"연기 한번 해보세요!!"

누군가가 그렇게 말하자,

"그래요! 해보세요, 해봐요!!"

기대감에 부푼 사람들의 시선이 자신에게 집중되었다. 도저히 거절

할 분위기가 아니었다.

"아니 그러니까…, 저는 아직 테이프를 제대로 들어보질 못해서…."

그렇게 운을 떼고 '에라 모르겠다' 하는 심정으로 말해보았다.

"라코샹퍄오프시피엔. 즈즛, 셰셰다샤!"

"굉장하다! 테이프랑 똑같아!!"

사람들의 칭찬 세례에 아버지는 내심 기뻤다.

'그런가? 테이프를 잘 듣고 있는 사람들이 그렇게 말해주는 걸 보면 나도 그런대로 쓸 만한가 보군. 그렇다면 외국어로 말하는 것도 꿈만은 아니지 않을까?'

아버지는 속으로 미소 지었다.

전자의 경우

그럼 2단계에서는 전자가 놓인 상태와 아버지의 상태를 예로 들어 생각해보자.

이 경우 중요한 것은 아버지가 나카시로 선생님이라는 '다른 사람의 집'에 있다는 점이다.

히포룸 안에서라면 노래를 부르거나 춤을 추거나 마음대로 할 수 있지만 다른 사람의 집에는 함부로 들어갈 수 없다. 다시 말해 아버지는 자유롭지만 공간에 제약이 있는 장소에 있다고 할 수 있다.

전자의 경우 이것은 '자유롭지만 공간에 제약이 있는' 상태인 셈이다.

예를 들면 아무런 힘도 작용하지 않기 때문에 전자는 자유롭긴 하지만 사방이 막혀 있는 **상자 안** 에 있는 것과 같다.

이런 이유로 2단계에서는 '상자 안의 전자'에 대해 생각해보고자 한다. 상자 안에서 전자의 파동은 어떤 형태일까? 과연 슈뢰딩거의 식으로 상자 안의 전자도 나타낼 수 있을까?

수식을 만들 때 실패는 당연히 따르는 법이다. 중요한 것은 실패할 때 '왜?'라는 의문을 갖는 일이다. 수식을 만드는 각 과정에는 과학적인 논리가 들어 있는 만큼 멋진 수식을 만들기 위해서 '과학적인 사고'가 결여되어서는 안 된다.

Ψ, Φ, E, 미분 그리고 각 수식의 성질을 파악한 후에 그 성질을 적절히 사용하는 것이 수식 만들기의 포인트이다. 한두 번 실패했다고 포기하지 말고 몇 번이든 도전하도록 하자. 계속 하다 보면 언젠가는 잘 만들 수 있을 것이다.

순서는 다음과 같다.

$\mathcal{B}$를 조건에 맞춘다.

↓

Φ의 값을 추정한다.

↓

전자의 파동방정식에 대입하여 확인한다.

↓

Ψ를 구한다.

↓

E를 구한다.

기억나지?

■ 준비: $\mathfrak{B}$ 를 조건에 맞추기

먼저 전자의 파동방정식,

$$\nabla^2\Phi = -8\pi^2\mathfrak{M}(\nu - \mathfrak{B})\Phi$$

에서 $\mathfrak{B}$ 가 어떻게 되는지 생각해보자.

하지만 이 경우에도 자유공간의 경우와 마찬가지로 아무런 힘이 작용하지 않으므로,

$$\mathfrak{B} = 0$$

이 되고, 그렇게 되면 상자 안의 전자의 파동방정식은 다음과 같이 된다.

$$\nabla^2\Phi = -8\pi^2\mathfrak{M}\nu\Phi$$

■ Φ 값 추정하기

상자 안에는 과연 어떤 파동이 존재할까?

상자의 가장 큰 특징은  는 점이다.

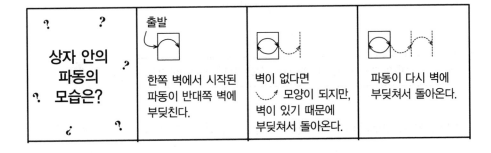

상자 안의 파동의 모습은?	출발 한쪽 벽에서 시작된 파동이 반대쪽 벽에 부딪친다.	벽이 없다면 ⌣ 모양이 되지만, 벽이 있기 때문에 부딪쳐서 돌아온다.	파동이 다시 벽에 부딪쳐서 돌아온다.

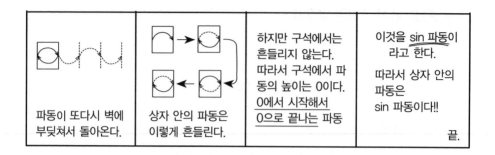

| | | 하지만 구석에서는 흔들리지 않는다. 따라서 구석에서 파동의 높이는 0이다. <u>0에서 시작해서 0으로 끝나는 파동</u> | 이것을 <u>sin 파동</u>이 라고 한다. 따라서 상자 안의 파동은 sin 파동이다!! 끝. |

상자 안의 파동은 양쪽 벽에서는 움직이지 않는다. 양 끝이 0인 파동이 므로 sin 파동이다.

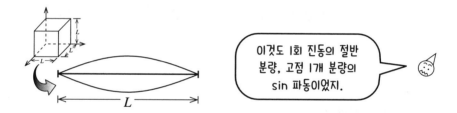

> 이것도 I회 진동의 절반 분량, 고점 I개 분량의 sin 파동이었지.

일단 x방향에 관해서 생각해보면, 위 그림의 경우 L[m(미터)] 안에 π 라디안 분량의 파동이 있으므로 파수 k_x(1미터에 몇 라디안 있는가)는 다음과 같다.

$$k_x = \frac{\pi}{L} \, \text{rad} / \text{m}$$

> I회 진동이 2π 라디안이니까 I회의 고점 분량은 π rad이구나.

L[m] 안에 2π 라디안이 있는 경우도 생각할 수 있다. 이 경우 k_x는 다음과 같다.

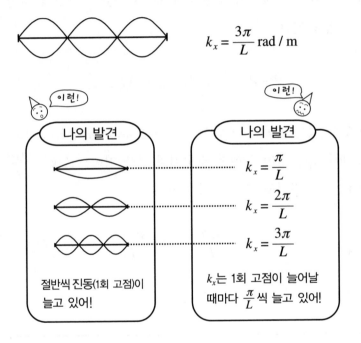

$$k_x = \frac{2\pi}{L} \, \text{rad / m}$$

Lm 안에 3π라디안이 있는 경우도 생각할 수 있다. 이 경우 k_x는 다음과 같다.

$$k_x = \frac{3\pi}{L} \, \text{rad / m}$$

이런!

나의 발견

$$k_x = \frac{\pi}{L}$$

$$k_x = \frac{2\pi}{L}$$

$$k_x = \frac{3\pi}{L}$$

절반씩 진동(1회 고점)이 늘고 있어!

k_x는 1회 고점이 늘어날 때마다 $\frac{\pi}{L}$ 씩 늘고 있어!

그렇다. 상자 안의 파동 k_x는 $\frac{\pi}{L}$ 씩 정수배로 불연속적으로 증가한다. 이것을 수식언어로 쓰면 다음과 같다.

$$k_x = \frac{n_x \pi}{L} \qquad (n = 1, 2, 3, \cdots)$$

지금까지 알게 된 사실을 가지고 Φ 의 값을 추정해보자.

자유공간일 때와 마찬가지로 Φ에는 x, y, z 세 방향이 있고 각각 곱셈 형태가 되므로 다음과 같다.

$$\Phi = (x방향의\ 파동) \times (y방향의\ 파동) \times (z방향의\ 파동)$$

또한 파동이므로 각각의 방향에서 진폭이 있다. 그렇게 되면 Φ의 형태는 이렇게 된다.

$$\Phi = A_{n_x}\boxed{} \cdot A_{n_y}\boxed{} \cdot A_{n_z}\boxed{}$$

상자 안에 있는 파동은 양 끝이 0이 되는 sin 파동이다. 그리고 그 sin 파동의 파수 k_x는 상자 안에서 정수배의 값을 취하므로 $k_x = \dfrac{n_x \pi}{L}$였다. 당연히 y방향, z방향도 같은 형태가 된다.

$$k_y = \frac{n_y \pi}{L}, \qquad k_z = \frac{n_z \pi}{L}$$

정리하면 Φ는 다음과 형태가 된다.

$$\Phi(x, y, z) = A_{n_x n_y n_z} \sin \frac{n_x \pi}{L} x \cdot \sin \frac{n_y \pi}{L} y \cdot \sin \frac{n_z \pi}{L} z$$

이렇게 해서 Φ의 값을 추정했다!!

■ 전자의 파동방정식에 대입해서 확인하기

Φ 의 값을 추정했으므로 자유공간일 때와 마찬가지로,

$$\Phi(x, y, z) = A_{n_x n_y n_z} \sin \frac{n_x \pi}{L} x \cdot \sin \frac{n_y \pi}{L} y \cdot \sin \frac{n_z \pi}{L} z$$

를 '상자 안 전자의 파동방정식',

$$\nabla^2 \Phi = -8\pi^2 \mathfrak{M} \nu \Phi$$

에 대입해보자. 먼저 좌변,

$$\nabla^2 \Phi = \frac{\partial^2 \Phi}{\partial x^2} + \frac{\partial^2 \Phi}{\partial y^2} + \frac{\partial^2 \Phi}{\partial z^2}$$

에 나오는 $\frac{\partial^2 \Phi}{\partial x^2}$ 부터 시작하자.

sin의 2차 미분은,

$$- \bigcirc^2 \sin \bigcirc x$$

> sin을 2차 미분해서 다시 원래의 sin 값이 나오는 것은 만화에서 2회 변신하면 원래의 보통인간으로 돌아가는 것과 비슷해.

였다. ○에 들어가는 것은 $\frac{n_x \pi}{L}$ 이므로,

$$\frac{\partial^2 \Phi}{\partial x^2} = -\left(\frac{n_x \pi}{L}\right)^2 A_{n_x n_y n_z} \sin \frac{n_x \pi}{L} x \cdot \sin \frac{n_y \pi}{L} y \cdot \sin \frac{n_z \pi}{L} z$$

$$= -\left(\frac{n_x \pi}{L}\right)^2 \Phi$$

> 긴 건 싫어! 짧게 하자.

y방향, z방향도 마찬가지로,

$$\frac{\partial^2 \Phi}{\partial y^2} = -\left(\frac{n_y \pi}{L}\right)^2 \Phi , \quad \frac{\partial^2 \Phi}{\partial z^2} = -\left(\frac{n_z \pi}{L}\right)^2 \Phi$$

이니까 $\nabla^2 \Phi$ 는,

$$\nabla^2 \Phi = \frac{\partial^2 \Phi}{\partial x^2} + \frac{\partial^2 \Phi}{\partial y^2} + \frac{\partial^2 \Phi}{\partial z^2}$$

$$= -\left\{ \left(\frac{n_x \pi}{L}\right)^2 + \left(\frac{n_y \pi}{L}\right)^2 + \left(\frac{n_z \pi}{L}\right)^2 \right\} \Phi$$

가 된다. 이것으로 추정한 값 Φ 의 2차 미분 끝!

이제 '상자 안의 전자의 파동방정식'과 비교해보자.

$$\nabla^2 \Phi = -8\pi^2 \mathfrak{M} \nu \Phi$$

$$\nabla^2 \Phi = -\left\{ \left(\frac{n_x \pi}{L}\right)^2 + \left(\frac{n_y \pi}{L}\right)^2 + \left(\frac{n_z \pi}{L}\right)^2 \right\} \Phi$$

좌변은 둘 다 $\nabla^2 \Phi$ 이므로,

$$\left(\frac{n_x \pi}{L}\right)^2 + \left(\frac{n_y \pi}{L}\right)^2 + \left(\frac{n_z \pi}{L}\right)^2 = 8\pi^2 \mathfrak{M} \nu$$

가 되면 앞에서 추정한 Φ 는 상자 안의 전자의 파동을 나타내게 된다!

좌변을 $\dfrac{\pi^2}{L^2}$ 으로 묶으면,

$$\frac{\pi^2}{L^2}\,(n_x{}^2 + n_y{}^2 + n_z{}^2) = 8\pi^2 \mathfrak{M}\nu$$

다시 양변을 $\dfrac{\pi^2}{L^2}$ 으로 나누면 다음과 같다.

$$n_x{}^2 + n_y{}^2 + n_z{}^2 = 8\mathfrak{M}L^2\nu$$

자유공간의 경우와 마찬가지로 역으로 생각하면 진동수 ν를 구한 셈이다.

이 식을 $\nu = \boxed{}$ 형태로 만들면 다음과 같다.

$$\nu = \frac{1}{8\mathfrak{M}L^2}\,(n_x{}^2 + n_y{}^2 + n_z{}^2)$$

이렇게 해서 ν는 밝혀졌다.

위의 식에 나오는 n_x, n_y, n_z는 'sin 파동의 고점 숫자'를 나타내므로
1, 2, 3, …이라는 정수배의 숫자가 들어가.
따라서 거기에 대응하여 진동수 ν도 불연속적인 값이 되지.
이처럼 상자 안 등 특정한 상태에서 불연속적인 값을
취하는 진동수 ν를

고유값

이라고 해.

■ Ψ 구하기

Φ와 ν를 알았으니 이제 Ψ를 구해보자.

$$\Psi(x, y, z, t) = \Phi(x, y, z)e^{-i2\pi\nu t}$$

$$\Phi(x, y, z) = A_{n_x n_y n_z} \sin\frac{n_x\pi}{L}x \cdot \sin\frac{n_y\pi}{L}y \cdot \sin\frac{n_z\pi}{L}z$$

이것은 다음과 같다.

Point

$$\Psi(x, y, z, t) = A_{n_x n_y n_z}\left(\sin\frac{n_x\pi}{L}x \cdot \sin\frac{n_y\pi}{L}y \cdot \sin\frac{n_z\pi}{L}z\right)e^{i2\pi\nu t}$$

$$단,\ \nu = \frac{1}{8\mathfrak{M}L^2}(n_x^2 + n_y^2 + n_z^2)$$

이로써 상자 안 전자의 파동 Ψ가 **'언제, 어디서, 어떻게 존재하는지'** 밝혀졌다!

■ E 구하기

 그럼 이제 상자 안의 전자에너지를 구해보자.

 상자 안의 전자에너지는 실험으로 측정되는 거죠?

 그렇지, 자유공간일 때는 실험할 수 없었으니까.

 실험으로 측정된 값과 슈뢰딩거 선생님의 '전자는 파동'이라는 이론으로 구한 에너지 값이 '같아지면', 슈뢰딩거 선생님의 이론은 '자연을 나타낸다'는 뜻이네요?

그렇지. 하지만 아직 상자 안의 전자에 관해서일 뿐이야.

 그럼 빨리 에너지 값을 구해봐요!

 어떻게 될지 정말 기대돼요.

앞에서 에너지는,

$$E = h\nu$$

 기억나지?

로 구할 수 있었다.

위의 식 ν에 상자 안의 전자의 진동수를 대입해보자.

$$E = h\nu$$
$$= h \times \frac{1}{8\mathfrak{M}L^2}\,({n_x}^2 + {n_y}^2 + {n_z}^2)$$

그리고,

 Hi!

$$m = h\mathfrak{M}, \qquad \mathfrak{M} = \frac{m}{h}$$

이므로,

$$E = h \times \frac{1}{8\dfrac{m}{h}L^2}\,({n_x}^2 + {n_y}^2 + {n_z}^2)$$
$$= h \times \frac{h}{8mL^2}\,({n_x}^2 + {n_y}^2 + {n_z}^2)$$

$$\boxed{E = \frac{h^2}{8mL^2}\,({n_x}^2 + {n_y}^2 + {n_z}^2)}$$

어라? 어디선가 본 것 같은데…. 알았다! 이건 보어가 구한 상자 안의 전자에너지와 똑같아! 보어가 구한 답은 정말 실험 결과와 일치하는구나!

상자 안의 전자 (입자 편)

보어가 전자를 입자라 생각하고 계산한 상자 안의 전자에너지를 살펴보자!

먼저 전자에너지(E)는 운동에너지(K)와 위치에너지(V)를 더한 것이므로 다음과 같이 쓸 수 있다.

$$E = K + V$$

상자 안에는 아무런 힘도 작용하지 않는다. 이 경우 '호랑이'를 우리 안에 가둔 것과 비슷하지 않을까? 이때 우리 안의 호랑이는 다른 누구에게도 방해받지 않고 자고 싶을 때 자고 일어나고 싶을 때 일어날 수 있다. 즉 호랑이는 '우리' 안에서라면 자유롭게 움직일 수 있다.

어흥!

　　호랑이와 마찬가지로 전자도 '상자'라는 제약이 있지만 외부의 힘이 작용하지 않는 공간에 갇혀 있다고 볼 수 있다.

　　그러면 $V = 0$이므로,

$$E = K$$

가 된다. $K = \frac{1}{2}mv^2$이므로,

$$E = \frac{1}{2}mv^2$$

이 된다. 그리고 상자 안은 상하·좌우·전후 등의 3차원(x, y, z) 공간이므로,

$$E = \frac{1}{2}mv_x{}^2 + \frac{1}{2}mv_y{}^2 + \frac{1}{2}mv_z{}^2$$

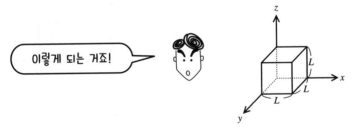

여기서 문제 하나!

p(운동량)를 사용해서 $E = \boxed{}$ 식을 만들어볼까?

힌트!　　$p = mv$ （운동량 ＝ 질량 × 속도）

답　　　$E = \dfrac{p_x{}^2}{2m} + \dfrac{p_y{}^2}{2m} + \dfrac{p_z{}^2}{2m}$　　맞았습니다!

일단 이 식은 제쳐두고 전자를 입자언어로 설명할 때 필요했던 양자조건을 '상자 안'이라는 조건에 대입해보자.

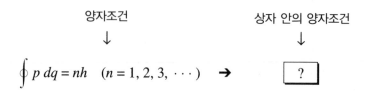

양자조건 → 상자 안의 양자조건

$$\oint p\,dq = nh \quad (n = 1, 2, 3, \cdots) \quad \rightarrow \quad \boxed{?}$$

먼저 이 양자조건 식의 $\oint \boxed{} dq$ 는 '1주기분을 적분한다'는 뜻이었다. 상자 안에서의 1주기분이란 전자가 왼쪽 끝에서 오른쪽 끝까지 갔다가 부딪쳐서 다시 왼쪽 끝으로 돌아올 때까지의 거리이므로 1주기는 한 변이 L [m]인 상자를 1회 왕복한 분량으로 0에서 $2L$이 된다. 따라서 상자 안에서의 양자조건은,

$$\int_0^{2L} p\,dq = nh \quad (n = 1, 2, 3, \cdots)$$

가 되고, 이것은 그래프의 면적 $2L \cdot p$가 된다.

$$2L \cdot p = nh$$

$$p = \frac{nh}{2L} \qquad (n = 1, 2, 3, \cdots)$$

그리고 3차원(x, y, z)으로 생각하면 이렇게 된다.

$$p_x = \frac{n_x h}{2L}, \qquad p_y = \frac{n_y h}{2L}, \qquad p_z = \frac{n_z h}{2L}$$

이것을 앞의 식 '$E =$'의 p 부분에 각각 대입하면 다음과 같다.

$$E = \frac{\left(\dfrac{n_x h}{2L}\right)^2}{2m} + \frac{\left(\dfrac{n_y h}{2L}\right)^2}{2m} + \frac{\left(\dfrac{n_z h}{2L}\right)^2}{2m}$$

$$= \frac{1}{2m}\left(\frac{n_x{}^2 h^2}{4L^2} + \frac{n_y{}^2 h^2}{4L^2} + \frac{n_z{}^2 h^2}{4L^2}\right)$$

$$= \frac{1}{2m}\,\frac{h^2}{4L^2}\,(n_x{}^2 + n_y{}^2 + n_z{}^2)$$

$$E = \frac{h^2}{8L^2 m}\,(n_x{}^2 + n_y{}^2 + n_z{}^2) \qquad (n = 1, 2, 3, \cdots)$$

이것으로 완성!

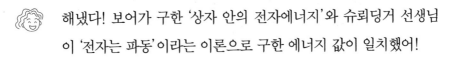 해냈다! 보어가 구한 '상자 안의 전자에너지'와 슈뢰딩거 선생님이 '전자는 파동'이라는 이론으로 구한 에너지 값이 일치했어!

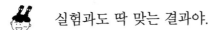 실험과도 딱 맞는 결과야.

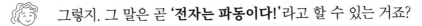 그렇지. 그 말은 곧 **'전자는 파동이다!'**라고 할 수 있는 거죠?

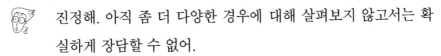 진정해. 아직 좀 더 다양한 경우에 대해 살펴보지 않고서는 확실하게 장담할 수 없어.

네. 다음이 기대돼요!

그럼 여기서 1단계와 마찬가지로 아버지와 전자의 경우를 비교해보자.

아버지의 경우

우정

아버지의 언어는 외국어를 처음 배우는 히포 패밀리클럽 사람들에게 통했다. 그렇다면 진짜 외국인에게도 통할까?

전자의 경우

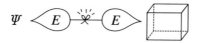

슈뢰딩거의 식으로 구한 전자에너지가 처음의 실험 결과와 일치했다. 그렇다면 진짜 자연 속의 전자를 나타낼 수 있을까?

2단계까지 오자 아버지와 전자의 파동식은 상당한 연결고리를 보이고 있었다. 즉 자연을 나타낼 가능성이 더 커진 셈이다. 3단계에서 이 가능성을 확인해보자!

이제 이해가 좀 되니?
난 상자 안의 파동이 어째서 sin 파동이 되는지 잘 몰랐는데,
그걸 알고 싶어서 노력하는 동안 만화도 그릴 수 있게 됐어.
여러분도 모르는 걸 열심히 하다 보면 많은 걸 습득할 수 있을 거야.

3단계 - 후크장

아버지의 경우

"~Sing Along Dance Along~"

테이프 소리가 점점 더 커진다.

여기는 시부야의 쇼토. 히포의 사무실이 있는 빌딩이다. 사무실은 3, 4층이고, 2층에는 히포대학 '트래칼리'가 있다.

아버지는 건강을 위해서 엘리베이터를 타지 않고 걸어서 계단을 올라가 4층 문을 열었다. 파란색과 노란색 벽이 눈부시다.

"안녕하세요! 여기에 이름을 적어주세요. 그리고 이름표를 써서 달아주세요."

접수대의 여성이 생긋 웃으며 말했다. 접수대에는 이미 와 있는 사람들의 이름이 줄줄이 적혀 있었다.

'이렇게 많아…?'

아버지는 자기 이름을 적은 후 펜을 내려놓았다.

"이름표를 달아주세요. 그렇지 않으면 이름을 모르니까요."

'아아 그렇지, 잊고 있었군….'

검은 매직으로 크게 '오쿠라'라고 쓰고 나니 아버지는 조금 쑥스러워졌다.

'꼭 유치원 이름표같구만….'

카펫이 깔린 방에 들어서는 순간 아버지는 깜짝 놀랐다.

'남자들밖에 없잖아!'

그도 그럴 것이 오늘은 다양한 곳에서 히포 활동을 하는 사람들 중 남성 회원을 중

심으로 한 달에 한 번 '스타라이트 워크숍'이 열리는 날이었다.

언뜻 보기에는 모두 남자뿐이었지만 드문드문 여성이나 아이도 있었다. 모두 음악에 맞춰 흥겹게 춤을 추고 있었다. 자기가 고안한 재미있는 안무를 선보이는 사람도 있었다.

'이걸 어쩌나….'

아버지는 이상한 열기에 압도당해 벽지처럼 한쪽 구석에 서 있었다. 하지만 시간이 좀 지나자 우두커니 서 있는 게 더 눈에 띈다는 사실을 깨달았다. 주위에도 아연실색한 표정으로 서 있는 아버지들 몇 명이 있었지만 춤추고 있는 쪽의 숫자가 압도적으로 우세했다. 아버지는 잠시 망설였다. 하지만 여기는 아내나 아이들도 없으니 춤을 춰보는 것도 재미있겠다 싶었다.

살짝 안으로 들어가 주위 사람들의 흉내를 내보았다. 춤은 그렇게 어렵지 않았다.

'뭐야, 나도 춤이 되잖아!?'

아버지는 갑자기 흥이 샘솟는지 좀 더 안쪽으로 들어갔다.

얼마 후 마이크를 잡은 한 남성이 테이프에서 흘러나오는 말을 하면서 함께 따라하기를 권했다. 다들 맥주를 마시며 화기애애한 분위기였다.

열기는 물론이거니와 아버지들 사이에 오가는 대화도 재미있었다. 아버지들의 대화는 주로 어떻게 히포를 시작했는지, 왜 히포가 즐거운지 하는 것들이었다.

'다들 처음에는 똑같았구나. 나도 저렇게 할 수 있는 날이 오려나.'

아버지는 반쯤 취해 몽롱한 상태에서 생각했다.

그때 다시 사회자의 목소리가 날아들었다.

"누가 시범으로 따라해보고 싶은 분 안 계신가요? 모임이 끝난 후에 후회하면 습니다! 어서 손들어 보세요!"

'한번 해볼까….'

그렇게 생각한 순간 아버지는 벌써 손을 들고
있었다.

"네! 거기 계신 아버님!"

사람들의 시선을 한몸에 받은 아버지는 움찔했
지만 이제 와서 물러설 수도 없었다.

"안녕하십니까? 오쿠라라고 합니다. 히포 활동에는 딱 한 번 왔습니
다만."

사람들은 미소를 지으며 듣고 있었다.

"그때 잠깐 테이프의 말을 따라했더니 모두 칭찬해주셔서 기쁘더군
요…. 그때 기억에 힘입어 잠깐 해보겠습니다. 그럼, 음… 라코샹파오
프시엔! 즈즛! 셰셰 타챠아!"

"우와!!"

아버지들은 땅이 울릴 듯이 낮은 목소리로 환호했다.

그러자 제일 앞에 있던 남성이 갑자기 일어나서 웃으며 악수를 청했다.

'아? 이 사람은 중국인이구나. 그렇다면 내가 말한 중국어를 알아들은
거야? 아니, 이거 굉장하군. 해보니까 정말 통하잖아. 그럼 이참에….'

아버지의 의욕은 하늘을 찔렀다.

전자의 경우

'자유공간'과 '상자 안'에 관해 공부했으니 다음에 무엇이 나올지는 이미 눈치챘을 것이다.

먼저 전자의 상태를 아버지의 상태로 바꿔 생각해보는 것이다. 혹시 잊어버린 사람은 앞 페이지를 다시 넘겨보면 된다.

아버지는 히포 사무실의 '카펫방'에 있었다.

'상자 안'일 때의 히포룸과 마찬가지로 '카펫방'도 너무 구체적이니까 좀 더 물리적인 예로 바꿔 설명하자.

그걸 정하려면 스타라이트 워크숍을 할 때 카펫방의 특징을 먼저 생각해봐야 할 것이다.

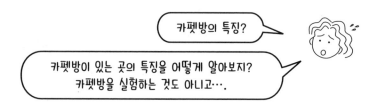

그것은 아버지가 어떤 행동을 했는지 생각해보면 알 수 있다.

아버지가 한 일

아버지는 카펫방에 들어가 처음에는 벽 쪽에 서 있었다.

'재미있어 보이네….'라는 생각에 조금씩 안으로 들어가 보았다.

정신이 들고 보니 한가운데서 춤추고 있었다!

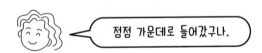
점점 가운데로 들어갔구나.

물리에서 '후크장'은 이렇게 '중심으로 끌어당기는 힘이 작용하는 장'을 뜻한다.

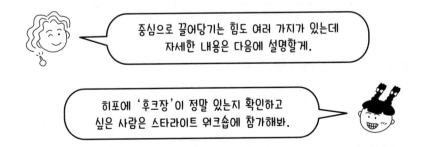
중심으로 끌어당기는 힘도 여러 가지가 있는데 자세한 내용은 다음에 설명할게.

히포에 '후크장'이 정말 있는지 확인하고 싶은 사람은 스타라이트 워크숍에 참가해봐.

이렇게 중심을 향해 끌어당기는 힘이 작용하는 장소(후크장)에서 전자의 파동이 어떤 형태가 되는지 슈뢰딩거의 '전자의 파동방정식'으로 구해보자.

여기서도 슈뢰딩거가 생각한 식을 적용할 수 있다면, 자연을 나타낼수 있는 식이라고 해도 과언이 아닐 것이다. '후크장'에서 전자는 현실적인 자연에 한없이 가깝기 때문이다.

최근에는 계산기나 컴퓨터가 보급돼서 그런지 물리의 세계에서도 계산을 경원시하는 풍조가 있어. 하지만 물리의 세계에서는 계산을 어중간하게 단축시키면 내용이 제대로 정리되지 아서 수식을 만드는 재미를 느낄 수 없거든. 계산에 자신이 없어 걱정된다면 여러 번 반복해 읽으면서 수식 만들기의 진정한 재미를 느껴보라고 조언하고 싶어.

자유공간, 상자 안과 같은 방법으로 후크장도 계산해보자. 앞에서 Φ의 값을 추정하고, ν를 도출하고, 에너지도 구했잖아…, 힘들긴 했지만 완성했을 때의 기쁨은 특별했거든.

트래칼리에서 양자역학을 공부했을 때도 각자 자기가 이해한 부분을 다른 사람들에게 설명했는데, 수식을 이해하기 시작하자 마치 후크장처럼 다들 칠판 앞에 모여든 적이 종종 있었어. 그만큼 물리의 수식 이해는 재미있거든. 여러분도 꼭 계산의 재미와 그 후의 만족감을 느껴보길 바랄게.

〈준비 1 : $\mathfrak{B}$를 조건에 맞춘다〉

계산에 들어가기 전에 먼저 익숙한 준비 작업을 해두자.

후크장은 특히나 정신이 혼미해지기 쉬운 곳이므로 계산에 열중하다가 '왜 계산하고 있는지, 지금 어느 부분을 계산하고 있는지' 모르는 상황에 빠지지 않도록 조심해야 한다.

계산이 끝나고 답이 나온 순간 '지금까지의 고생은 다 뭐였지?' 하는 생각이 들지 않도록 하나씩 계산할 때마다 '지금 내가 큰 흐름 안에서 무엇을 하고 싶은 건지, 왜 이 계산을 하고 있는지'를 되새기면서 진행해야 한다.

지금까지 했던 자유공간과 상자 안에서 전자에 작용하는 힘은 0이라고 했으므로 $\mathcal{B}=0$이다. 하지만 지금 공부하려는 후크장에서는 그렇지 않다.

후크장에는 '중심으로 끌어당기는 힘'이 작용하기 때문이다.

중심으로 끌어당기는 힘이란 게 뭐야?

우리 주변에서 볼 수 있는 후크장

예를 들어 매우 깊고 큰 함정을 떠올려봐. 자신을 포함해 1만 명 정도의 사람이 함정에 빠졌다면 여러분은 어떻게 할까?

함정에 빠진 대부분의 사람이 그런 생각을 할 것이다. 하지만 함정은 무한하게 깊어서 아무도 밖으로 나올 수 없다. 그럼 이 함정에서 사람이 가장 많은 곳은 어디일까?

가장 깊은 바닥?

맞나?

그럼, 반대로 사람이 가장 적은 곳은 어디일까?

함정에서 기어 올라오기 가장 힘든 위쪽?
여기는 체력이 강한 사람만 올라올 수 있잖아.

함정 속의 인구밀도를 그림으로 나타내면 다음과 같다.

사람이 거의 없는 곳

사람이 많지도 적지도 않은 곳

사람이 드문드문 있는 곳

사람이 가장 많은 곳

이번에는 함정 속의 인구밀도를 나타낸 그림을 3차원으로 생각
해서 밑에서 올려다봤다고 가정하고, 그 인구밀도를 그래프로 나
타내보았다.

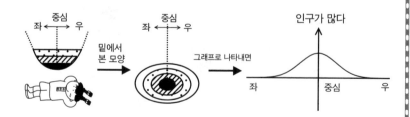

좌 ← 중심 → 우

좌 ← 중심 → 우

밑에서
본 모양

그래프로 나타내면

인구가 많다

좌   중심   우

이처럼 중심의 밀도가 가장 높고 바깥으로 갈수록 밀도가 점점
낮아지는, 즉 중심에서 물체를 잡아당기는 힘을 가진 곳을 '훅의
법칙을 따르는 장소'라고 한다.

전자의 경우, 전자의 파동이 중심으로 끌어당기는 힘이 작용하므로 후크장은 용수철의 경우와 같다고 볼 수 있다. 용수철에 매달린 사람은 멀리 갈수록 강한 힘에 끌려 되돌아온다. 물리에서는 이렇게 힘이 작용하는 방법이 용수철과 같아지는 공간을 후크장이라고 한다.

이때의 힘은,

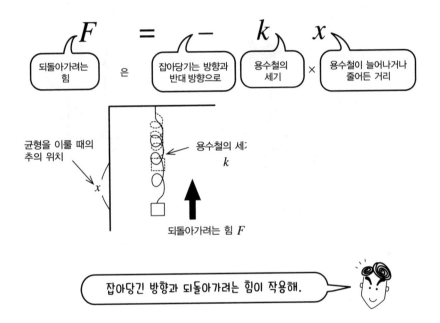

후크장에서의 위치에너지

물체를 들어 올렸다가 떨어뜨리면 들어 올린 높이에 따라 떨어질 때의 충격이 달라진다. 그것은 에너지가 위치에너지 형태로 축적되기 때문이다. 다시 말하면 물체를 높이 들어 올릴수록 위치에너지가 커진다.

위치에너지는 어느 정도의 거리와 힘을 가해 잡아당기느냐에 의해 결정된다.

위치에너지 V를 수식언어로 나타내면,

$$V = -\int_0^x F dx$$

가 된다.

  용수철의 경우, 힘 $F = -kx$였으므로 위치에너지 V는,

$$V = -\int_0^x F dx$$

$$= -\int_0^x -kx dx$$

$$= \int_0^x kx dx = \frac{1}{2} kx^2$$

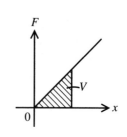

미분해서 k_x가
되는 것을 찾아봐.

이 된다. 즉 후크장에서의 위치에너지 V는,

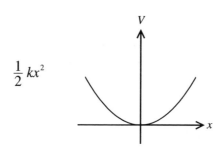

$\frac{1}{2} kx^2$

이 된다는 것을 알 수 있었다.

힘이 작용하는 방법은 용수철과 같구나.

그리고 $\mathfrak{B}$ 는,

$$V = h\mathfrak{B}$$

$$\mathfrak{B} = \frac{V}{h}$$

이므로 후크장에서의 $\mathfrak{B}$ 는,

$$\boxed{\mathfrak{B} = \frac{k}{2h}\,x^2}$$

이 된다.

〈준비 2 : 식 정리〉

Φ 는 3차원 (x, y, z) 공간에 퍼지는 파동이다. 하지만 후크장에서는 3차원의 어느 방향으로든 똑같은 힘이 작용한다. 계산을 간단히 하기 위해서 1차원(x방향)으로만 생각해보자. 그러면 라프라시안,

$$\nabla^2 \Phi = \frac{\partial^2 \Phi}{\partial x^2} + \frac{\partial^2 \Phi}{\partial y^2} + \frac{\partial^2 \Phi}{\partial z^2} \quad \overset{}{} \boxed{3차원}$$

는,

$$\frac{d^2 \Phi}{dx^2} \quad \boxed{1차원}$$

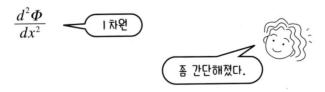

가 되고, 다음과 같은 전자의 파동방정식이 된다.

$$\nabla^2 \Phi = -8\pi^2 \mathfrak{M}(\nu - \mathfrak{B})\Phi$$

$$\frac{d^2 \Phi(x)}{dx^2} = -8\pi^2 \mathfrak{M}(\nu - \mathfrak{B})\Phi(x)$$

그리고 이 식의 $\mathfrak{B}$에 후크장에서의 $\mathfrak{B}$,

$$\mathfrak{B} = \frac{k}{2h} x^2$$

을 대입하면 다음과 같다.

$$\frac{d^2 \Phi(x)}{dx^2} = -8\pi^2 \mathfrak{M}\left(\nu - \frac{k}{2h} x^2\right)\Phi(x)$$

$$= \left(-8\pi^2 \mathfrak{M}\nu + \frac{4\pi^2 \mathfrak{M}k}{h} x^2\right)\Phi(x)$$

여기서 잠시 치환해보자.

치환 1

$$8\pi^2 \mathfrak{M}\nu = \lambda$$

$$\frac{4\pi^2 \mathfrak{M}k}{h} = \alpha^2$$

이때 λ는 파장을 뜻하는 게 아니야.

이렇게 된다.

$$\frac{d^2\Phi(x)}{dx^2} = (-\lambda + \alpha^2 x^2)\Phi(x)$$

꽤 보기 편해졌군.

좀 더 보기 편하게 하기 위해서 다시 치환해보자.

치환 2

$$\alpha x^2 = \xi^2$$

다 이유가 있어서 이렇게 했어.

$\alpha x^2 = \xi^2$ 이므로 이 치환은,

$$x^2 = \frac{\xi^2}{\alpha}$$

$$x = \frac{\xi}{\sqrt{\alpha}}$$

가 되므로 이것을 대입한다.

$$\frac{d^2\Phi(x)}{dx^2} = (-\lambda + \alpha^2 x^2)\Phi(x)$$

$$\frac{d^2\Phi(\xi)}{d\left(\dfrac{\xi}{\sqrt{\alpha}}\right)^2} = (-\lambda + \alpha\,\xi^2)\Phi(\xi)$$

$$\alpha\,\frac{d^2\Phi(\xi)}{d\xi^2} = (-\lambda + \alpha\,\xi^2)\Phi(\xi)$$

$\varPhi$가 x함수에서 ξ함수로 변했다.

이것을 α로 나눈다.

$$\frac{d^2\varPhi(\xi)}{d\xi^2} = \left(-\frac{\lambda}{\alpha} + \xi^2\right)\varPhi(\xi)$$

한 번 더 치환한다.

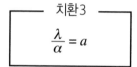

치환3

$$\frac{\lambda}{\alpha} = a$$

분수도 복잡하니까 치환하자.

그렇게 하면 결국 처음 후크장에서의 전자의 파동방정식,

$$\frac{d^2\varPhi(x)}{dx^2} = -8\pi^2\mathfrak{M}\left(v - \frac{k}{2h}x^2\right)\varPhi(x)$$

는 여러 번의 치환을 거쳐서,

$$\frac{d^2\varPhi(\xi)}{d\xi^2} = (-a + \xi^2)\varPhi(\xi)$$

라는 매우 간단한 형태가 되었다.

■ **Φ값 추정하기**

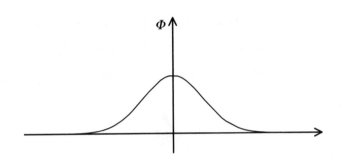

그럼 이제 Φ 값을 추정해보자.
이번에는 추정 과정이 매우 기니까 정신을 잃지 않도록 조심해.
후크장에서 전자의 파동은 멀리 있을수록 중심으로 강하게
끌어당기기 때문에 중심은 진하고, 중심에서 먼 곳은 흐리다고
할 수 있어. 그렇다면 Φ는 분명히 이런 형태가 되겠지?

이런 형태가 되는 Φ는 어떤 것일까?

전혀 모르겠어….

하하하~ 어쩔 수 없군. 여기서는 프로 물리학자의
실력을 보여주는 수밖에. 이럴 때는 머릿속에
가득 들어 있는 수식 공식 중에서 '이건가?' 싶은 걸
꺼내어 실제로 계산해보는 거야.

아, 그건 히포에서도 자주 쓰는 방법이에요!

한국에 홈스테이 갔을 때

히포는 일본 국내뿐만 아니라 미국, 프랑스, 독일, 멕시코, 스페인, 이웃나라 한국, 중국, 러시아 등 여러 나라에서 하는 홈스테이 프로그램이 있다. 일본에서 히포 테이프를 수없이 듣고 따라하다가 매년 봄이나 여름이 되면 많은 사람이 바다를 건너 다른 나라로 간다.

한국에는 히포의 자매조직이 있는데, 한국에서 홈스테이하는 동안 우리는 그 가족의 일원이 된다. 그들은 우리와 똑같은 테이프를 듣고 똑같은 활동을 하고 있기 때문에 우리에게는 공통 언어(테이프의 말)가 있다.

● 지로사의 경험

한국에 갔을 때, 간단한 인사를 하고 나니 히포의 테이프로 듣던 말밖에 따라할 것이 없었다.

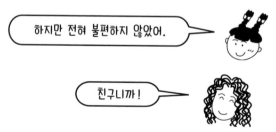

하지만 전혀 불편하지 않았어.

친구니까!

그런데 어느 날 저녁식사가 끝났을 때 히포의 테이프 소리가 머릿속에서 흘러나왔다.

"차, 모두 함케 테어블을 치우쟈."

이것은 식사를 마친 후에 하는 말이었다.

응?! 지금이랑 딱 맞는 상황이다! 어디 한번 해볼까?
테이프의 말과 똑같으니까 알아들을지도 몰라….

차, 모두 함께 테이블을 치우자.
(자, 모두 함께 식탁을 치우자.)

각 단어의 의미는 몰라도 이 말을 사용해야 할 상황이 확실했기 때문에 시험삼아 사용해보았다. 그러자…

아~ 켄차나요!
(괜찮아요)

홈스테이의 주인은 "테이프와 똑같이 말하네!" 하며 나에게 이 런저런 말을 걸기 시작하여 대화가 이루어졌다.

시험 삼아 한 말로 대화가 시작된 건
내가 한 말이 그 상황에 딱 맞았기 때문이야.
'자! 모두 함께…'라는 의미도 알았고,
시험 삼아 추정해보는 건 꽤 대담한 일이지만
때론 정곡을 찌르기도 한답니다.

수식 공식이 잔뜩 들어간 앞의 Φ 그래프를 보자 슈뢰딩거 선생님은 무엇인지 곧 알아챘다.

$\Phi(\xi) = e^{-\frac{\xi^2}{2}}$ 이다!!

답은 순식간에 나왔다. 분명히 이 함수는 위의 그래프처럼 된다.

흥미가 있는 사람은 직접 확인해봐.

어서 이것을 슈뢰딩거 선생님의 전자의 파동방정식,

$$\frac{d^2\Phi(\xi)}{d\xi^2} = (-a + \xi^2)\Phi(\xi)$$

에 대입해 확인해보자.

Φ를 ξ로 2차 미분했으니까 $(-a + \xi^2)\Phi(\xi)$ 형태가 나오면 된다.

잘하고 있어! 계속해봐.

어? 그런데 $\Phi(\xi) = e^{-\frac{\xi^2}{2}}$의 미분은 어려워 보이는데….

내가 부치 박사입니다.

━━━ 부치 박사의 합성함수 미분 ━━━

$\Phi(\xi) = e^{-\frac{\xi^2}{2}}$ 이라는 함수는 $-\frac{\xi^2}{2}$을 y로 놓으면, ey라고 나타낼 수 있다.

이 경우 $\Phi(\xi) = e^{-\frac{\xi^2}{2}}$을 미분하려면 ey를 y로 미분한 값에

$-\dfrac{\xi^2}{2}$ 을 ξ 로 미분한 값을 곱하면 된다.

$$\frac{d}{d\xi}\, e^{-\frac{\xi^2}{2}} = \frac{d}{dy}\,(e^y) \cdot \frac{d}{d\xi}\left(-\frac{\xi^2}{2}\right)$$

$$= e^y \times \left(-\frac{1}{2}\right) \cdot 2\,\xi$$

$$= -\xi e^y$$

$$= -\xi e^{-\frac{\xi^2}{2}}$$

이 미분은 재미있는 패턴이니까 더 쉽게 할 수 있어!

e의 합성함수 미분을 눈사람 방식으로 미분하면 이렇게 된다.

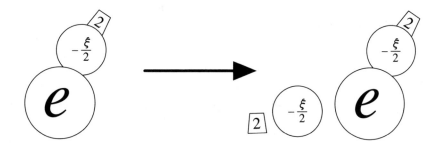

이런 요령으로 우선 $\varPhi$ 을 1차 미분해보자.

$$\frac{d\varPhi}{d\xi} = \frac{d}{d\xi}\, e^{-\frac{\xi^2}{2}} = 2 \cdot \left(-\frac{\xi}{2}\right) \cdot e^{-\frac{\xi^2}{2}} = -\xi e^{-\frac{\xi^2}{2}}$$

1차 미분 완성!!   와아!!

계속해서 2차 미분에 도전!!

1차 미분을 한 번 더 미분하면 2차 미분이 되는데, 그러기 위해서는 한 번 더 실력을 발휘해야 한다. 이것을 '곱의 미분'이라고 한다. 그럼 다시 지로사의 도움을 받아보자.

지로사의 곱의 미분

예를 들어 $\{f(x) \cdot g(x)\}$라는 식을 미분하면,

$$\frac{d}{dx}\left\{f(x) \cdot g(x)\right\} = \frac{d}{dx}f(x) \cdot g(x) + f(x) \cdot \frac{d}{dx}g(x)$$

형태가 된다.

쉽게 기억하는 방법이 있는데, 먼저 좌변과 우변을 잘 비교해봐.

$\{f(x) \cdot g(x)\}$의 미분은,

$$\frac{d}{dx}f(x) \quad \times \quad g(x) \quad + \quad f(x) \quad \times \quad \frac{d}{dx}g(x)$$

<u>미분</u>   <u>그대로</u>   <u>그대로</u>   <u>미분</u>

가 된다.

곱의 미분은 항상 이 순서로 계산하면 되므로 이것만 알면 된다.

그럼 이 방법을 이용해 앞에서 1차 미분한 Φ를 한 번 더 미분해보자.

암호명 미그그미!

$$\frac{d^2\Phi(\xi)}{d\xi^2} = \frac{d}{d\xi}\left(\frac{d\Phi}{d\xi}\right)$$

$$= \frac{d}{d\xi}\left(-\xi e^{-\frac{\xi^2}{2}}\right)$$

$$= \frac{d(-\xi)}{d\xi}\, e^{-\frac{\xi^2}{2}} + (-\xi)\,\frac{d}{d\xi}\, e^{-\frac{\xi^2}{2}}$$

미   그   그   미

$\dfrac{d}{d\xi}\, e^{-\frac{\xi^2}{2}} = -\xi e^{-\frac{\xi^2}{2}}$ 는 앞에서 했지?

$$= -e^{-\frac{\xi^2}{2}} + (-\xi)\left(-\xi e^{-\frac{\xi^2}{2}}\right)$$

$$= \left(-1 + \xi^2\right)e^{-\frac{\xi^2}{2}}$$

와, 구했다!

추정한 Φ와 원래 전자의 파동방정식 Φ를 비교해보자.

추정한 $\Phi(\xi)$ 　　　 $\dfrac{d^2\Phi(\xi)}{d\xi^2} = (-1 + \xi^2)\,\Phi(\xi)$

똑같다!

전자의 파동방정식 $\Phi(\xi)$ 　　 $\dfrac{d^2\Phi(\xi)}{d\xi^2} = (-a + \xi^2)\,\Phi(\xi)$

비슷하지만 추정한 Φ는 $a=1$일 때만 전자의 파동방정식의 Φ와 똑같다.

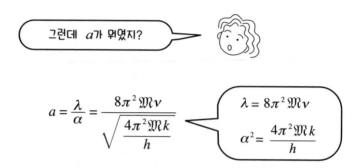

그런데 a가 뭐였지?

$$a = \frac{\lambda}{\alpha} = \frac{8\pi^2 \mathfrak{M} v}{\sqrt{\dfrac{4\pi^2 \mathfrak{M} k}{h}}}$$

$$\lambda = 8\pi^2 \mathfrak{M} v$$

$$\alpha^2 = \frac{4\pi^2 \mathfrak{M} k}{h}$$

위의 식대로라면 이런 복잡한 분모와 분자가 1이 되는 특별한 경우만 가능할 것 같다.

a가 1일 때 외에도 대응할 수 있게 하고 싶지만 a부분을 제외하면 똑같은 형태가 되니까 처음에 추정한 $e^{-\frac{\xi^2}{2}}$을 사용해서 어떻게든 할 수 없을까?

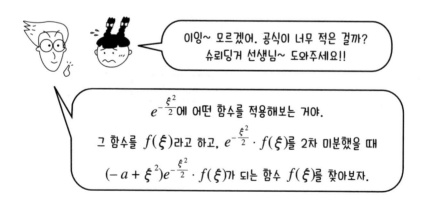

이잉~ 모르겠어. 공식이 너무 적은 걸까? 슈뢰딩거 선생님~ 도와주세요!!

$e^{-\frac{\xi^2}{2}}$에 어떤 함수를 적용해보는 거야.
그 함수를 $f(\xi)$라고 하고, $e^{-\frac{\xi^2}{2}} \cdot f(\xi)$를 2차 미분했을 때
$(-a + \xi^2)e^{-\frac{\xi^2}{2}} \cdot f(\xi)$가 되는 함수 $f(\xi)$를 찾아보자.

오호라! 그런 방법이 있었구나.

그럼 $\Phi(\xi)$는,

$$\Phi(\xi) = e^{-\frac{\xi^2}{2}} \cdot f(\xi)$$

로 나타낼 수 있다.

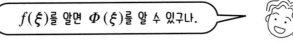

$f(\xi)$를 알면 $\Phi(\xi)$를 알 수 있구나.

이 $\Phi(\xi)$를 후크장에서의 전자의 파동방정식,

$$\Phi(\xi) = e^{-\frac{\xi^2}{2}} \cdot f(\xi)$$

에 대입해보자.

먼저 좌변 $\Phi(\xi)$의 2차 미분이니까,

아, 이건 함수의 곱셈이 되니까 곱의 미분이겠구나.
그럼 '미그그미'를 이용하면 돼.

$$\frac{d\Phi(\xi)}{d\xi} = \frac{d}{d\xi}\left\{ e^{-\frac{\xi^2}{2}} \cdot f(\xi) \right\}$$

$$= \frac{d}{d\xi}\left(e^{-\frac{\xi^2}{2}} \right) \cdot f(\xi) + e^{-\frac{\xi^2}{2}} \cdot \frac{d}{d\xi} f(\xi)$$

미   그   그   미

$$= -\xi e^{-\frac{\xi^2}{2}} \cdot f(\xi) + e^{-\frac{\xi^2}{2}} \cdot \frac{d}{d\xi} f(\xi)$$

그리고 이것을 한 번 더 미분해보자. 합치면 2차 미분.

$$\frac{d^2\Phi(\xi)}{d\xi^2} = \frac{d}{d\xi}\left\{-\xi e^{-\frac{\xi^2}{2}} \cdot f(\xi) + e^{-\frac{\xi^2}{2}} \cdot \frac{d}{d\xi}f(\xi)\right\}$$

$$= \frac{d}{d\xi}\left\{-\xi e^{-\frac{\xi^2}{2}} \cdot f(\xi)\right\} + \frac{d}{d\xi}\left\{e^{-\frac{\xi^2}{2}} \cdot \frac{d}{d\xi}f(\xi)\right\}$$

이건 미그그미+미그그미야.

$$= \frac{d}{d\xi}\left(-\xi \cdot e^{-\frac{\xi^2}{2}}\right)f(\xi) + \left(-\xi e^{-\frac{\xi^2}{2}}\right) \cdot \frac{d}{d\xi}f(\xi)$$

$$+ \frac{d}{d\xi}\left(e^{-\frac{\xi^2}{2}}\right) \cdot \frac{d}{d\xi}f(\xi) + e^{-\frac{\xi^2}{2}} \cdot \frac{d^2}{d\xi^2}f(\xi)$$

$$\frac{d}{d\xi}\left(-\xi \cdot e^{-\frac{\xi^2}{2}}\right) = \left(-1+\xi^2\right)e^{-\frac{\xi^2}{2}} \text{ 였지?}$$

$$\frac{d^2\Phi(\xi)}{d\xi^2} = (-1+\xi^2)e^{-\frac{\xi^2}{2}} \cdot f(\xi) - \xi \cdot e^{-\frac{\xi^2}{2}}\frac{d}{d\xi}f(\xi)$$

$$+ \left(-\xi e^{-\frac{\xi^2}{2}}\right)\frac{d}{d\xi}f(\xi) + e^{-\frac{\xi^2}{2}} \cdot \frac{d^2}{d\xi^2}f(\xi)$$

$$= \left\{(\xi^2-1)f(\xi) - 2\xi \cdot \frac{d}{d\xi}f(\xi) + \frac{d^2}{d\xi^2}f(\xi)\right\}e^{-\frac{\xi^2}{2}}$$

이것으로 후크장에서 전자의 파동방정식 좌변에 앞에 추정한 $\Phi(\xi)$,

$$\Phi(\xi) = e^{-\frac{\xi^2}{2}} \cdot f(\xi)$$

를 대입할 수 있었다.

휴~ 힘들다.

그럼 이번에는 우변에 대입해보자.

$$(-a + \xi^2)\Phi = (-a + \xi^2)e^{-\frac{\xi^2}{2}} \cdot f(\xi)$$

이것은 전자의 파동방정식에서 좌변과 우변이니 당연히 등식으로 연결할 수 있다.

$$\left\{ (\xi^2 - 1)f(\xi) - 2\xi \frac{d}{d\xi} f(\xi) + \frac{d^2}{d\xi^2} f(\xi) \right\} e^{-\frac{\xi^2}{2}}$$

$$= (-a + \xi^2)e^{-\frac{\xi^2}{2}} \cdot f(\xi)$$

$$(\xi^2 - 1)f(\xi) - 2\xi \frac{d}{d\xi} f(\xi) + \frac{d^2}{d\xi^2} f(\xi) = (-a + \xi^2)f(\xi)$$

$$-f(\xi) - 2\xi \frac{d}{d\xi} f(\xi) + \frac{d^2}{d\xi^2} f(\xi) = -af(\xi)$$

$$\boxed{\frac{d^2}{d\xi^2} f(\xi) = (1 - a)f(\xi) + 2\xi \frac{d}{d\xi} f(\xi)}$$

후크장에서 전자의 파동방정식이,

힘내!

$$\Phi(\xi) = e^{-\frac{\xi^2}{2}} \cdot f(\xi)$$

를 대입함으로써 이렇게 치환할 수 있었다.

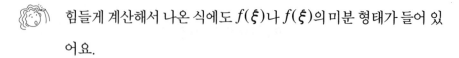 힘들게 계산해서 나온 식에도 $f(\xi)$나 $f(\xi)$의 미분 형태가 들어 있어요.

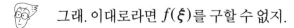 그래. 이대로라면 $f(\xi)$를 구할 수 없지.

어떡하지…?

슈뢰딩거 선생님, 이제 어떡하죠? 도와주세요.

좋아! 그럼 공식 중의 공식이라고 할 수 있는,

최후의 수단

을 강구할 수밖에 없지. 바로 이거야!

테일러 전개

테일러 전개란?

연속적인 보통 함수를 다른 형태로 치환할 수 있는 탄력적인 방법으로, 테일러 전개는 이런 형태의 수식이 된다.

$$f(x) = C_0 + C_1 x + C_2 x^2 + C_3 x^3\, C_4 x^4 + \cdots = \sum_{n=0}^{\infty} C_n x^n$$

$C_0, C_1, C_2, \cdots$ 각각의 계수를 알면 $f(\xi)$가 어떤 형태가 되는지 알 수 있다.

물리학자들은 함수가 어떤 형태인지 알아볼 때 테일러 전개를 이용한다.

C_n을 구하면 $f(\xi)$를 알 수 있고,
$\Phi(\xi)$도 알 수 있다는 건가?

 테일러 전개로 치환해서 좋은 점이 뭐가 있어요?

 테일러 전개로 함수를 치환해도 단순한 치환이기 때문에 특별히 어디가 달라지는 건 아니야. 지금까지는 $f(\xi)$를 구하는 문제였던 것이 계수 C_n을 구하는 문제로 바뀌는 것뿐이거든. 그래서 최후의 수단이라고 한 것이고 남용은 금물이란다. 하지만 간혹 뜻밖의 돌파구가 되기도 해.

 그럼 빨리 해봐요.

$f(\xi)$를 테일러 전개의 형태로 하면 다음과 같다.

$$f(\xi) = C_0 + C_1 \xi + C_2 \xi^2 + C_3 \xi^3 \, C_4 \xi^4 + \cdots = \sum_{n=0}^{\infty} C_n \xi^n$$

그리고 $f(\xi)$의 1차 미분 $\dfrac{df(\xi)}{d\xi}$는 다음과 같다.

$$\frac{d}{d\xi} f(\xi) = 0 + C_1 + 2C_2 \xi + 3C_3 \xi^2 + 4C_4 \xi^3 + \cdots$$

ξ를 곱해서 $\xi f(\xi)$로 하면 다음과 같다.

$$\xi \frac{d}{d\xi} f(\xi) = 0 + C_1 \xi + 2C_2 \xi^2 + 3C_3 \xi^3 + 4C_4 \xi^4 + \cdots = \sum_{n=0}^{\infty} nC_n \xi^n$$

또 $\dfrac{d}{d\xi}f(\xi)$를 미분해서 $\dfrac{d^2}{d\xi^2}f(\xi)$를 구하면 다음과 같다.

$$\frac{d^2}{d\xi^2}f(\xi)=0+0+2\cdot1\cdot C_2+3\cdot2\cdot C_3\xi+4\cdot3\cdot C_4\xi^2+\cdots$$

$$=2\cdot1\cdot C_2+3\cdot2\cdot C_3\xi+4\cdot3\cdot C_4\xi^2+\cdots$$

$n=0,\qquad n=1,\qquad n=2\cdots$라고 생각하자.

$$=(0+2)(0+1)C_{0+2}\xi^0+(1+2)(1+1)C_{1+2}\xi^1$$
$$+(2+2)(2+1)C_{2+2}\xi^2+\cdots$$
$$=\sum_{n=0}^{\infty}(n+2)(n+1)C_{n+2}\xi^n$$

지금까지 구한 것을 정리해보자.

$$f(\xi)=\sum_{n=0}^{\infty}C_n\xi^n$$

$$\xi\frac{d}{d\xi}f(\xi)=\sum_{n=0}^{\infty}nC_n\xi^n$$

$$\frac{d^2}{d\xi^2}f(\xi)=\sum_{n=0}^{\infty}(n+2)(n+1)C_{n+2}\xi^n$$

그리고 후크장에서 전자의 파동방정식을 바꿔 쓴 식,

$$\frac{d^2}{d\xi^2}f(\xi)=(1-a)f(\xi)+2\xi\frac{d}{d\xi}f(\xi)$$

에 테일러 전개 형태로 놓고 구한 $f(\xi)$, $\xi f(\xi)$, $\dfrac{d^2}{d\xi^2}f(\xi)$를 대입해 보자.

$$\sum_{n=0}^{\infty} (n+2)(n+1)C_{n+2}\,\xi^n = (1-a)\sum_{n=0}^{\infty} C_n\,\xi^n + 2\sum_{n=0}^{\infty} nC_n\,\xi^n$$

$\sum$를 정리해서 ξ^n으로 묶으면 다음과 같다.

$$\sum_{n=0}^{\infty} \left\{ (n+2)(n+1)C_{n+2} - (1-a+2n)C_n \right\} \xi^n = 0$$

그런데 이 식은 ξ의 제곱 항, ξ의 2제곱 항, 3제곱 항, 4제곱, 5제곱, …을 전부 더하면 0이 되는 형태이다.

 이런 '무한' 덧셈은 어떤 경우에 0이 되는지 아니?

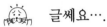 글쎄요….

 사실 ξ의 제곱, ξ의 2제곱…, 모든 항목의 계수가 0이 될 때뿐이야.

즉 모든 n에 대하여,

$$(n+2)(n+1)C_{n+2} - (1-a+2n)C_n = 0$$

이 된다. 따라서 위의 식은 다음의 경우에만 성립된다.

$$(n+2)(n+1)C_{n+2} = (1-a+2n)C_n$$

이것을 이항해서 변형시키면 다음과 같다.

$$C_{n+2} = \frac{2n+1-a}{(n+2)(n+1)} C_n \quad (n = 0, 1, 2, 3, \cdots)$$

 이 함수식을 잘 살펴봐. 이 식은 C_n을 알면 C_{n+2}를 알 수 있고, C_{n+2}를 알면 C_{n+4}를 알 수 있고, C_{n+4}를 알면 … 이런 관계가 된다는 것을 알 수 있지?

 맞아요.

 처음에 C_0이 정해지면 C_2를, 그리고 C_4, C_6, C_8…과 같이 짝수 함수를 전부 알 수 있어. 마찬가지로 C_1이 정해지면 뒤에 나오는 홀수 항목을 전부 알 수 있지.

 그럼 이렇게 해서 **계수 C_n**을 구한 거네요!!

n이 짝수일 때: $C_0 \rightarrow C_2 \rightarrow C_4 \rightarrow C_6 \rightarrow \cdots$

n이 홀수일 때: $C_1 \rightarrow C_3 \rightarrow C_5 \rightarrow C_7 \rightarrow \cdots$

그럼 C_n은 두 가지로 나뉘는구나.

 그런데 슈뢰딩거 선생님, 이것만으로는 C_0과 C_1이 어떤 값을 갖는지 알 수 없잖아요.

  그건 적당히 정해야지.

 네!?

 미분방정식의 해는 그런 거야. 신경 쓰지 않아도 돼.

그래서 슈뢰딩거 선생님의 말씀대로 일단,

$$C_0 = 1, C_1 = 1$$

로 정한다. 그러면 짝수와 홀수 각각의 C_n을 알 수 있다.

$C_0 = 1$, $C_1 = 1$인 경우 각 계열에서 계수가 어떤 값을 갖는지 구체적으로 살펴보자.

---

n이 짝수일 때 　　　　　　　　　　　　　　　**짝 수**

$n = 0$일 때　　$C_2 = \dfrac{1-a}{2 \cdot 1} \cdot C_0 = \dfrac{1-a}{2!}$

$n = 2$일 때　　$C_4 = \dfrac{5-a}{4 \cdot 3} \cdot C_2 = \dfrac{(5-a)(1-a)}{4!}$

$n = 4$일 때　　$C_6 = \dfrac{9-a}{6 \cdot 5} \cdot C_4 = \dfrac{(9-a)(5-a)(1-a)}{6!}$

---

n이 홀수일 때 　　　　　　　　　　　　　　　**홀 수**

$n = 1$일 때　　$C_3 = \dfrac{3-a}{3 \cdot 1} \cdot C_1 = \dfrac{3-a}{3!}$

$n = 3$일 때　　$C_5 = \dfrac{7-a}{5 \cdot 4} \cdot C_3 = \dfrac{(7-a)(3-a)}{5!}$

$n = 5$일 때　　$C_7 = \dfrac{11-a}{7 \cdot 6} \cdot C_5 = \dfrac{(11-a)(7-a)(3-a)}{7!}$

 계수 C_n을 알았다는 건 $f(\xi)$를 알았다는 뜻이군요?

$f(\xi)$의 계수 C_n은 짝수항과 홀수항으로 나뉘므로 $f(\xi)$도 짝수항과 홀수항으로 나누어 써보자.

$$f\,짝(\xi) = C_0 + C_2\xi^2 + C_4\xi^4 + C_6\xi^6 + \cdots$$

$$= 1 + \frac{1-a}{2!}\xi^2 + \frac{(5-a)(1-a)}{4!}\xi^4 + \frac{(9-a)(5-a)(1-a)}{6!}\xi^6 + \cdots$$

$$f\,홀(\xi) = C_1\xi + C_3\xi^3 + C_5\xi^5 + C_7\xi^7 + \cdots$$

$$= \xi + \frac{3-a}{3!}\xi^3 + \frac{(7-a)(3-a)}{5!}\xi^5 + \frac{(11-a)(7-a)(3-a)}{7!}\xi^7 + \cdots$$

$f(\xi)$는 두 개의 답이 있구나.

그리고 $f(\xi)$를 알았으니,

$$\Phi(\xi) = e^{-\frac{\xi^2}{2}} \cdot f(\xi)$$

도 알 수 있다. 이것도 홀수항과 짝수항으로 나눠보자.

$$\Phi\,짝(\xi) = e^{-\frac{\xi^2}{2}} \cdot f\,짝(\xi)$$

$$= \left\{ 1 + \frac{1-a}{2!}\xi^2 + \frac{(5-a)(1-a)}{4!}\xi^4 \right.$$

$$\left. + \frac{(9-a)(5-a)(1-a)}{6!}\xi^6 + \cdots \right\} e^{-\frac{\xi^2}{2}}$$

$$\Phi\,홀(\xi) = e^{-\frac{\xi^2}{2}} \cdot f\,홀(\xi)$$

$$= \left\{ \xi + \frac{3-a}{3!}\xi^3 + \frac{(7-a)(3-a)}{5!}\xi^5 \right.$$

$$\left. + \frac{(11-a)(7-a)(3-a)}{7!}\xi^7 + \cdots \right\} e^{-\frac{\xi^2}{2}}$$

이렇게 해서 전자의 파동 $\Phi(\xi)$를 알게 되었다. $\Phi(\xi)$는,

$$\Phi(\xi) = \Phi\text{짝}(\xi) + \Phi\text{홀}(\xi)$$

이런 식으로 짝수항과 홀수항으로 이루어져 있다. 그리고 그 $\Phi\text{짝}(\xi)$, $\Phi\text{홀}(\xi)$의 형태도 알았다!!

그럼, 우리가 정말 전자의 파동 $\Phi(\xi)$를 구한 것인지 확인해보자.

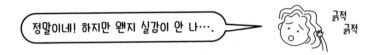

정말이네! 하지만 왠지 실감이 안 나….

후크장이란 중심으로 끌어당기는 힘이 작용하는 공간을 뜻하는데, 중심에서 멀리 떨어진 곳에서 Φ는 0이 되어야 한다.

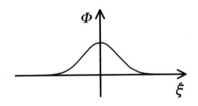

이것을 수식언어로 나타내면 $\xi \to \pm\infty$일 때 $\Phi(\xi)$가 된다. 그럼 어떻게 되는지 살펴보자.

먼저 $\xi \to \infty$일 때 $\Phi\text{짝}(\xi)$은 어떻게 되는지 살펴보자.

$$\Phi\text{짝}(\xi) = e^{-\frac{\xi^2}{2}} \cdot f\text{짝}(\xi) = \frac{f\text{짝}(\xi)}{e^{\frac{\xi^2}{2}}}$$

$\xi \to \infty$일 때 $\Phi\text{짝}(\xi)$의 분모 $e^{-\frac{\xi^2}{2}}$과 분자 $f(\xi)$도 무한대가 된다.

하지만 똑같은 무한대라고 해도,

$$\left|f\,\text{짝}(\xi)\right| > e^{\frac{\xi^2}{2}}$$ 이라면 $\left|\varPhi\,\text{짝}(\xi)\right|$ 은 무한대가 되고,

$$\left|f\,\text{짝}(\xi)\right| < e^{\frac{\xi^2}{2}}$$ 이라면 $\left|\varPhi\,\text{짝}(\xi)\right|$ 은 0이 된다.

분자 f 짝(ξ)의 $\xi \to \infty$ 인 경우 마지막 항은,

$$f\,\text{짝}(\xi \to \infty) = 1 + \frac{1-a}{2!}\infty^2 + \cdots + \frac{(\ )(\ )\cdots(\ )}{\Box!}\infty^\infty$$

이므로 ∞^∞ 가 되고, 분모를 $\xi \to \infty$ 로 했을 때,

$$e^{\frac{\xi^2}{2}} \quad \to \quad e^{\frac{\infty^2}{2}}$$

이므로 $\infty^\infty > e^{\frac{\infty^2}{2}}$ 이 된다.

즉 이 식대로라면 $\xi \to \pm\infty$ 일 때 $\left|\varPhi(\xi)\right| = \infty$ 가 된다는 뜻이다.

뭔가 대책을 강구해야겠군….

슈뢰딩거는 다시 고민에 빠졌다.

■ 자연에 부합하는 조건 찾기!

앞에서 구한 계수의 관계식을 떠올려보자.

$$C_{n+2} = \frac{2n+1-a}{(n+2)(n+1)} C_n$$

자연에 맞게 놓인 조건을 멋지게
'경계조건'이라고 표현해.

이 식에서 계수 C_{n+2}는 앞의 계수 C_n에 의해 결정된다. 이것은 어딘가에서 계수가 0이 되면 다음부터 나오는 항의 계수는 모두 0이 된다는 뜻이다.

자, 그렇게 되면 $f(\xi)$는 '무한히 계속되는 급수'였지만,
어느 부분부터 계수가 0이 되면 '유한급수'가 된다.
따라서 $\xi \to \pm\infty$의 경우에도 $\Phi(\xi) \to \infty$가 되는 일은 없다!

$$\Phi\, 홀(\xi) = C_1 \xi + C_3 \xi^3 + C_5 \xi^5 + 0 + 0 + 0 \cdots$$

싹둑!!

강제 종료시키는 거군요?

팟!

즉 어딘가에서 무한급수를 끝내기 위한 조건은,

$$\frac{(2n+1-a)}{(n+1)(n+2)} = 0$$

이 된다.

위 식의 내용을 다시 살펴보자. $n = 0, 1, 2, 3, \cdots$ 이런 식으로 변하므로 마음대로 정할 수 있는 것은 a뿐이라는 뜻이다. 따라서 a가,

$$2n + 1 - a = 0$$

즉,

$$a = 2n + 1 \quad (n = 0, 1, 2, 3, \cdots)$$

이 되면 C_n은 0이 된다.

그렇구나! 그럼 $n = 1$일 때 위의 식이 0이 되면 제3항부터는 전부 0이 되고, $n = 6$일 때 위의 식이 0이 되면 제8항부터는 전부 0이 되는구나.

그런데 계수는 C_n에 따라 C_{n+2}가 결정되는 것처럼 '1개마다' 정해지는 거라면, n이 짝수일 때는 다음에 나오는 '짝수항'만 0이 되고, 홀수일 때는 '홀수항'만 0이 되는 거지?

싹둑!

$$\Phi(\xi) = C_1 \xi + C_3 \xi^3 + C_5 \xi^5 \quad + 0 + 0 + 0 + \cdots$$
$$+ C_0 \xi^0 + C_2 \xi^2 + C_4 \xi^4 + C_6 \xi^6 + C_8 \xi^8 + \cdots$$

그럼, 결국 n이 짝수라면 홀수항이 무한대가 되고, n이 홀수라면 짝수항이 무한대가 되겠네요?

그건 간단해. n이 짝수라면 $C_1 = 0$으로 만들어 홀수항이 0이 되게 하고, 반대로 n이 홀수라면 $C_0 = 0$으로 만들어 짝수항이 0이 되게 하면 돼.

여기까지 계산하자 마침내 $\Phi(\xi)$의 형태를 알 수 있었다. 이제 자연에 부합하는 조건을 붙이면 a는,

$$a = 2n + 1 \qquad (n = 0, 1, 2, 3, \cdots)$$

이 되어야 한다는 사실을 알았다.

그리고 a가 무엇이었는지 생각해보니 ν를 포함하는 상수였다. 즉 고유값 ν를 알 수 있다. 또 $\Phi(\xi)$를 알면 ν도 알 수 있다는 뜻이 된다.

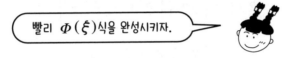

빨리 $\Phi(\xi)$식을 완성시키자.

---

n이 짝수일 때

$$\Phi_{\text{짝}}(\xi) = \left\{ 1 + \frac{1-a}{2\,!}\,\xi^2 + \frac{(5-a)(1-a)}{4\,!}\,\xi^4 \right.$$
$$\left. + \frac{(9-a)(5-a)(1-a)}{6\,!}\,\xi^6 + \cdots \right\} e^{-\frac{\xi^2}{2}}$$

예를 들어 $n=4$일 때 $a=9$가 되면 C_6 이후의 계수는 전부 0이 된다. 따라서 그때의 $\Phi_4(\xi)$는

$$\Phi_4(\xi) = \left(1 + \frac{-8}{2\,!}\,\xi^2 + \frac{-4\cdot-8}{4\,!}\,\xi^4 \right) e^{-\frac{\xi^2}{2}}$$
$$= \left(1 - 4\xi^2 + \frac{4}{3}\,\xi^4 \right) e^{-\frac{\xi^2}{2}}$$

이 된다.

---
n이 홀수일 때

$$\Phi_홀(\xi) = \left\{ \xi + \frac{3-a}{3!} \xi^3 + \frac{(7-a)(3-a)}{5!} \xi^5 \right.$$

$$\left. + \frac{(11-a)(7-a)(3-a)}{7!} \xi^7 + \cdots \right\} e^{-\frac{\xi^2}{2}}$$

예를 들어 $n=5$일 때 $a=11$이 되면 C_7 이후의 계수는 전부 0이 된다. 따라서 그때의 $\Phi_5(\xi)$는

$$\Phi_5(\xi) = \left(\xi + \frac{-8}{3!} \xi^3 + \frac{-4 \cdot -8}{5!} \xi^5 \right) e^{-\frac{\xi^2}{2}}$$

$$= \left(\xi - \frac{4}{3} \xi^3 + \frac{4}{15} \xi^5 \right) e^{-\frac{\xi^2}{2}}$$

이 된다.

■ 고유값 v 구하기

경계조건에 의해 정해진,

$$a = 2n + 1 \quad (n = 0, 1, 2, 3, \cdots)$$

에서 a는 여러 번의 치환을 거쳤다. 그것을 원래대로 되돌려서 고유값 v를 구해보자.

$$a = 2n + 1$$

$$\frac{\lambda}{\alpha} = 2n + 1$$

치환 3

$$k_x = \frac{2\pi}{L}$$

고유값 ν는 정수 n에 일치한다 그것을 ν_n이라고 한다

$$\frac{8\pi^2 \mathfrak{M}\nu_n}{\sqrt{\dfrac{4\pi^2 \mathfrak{M}k}{h}}} = 2n + 1$$

치환 1

$$\begin{cases} \lambda = 8\pi^2 \mathfrak{M}\nu \\ \alpha^2 = \dfrac{4\pi^2 \mathfrak{M}k}{h} \end{cases}$$

$$\frac{8\pi^2 \mathfrak{M}\nu_n}{2\pi \sqrt{\dfrac{\mathfrak{M}k}{h}}} = 2n + 1$$

a는 왜 이렇게 복잡한 거야?

$$4\pi\nu_n \sqrt{\frac{\mathfrak{M}h}{k}} = 2n + 1$$

여러 번 치환해서 그래.

$$\nu_n = \frac{2n+1}{4\pi} \sqrt{\frac{k}{\mathfrak{M}h}}$$

$$= \frac{1}{2\pi} \left(n + \frac{1}{2}\right) \sqrt{\frac{k}{\mathfrak{M}h}}$$

$$\nu_n = \frac{1}{2\pi} \sqrt{\frac{k}{\mathfrak{M}h}} \left(n + \frac{1}{2}\right) \qquad (n = 1, 2, 3, \cdots)$$

■ 에너지 구하기

그러고 보니 하이젠베르크도 조화진동일 경우의 에너지를 구했지…. 그럼 '전자는 파동'이라는 나의 이론으로도 에너지를 구해보자.

조화진동은 '후크장'과 똑같은 거야.
입자의 경우 '조화진동'이라고 하고,
파동의 경우 '후크장'이라고 하는 거지.

고유값 v에 플랑크상수 h를 곱하면 에너지를 구할 수 있었다.

$$E = hv_n$$

여기에 후크장에서 나온 고유값을 대입한다.

$$E = hv_n = \frac{h}{2\pi}\left(n + \frac{1}{2}\right)\sqrt{\frac{k}{h\mathfrak{M}}}$$

$m = h\mathfrak{M}$ 였으므로 다음과 같다.

$$= \frac{h}{2\pi}\left(n + \frac{1}{2}\right)\sqrt{\frac{k}{m}}$$

$\sqrt{\frac{k}{m}} = 2\pi v$ 였구나.
하이젠베르크의 식에도 나온 거야.

$$= \frac{h}{2\pi}\left(n + \frac{1}{2}\right)2\pi v$$

Point

$$E = \left(n + \frac{1}{2}\right)hv$$

이럴수가!

이것은 **"이미지를 버리라!"**던 하이젠베르크가 도출한 에너지와 똑같잖은가!

하이젠베르크가 도출한 에너지 값이 실험과 일치한다는 사실은 이미 알고 있었으니 내 이론은 확실히 옳다는 뜻이군. 더불어 내 이론에는 '파동'이라는 확실한

이미지가 있지. 하하하!

에너지도 완벽하다.
역시 전자는 파동이다!

지금까지의 내용을 정리해보자

$\Phi_n(\xi)$은 n이 짝수일 때와 홀수일 때로 나눌 수 있다.

기억나?

① n이 짝수일 때

$$\Phi_n(\xi) = \left\{ 1 + \frac{1-a}{2!} \xi^2 + \frac{(5-a)(1-a)}{4!} \xi^4 \right.$$
$$\left. + \frac{(9-a)(5-a)(1-a)}{6!} \xi^6 \cdots \right\} e^{-\frac{\xi^2}{2}}$$

② n이 홀수일 때

$$\Phi_n(\xi) = \left\{ \xi + \frac{3-a}{3!} \xi^3 + \frac{(7-a)(3-a)}{5!} \xi^5 \right.$$
$$\left. + \frac{(11-a)(7-a)(3-a)}{7!} \xi^7 \cdots \right\} e^{-\frac{\xi^2}{2}}$$

$a = 2n+1$이었지.

ν_n은 다음과 같다.

$$\nu_n = \frac{1}{2\pi} \sqrt{\frac{k}{\mathfrak{M}h}} \left(n + \frac{1}{2} \right) \qquad (n = 0, 1, 2, 3, \cdots)$$

전자의 파동의 움직임 Ψ는 다음과 같다.

$$\Psi_n = \Phi_n e^{-i2\pi v_n t}$$

전자의 에너지는 다음과 같다.

$$E = \left(n + \frac{1}{2}\right)hv \qquad (n = 0, 1, 2, 3, \cdots)$$

그럼 마지막으로 실험에서 구한 $\Phi(\xi)$에서 전자의 파동 형태도 찾아보자!

$n=0$일 때 $\qquad \Phi_0(\xi) = e^{-\frac{\xi^2}{2}}$

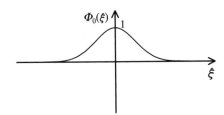 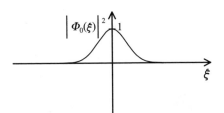

$n=1$일 때 $\qquad \Phi_1(\xi) = \xi e^{-\frac{\xi^2}{2}}$

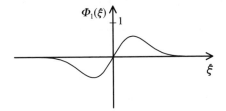 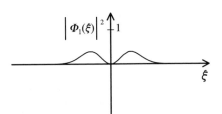

$n=2$일 때 $\Phi_2(\xi) = (1 - 2\xi^2)e^{-\frac{\xi^2}{2}}$

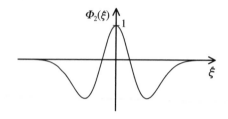
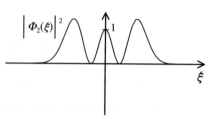

$n=3$일 때 $\Phi_3(\xi) = \left(\xi - \frac{2}{3}\,\xi^3 \right)e^{-\frac{\xi^2}{2}}$

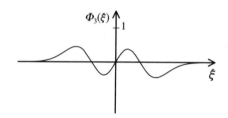
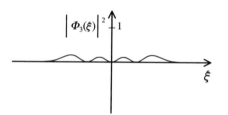

그래프를 보면 알 수 있듯이 처음의 예상과 일치한 것은 $n=0$일 때뿐이야. $n=0$이 아닐 때도 $\xi \to \pm\infty$일 때는 예상대로 $|\Phi_n(\xi)|^2 = 0$이 되었어.
처음 예상했을 때는 중심으로 끌어당기는 힘이 작용하는 전자의 파동이었어. Φ는 중심에서 가장 크고 바깥으로 갈수록 작아진다고 생각했는데, 실제로는 중심에서도 가 작아지는 경우가 있다는 것을 밝혀낸 거지.

드디어 전자의 파동 형태를 알아냈어!

계산은 재미있었어? 난 '미그+그미', 테일러 전개, C_n이 홀수와 짝수로 나뉘는 게 재미있었는데…. 합성함수 미분도 눈사람 같아서 재미있었어.

여러분은 어느 부분이 재미있었어요?

그럼 다시 아버지의 행동과 전자의 어떤 점이 비슷한지 정리해보자!

아버지의 경우

China   Japan

아버지는 외국인 앞에서 테이프에서 들었던 내용을 흉내 내어 말했다. 그랬더니 통했다.

전자의 경우

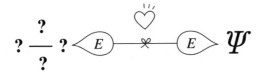

$$? \frac{?}{?} ? \;\; E \;\; \heartsuit \;\; E \;\; \Psi$$

자연에 가까운 조건을 가진 장소에서 파동방정식으로 전자의 에너지를 구했다. 그 결과 이미지를 갖고 있으며 실험과도 일치한다는 사실을 알 수 있었다.

이제 자신있게 4단계로 넘어가보자!  Vamos!

4단계 - 수소원자

아버지의 경우

아침햇살이 쏟아져 들어오는 서재에 있던 아버지 앞에는 검은색의 큰 여행가방이 놓여 있었다.

103 … 103 …103 …

반복해서 되뇌인다. '103'은 여행가방의 자물쇠번호이다. 여행가방을 사온 날 비밀번호를 무엇으로 할지 고민하고 있자 딸 소노코가 "아버지니까 103으로 해요." 하고 말했다. 아버지는 기억하기 쉬워서 좋다면서 바로 103으로 정했다.

그때 아내가 들어왔다.

"여보, 여권은 챙겼어?"

"그럼."

103과 아버지의 발음이 비슷

"그게 없으면 중국에 못 가."

"나도 알아."

아버지는 오늘 중국 칭하이로 떠난다. 히포의 홈스테이 프로그램에 참가하기 위해서이다. 가기로 결정한 후부터 어머니는 '이걸 가져가라, 저걸 잊지 마라'며 아버지를 아이 취급했다.

아버지는 '아버지 모임'이 있던 날 밤부터 '연기'하는 것이 습관이 되어 패밀리 모임에도 매주 참석했다. 이젠 노래도 춤도 어렵지 않았다.

그 무렵 이런 소문이 떠돌았다.

"외국에 다녀오면 술술 말할 수 있게 된대."

물론 외국에 가지 않아도 가능하겠지만 술술 말할 수 있게 된다는 것에 구미가 당겼다.

드디어 중국으로 떠나는 날이 왔다.

칭하이에 도착하자 비슷한 연배의 남성이 매우 빠른 속도로 말을 걸어왔다.

'어, 어떡하지…….'

그렇게 생각한 순간 아버지의 입에서 "토 에 푸 치, 친 니 슈 의만미 티아!"라는 말이 흘러나왔다. 그러자 그 남성은 이번에는 조금 천천히 이렇게 말했다.

"啊、对不起。你就是 小倉先生。欢迎你、累了吧? (아, 미안합니다. 오쿠라 선생님이시죠? 반갑습니다. 피곤하시지요?)"

앗, 테이프와 똑같다. 지금 내 입에서 나온 말은 히포에서 따라하던 테이프에 나오는 '공항' 장면의 한 구절이었지. 이 말은 이런 상황에서 하면 되는구나.

아버지는 비로소 '소리가 작용한 순간 의미가 된다'는 말이 무슨 뜻인지 깨달았다.

일본에 돌아온 아버지는 중국에서의 즐거웠던 홈스테이에 대해서 밤새 정신없이 떠들었다. 그것도 중국어를 섞어 가면서 말이다.

"당신 완전히 중국인이 다 됐네요."

아내가 놀렸다.

다음에는 어디에 가볼까?

그럼, 아버지의 이야기는 이것으로 끝.

즐거웠어!

이 이야기를 읽은 사람들 중에도 분명 아버지의 이야기에 공감하는 사람이 많을 것이다.

아버지는 4단계에서 국내로 만족하지 않고 마침내 바다를 건넜다. 그리고 재미있는 이야기보따리와 함께 말이 능숙해져서 돌아왔다.

나도 지난 봄에 멕시코에 갔을 때 아버지와 비슷한 경험을 했어. 여러분도 ¡渡 los 海! Cruza mares

전자의 경우

그럼 여기서 아버지가 놓인 상황이 전자의 경우에 비유하면 어떤 건지 생각해보자.

아버지의 상태

아버지는 자신의 말이 통하는지 확인하러 중국으로 날아 갔다.

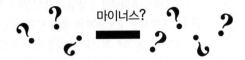

전자의 상태

마이너스?

슈뢰딩거 선생님이 만든 전자의 파동방정식으로 정말
수소원자를 설명할 수 있는지 확인해보자.

슈뢰딩거가 만든 식으로 1, 2, 3단계와 다양한 조건
하에서 전자의 형태가 어떻게 되는지 살펴보았다. 그
결과 이미지를 갖고 있고 실험 결과도 설명할 수 있는
이론이라는 것을 확인할 수 있었다. 즉 거의 완벽한 이
론이 틀림없다는 뜻이다.

두근두근

　그리고 드디어 4단계에서 염원하던 '원자 안의 전자의 모습'을 알
수 있을 것이다!!!

이것으로 하이젠베르크의 '이미지를 버려!'라는
무시무시한 주장을 물리칠 수 있게 됐어!!

하지만 식을 풀어보기 전에는 모르잖아요.

여기까지 왔으니 푼 거나 마찬가지야!
이제 열심히 계산만 하면 돼!!

어머! 슈뢰딩거 선생님은 벌써 계산을 시작했나봐.
우리도 서둘러 따라가야겠어…. 수소원자는 후크장보다
어렵거든. 슈뢰딩거 선생님과 만난 지 아직 반년밖에
안 된 내가 다른 초보자에게 알기 쉽게 설명하는 건 힘들어.
그러니까 여기서 계산은 생략할게. 도전정신에 불타서
꼭 풀어보고 싶은 사람은… 직접 해보면 돼.

참고로 수소원자의 경우 $\mathfrak{B}$ 는,

$$\mathfrak{B} = -\frac{e^2}{h}\frac{1}{r}$$

이 된다.

e는 '기본 전하량'이라는 일정한 값을 가진 상수인데,
지금까지 자주 나온 자연대수 e와는 달라.

수소원자 안에서의 $\mathfrak{B}$ 를 그래프로 그려보자.

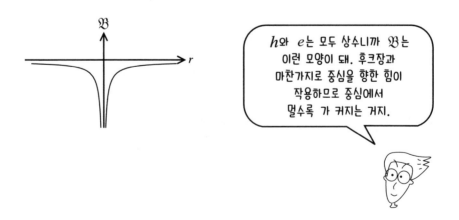

h와 e는 모두 상수니까 $\mathfrak{B}$는
이런 모양이 돼. 후크장과
마찬가지로 중심을 향한 힘이
작용하므로 중심에서
멀수록 가 커지는 거지.

따라서 수소원자 안에서 전자의 파동방정식은 다음과 같다.

$$\nabla^2 \Phi + 8\pi^2 \mathfrak{M}\left(\nu + \frac{e^2}{h}\frac{1}{r}\right)\Psi = 0$$

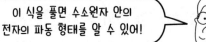 이 식을 풀면 수소원자 안의
전자의 파동 형태를 알 수 있어!

 풀었다!!

슈뢰딩거는 마침내 수소원자를 푸는 데 성공했다.

$$\Phi(r, \theta, \phi) = A P_l^m(\cos\theta) e^{im\phi} F_n^l(r)$$

그리고 그 후에 구한 에너지도 실험과 일치한다는 사실을 확인했다.
또 보어가 구한 에너지 값이 약간 틀렸다는 사실도 밝혀냈다.

슈뢰딩거가 이미지를 갖고 있으면서도 간단한 방법으로 수소원자를
풀자 보어와 하이젠베르크는 깜짝 놀랄 수밖에 없었다. 왜냐하면 하이
젠베르크의 행렬역학으로 수소원자를 푸는 것은 너무나 어려워서 파
울리 같은 수학천재가 아니면 불가능했기 때문이다.

 세상에! 식을 만들어낸 하이젠베르크도 풀지 못했다니!!

그에 비해 슈뢰딩거의 파동방정식으로
수소원자를 푸는 건 간단해서
우리도 조금만 노력하면 풀 수 있어요.

복습

지금까지 1~4단계에서 슈뢰딩거의 식으로 유도한 에너지 값은 실험 결과와 일치한다는 것을 확인했다. 즉 슈뢰딩거의 이론은 전자가 어떤 파동으로 어떻게 존재하는지 이미지도 그릴 수 있고 실험 결과도 제대로 설명할 수 있는 완벽한 이론이라는 사실이 밝혀졌다.

슈뢰딩거의 식은 '전자가 어떤 상태에 놓여 있는지 알면 전자가 어떻게 파동으로 움직이는지 알 수 있는' 것이었다. 전자가 놓인 상태를 히포의 아버지와 비교해보는 것도 재미있을 것 같아서 해보기도 했다.

그리고 1~4단계에서 전자가 놓인 조건을 점점 복잡하게 하면서 슈뢰딩거의 식으로 정말 전자를 나타낼 수 있는지 확인하는 과정은 히포에 막 가입한 아버지가 마치 갓난아이처럼 점점 말을 할 수 있게 되는 과정과 비슷하다는 사실을 발견했다.

전자는 어떤 상태에 있는지에 따라 각각 움직임이 달랐다. 슈뢰딩거의 식을 풀면서 인간의 언어 환경은 사람들 사이의 관계에 의해 자라난다는 것도 알 수 있었다.

역시 언어는 사람들과의 관계 속에서 자라는구나.

히포에 아버지 한 분이 가입하면 히포 패밀리 전체의 관계까지 바뀐다. 그리고 그 환경 속에서 사람들의 말이 빠른 속도로 향상되는 경험을 우리는 수없이 목격했다.

새로운 사람이 가입한다는 것은 단순히 인원수가 늘어나는 것만이 아니었다.

새로운 사람이 패밀리에 들어와서 '말할 수 있게 된다'는 구체적 현상으로서 겉으로 드러나는 모습까지 완전히 달라지는 건 패밀리 내의 관계성까지 바뀌었기 때문일 거야. 슈뢰딩거 선생님의 식에서 전자가 어떤 장소에 있는지에 따라 움직임이 달라지는 것처럼 말이야.

지금까지 트래칼리를 '언어를 자연과학하는' 곳이라고 했는데, 양자역학을 통해서 히포에 가입한 아버지로 인해 사람들 사이의 관계가 변해가고 말하는 모습이 어떤 식으로 변하는지 보니까 '언어를 자연과학한다'는 게 뭔지 알 것 같아. 물론 이건 단순한 예일 뿐이지만….

꼭 그렇지만은 않아. 자연과학이란 종종 우리 가까이에 있지만 주의가 미치지 않는 막연한 전체에서 무엇을 주목할지, 넓은 영역 속에서 어떻게 일반화시킬지를 일관된 이론으로 만들어내는 거야.

그럼, 지금까지 함께 모험을 즐긴 여러분에게 물어볼게.

전자를 입자라고 여기고 복잡하고 어려운 행렬수학으로 풀어서 이미지를 잃은 것과 전자를 파동으로 여기고 간단하고 쉬운 슈뢰딩거 선생님의 파동방정식을 풀어서 이미지를 갖게 된 것 중 어느 쪽을 선택하겠어?

나라면 물론 전자를 파동으로 생각할 거야!!
슈뢰딩거 선생님도 그렇죠?

물론이지.

그럼, 모두 함께 외쳐보자.

전자는 파동이다!!

하지만 슈뢰딩거 선생님은 이 정도로 만족하지 않았다.

5. 복잡한 전자의 파동

지금까지 우리는 자유공간, 상자 안, 후크장, 수소원자 등 다양한 상황에서 전자의 파동을 구했다.

그래서 고유값 ν에서 전자에너지를 계산할 수 있었고, 실험과도 일치했어.

여기까지 왔으니 이제 완벽하다고 생각할 수 있겠지만, 슈뢰딩거 선생님은 여전히 만족하지 않았다.

지금까지 구한 Ψ는 모두 '단순한 파동'이야.

단순한 파동이란 특정한 진동수에서 진동하는 파동을 말한다. 지금까지 구했던 Ψ는 모두,

$$\Psi = \Phi\, e^{-i2\pi\nu t}$$

였다. 이렇게 진동수 ν가 일정한 값으로 정해졌으니 단순한 파동이다.

푸리에가 했던 말을 떠올려봐.

복잡한 파동은 단순한 파동들의 합 말이에요?

그렇지. 따라서 전자의 파동의 경우에도 단순한 파동을 더해서 '복잡한 전자의 파동'을 생각할 수 있을 거야.

푸리에

그렇구나. 그럼 빨리 더해보자.

지금까지 구해온 Ψ는 어느 경우에나 고유값 ν_n이 수많은 불연속적인 값을 취했다.

어떤 하나의 고유값을 ν_n이라고 하면, 그것에 대한 전자의 파동 Φ가 정해진다. 이때의 Φ를 고유값 ν_n에 대한 Φ라고 하고, Φ_n이라고 부르기로 한다.

고유값		전자의 파동
ν_1	......	Φ_1
ν_2	......	Φ_2
ν_3	......	Φ_3
ν_4	......	Φ_4
·	......	·
·	......	·
·	......	·
ν_n	......	Φ_n

진동수가 ν_n일 때 Ψ를 Ψ_n, 그 진폭을 A_n이라고 하면 Ψ_n은,

$$\Psi_n = A_n \Phi_n e^{-i2\pi\,\nu_n t}$$

로 나타낼 수 있다.

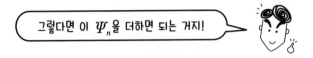

그렇다면 이 Ψ_n을 더하면 되는 거지!

복잡한 전자의 파동을 Ψ라고 하면,

$$\Psi = \Psi_1 + \Psi_2 + \Psi_3 + \cdots$$
$$= A_1 \Phi_1 e^{-i2\pi\nu_1 t} + A_2 \Phi_2 e^{-i2\pi\nu_2 t} + A_3 \Phi_3 e^{-i2\pi\nu_3 t} + \cdots$$

가 되고, 이것을 덧셈 기호 Σ로 나타내면 다음과 같다.

$$\Psi = \sum_n A_n \Phi_n e^{-i2\pi\nu_n t}$$

이제 됐어!

잠깐! 그렇게 쉽게 생각해서는 안 돼.
단순한 덧셈이라고 해도 '더해서 아무리
복잡한 파동이라도 정말 나타낼 수 있는가?'를
확인해야 해. 그렇지 않으면, 복잡한 파동은
단순한 파동들의 합이라고 할 수 없으니까.

Stop!!

그걸 확인하려면 어떻게 해야 하죠?

그건 말이지, 복잡한 파동 $\varPsi$가
전개 가능하다는 걸 증명하면 돼.

'전개'라고 하니 푸리에 전개가 생각나는군요.

푸리에 전개

푸리에 급수

$$f(t) = a_0 + a_1\cos \omega t + b_1\sin \omega t + a_2\cos 2\omega t + b_2\sin 2\omega t + \cdots$$

$$= a_0 + \sum_{n=1}^{\infty} (a_n\cos n\omega t + b_n\sin n\omega t)$$

는 sin 파동과 cos 파동을 더함으로써 아무리 복잡한 파동이라도 나타낼 수 있다. 그렇다면 반대로 아무리 복잡한 파동이라도 sin 파동과 cos 파동으로 **분해할 수 있다.**

이것이 '푸리에 전개'이다.

푸리에 급수의 경우 진동수는 '정수배'로 이미 정해져 있다. 따라서 sin 파동과 cos 파동의 '진폭'만 알면 분해가 가능해진다.

푸리에 전개에서는 복잡한 파동 $f(t)$에 포함된 단순한 파동 $\sin 1\omega t$의 진폭을 알고 싶을 때, 복잡한 파동 $f(t)$에 꺼내고 싶은 파동(이 경우는 $\sin 1\omega t$)을 곱해서 1주기분의 면적을 조사하면 알 수 있다. 결국 이것은 $f(t)$를 구성하고 있는 단순한 파동 각각에 $\sin 1\omega t$를 곱해서 면적을 구하는 것과 같다.

알기 쉽게 그림으로 설명하면 다음과 같다.

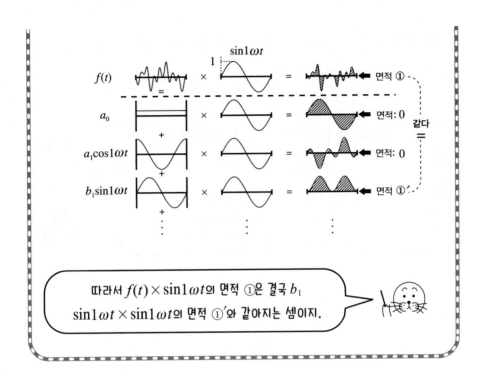

따라서 $f(t) \times \sin1\omega t$의 면적 ①은 결국 b_1 $\sin1\omega t \times \sin1\omega t$의 면적 ①′와 같아지는 셈이지.

푸리에 전개에서는 같은 형태의 파동끼리 곱했을 때 면적이 0이 되지 않는다. 하지만 다른 형태의 파동을 곱했을 때는 면적이 0이 된다.

이처럼 자신 이외의 것과 곱해서 그 면적을 구했을 때 0이 되는 경우, 그 파동들은 서로 **직교**하고 있다고 한다.

다시 말해서,

① $f(t)$에 진폭이 1인 단순한 파동을 곱해서 면적을 구한다.
② 각각의 파동이 직교하고 있으므로 곱한 것과 같은 진동수의 파동 이외의 경우 면적은 모두 0이 된다.
③ 따라서 곱한 것과 똑같은 진동수의 파동만 꺼낼 수 있다.

는 뜻이다. 이처럼 $f(t)$에 여러 가지 진동수의 단순한 파동을 차례로 곱해 나가면 $f(t)$를 분해할 수 있다.

그렇구나, 그럼 단순한 전자의 파동 Ψ_n을 더한 값 Ψ

$$\Psi = \sum_n A_n \Phi_n e^{-i2\pi v_n t}$$

가 '아무리 복잡한 파동이라도 정말 나타낼 수 있는지'
확인하기 위해서는 단순한 전자의 파동이
각각 '직교'하고 있다는 걸 증명하면 되는 거야!

하지만 갑자기 공간과 시간의 함수,

$$\Phi_n e^{-i2\pi v_n t}$$

를 기억해내기는 어려우므로 먼저 공간함수 Φ_n**이 직교하는지** 확인해 보자.

Φ_n이 직교하는지 확인해보자

서로 다른 단순한 파동 Φ_n과 $\Phi_{n'}(n \neq n')$가 직교한다고 할 수 있으려면 Φ_n과 $\Phi_{n'}$를 곱했을 때의 면적이 0이 되어야 한다.

그럼 이것을 수식언어로 나타내보자.

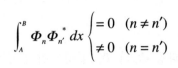

$$\int_A^B \Phi_n \Phi_{n'}^{*} \, dx \begin{cases} = 0 & (n \neq n') \\ \neq 0 & (n = n') \end{cases}$$

Point

$\int \boxed{} \, dx$ 는 적분 기호로, '면적을 구한다'는 뜻이야.

잠깐만요! 왜 Φ_n 에는 ' $*$ '라는 이상한 기호가 붙는 거죠? 꼭 먼지 같아요.

Φ_n 이 복소수의 파동(i가 들어간 파동)인 경우가 있는데, i를 포함하고 있을 때는 공액복소수라는 기술을 사용해야 면적을 구할 수 있다. ' $*$ ' 기호는 '공액복소수를 취했다'는 표시이다.

'공액복소수를 취한다'는 건 i 앞의 기호를 바꾼다는 뜻이야.
예를 들어 2+3i의 공액복소수는 2+(-3i)=2-3i가 되고,
$e^{-i2\pi v t}$ 의 공액복소수는 $e^{-(-i2\pi v t)}$.
그렇다면 1의 공액복소수는 멀까?
답은 1이야. 왜냐하면 1에는 i가 아무데도 들어가지 않거든!!

' $*$ '는 '스타'라고 읽어. 먼지가 아니야.

주문 같은 거라고 생각하면 되니까
너무 신경 쓰지 마.

그럼, 증명을 시작할까?

서로 다른 단순한 파동 Φ_n과 $\Phi_{n'}$가 직교하고 있는지 증명해보자.

> **우리가 원하는 형태는 바로 이것!**
>
> $$\int_A^B \Phi_n \Phi_{n'}^{*} \, dx \begin{cases} = 0 & (n \neq n') \\ \neq 0 & (n = n') \end{cases}$$

이제부터는 전부 1차원으로 생각한다. 먼저 Φ_n은 전자의 파동방정식,

$$\frac{d^2 \Phi_n}{dx^2} + 8\pi^2 \mathfrak{M}(\nu_n - \mathfrak{B}) \Phi_n = 0 \quad \cdots\cdots ①$$

을 충족시켜야 한다.

$\Phi_{n'}$에 대해서도 똑같이 나타낼 수 있다.

∇^2도 x방향만 생각하면 되니까.

x방향

$$\frac{d^2 \Phi_{n'}}{dx^2} + 8\pi^2 \mathfrak{M}(\nu_{n'} - \mathfrak{B}) \Phi_{n'} = 0$$

여기서 우리가 원하는 형태에 가까워지게 하기 위해서 이 식에 나오는 $\Phi_{n'}$의 공액복소수를 취한다.

$$\frac{d^2 \Phi_{n'}^{*}}{dx^2} + 8\pi^2 \mathfrak{M}(\nu_{n'} - \mathfrak{B}) \Phi_{n'}^{*} = 0 \quad \cdots\cdots ②$$

그런데 ①과 ②를 잘 풀면 우리가 원하는 형태가 나올까?
①, ②를 각각 이항하자.

될까…?

$$① : \quad \frac{d^2 \Phi_n}{dx^2} = -8\pi^2 \mathfrak{M}(\nu_n - \mathfrak{B})\Phi_n$$

$$② : \quad \frac{d^2 \Phi_{n'}^*}{dx^2} = -8\pi^2 \mathfrak{M}(\nu_{n'} - \mathfrak{B})\Phi_{n'}^*$$

그리고 ①에는 $\Phi_{n'}$을, ②에는 Φ_n을 양변에 곱한다.

$$\frac{d^2 \Phi_n}{dx^2}\Phi_{n'}^* = -8\pi^2 \mathfrak{M}(\nu_n - \mathfrak{B})\Phi_n \Phi_{n'}^* \quad \cdots\cdots ①'$$

$$\frac{d^2 \Phi_{n'}^*}{dx^2}\Phi_n = -8\pi^2 \mathfrak{M}(\nu_{n'} - \mathfrak{B})\Phi_{n'}^* \Phi_n \quad \cdots\cdots ②'$$

조금 어렵겠지만 우리가 원하는 식의 형태에 가깝게 만들기 위해서 ①′ − ②′를 한다.

히포 패밀리클럽에서는 테이프를 BGM처럼 틀어놓고 언제 어디서나 외국어가 들리는 다언어 환경을 만들어 수많은 가족이 모이는 '패밀리'라는 다언어 공원에서 말을 주고받는다.

그런 환경에 몇 개월 있다 보면 자연스럽게 어느 나라 말이 흘러나오는지 알게 되고, 테이프의 말을 계속 따라 하다 보면 어느새 똑같이 흉내 낼 수 있게 된다.

우리는 의미를 따지지 않고 테이프에서 흘러나오는 말을 흉내 내는 것을 '말을 노래한다'고 표현한다.

말을 할 수 있게 되기 위해서는 '말을 노래하는' 것이 중요한 포인트가 된다는 뜻이다.

국제교류로 멕시코에 갔을 때 스페인어가 폭우처럼 쏟아지고 있었다. 많은 사람과 많은 말을 하는 동안 이따금 어디선가 낯익은 말을 쓰고 있다는 것을 느꼈다. 그것은 말을 노래할 때 자연스럽게 내 입에서 흘러나오던 말들이었다.

말하고 있는 현재의 상황과 그 말이 흘러나오던 테이프의 장면이 순식간에 연결되고, '이럴 때 말하면 좋은 표현이 되겠구나' 하면서 저절로 그 말의 의미를 깨닫게 된다! 내가 소리를 많이 갖고 있으면 반드시 '알고 있는 소리'를 만나게 되고, 그 소리가 작용할 때 의미가 생기면서 나의 언어가 된다.

지금도 나는 뜻도 잘 모르면서 수식언어를 노래하고 있다. 하지만 이것도 계속 노래하다 보면 언젠가 의미를 알게 될 날이 올 것이다. 그러니까 지금은 자세한 부분은 크게 신경 쓰지 말고 수식언어를 노래하자!

그럼 ①′－②′를 계산해보자.

$$\frac{d^2\Phi_n}{dx^2}\Phi_{n'}^{*} = -8\pi^2\mathfrak{M}(\nu_n - \mathfrak{B})\Phi_n\Phi_{n'}^{*} \quad \cdots\cdots ①'$$

$$-)\quad \frac{d^2\Phi_{n'}^{*}}{dx^2}\Phi_n = -8\pi^2\mathfrak{M}(\nu_{n'} - \mathfrak{B})\Phi_{n'}^{*}\Phi_{n'} \quad \cdots\cdots ②'$$

$$\frac{d^2\Phi_n}{dx^2}\Phi_{n'}^{*} - \frac{d^2\Phi_{n'}^{*}}{dx^2}\Phi_n = -8\pi^2\mathfrak{M}\nu_n\Phi_n\Phi_{n'}^{*} + 8\pi^2\mathfrak{M}\mathfrak{B}\Phi_n\Phi_{n'}^{*}$$

$$+ 8\pi^2\mathfrak{M}\nu_{n'}\Phi_{n'}^{*}\Phi_n - 8\pi^2\mathfrak{M}\mathfrak{B}\Phi_{n'}^{*}\Phi_n$$

$$= -8\pi^2\mathfrak{M}\nu_n\Phi_n\Phi_{n'}^{*} + 8\pi^2\mathfrak{M}\nu_{n'}\Phi_n\Phi_{n'}^{*}$$

어렵지 않아! 간단해.

$$= -8\pi^2 \mathfrak{M}(\nu_n - \nu_{n'}) \underline{\Phi_n \Phi_{n'}^*}$$

이 부분이 우리가 목표로 했던 형태와 조금 비슷해.

그럼 좀 더 비슷하도록 Φ_n, $\Phi_{n'}$ 앞에 $\int_A^B$ 기호를 붙이자! 그러기 위해서 양변에 기호를 붙여 계산해보는 거야!

$\int_A^B$ 기호를 붙여 계산한다는 건
'A~B의 범위에서 적분해서 면적을 구한다'는 뜻이야.

$$\int_A^B \left(\frac{d^2\Phi_n}{dx^2} \Phi_{n'}^* - \frac{d^2\Phi_{n'}^*}{dx^2} \Phi_n \right) dx = -8\pi^2 \mathfrak{M}(\nu_n - \nu_{n'}) \int_A^B \Phi_n \Phi_{n'}^* \, dx$$

이것은 상수이고 적분과 상관없으니까 앞으로 꺼내면 돼.

$$\underbrace{\int_A^B \frac{d^2\Phi_n}{dx^2} \Phi_{n'}^* \, dx}_{\boxed{\alpha}} - \underbrace{\int_A^B \frac{d^2\Phi_{n'}^*}{dx^2} \Phi_n \, dx}_{\boxed{\beta}} = -8\pi^2 \mathfrak{M}(\nu_n - \nu_{n'}) \int_A^B \Phi_n \Phi_{n'}^* \, dx$$

우하하하~ 정말 우변이 우리가 원하는 식과 비슷해졌어요. 기뻐요!
하지만 좌변은 잘 모르는 형태가 되었는데 괜찮은 건가요, 슈뢰딩거 선생님?

안심해. 분명히 계산할 수 있으니까.
'부분적분'이라는 공식을 사용하면 돼.

부분적분 공식

$$\int_A^B f(x) \frac{d}{dx} g(x) \, dx = \left[f(x) \cdot g(x) \right]_A^B - \int_A^B \frac{d}{dx} f(x) \cdot g(x) \, dx$$

이 공식을 이용해서 다시 증명해보자!

먼저 좌변의 $\boxed{\alpha}$ 부터 계산하자.

$$\boxed{\alpha} : \int_A^B \frac{d^2\Phi_n}{dx^2} \, \Phi_{n'}^* \, dx$$

식 안에서 위치를 조금 바꿔보면 이렇게 된다.

$$\int_A^B \Phi_{n'}^* \frac{d^2\Phi_n}{dx^2} \, dx$$

위치를 바꿔도 식의 의미는 변하지 않아.

부분적분 공식과 비교하면, 다음과 같이 놓을 수 있다.

$$f(x) = \Phi_{n'}^* , \qquad g(x) = \frac{d\Phi_n}{dx}$$

이것을 공식에 적용해보자.

$$\boxed{\alpha} : \int_A^B \Phi_{n'}^* \frac{d\Phi_n}{dx} \, dx = \left[\Phi_{n'}^* \frac{d\Phi_n}{dx} \right]_A^B - \int_A^B \frac{d\Phi_{n'}^*}{dx} \cdot \frac{d\Phi_n}{dx} \, dx$$

좌변의 또 하나의 식 $\boxed{\beta}$

$$\boxed{\beta} : \int_A^B \frac{d^2\Phi_{n'}^*}{dx^2} \, \Phi_n \, dx$$

는 어떻게 될까? 이것도 처음의 식 안에서 위치를 바꾼다.

$$\int_A^B \Phi_n \frac{d^2\Phi_{n'}^*}{dx^2} \, dx$$

부분적분 공식과 비교하면 다음과 같다.

$$f(x) = \Phi_n, \qquad g(x) = \frac{d\Phi_{n'}^*}{dx}$$

부분적분 공식에 넣을 수 있어.

그럼 이것을 공식에 대입해 계산해보자.

$$\boxed{\beta} : \int_A^B \Phi_n \frac{d\Phi_{n'}^*}{dx}\, dx = \left[\Phi_n \frac{d\Phi_{n'}^*}{dx}\right]_A^B - \int_A^B \frac{d\Phi_n}{dx} \cdot \frac{d\Phi_{n'}^*}{dx}\, dx$$

이번에는 좌변 전체를 계산해보자.

힘내!!

$$\text{좌변} = \left[\Phi_{n'}^* \cdot \frac{d\Phi_n}{dx}\right]_A^B - \int_A^B \frac{d\Phi_{n'}^*}{dx} \cdot \frac{d\Phi_n}{dx}\, dx$$

$$- \left[\Phi_n \cdot \frac{d\Phi_{n'}^*}{dx}\right]_A^B + \int_A^B \frac{d\Phi_n}{dx} \cdot \frac{d\Phi_{n'}^*}{dx}\, dx$$

$$= \left[\Phi_{n'}^* \cdot \frac{d\Phi_n}{dx}\right]_A^B - \left[\Phi_n \cdot \frac{d\Phi_{n'}^*}{dx}\right]_A^B$$

$$- \underbrace{\int_A^B \frac{d\Phi_n}{dx} \cdot \frac{d\Phi_{n'}^*}{dx}\, dx}_{\boxed{A}} + \underbrace{\int_A^B \frac{d\Phi_{n'}^*}{dx} \cdot \frac{d\Phi_n}{dx}\, dx}_{\boxed{B}}$$

$\int$ 기호 안에서는 곱하는 순서를 바꿔도 상관없기 때문에 $\boxed{A} = \boxed{B}$ 가 된다. 따라서 좌변은 다음과 같다.

$$\text{좌변} = \left[\varPhi_{n'}^{\,*} \cdot \frac{d\varPhi_n}{dx} \right]_A^B - \left[\varPhi_n \cdot \frac{d\varPhi_{n'}^{\,*}}{dx} \right]_A^B$$

그리고 식 A, B의 $\varPhi_n$은 경계조건에 의해 $\varPhi_n(\text{A})=0$, $\varPhi_n(\text{B})=0$이 된다.

$$\left[\varPhi_{n'}^{\,*} \cdot \frac{d\varPhi_n}{dx} \right]_A^B = 0, \quad \left[\varPhi_n \cdot \frac{d\varPhi_{n'}^{\,*}}{dx} \right]_A^B = 0$$

경계조건?

후크장에서도 나왔는데, 자연에 일치하도록 조건을 두는 거야.
상자 안의 전자를 예로 들면, 상자 밖에서는 전자의 파동 $\varPhi$가 0이어야 하고,
후크장에서는 중심에서 멀수록 작아지고,
무한하게 먼 곳에서는 0이 되어야 했지.
이처럼 경계조건을 두면 반드시 $\varPhi$가 0이 되는 곳이 있어.

즉 좌변=0이고,

$$0 = -8\pi^2 \mathfrak{M}(\nu_n - \nu_{n'}) \int_A^B \varPhi_n \varPhi_{n'}^{\,*}\, dx$$

가 된다.

$-8\pi^2 \mathfrak{M}$은 상수이므로 양변에 $-\dfrac{1}{8\pi^2 \mathfrak{M}}$을 곱하면 다음과 같이 된다.

$$(\nu_n - \nu_{n'}) \int_A^B \varPhi_n \varPhi_{n'}^{\,*}\, dx = 0$$

이 식을 두 개로 나눠서 생각해보자.

$$\underbrace{(\nu_n - \nu_{n'})}_{\spadesuit} \; \underbrace{\int_A^B \Phi_n \Phi_{n'}^{*} \, dx = 0}_{\heartsuit}$$

먼저, $n \neq n'$인 경우

$n \neq n'$의 경우 ♠ 부분은 다음과 같다.

$$\nu_n \neq \nu_{n'} \text{이므로} \; \nu_n - \nu_{n'} \neq 0$$

그리고 좌변 전체가 0이 되기 위해서는 ♥ 부분이 0이 되어야 한다. 즉 $n \neq n'$일 때,

$$\int_A^B \Phi_n \Phi_{n'}^{*} \, dx = 0$$

이 되어야 한다.

꺄!! 어느새 $n \neq n'$인 경우가 증명되었어.

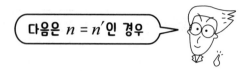

다음은 $n = n'$인 경우

♠ 부분은 다음과 같다.

$$\nu_n = \nu_{n'} \text{이므로} \ \nu_n - \nu_{n'} = 0$$

따라서 $\nu_n - \nu_{n'} = 0$이 되므로 ♥ 부분은 0이 되지 않는다.

$$\int_A^B \Phi_n \Phi_{n'}^* \, dx$$

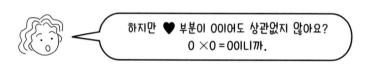

하지만 ♥ 부분이 0이어도 상관없지 않아요?
0 ×0 = 0이니까.

그렇긴 한데, 그럼 Φ는 어디서나 0이 되고 말아.
지금은 값을 가진 Φ에 관해 생각하고 있으니까
이 경우에 Φ는 0이 되지 않으면 안 되거든.

즉 $n = n'$일 때는 다음과 같다.

$$\int_A^B \Phi_n \Phi_{n'}^* \, dx \neq 0$$

이렇게 해서 다행히도,

$$\int_A^B \Phi_n \Phi_{n'}^* \, dx \begin{cases} = 0 & (n \neq n') \\ \neq 0 & (n = n') \end{cases}$$

그렇구나!!

이 증명되었다.

지금까지는 1차원으로 생각했지만 3차원의 경우에도 똑같이 증명할 수 있다.

이렇게 슈뢰딩거의 '전자의 파동방정식'

$$\nabla^2 \Phi + 8\pi^2 \mathfrak{M}(\nu - \mathfrak{B})\Phi = 0$$

을 풀어서 구한 단순한 파동 Φ_n은

어떤 경우에나 서로 직교한다고 할 수 있다.

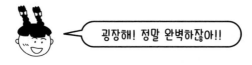

굉장해! 정말 완벽하잖아!!

정규화

사실 이 식은 '정규화'라는 방법을 사용하면 더 멋진 수식이 된단다.

갑자기 '정규화'라는 어려운 말이 나왔는데, 겁먹을 필요 없어. 전혀 어렵지 않아.

푸리에서 복잡한 파동 $f(t)$에 단순한 파동 $\sin 1\,\omega t$가 얼마나 포함되어 있는지 알고 싶을 때는 어떻게 해야 할까?

sin 1 ωt가 복잡한 파동에 얼마나 포함되어 있는지 알고 싶을 때

① 복잡한 파동 $f(t)$로 꺼내고 싶은 단순한 파동 sin 1 ωt를 곱한다.

$$f(t) \cdot \sin 1 \, \omega t \qquad \times$$

$f(t)$ sin1ωt

② 0부터 T까지의 면적을 구한다.

$$\int_0^T f(t) \cdot \sin 1 \, \omega t \, dt$$

③ $\dfrac{T}{2}$로 나누면($\dfrac{2}{T}$를 곱한다) sin 1 ωt의 진폭 b_1(단순한 파동의 분량)을 알 수 있다.

$$b_1 = \frac{2}{T} \int_0^T f(t) \cdot \sin 1 \, \omega t \, dt$$

b_1 $b_1 \sin 1 \omega t$

이런 식으로 복잡한 파동 속에서 단순한 파동을 1개만 꺼내어 분량(진폭)이 어느 정도인지도 알 수 있다.

푸리에 전개식이 생각나긴 했는데, $\dfrac{2}{T}$를 곱하면 왜 진폭이 나오는 거지?

그것은,

$$\int_0^T \sin 1\,\omega t \cdot \sin\,\omega t\,dt$$

의 답이 얼마가 되는지 생각해보면 알 수 있어.

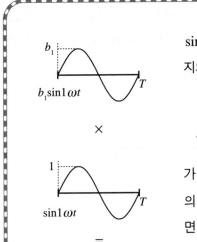

sin1ωt에 sin1ωt를 곱해서 0부터 T까지의 면적을 구하면,

$$\int_0^T \sin 1\,\omega t \cdot \sin 1\,\omega t\,dt = \frac{T}{2}$$

가 된다. 따라서 푸리에에서 단순한 파동의 진폭을 알려면 구한 면적에 $\frac{2}{T}$를 곱하면 된다.

$$\frac{2}{T}\int_0^T b_1 \sin 1\,\omega t \cdot \sin 1\,\omega t\,dt = b_1$$

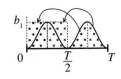

이때 일일이 면적을 구한 후 $\frac{2}{T}$를 곱하지 않고, 곱셈을 하는 두 파동에 미리 $\sqrt{\dfrac{2}{T}}$를 곱해둔다.

$$\int_0^T \sqrt{\frac{2}{T}}\,b_1 \sin 1\,\omega t \cdot \sqrt{\frac{2}{T}}\,\sin 1\,\omega t\,dt = b_1$$

이렇게 하면 굳이 마지막에 $\frac{2}{T}$를 곱하지 않아도 한 번에 진폭을 구할 수 있다. 그래서,

$$\int_A^B \Phi_n \Phi_n^* dx$$

의 Φ_n도 똑같은 방법으로 하면 답이 1이 되어 보기가 편해진다.

단 이 경우 여러 가지 조건에 따라 곱하는 대상이 달라지므로 여기서는 Φ_n에 무엇을 미리 곱하는지 말할 수 없다. 그래서 이제부터 정규화된 것은 Φ 대신 ϕ(Φ의 소문자)로 나타낼 것이다.

직교식이 정규화되면 다음과 같다.

Point

$$\int \phi_n \phi_{n'}^* dx \begin{cases} = 0 \ (n \neq n') \\ = 1 \ (n = n') \end{cases}$$

이제부터 $\int_A^B$의 A, B는 생략할 거야.

정규화한 ϕ_n을 사용하면 복잡한 형태의 파동 $f(x)$에서 ϕ_n의 진폭 A_n도

$$A_n = \int f(x) \phi_n^* dx$$

처럼 한 번에 구할 수 있다.

와아~ 이렇게 멋진 식이 되었구나!! 만세!!

전개정리

 지금까지는 '정말 아무리 복잡한 파동 Ψ라도 단순한 파동 Ψ_n
을 더해서 나타낼 수 있는가?'를 알아보았어.

 그러기 위해서는 임의로 가져온 Ψ가 반드시 Ψ_n으로 '분해 가
능'해야 했어.

분해 가능하기 위해서는 Ψ_n이 '직교'해야 해.

그런데 갑자기 공간과 시간의 함수 Ψ_n을 알기는 어려우니 일단
공간함수 Φ_n이 직교하는지 알아본 거지.

 그랬더니 직교하고 있다는 사실이 확실하게 증명됐군요?

 그렇지. 그건 공간에 관해서만큼은 아무리 복잡한 파동이라도
정규화된 단순한 파동 ϕ_n을 더해서 나타낼 수 있다는 거야.

$$f(x) = \sum_n A_n \phi_n(x)$$

따라서 진폭 A_n은 푸리에 전개와 마찬가지로,

$$A_n = \int f(x)\phi_n^*(x)dx$$

로 구할 수 있어.

그런데 한 가지 알아둘 게 있어. 그건 '복잡한 Ψ를 전개하는 데 필
요한 ϕ의 종류가 하나라도 빠지면 안 된다'는 거야. 이것을 '전개
정리'라고 해.

저기…, 죄송하지만, 이해할 수 있도록 쉽게 설명해주시겠어요?

 그럼 다시 푸리에 전개를 생각해보자. 복잡한 파동은 다음과 같은 식으로 나타낼 수 있었지?

$$f(t) = a_0 + \sum_{n=1}^{\infty} (a_n\cos n\omega t + b_n\sin n\omega t)$$

 그럼 아래 그림과 같은 경우를 생각해볼까? 이처럼 복잡한 파동의 형태가 0 이상인 파동일 때는 a_0이라는 단순한 파동이 매우 중요해.

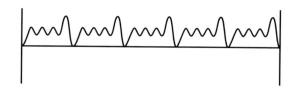

복잡한 파동을 만들기 위해서 서로 다른 단순한 파동의 진폭을 아무리 조절하고 더해봐도 a_0이 없으면 소용없어.

우리를 둘러싼 자연에는 엄청나게 많은 형태의 복잡한 파동이 있어. 그리고 푸리에로 여러 가지 단순한 파동을 더해서 복잡한 파동을 나타냈지만, 그건 단순한 파동을 전부 갖췄기 때문에 가능한 거야.

 알았다! 그건 Ψ와 ϕ에도 마찬가지라는 거죠?

 옳거니! 모든 복잡한 파동 Ψ를 나타내기 위해서는 단순한 ϕ를 전부 갖춰야 해.

 ϕ가 하나라도 빠지면 안 되는 건가요?

만약 그렇게 된다면 결코 모든 복잡한 파동을 나타낼 수 없어.

여기까지 왔으니 이제 시간과 공간의 함수 Ψ가 단순한 파동들의 합,

$$\Psi(x, y, z, t) = \sum_n A_n \phi_n(x, y, z) e^{-i2\pi v_n t}$$

로 나타낼 수 있는지 확인하면 돼.

그럼 이제부터 그걸 증명해보자.

단순한 파동 ϕ를 더하면 정말 복잡한 전자의 파동을 만들 수 있을까?

그런데 공간과 시간의 함수 Ψ를 정말,

$$\Psi(x, y, z, t) = \sum_n A_n \phi_n(x, y, z) e^{-i2\pi v_n t}$$

로 나타낼 수 있을까? 먼저 'ϕ_n은 서로 직교하고 있다'는 것부터 증명해보자!

그전에 한 가지 일러두고 싶은 것이 있다. 이제부터는 정규화한 ϕ를 사용하기 위해서 복잡한 전자의 파동식 Ψ도 정규화한 ϕ의 덧셈이 된다. 그래서 Ψ는,

$$\psi(x, y, z, t) = \sum_n A_n \phi_n(x, y, z) e^{-i2\pi v_n t}$$

처럼 소문자 ψ를 사용하기로 한다.

그럼 증명해보자!!

먼저 ψ의 시간항이 정말 $e^{-i2\pi v_n t}$가 맞는지 모르기 때문에 일단 공간항 이외의 시간을 포함하는 항을 묶어서,

$$C_n(t)$$

라고 하자.

그렇게 하면 ψ는 다음과 같다.

$$\psi(x, y, z, t) = \sum_n \phi_n(x, y, z) C_n(t)$$

그럼,

$$C_n(t) = A_n e^{-i2\pi v_n t}$$

라는 걸 증명할 수 있으면 되는 거구나.

ψ는 복잡한 전자의 파동이니까 복잡한 전자의 식,

$$\nabla^2 \psi + 4\pi i \mathfrak{M} \frac{\partial \psi}{\partial t} - 8\pi^2 \mathfrak{M}\mathfrak{B}\psi = 0$$

을 충족시켜야 한다.

잊어버린 사람은 470쪽을 봐.

그리고 ψ를 위의 식에 대입하면

$$\nabla^2 \sum_n \phi_n C_n(t) + 4\pi i \mathfrak{M} \frac{\partial}{\partial t} \left\{ \sum_n \phi_n C_n(t) \right\} - 8\pi^2 \mathfrak{M}\mathfrak{B} \sum_n \phi_n C_n(t) = 0$$

이 된다.

자, 이걸 계산하는 거야!! 먼저 모든 항을 $\sum$로 묶어보자.

$$\sum_n \left| \underbrace{\nabla^2 \phi_n C_n(t)}_{1항} + \underbrace{4\pi i \mathfrak{M} \frac{\partial}{\partial t}\left\{ \phi_n C_n(t) \right\}}_{2항} - \underbrace{8\pi^2 \mathfrak{M}\mathfrak{B}\phi_n C_n(t)}_{3항} \right| = 0$$

1항의 ∇^2은 x, y, z에 관한 미분이므로 x, y, z에 상관없는 t의 함수 $C_n(t)$은 밖으로 꺼내 3항과 정리해서 묶자. 그리고 2항의 $\frac{\partial}{\partial t}$는 t에 관한 미분이므로 t에 상관없는 ϕ_n도 미분에서 꺼내자.

$$\sum_n \left\{ C_n(t) \underbrace{(\nabla^2 \phi_n - 8\pi^2 \mathfrak{M}\mathfrak{B}\phi_n)}_{①} + 4\pi i \mathfrak{M} \frac{\partial C_n(t)}{\partial t} \phi_n \right\} = 0$$

여기서 잠깐 퀴즈!

문제　①은 다른 형태로 바꿔 쓸 수 있다. 다음 중 어느 것일까?

(1) $4\pi i \mathfrak{M} \frac{\partial A_n(t)}{\partial t} \phi_n$

(2) $-8\pi^2 \mathfrak{M} \nu_n \phi_n$

(3) $(\nabla^2 - 8\pi^2 \mathfrak{M})\phi_n$

정답은 (2)번이야.

다음 식을 보면 왜 그런지 알 수 있다.

$$\nabla^2 \phi_n + 8\pi^2 \mathfrak{M}(v_n - \mathfrak{B})\phi_n = 0$$

위 식에서 전자의 파동식의 괄호를 풀어서 계산하면,

$$\nabla^2 \phi_n + 8\pi^2 \mathfrak{M} v_n \phi_n - 8\pi^2 \mathfrak{M} \mathfrak{B} \phi_n = 0$$

$$\underline{\nabla^2 \phi_n - 8\pi^2 \mathfrak{M} \mathfrak{B} \phi_n = -8\pi^2 \mathfrak{M} v_n \phi_n}_{①}$$

과 같이 좌변은 ①과 같은 형태가 된다. ①은

$$-8\pi^2 \mathfrak{M} v_n \phi_n$$

이 되고, 앞에서 나온 식은 다음과 같이 된다.

$$\sum_n \left\{ -8\pi^2 \mathfrak{M} v_n \phi_n C_n(t) + 4\pi\, i\, \mathfrak{M} \frac{\partial C_n(t)}{\partial t} \phi_n \right\} = 0$$

양변에 $\dfrac{i}{4\pi \mathfrak{M}}$ 를 곱하고 ϕ_n으로 묶자.

$$\sum_n \left\{ -8\pi^2 \mathfrak{M} v_n \frac{i}{4\pi \mathfrak{M}} \phi_n C_n(t) + \frac{i}{4\pi \mathfrak{M}} \cdot 4\pi\, i\, \mathfrak{M} \frac{\partial C_n(t)}{\partial t} \phi_n \right\} = 0$$

$$\sum_n \left(-i2\pi\, v_n C_n(t) - \frac{\partial C_n(t)}{\partial t} \right) \phi_n = 0$$
$$\underline{\phantom{\sum_n \left(-i2\pi\, v_n C_n(t) - \frac{\partial C_n(t)}{\partial t} \right) \phi_n = 0}}_{②}$$

그런데 이 식에 관해 잠시 생각해보자. 우변은 0이 됐지만 좌변은 대체 언제 0이 되는 것일까?

푸리에로 말하자면 ϕ_n은 단순한 파동이다. 그렇다면 위의 식 ② 부분은 ϕ_n의 진폭이라고 할 수 있다. 즉 푸리에 급수의 식과 같다고 볼 수 있다. 그런데 단순한 파동을 자꾸 더하면…? 복잡한 파동이 된다. 하지만 이 식은 아무리 단순한 파동을 계속 더하더라도 0이 되는 식이다.

0의 파동이란,

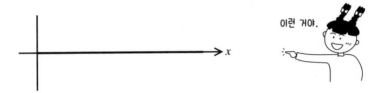

과연 단순한 파동을 더해서 0이 되는 파동을 만들 수 있을까? 특별한 경우를 제외하고 그것은 불가능하다!

특별한 경우란 각각의 단순한 파동이 전부 0이 될 때뿐이다. 다시 말해 진폭이 0….

그렇다면,

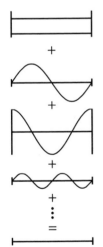

$$\sum_n \left(-i2\pi\, \nu_n C_n(t) - \frac{\partial C_n(t)}{\partial t} \right) \phi_n = 0$$

이 식이 성립하려면 ϕ_n의 진폭이 0이 되어야 한다. 따라서,

$$-i2\pi \nu_n C_n(t) - \frac{\partial C_n(t)}{\partial t} = 0$$

그렇구나.

이 된다.

지금까지 무엇을 해왔는지 잊은 사람도 있을 테니 여기서 다시 복습해보자. ψ의 시간항이 정말 $e^{-i2\pi v_n t}$라는 형태가 되는지 확인하기 위해서 일단 시간항을 $C_n(t)$로 가정해보았다. 실은 이미 위의 식을 통해서 $C_n(t)$의 형태를 알고 있다!

$-i2\pi v_n C_n(t)$를 이항해서 양변에 -1을 곱하면,

$$\frac{\partial C_n(t)}{\partial t} = -i2\pi v_n C_n(t)$$

이 된다. 이 식은 '$C_n(t)$는 1차 미분하면 앞에 $-i2\pi v_n$이 나오고, 다시 자기 자신이 되는 형태가 된다'.

그럼 이 식을 충족시키는 $C_n(t)$는 다음과 같다.

$$C_n(t) = A_n e^{-i2\pi v_n t}$$

이, 이, 이럴수가!!

A_n은 적당한 실수로, 정규화할 때 일정한 진폭이 돼.

$\dfrac{\partial e^{\square t}}{\partial t} = \boxed{} e^{\square t}$인 거야.

이것으로 증명은 끝났다. ψ의 시간항은,

$$e^{-i2\pi v_n t}$$

가 맞다는 사실을 확인했다. 즉 아무리 복잡한 전자의 파동 ψ라 해도,

$$\psi(x, y, z, t) = \sum_n A_n \phi_n(x, y, z, t) \cdot e^{-i2\pi v_n t}$$

로 나타낼 수 있다!

그런데 이 식에 나오는 A_n은 어떻게 구하지?

진폭 A_n 구하기

ψ의 시간항을 알았으므로 마지막으로 복잡한 전자의 파동 ψ에서 진폭 A_n을 구하는 방법을 생각해보자. 앞의 전개정리 편에서 본 것처럼 $f(x)$가 어떤 형태이든 $\phi_n(x)$의 진폭 A_n은,

$$A_n = \int f(x)\phi_n^* dx$$

와 같이 꺼낼 수 있었다. 왜냐하면 $f(x)$가 단순한 파동 ϕ_n의 합이고 다음과 같이 나타낼 수 있기 때문이다.

$$f(x) = \sum_n A_n \phi_n$$

갑작스럽지만 여기서 잠시 $t=0$일 때 $\psi(x, 0)$를 어떻게 나타낼 수 있는지 살펴보자.

이거야!

$$\psi(x, 0) = \sum_n A_n \phi_n \cdot e^{-i2\pi v_n \cdot 0} = \sum_n A_n \phi_n$$

$$\psi(x, 0) = \sum_n A_n \phi_n = f(x)$$

일반적으로 ψ는 시간과 공간의 함수가 되는데, $\psi(x, 0)$는 공간만의 함수이고, 이것은 앞에 나온 $f(x)$도 마찬가지로 생각할 수 있다.

그러면 A_n은,

끄덕
끄덕

$$A_n = \int f(x) \phi_n^* dx$$

$$= \int \psi(x, 0) \phi_n^* dx$$

이므로 고유함수 ϕ_n의 진폭 A_n은 $t=0$일 때의 복잡한 전자의 파동 $\psi(x, 0)$에서 전개 가능하다는 것을 확인했다.

복습

지금까지 어떻게 문제를 풀어왔는지 잠시 복습해보자. 먼저,

$$\nabla^2 \phi + 8\pi^2 \mathfrak{M}(v - \mathfrak{B})\phi = 0$$

이라는 식에서 v와 ψ를 구했다. 그리고 복잡한 전자의 파동 ψ를,

$$\psi = \sum_n A_n \phi_n e^{-i2\pi v_n t}$$

와 같이 더해서 구했다.

하지만 생각해보니 처음에 전자의 파동방정식을 만들 때 굳이 고생해가며 복잡한 전자의 파동식,

$$\nabla^2 \psi + 4\pi\, i \mathfrak{M} \frac{\partial \psi}{\partial t} - 8\pi^2 \mathfrak{M}\mathfrak{B}\psi = 0$$

그러고 보니 그렇군.

.을 만들었지만 전혀 사용하지 않았다.

'1~4단계에서 복잡한 전자의 파동방정식을 사용하지 않고 단순한 파동방정식만 사용한 이유는 뭐지?'라고 생각한 사람도 많을 것이다. 사실 그 이유는,

복잡한 파동은 단순한 파동들의 합

이기 때문이다!!

드브로이와 슈뢰딩거가 한 일들

마지막으로 드브로이와 슈뢰딩거가 한 일들을 다시 살펴보자.

드브로이는 '지금까지 입자라고 생각해온 것도 어쩌면 파동언어로 나타낼 수 있지 않을까?'라는 생각에서 출발하여 '전자는 파동이다'라는 획기적인 이론을 수립했다.

슈뢰딩거는 그 이론을 바탕으로 전자의 파동방정식을 만들어냈다. 그리고 자기가 만든 식이 자연에 부합한다는 사실을 확인하기 위해서 수많은 단계를 거쳐 마침내 수소원자를 푸는 데 성공했다. 그의 수식은 매우 아름답고 간단명료했다.

그뿐만이 아니었다. 무엇보다 중요한 것은 '원자 안에 존재하는 전자의 움직임을 머릿속으로 그려볼 수 있는가?'였다. 그때까지의 이론으로는 원자 안에서 전자의 움직임을 머릿속에 떠올릴 수 없었지만 슈뢰딩거의 이론을 통해 **이미지를 가질 수 있었던 것이다!**

수학적으로 완벽하고, 계산이 매우 간단한데다
이미지까지 가진
완벽한 전자의 파동방정식

슈뢰딩거는 '이미지'라는 토대 위에 이론을 만들어냈다. 그 토대 위에 자신의 이론을 더욱 확고히 구축한 것뿐이었다.

이제 전자가 파동이라는 사실은 의심할 여지가 없다. 역시

전자는 파동이다!

드브로이의 보너스 코너

여유만만~

여러분도 니코틴 효과로 **노벨상**을 받아보세요!!

니코틴 효과의 기본적인 뜻

니코틴은 담배를 피우는 당사자보다 주변 사람들에게 영향을 끼친다.

히포에서 다언어 활동의 니코틴 효과

말을 배우기 위해서 테이프를 듣고 열심히 따라하는 당사자보다 주변에서 별 생각 없이 그 소리를 접하는 사람이 더 쉽게 테이프의 말을 따라하게 된다.

노벨상의 니코틴 효과

꿈뻑꿈뻑

양자조건이
이러니저러니….

솔베이 회의에서
이러쿵
저러쿵….

동생: 루이 빅토르 드브로이

형: 물리학자
모리스 드브로이

나, 루이 빅토르 드브로이는 물리학자였던 형 모리스에게서 물리 니코틴의 영향을 받아 운 좋게 노벨상을 받았다. 덧붙여 말하면 공동연구를 한 형은 상을 받지 못했다

형의 사후에는
공작 지위까지 물려받았다!

그런데 나처럼 이렇게 니코틴 효과로
노벨상을 받으려면….

 (1) 어쨌든 니코틴 없는 니코틴 효과란 없다. 니코틴의 영향을 받을 만한 곳, 예를 들어 트래칼리 같은 곳에 다니며 빈둥빈둥 그 자리를 지키고 있을 것!

 (2) 니코틴 효과의 경우, 손해 볼 건 없으니 "너 바보냐?" 하는 말을 들을 만큼 대담한 발상이 중요하다!

'전자는 파동이다!' 이런 거 말이지.

〔주의〕 처음부터 '니코틴 효과로 노벨상을 받자!'하며 터무니없이 욕심을 내다가는 지레 지칠 수도 있다. 어디까지나 느긋하고 침착한 귀족 정신이 중요!

P. S. 하지만 진심으로 노벨상을 받고 싶다면 슈뢰딩거처럼 열심히 하는 것도 나쁘지는 않아!!

드브(로이) – 슈뢰(딩거)팀의 모험

양자역학의 모험은 먼저 팀을 짜는 것에서부터 시작했다.

파리-다카르 랠리도 함께할 팀이 없으면 혹독한 사막을 건널 수 없다. 험난한 사막을 건너기 위해서는 팀워크가 필요하다. 팀을 구성하는 단계에서 이미 모험은 시작된다.

하지만 파리-다카르 랠리와 다른 점은 대부분의 트래칼리 학생들이 팀을 '무작정' 선택한 만큼 모험에서 가장 중요한 팀의 구성원들이 아무런 개연성 없이 모였다는 사실이다. 이런 벽보가 트래칼리 벽에 붙자, 트래칼리 학생들은 각자 마음에 드는 팀에 들어갔다.

팀	구성원
플랑크, 아인슈타인	복서, 켄, 미키, 고유리, 가나코, 만주
보어	치보, 미토요, 고타로, 무뇨, 오타케, 펜펜
하이젠베르크	산짱, 페로, 유코, 리키, 현
드브로이, 슈뢰딩거	도라미, 타마얌, 지로사, 부치, 토마코마이, B
슈뢰딩거	하나, 준요, 오사무, 마리에, 손베
보른, 하이젠베르크	사루, 콧시, 미유키, 기요미, 후루타, 정미

잘 모르겠지만 이름이 멋있으니 슈뢰딩거로 할까 해.

분명 마지막이 제일 좋은 걸 거야. 보른–하이젠베르크로 해야지.

난 부치가 있는 곳이라면 어디든 좋아. 부치와 함께 드브로이–슈뢰딩거로 할래!

나는 드브슈뢰 팀에 들어가기로 했다.

참고로 트래칼리 학생들은 뭐든지 생략하기를 좋아한다. 예를 들어,

- 야쿠아 = 야쿠르트 아주머니
- 오주 = 오렌지주스
- 베비시 = 베이비시터   등등.

그래서 양자역학은 양역, 하이젠베르크는 하이젠, 보른 & 하이젠베르크는 보른하이, 그리고 드브로이 & 슈뢰딩거는 드브슈뢰라고 쓴다.

우리 드브슈뢰 멤버는 1기생인 B, 2기생인 펜펜, 3기생인 센베, 소유리타, 4기생인 나(패티), 5기생인 타마얌, 6기생인 지로사, 무뇨, 7기생인 부치 박사, 도라미, 코디네이터인 손베와 토마코마이 씨.

우연히 이렇게 1기생부터 코디네이터까지 골고루 모여서 스타트를 끊었다.

우리는 먼저 외국어로 쓰인 레이싱카의 설명서 독해부터 시작했다. 즉 공식 가이드북인 《양자역학의 법칙》을 독해하기 시작한 것이다. 이해되는 부분도 있었지만 그렇지 않은 부분도 많이 있었다. 아니, 이해할 수 없는 내용이 태반을 넘었다. 한 차례 통독한 후 재빨리 자동차 조립에 도전하여 한손에 설명서를 들고 흉내를 내본다. 즉 자기가 아는 부분을 아무 곳이나 동료들 앞에서 설명해보는 것이다.

갑자기 '자유공간의 드브로이파동' 수식을 설명하는 사람이 있는가 하면, '빛의 굴절'에 대해 발표하는 사람도 있었다. 이것은 엔진만 만들어 보여주거나 타이어만 굴려보는 행위나 마찬가지였다. 아직 드브슈뢰호의 이미지조차도 만들어지지 않은 단계에서 이렇게 해서 정말 차가 완성될까 싶을 정도로 걱정되었다.

얼마간의 시간이 흐른 후….

그럼 모두 순서대로 큰 파도부터 이야기해볼까?

라는 말이 나왔다. 일단 드브슈뢰호의 이미지를 그려보자는 뜻이다.

프랑스의 귀족 드브로이는 빛의 굴절을 입자와 파동이라는
두가지 언어로 나타낼 수 있다는 것에 착안했어.
그리고 빛의 굴절을 입자언어로 나타내면
먼지는 잘 모르겠지만 $n = k'p$가 돼 !!

이런 식이었다. '뭔지는 잘 모르겠지만'이라든지 '계산했다고 치고', '여기는 건 뛰고' 같은 말이 계속 나왔다. 말하자면 타이어가 하나 모자라거나 핸들이 없는 차인 셈이다.

하지만 처음에 이야기한 사람보다는 다음 사람, 그리고 그 다음 사람으로 갈수록 점점 드브슈뢰호의 형태가 만들어졌다. 틀을 잡아 나가는 과정에서 곤란한 상황들이 생겼지만 그것조차 즐거웠다.

전자를 파동이라고 생각하면 문제는 해결돼.
누가 뭐래도 이미지를 갖고 있으니까!

입체적으로 꿈틀꿈틀 움직이고 있는 게
전자야?

표면이 꿈틀거리는 거 아닐까?

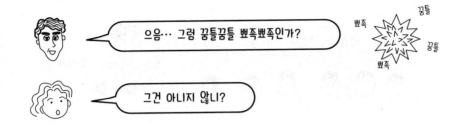

으음… 그럼 꿈틀꿈틀 뾰족뾰족인가?

그건 아니지 않니?

이것도 아니고 저것도 아니다, 와글와글 시끌시끌….

조금씩 문제가 해결되면서 마침내 우리의 드브슈뢰호가 만들어졌다. 드라이버, 내비게이터, 메카 담당부터 레이스퀸까지, 다들 한 가지씩 역할을 맡아서 실제 경주에서 차를 달리게 할 수 있었다.

그리고 본격적으로 본강의 시작!

처음에는 수영복을 입고,

나도 파동, 당신도 파동, 이 세상 모든 파동,
파동만의 드브-슈뢰 팀을 기대해주세요.

라며 광고하거나 응원으로 일관하던 토마코마이 씨도 어엿한 드라이버가 되어 경주를 시작했다.

나, 난 운전은 잘 못하니까, 너희들에게 맡길게.

기계만 주무르던 부치 박사도 절묘한 레이싱 테크닉으로 사막의 난코스를 극복했다. 코스고 뭐고 아무것도 모르는 곳에 갑자기 내동댕이쳐져 거의 강제로 핸들을 잡게 된 타마얌도 훌륭하게 주행했다.

6기생 지로사나 7기생 도라미의 질주는 대담하면서도 신선했다. 나도 떨리는 마음으로 핸들을 잡았다. 당일이 되자 그토록 어렵게 보이던 사막을 시원하게 달릴 수 있었다. 함께 힘을 모아 만든 드브슈뢰호를 타고 모두의 응원을 받으며 즐겁게 경주할 수 있었다. 우리는 관객을 이끌고 무사히 다카르에 골인했다!

우리 드브슈뢰 팀이 모험한 과정은 모두 함께 노래하고 춤추며 말을 주고받는 히포 패밀리클럽의 모습과도 유사했다. 누군가 언어를 노래하면 어느새 다 함께 노래를 부르고 있었다. 언어는 사람들 사이의 관계 속에서 자라난다. 양자역학은 자연을 설명하는 아름다운 언어였고 우리가 양자역학을 이해하고 설명할 수 있었던 것도 사람들 사이에 언어가 있었기 때문이다.

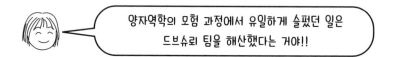

7기생인 도라미의 말이 모두의 마음을 대변하고 있었다. 그만큼 즐거웠던 드브슈뢰팀. 우리가 정리한 《양자역학의 법칙－드브로이 & 슈뢰딩거 편－》을 통해 독자 여러분도 기쁨을 느꼈으면 한다.

잘 가라! 행렬

마침내 슈뢰딩거는 '전자는 파동이다'라는 생각을 바탕으로 '전자의 움직임을 설명하는 언어'를 만들기 시작한다. 이것은 하이젠베르크가 주장한 '전자의 이미지를 그릴 수 없다'라는 받아들이기 힘든 결론을 뒤집기 위해서였다. 다시 말해 새로운 언어를 만들겠다는 도전이었다.

결국 슈뢰딩거의 노력과 의지는 결실을 맺어 새로운 언어를 훌륭하게 완성시켰다. 이제 하이젠베르크의 행렬역학은 필요 없게 되었다.

1. 이미지를 찾아서

일러두기

나도 트래칼리 학생이야. 당연히 히포를 좋아해!
무엇보다 기쁜 건 내가 9개국 언어뿐만 아니라 '수식언어'까지
꽤 노래할 수 있게 됐다는 사실이야. 트래칼리에 들어오기
전까지만 해도 물리나 수학은 소름끼치게 싫어했거든. 흔히 볼 수
있는 보통 여자애(?)였던 거지.
"그런데 어쩌다 좋아하게 됐냐"고??
그건 이 모험을 통해서 나와 똑같은 기분을 느꼈을 때
여러분도 알게 될 거야.

그럼 출발하자.

먼저 이걸 봐. 지금까지 우리가 걸어온 지도야. 물리학자들이 아주
많지?

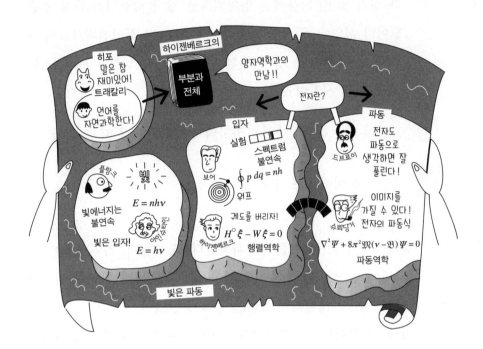

 트래칼리에서 양자역학을 공부하게 된 이유는 하이젠베르크가
쓴 《부분과 전체》라는 책 때문이야.

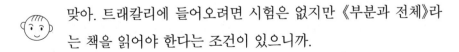 맞아. 트래칼리에 들어오려면 시험은 없지만 《부분과 전체》라
는 책을 읽어야 한다는 조건이 있으니까.

이 책은 행렬역학을 정리한 하이젠베르크가 양자역학을 만들어낸 후에 만난 보어, 아인슈타인 등 여러 물리학자와의 대화가 실려 있어. 처음에는 양자역학을 잘 몰랐으니까 대체 무슨 말이냐 싶었어. 하지만 반복해서 읽다 보니 하이젠베르크와 여러 물리학자가 한 일이 뭘까? 양자역학이 뭘까? 궁금해지는 거야. 그게 시작이었지.

 그런데 왜 트리칼리에서는 양자역학에 관한 책을 읽는 거야?

 좋은 질문이야. 나도 요즘 들어서야 그 이유를 알 것 같아.

트래칼리나 히포도 **"언어를 자연과학한다"**고 하잖아. 자연과학이 '자연을 나타내는 언어를 탐구하는 학문'이라는 것도, 물리학이 자연과학 중 하나라는 것도 트래칼리에 들어온 후에야 알았어.

뉴턴이나 갈릴레오도 자연 속에서 일어나는 일을 한마디로 설명할 수 있는 언어를 찾아냈어.

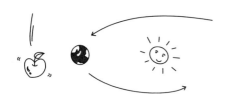

"사과는 왜 떨어질까?"
"지구는 왜 태양의 둘레를 돌까?"

물리학자들은 끊임없이 실험이나 관측을 통해 한 가지 질서를 발견하고, 누구나 이해할 수 있는 한마디의 언어로 만드는 거야.

사물이 아래로 떨어지는 건 지구가 끌어당기는 힘을 갖고 있기 때문이야. 세상의 모든 물질에 힘이 작용한다고 가정하면, 모든 물질의 운동을 이 한마디로 표현할 수 있어.

$\ddot{q}$ 는 가속도야.
즉 힘=질량×가속도를
뜻하지.

뉴턴

이처럼 물리에서 사용하는 언어는 만국공통어인 **'수식 언어'**거든. 수식이 자연을 나타내는 언어라니 놀랍지 않아!? 왜냐하면 내게 수식은 의미 없는 공식의 나열이라는 이미지였거든. 그걸 무작정 암기해봐야 아무런 재미도 없었어. 그런데 수식이 인간이 만들어낸 자연을 표현하는 만국공통어라는 걸 알고 나니까 엄청 친근하게 느껴지는 거야. 그것도 수많은 사람이 열심히 만들어낸 언어라니! 마치 드라마 같아!

양자역학도 마찬가지야.

지금까지   에 대해

플랑크　아인슈타인　보어　하이젠베르크　드브로이　슈뢰딩거

배우면서 알게 된 건 《양자역학의 모험》은 눈에 보이지 않는 빛이나 전자 같은 자연을 나타내는 언어를 찾는 일이었다는 거야. 지금 우리는 바야흐로 그 한가운데를 모험하고 있는 셈이지.

그렇구나. 양자역학이 전자를 설명하는 언어를 찾는 학문이라는 것을 알고 나니까 왜 트래칼리에서 양자역학을 공부하는 건지 조금은 이해할 수 있을 것 같아. 트래칼리에서는 언어가 어떻게 이루어졌는지 그 질서를 한마디로 표현하는 언어를 찾고 있잖아.

"갓난아이들은 어떻게 말을 하게 되는 걸까? 그 자연스러운 과정은 어떻게 이루어져 있을까?"

"일본어의 모음은 왜 다섯 자일까?"

이것을 한마디로 나타낼 수 있다면 굉장하겠구나! 사람도 자연의 일부이고, 물론 언어도 자연현상이니까. 즉 둘 다,

'자연을 기술하는 언어 찾기'

라고 할 수 있어.

 멋지다. 어쨌든 물리학자들이 어떤 식으로 자연을 나타내는 언어를 발견했는지 그 과정을 체험한다면 앞으로 트래칼라나 히포에서 **'언어'**를 배우는 데 분명히 큰 도움이 될 거야. 그리고 무엇보다 물리학자와 함께 언어를 탐구하는 과정은 설레고 흥미진진했어.

여기서는 슈뢰딩거 선생님과 함께 원자의 움직임에 관한 언어를 찾으려고 해.

 그래! 함께 가자! …그전에 지금까지 어떤 여정을 밟아왔는지 모험 지도를 한 번 더 보고 싶어.

지금까지의 여정

　양자역학의 문이 열리기 전까지만 해도 물리학자들은 우리 주변에 있는 여러 가지 현상-예를 들어 공을 던진다, 사과가 떨어진다, 소리가 전달되는 자석에 철이 달라붙는다 등-에 대해서 뉴턴이나 맥스웰이 발견한 언어로 전부 설명할 수 있다고 확신했다. 아직 설명할 수 없는 것도 있었지만 언젠가는 잘되리라고 믿었다.

　하지만 아무리 애써도 지금까지의 언어로는 제대로 설명할 수 없는 **두 가지** 현상이 있었다.

　그중 하나가 **빛**이고 다른 하나가 **원자**였다.

　빛에 관해서는 플랑크나 아인슈타인이 많은 연구를 했지만 여기서는 자세히 언급하지 않을 것이다. 그 대신 지금 우리와 함께 언어를 찾으려는 슈뢰딩거 선생님이 몰두했던 원자에 관해서 지금까지 어떤 식으로 생각해왔는지 알아보자.

　당시 물리학자들은 누구나 **'원자 안의 전자의 움직임'**을 설명하는 언어를 찾으려 노력했다. 하지만 안타깝게도 전자는 눈에 보이지 않는다. '눈에 보이지 않는 물질을 알려고 하다니 대단하다. 그런데 어떻게?'라는 의문이 생길 것이다. 사실 원자에 대해 알 수 있는 단서가 있었다. 그것은,

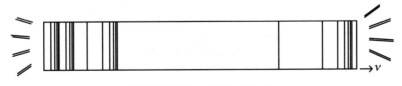

원자가 방출하는 빛의 스펙트럼

이었다. 즉 원자에 에너지를 가하면 빛을 방출한다.

나도 실제로 실험해봤는데 수소나 산소가 들어 있는 유리관 같은 것에 에너지를 가하자 수소는 분홍, 산소는 연보라, 헬륨은 희뿌연 듯 누르스름하게 빛이 났다.

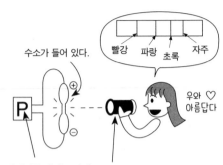

수소가 들어 있다.

빨강 파랑 초록 자주

우와 ♡ 아름답다

P

에너지를 가하는 기계　분광기(프리즘 같은 것)

이것을 분광기(프리즘)로 보면 한 가지로 보이던 색이 실제로는 몇 가지 색으로 나뉘어 있다는 것을 알 수 있다. 이것이 원자가 방출하는 빛의 스펙트럼이다.

'전자는 입자'라는 생각에서 출발한 보어와 하이젠베르크는 마침내 스펙트럼을 설명하는 '언어'를 발견한다. 이것이 바로 그 유명한 **하이 젠베르크의 행렬역학**이다.

$$H(P^{\circ}, Q^{\circ})\xi - W\xi = 0$$

이 식을 이용하면 원자가 방출하는 빛의 스펙트럼의 진동수와 세기를 완벽하게 계산하여 나타낼 수 있었다. 실로 대단한 일이다!!

하지만 하이젠베르크는 이렇게 말했다.

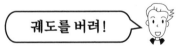

궤도를 버려!

다시 말해서, **"전자가 어떤 형태를 갖고 어떻게 움직이는지 떠올려서는 안 된다!"**고 주장한 것이다. 이게 무슨 얼토당토 않은 소리인가!! 애초에 우리가 스펙트럼을 설명하려고 한 이유는 '전자의 움직임'을 설명할 수 있는 언어를 찾기 위해서였다. 그런데 이제 겨우 스펙트럼을 설명할 수 있게 됐는데, 전자의 움직임에 관해서 생각하지 말라니!?

그 이유에 대해 하이젠베르크는 다음과 같이 설명했다.

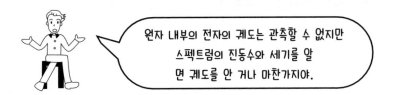

원자 내부의 전자의 궤도는 관측할 수 없지만 스펙트럼의 진동수와 세기를 알면 궤도를 안 거나 마찬가지야.

하지만 그런 주장은 절대로 용납할 수 없어!

왜냐하면 처음에 말했던 것처럼 물리학이란 어떤 물질이 어떻게 움직이는지 그것을 설명하는 '언어'를 탐구하는 학문이기 때문이야.

그런데 하이젠베르크의 말을 받아들인다면,

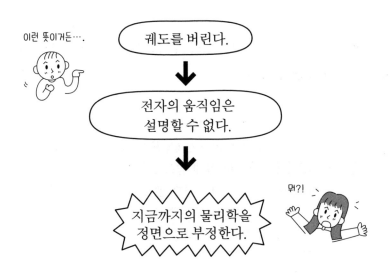

이런 뜻이거든….

궤도를 버린다.

↓

전자의 움직임은 설명할 수 없다.

↓

지금까지의 물리학을 정면으로 부정한다.

뭐?!

이래서는 안 돼!! 물리학의 상식에서 한참 벗어나 있잖아!

그래! 그래!

맞아!

2. W와 E의 수수께끼를 풀어라!

-슈뢰딩거 방정식을 만들자-

타도! 하이젠베르크

하이젠베르크의 주장을 받아들일 수 없었던 사람은 바로 우리를 이 끌어줄 **에르빈 슈뢰딩거**였다.

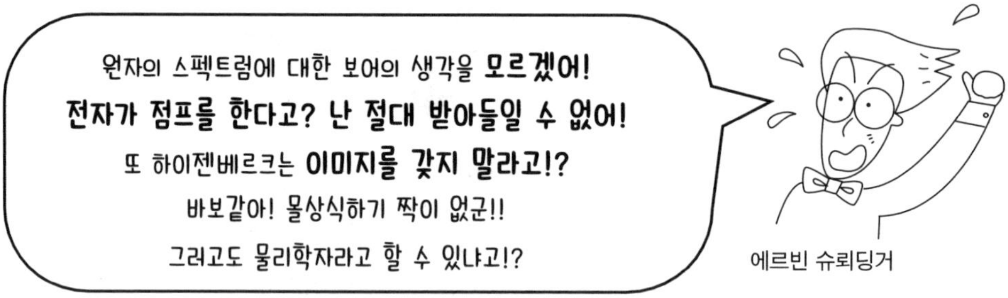

원자의 스펙트럼에 대한 보어의 생각을 **모르겠어!**
전자가 점프를 한다고? 난 절대 받아들일 수 없어!
또 하이젠베르크는 **이미지를 갖지 말라고!?**
바보같아! 몰상식하기 짝이 없군!!
그러고도 물리학자라고 할 수 있냐고!?

에르빈 슈뢰딩거

이렇게 해서 슈뢰딩거는 물리에 대해 터무니없이 비상식적인 하이젠베르크의 주장을 뒤집겠다며 일어섰다. 나도 슈뢰딩거와 같은 생각이다.

슈뢰딩거가 원한 것은 물론,

전자의 움직임을 나타낼 수 있는(이미지를 가진)
양자언어를 만드는 것!

이었다. 또한 이 언어는 실험도 설명할 수 있어야 한다. 왜냐하면 실험이야말로 이 언어가 옳다는 것을 확인하는 유일한 방법이기 때문이다. 하지만 아무리 정확하게 실험을 설명할 수 있다 해도 이미지가 없는 물리언어가 옳을 리 없다….

　그런데 슈뢰딩거는 왜 그토록 이미지에 얽매였던 것일까?

사람은 머릿속으로 물질이 어떻게 움직이는지를
떠올려야 이해했다거나 알았다고 할 수 있다.

　슈뢰딩거는 이렇게 주장했다. 다시 말해서,

이미지가 있다(그려볼 수 있다) **= 이해한다**

라는 뜻이다.

공이 튀어
오른다는 건…

　그런데 슈뢰딩거 선생님의 '전자의 모습을 나타낼 수 있는 식 만들기' 계획은 앞장에서 보았듯이 드브로이의,

전자는 파동이다!

라는 참신한 사고의 관점을 도입하자 멋지게 해결되었다! 슈뢰딩거가
전자를 파동으로 생각하여 완성한 멋진 방정식을 다시 써보자.

$$\nabla^2 \phi + 8\pi^2 \mathfrak{M}(\nu - \mathfrak{B})\phi = 0$$

이 식은 세상의 모든 물질을 파동으로 보고, 모든 파동에 적용할 수 있
는 식이다. 이 식을 풀면,

전자의 어떤 파동이든

어떤 형태로, 어떻게 움직이는지

그 움직임을 완벽하게 구할 수 있다.

라는 메가톤급의 특별한 식이다! 실제로 이 식을 사용해서 자유공간이
나 상자 안, 후크장에 있는 전자가 어떤 ϕ(형태)를 띠고 있는지, 어떤
ν(진동수)를 가졌는지 유도할 수 있었다. 즉 하이젠베르크가 밝혀내지
못했던 전자의 움직임에 대해 설명할 수 있었다!!

게다가 드브로이가 구한 ν를 $E = h\nu$ 식에 대입하자 전자가 가진 에
너지를 구할 수 있었다. 그리고 놀랍게도 보어나 하이젠베르크가 구한
값과 일치했다.

하이젠베르크나 보어의 식으로 구한 에너지 값이 옳다는 것은 누구
나 인정하는 사실이었다. 그렇다면 그 답과 똑같은 슈뢰딩거가 발견한

언어(수식)도 옳다는 뜻이 된다!

이것이 지금까지
우리가 걸어온 여정이다.

 흐음~ 슈뢰딩거의 식으로든 하이젠베르크의 식으로든 **똑같은 에너지 값이 나오는구나.** 그렇다면 '슈뢰딩거의 식도, 하이젠베르크의 식도 옳다!'는 뜻이잖아!

$$W = E$$

잘됐어.
이제 사이좋게
지낼 수 있겠지…?

 뭐라고? 잠깐만! 뭔가 좀 이상해. 두 사람의 식을 잘 살펴보자. 하이젠베르크의 식은 이미지를 갖고 있지 않으니 입자라고는 할 수 없지만, 거슬러 올라가면 '**전자는 입자**'라는 관점에서 출발한 식이었어. 그에 반해 슈뢰딩거의 식은 두말할 필요도 없이 '**전자는 파동**'이라는 관점에서 출발한 식이야.
'**입자**'와 '**파동**'은 결코 양립할 수 없는 사고방식이지. 생각해보면 이렇게 출발점이 다른데 에너지 값이 같다는 것 자체가 이상해.

정말 그렇구나. '입자언어'를 사용한 하이젠베르크의 식이나 '파동언어'를 사용한 슈뢰딩거의 식 중에서 어느 한 쪽이 진짜 전자를 나타내는 언어여야 할 텐데.

좋은 지적이야. 나도 똑같은 생각을 했거든. 도대체 나와 하이젠베르크 중에서 어느 쪽이 '전자를 올바르게 나타내는 언어'인지 말이야. 답은 간단해. 당연히 내가 만든 파동언어의 수식이 원자를 제대로 나타내는 언어란다.

어머! 어떻게 그리 자신만만하게 말할 수 있는 거죠?

이미지를 갖고 있기 때문이지. 그건 곧 전자의 움직임을 나타낼 수 있다는 뜻이니까.

그렇군요. 전자가 어떤 모습인지 알고 싶은데 하이젠베르크의 식으로는 전자의 움직임을 그려볼 수 없어요. 아무리 실험과 일치한다고 해도 전자 자체에 관해서 아무것도 설명할 수 없다면, 그건 의미 없는 언어일 뿐이고 당연히 틀린 거죠. 적어도 하이젠베르크의 식이 이상하긴 해요.

그래. 그에 반해 슈뢰딩거의 식은 원자 안의 전자의 모습을 나타내고 있어. 그건 파동언어를 사용한 슈뢰딩거의 식이 옳다는 뜻이야!

제법인데? 그럼, 이제부터 우리가 해야 할 일이 뭔지 너희 스스로 생각해보렴. 나는 잠시 실례할게.

앗, 잠깐만요!! …가버리셨네. 우리가 슈뢰딩거라고 가정하고 이제부터 어떻게 진행할지 생각해야 해.

 잠깐 정리해보자. 여기에 똑같은 전자를 나타낼 수 있는 두 식이 있어. 하나는 파동언어를 사용한 슈뢰딩거의 식이고, 다른 하나는 입자언어를 사용한 하이젠베르크의 식이야. 양쪽 다 에너지 값은 같아.

이걸 표로 만들면 이렇게 돼.

		이미지	에너지
입자	하이젠베르크	NO	YES W
파동	슈뢰딩거	YES	YES E

 올바르게 나타낸 언어는 당연히 이미지를 갖고 있는 슈뢰딩거의 식이야.

 왠지 하이젠베르크의 식이 방해가 되는 것 같아. 하이젠베르크의 식을 없앨 수는 없을까?

 하지만 하이젠베르크의 식은 적어도 실험을 정확하게 나타내고 있잖아.

 으음… 어렵구나. 내 머리로는 도저히 모르겠어. 역시 원자에 관한 언어 탐구는 물리학자들에게 맡겨야겠어.

 무슨 소리야? 그러면 우리 힘으로 트래칼리에서 '언어'에 대해 설명하는 언어를 찾을 수 없잖아. 우리도 언어에 관해서 생각하기 때문에 자연과학자라고 자부하는 건데.

그렇지, 참. 그럼 위의 표를 찬찬히 다시 살펴보자. …어라? 어쩌면 혹시?

 응?

 표를 보니 하이젠베르크의 식은 왠지 슈뢰딩거의 식에 있는 에너지 부분만 제대로 설명하는 것 같아.

 그렇구나. **입자언어가 파동언어에 포함되어 있으니** 모두 파동언어로 나타낼 수 있다는 뜻이야.

 만약 그게 사실이라면,

> **하이젠베르크의 식은 필요 없다**

라고 할 수 있잖아. 전자를 나타내는 언어는 슈뢰딩거의 식만으로도 충분하다고 자신 있게 말할 수 있어.

다시 말해서 하이젠베르크의 식에서 유도한 에너지 W 와 슈뢰딩거의 에너지 E 가 같은 이유는 슈뢰딩거의 식 안에 하이젠베르크의 식이 들어 있기 때문이라고 할 수 있을까?

 꽤 그럴듯한 생각이긴 한데, 정말 그럴까?

하이젠베르크의 식	슈뢰딩거의 식
$H(P^\circ, Q^\circ)\xi - W\xi = 0$	$\nabla^2 \phi + 8\pi^2 \mathfrak{M}(\nu - \mathfrak{B})\phi = 0$

> 적어도 이 두 식의 관계를 밝힐 수 있지 않을까?

이렇게 두 식이 전혀 다른데 도대체 어떻게 하면 슈뢰딩거의 식 안에 하이젠베르크의 식을 넣을 수 있을까?

똑똑한 사람에게 의논해보자.

앗, 슈뢰딩거 선생님!

뭔가 잘 안 풀리는가 보구나.

나도 너희들과 똑같은 생각을 했단다. 수학천재 바일이라는 친구가 있는데, 미분방정식이 나올 때마다 도움을 받았지. 그 친구에게 부탁해보자.

슈뢰딩거는 이 두 식의 관계를 밝히고자 바일에게 의뢰했다고 한다.

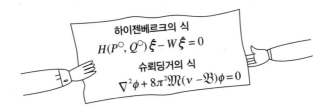

하이젠베르크의 식
$$H(P^{\circ}, Q^{\circ})\,\xi - W\,\xi = 0$$
슈뢰딩거의 식
$$\nabla^2\phi + 8\pi^2\mathfrak{M}(\nu - \mathfrak{B})\phi = 0$$

하지만 수학천재 바일도 풀지 못하겠다며 보낸 미안하다는 답장에 슈뢰딩거는 실망을 금치 못했다.

미안하네…

천재 바일

천재 바일도 못 풀다니…. 쿨쩍~.

역시 우리가 해결하기에는 벅차.

애들아! 겨우 이런 일로 기죽으면 안 돼. 자연과학자가 고작 이런 걸로 포기한다면 진정한 이론을 발견할 수 없어!!

'문제를 올바로 파악했다면 답은 반쯤 구한 셈이다.'

이것은 자연과학의 철칙이지! 너희가 언어에 관해서 생각할 때도 매우 중요해. 문제를 제대로 파악하지 못하면 아무리 노력해도 옳은 답을 구할 수 없거든….

 맞아요. 다른 것도 그래요. 예를 들어 언어를 보면, 학교에서 문법부터 배우는 영어만으로 말을 잘할 수 있게 되는 사람은 아주 드물어요. 대부분의 사람은 영어를 싫어하게 되죠. 이것도 문제를 제대로 파악하지 못했기 때문이라고 할 수 있어요. 자연 상태에서 갓난아이가 말을 배우는 과정을 간과한 거죠. 만약 자연의 과정을 더듬어 간다면 누구나 할 수 있게 될 거예요.

 그렇구나. 히포, 패밀리, 트래칼리 모두 문제 파악 방식이 중요했어.

 그렇지. 그걸 염두에 두고 문제가 무엇인지 생각해보자.

'전자의 움직임을 나타낼 수 있다'

이것이 우리의 전제란다. 틀렸을 리가 없지. 분명히 하이젠베르크의 식과 내 식의 관계를 밝힐 수 있을 거야. 그 증거로 하이젠베르크의 식이 내 식 안에 포함되어 있어. 그럼 하이젠베르크의 식은 필요없다고 할 수 있지. 반드시 잘될 거야! 그렇게 믿고 돌진하자.

 네, 슈뢰딩거 선생님!

 좋아. 다들 알았겠지만 우리의 목표를 다시 한 번 외쳐볼까?

이미지가 없는 하이젠베르크의 식은 필요없다!!

목표

그래, 좋았어. 좀 더 분발하자!

식의 형태를 같게 하다

그런데 첫 번째 단계에서 어떻게 하면 전혀 비슷하지도 않은 두 식의 관계를 밝힐 수 있을까? 수식을 보고 있으면 머리가 어지럽단 말이야.

$$H(P^\circ, Q^\circ)\xi - W\xi = 0$$

$$\nabla^2\phi + 8\pi^2\mathfrak{M}(\nu - \mathfrak{B})\phi = 0$$

다시 말하는데, 여기에 두 가지 언어가 있어. 그리고 우리가 알고 있는 건 하이젠베르크의 식으로는 불충분하다는 거지. 하지만 두 식에서 구한 E 와 W 는 똑같아.

이 상태로는 두 식의 관계를 밝히기 힘들 것 같아. 머릿속이 뒤엉킨 느낌이야.

그래. 이 상태로는 막연하니까 한 가지 경우에 관해서 구체적으로 생각해보는 건 어떨까?

그게 무슨 뜻이야!?

지금까지는 상자 안이라든지 자유공간이라든지 다양한 경우를 생각했잖아.

그중에서 **후크장의 경우**(즉 중심으로 끌어당기는 힘이 작용하는 경우)-입자언어로 말하면 **조화진동**-일 때를 생각해보자.

슈뢰딩거의 식에서 구한 E는 지금은 옳지 않다고 여겨지는 보어의 식에서 구한 W가 아니라 하이젠베르크의 식에서 구한 올바른 W와 일치하고 있어.

흐음~ 잘 모르겠지만 어쨌든 슈뢰딩거와 하이젠베르크의 에너지가 똑같아지는 구체적인 경우를 생각해보는 건 괜찮은 생각인 것 같아. …그리고 보니 전부터 신경 쓰였는데, W와 E는 똑같은 에너지라는 뜻인데 왜 기호가 다르지?

슈뢰딩거의 식으로 구한 에너지를 E, 하이젠베르크의 에너지를 W라고 구분한 것일 거야. 이런 사소한 것이 신경 쓰이긴 하지만 사실 그건 신경 쓰지 않아도 돼.

좋아, 각각의 식을 후크장, 조화진동의 형태로 만들어보자!

수식만 보면 현기증이 나는 사람이라도 걱정할 필요없어. 이것도 언어라고 여기고 반복하다 보면, 히포의 테이프와 마찬가지로 언젠가는 저절로 노래할 수 있게 돼. 노래할 수 있게 되면 굉장히 기쁠 거야. 나도 그랬거든. 분명히 할 수 있을 테니 함께 수식언어를 노래하자. 의미 있을 때 딱 떨어지거든. 대범하게 지켜봐.

걱정하지 마!

하이젠베르크의 식을 조화진동의 형태로 만들다

┌─── 하이젠베르크의 식 ───┐

$$H(P^{\circ}, Q^{\circ})\xi - W\xi = 0$$

└─────────────────────┘

H(해밀토니안)는 P(운동량)와 Q(위치)를 사용해 에너지를 나타내는 방법이다. 좀 더 자세히 나타내면 다음과 같다.

$$H(P^{\circ}, Q^{\circ}) = \frac{1}{2m} P^{\circ 2} + V(Q^{\circ})$$

V는 위치에너지이다. 위치에너지는 이름 그대로 위치에 따라 변하는 에너지이다. 즉 위치 Q°의 함수가 된다.

따라서 맨 위의 하이젠베르크의 식을 자세히 나타내면,

$$\left\{ \frac{1}{2m} P^{\circ 2} + V(Q^{\circ}) \right\}\xi - W\xi = 0$$

이 된다.

조화진동의 경우 위치에너지 $V(Q^{\circ})$는 $\frac{1}{2}kQ^{\circ 2}$이다.

따라서 하이젠베르크의 식은 다음과 같이 바꿔 쓸 수 있다.

$$\left(\frac{1}{2m} P^{\circ 2} + \frac{k}{2} Q^{\circ 2} \right)\xi - W\xi = 0$$

슈뢰딩거의 식을 후크장 형태로 만들다

┌─────── 슈뢰딩거의 식 ───────┐

$$\nabla^2\phi + 8\pi^2 \mathfrak{M}(\nu - \mathfrak{B})\phi = 0$$

└──────────────────────────┘

먼저 $\mathfrak{B} = \dfrac{V}{h}$, $\mathfrak{M} = \dfrac{m}{h}$, $\nu = \dfrac{E}{h}$ 를 이용해 위의 조화진동 위치 에너지 V와 같은 것을 대입한다. 그러면,

$$\nabla^2\phi + 8\pi^2 \frac{m}{h}\left(\frac{E}{h} - \frac{V}{h}\right)\phi = 0$$

이 되고, 이것을 $\dfrac{1}{h}$ 로 묶으면,

$$\nabla^2\phi + 8\pi^2 \frac{m}{h^2}(E - V)\phi = 0$$

이 된다. 후크장과 조화진동은 V가 같다. 즉 전자가 입자이든 파동이든 작용하는 힘은 똑같기 때문에 앞에서와 마찬가지로 V에 $\dfrac{1}{2}kx^2$을 대입하면 다음과 같다,

┌────────────────────────────────────┐

$$\nabla^2\phi + 8\pi^2 \frac{m}{h^2}\left(E - \frac{1}{2}kx^2\right)\phi = 0$$

└────────────────────────────────────┘

이렇게 구한 슈뢰딩거의 식과 앞에서 구한 하이젠베르크의 식을 비교해보자.

$$\left(\frac{1}{2m}P^{\circ 2} + \frac{k}{2}Q^{\circ 2}\right)\xi - W\xi = 0$$

 이렇게 해봐도 아직 이 두 식의 관계를 밝혔다는 생각이 안 들어 …. 역시 어렵구나.

두 식의 관계를 비교하려면 좀 더 **비슷한 형태**로 만들어야 하지 않을까? 가능할지는 모르겠지만 앞에서 구한 슈뢰딩거 선생님의 식을 잘 요리하여 비교할 수 있는 형태로 만들 수 없을까…?

그래. 될지 안 될지 모르지만 일단 해보자. 슈뢰딩거의 식을 하이젠베르크의 식과 비슷한 형태로 만들어보자는 거지? 마치 퍼즐이나 퀴즈를 푸는 것처럼 재미있을 것 같아.

후크장에서 슈뢰딩거의 식을 하이젠베르크의 식과 비슷하게 만들다

후크장에서의 슈뢰딩거의 식

$$\nabla^2\phi + 8\pi^2\frac{m}{h^2}\left(E - \frac{1}{2}kx^2\right)\phi = 0$$

식을 간단하게 하기 위해서 $\nabla^2 (= \frac{\partial^2}{\partial x^2} + \frac{\partial^2}{\partial y^2} + \frac{\partial^2}{\partial z^2}$: 각 방향으로 2차편미분)을 x방향에 관해서만 생각한다.

$$\frac{d^2}{dx^2}\phi + 8\pi^2 \frac{m}{h^2}\left(E - \frac{1}{2}kx^2\right)\phi = 0$$

이 식과 하이젠베르크의 식을 비교해보고 깨달은 점은 E와 W 가 같다는 것과 $-\frac{k}{2}$ 라는 공통적인 숫자가 있다는 것이다. 이것을 이용하면 같은 형태로 만들 수 있을 것 같다.

하이젠베르크의 조화진동 식

$$\left(\frac{1}{2m}P^{\circ 2} + \frac{k}{2}Q^{\circ 2}\right)\xi - W\xi = 0$$

을 보면 W 앞의 부호는 마이너스이고 계수가 없다.

앞의 식에서는 E 앞의 부호는 플러스이고, $8\pi^2 \frac{m}{h^2}$ 처럼 복잡한 계수가 붙어 있다.

E 앞에 있는 계수를 지우고 부호를 마이너스로 만들기 위해서 $-\frac{h^2}{8\pi^2 m}$ 을 곱하면 다음과 같다.

$$-\frac{h^2}{8\pi^2 m}\frac{d^2}{dx^2}\phi - \left(E - \frac{k}{2}x^2\right)\phi = 0$$

이 식의 괄호를 풀어서 순서를 약간 바꾸면 이렇게 된다.

$$-\frac{h^2}{8\pi^2 m}\frac{d^2}{dx^2}\phi + \frac{k}{2}x^2\phi - E\phi = 0$$

　　앞의 두 개를 ϕ로 묶으면 하이젠베르크의 식과 형태가 매우 비
슷해진다!

$$\left(-\frac{h^2}{8\pi^2 m}\frac{d^2}{dx^2}+\frac{k}{2}x^2\right)\phi - E\phi = 0$$

　　자세히 보면 사용하고 있는 기호가 조금 다를 뿐 첫 항을 $\dfrac{1}{2m}$로
묶으면 훨씬 더 비슷해진다.

　　$\dfrac{1}{2m}$로 묶으면 다음과 같이 된다.

$$\left\{\frac{1}{2m}\underline{\underline{\left(-\frac{h^2}{4\pi^2}\frac{d^2}{dx^2}\right)}}+\frac{k}{2}x^2\right\}\phi - E\phi = 0$$

$$\uparrow$$

이런 식으로 만들면 더 비슷해진다.

　　$-1 = i^2$ 또는 $\dfrac{d^2}{dx^2}$은 $\dfrac{d}{dx}\cdot\dfrac{d}{dx}$ 이므로 위의 식은 다음과 같다.

$$\left\{\frac{1}{2m}\left(\frac{h}{2\pi i}\frac{d}{dx}\right)^2+\frac{k}{2}x^2\right\}\phi - E\phi = 0$$

 짜잔! 슈뢰딩거의 식은 이런 형태가 되었어!

그리고 하이젠베르크의 식을 살펴보자.

$$\left(\frac{1}{2m}P^{\circ 2} + \frac{k}{2}Q^{\circ 2}\right)\xi - W\xi = 0$$

정말 같은 형태가 되었네.

차근차근 계산하면 간단해. 아무리 애써도 같은 형태가
안 될 것 같았는데 신기하게도 두 식이 같은 형태가 됐다
는 거야. 왠지 수수께끼를 푸는 것 같아서 재미있었어!

슈뢰딩거의 식과 하이젠베르크의 식 비교

 두 식을 좀 더 자세히 살펴보자. 그래

슈뢰딩거
$$\left\{\frac{1}{2m}\left(\frac{h}{2\pi i}\frac{d}{dx}\right)^2 + \frac{k}{2}x^2\right\}\phi - E\phi = 0$$

$\updownarrow \qquad \updownarrow \quad \updownarrow \quad \updownarrow$

하이젠베르크
$$\left(\frac{1}{2m}\boxed{P^{\circ}}^2 + \frac{k}{2}\boxed{Q^{\circ}}^2\right)\boxed{\xi} - \boxed{W}\xi = 0$$

이렇게 비교해보니 기호가 전부 다르구나.

하지만 같은 위치에 있으면서 형태가 다른 것은 밑줄과 ☐로

표시된 거야. E와 W가 같다는 건 알고 있지?

 혹시…, 만약에 말이야.

하이젠베르크의 P°, Q°, ξ를 슈뢰딩거 선생님의 $\dfrac{h}{2\pi i}\dfrac{d}{dx}$, x, ϕ로
바꿀 수 있다면 하이젠베르크의 식은 필요 없잖아! 슈뢰딩거 선생님의
식만으로 충분하지 않을까?

 하지만 그렇게 간단히 바꿀 수 있을까?

 괜찮아! 분명히 가능할 거야.

 그래. 그럼 먼저 각각의 기호가 무엇이었는지 떠올려보자. 뭔지
모르면 시작도 할 수 없잖아.

기호 연상 퀴즈

□ 에 아는 대로 써보자!

	이름	뜻
P°, Q°는?		
ξ는?		
W와 E는?		
ϕ는?		
$\dfrac{h}{2\pi i}\dfrac{d}{dx}$와 x는?		

알겠어??

글쎄….

 하이젠베르크의 식에 있는 P°, Q°는 뭐였지?

 이런! 벌써 잊어버린 거야? **행렬**이잖아.

 아, 그렇지. 이런 수의 행과 열의 집합. 계산이 복잡해서 내가 싫어했던 바로 그것!

ξ는 벡터.

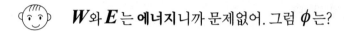
벡터는 크기와 방향을 가진 화살표야.

 W와 E는 **에너지**니까 문제없어. 그럼 ϕ는?

으음…, **위치** (x, y, z)의 **함수**였어…. 여기서는 x만 나오지만 어쨌든 함수야. x를 알면 ϕ도 알 수 있어.

그럼 행렬 P°, Q°에 해당되는 $\dfrac{h}{2\pi i}\dfrac{d}{dx}$와 x는 뭐였지? 분명히 **한마디로 표현할 수 있는 이름**이 있을 텐데.

$\dfrac{d}{dx}$는 미분 기호, $\dfrac{h}{2\pi i}$는 숫자, x는 위치인데….
전부 합해서 하나의 이름으로 부른다고? 아… 뭐가 뭔지 모르겠다! 다들 어때? 이름이 도대체 뭘까? 누구 아는 사람 있어? please!

 하하하!! 제법인데!

앗, 슈뢰딩거 선생님!

나도 이 부분에서 골치가 아팠지. 그러다가 문득 전에 어디선가 들어본 수학언어가 떠오르는 거야.

연산자…

아무래도 너희보다 수식언어 테이프를 조금은 많이 들었으니
그게 도움이 됐지.

연산자? 처음 듣는 말이야. 슈뢰딩거 선생님이 말씀하신 연산자
가 도대체 뭘까?

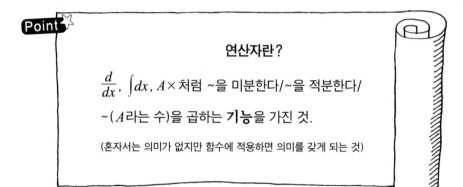

Point ☆

연산자란?

$\frac{d}{dx}$, $\int dx$, $A \times$ 처럼 ~을 미분한다/~을 적분한다/
~(A라는 수)을 곱하는 **기능**을 가진 것.

(혼자서는 의미가 없지만 함수에 적용하면 의미를 갖게 되는 것)

연산자라는 건 함수와 관련된 거군요.

여기서 알기 쉽게 표로 정리하자!

끄덕끄덕

하이젠베르크		슈뢰딩거	
행렬	$\begin{bmatrix} P^\circ & \quad & \dfrac{h}{2\pi i}\dfrac{d}{dx} \\ Q^\circ & \quad & x \end{bmatrix}$		연산자
벡터	ξ ——	ϕ	함수
에너지	W =	E	에너지

앞에서도 말했지만 이것들은 각각 같은 거야. 또 슈뢰딩거 선생님의 식에서 하이젠베르크의 식을 만들 수 있다면 "하이젠베르크의 식이여, 안녕~!"이 되는 거야. 하지만 말이야, 아무리 봐도 한쪽은 행렬이고 다른 쪽은 연산자. 한쪽은 벡터이고 다른 쪽은 함수. 완전히 다르잖아. 이러면 곤란해.

이 식을 좀 더 전체적으로 보지 않을래? 부분에 연연하면 전체가 보이지 않거든. 아름다운 꽃밭도 한 송이 꽃만 볼 때는 아무것도 느껴지지 않지만 조금 떨어져서 보면 그 꽃의 아름다움을 깊이 느낄 수 있어.

아름다워!

연산자와 행렬의 공통점을 찾아라!

두루마리

 연산자란 앞의 에 쓰여 있던 대로 **함수에 적용함으로써 의미를 갖는 것!**

그렇구나. 좀 더 구체적으로 알고 싶어.

 OK!

연산자 광장

등장인물 연산자 $\dfrac{d}{dx}$, 함수 x^2

외톨이 $\dfrac{d}{dx}$

연산자 $\dfrac{d}{dx}$ 는 혼자서는 아무것도 할 수 없다.
그런데 함수 x^2 에 적용하면 다음과 같이 된다.

$$\frac{d}{dx}\,x^2 = 2x$$

새로운 $2x$ 라는 함수가 생겼다!

이것은 연산자 $\dfrac{d}{dx}$ 에 x^2 을 $2x$ 로 만드는 **기능**이 있다는 뜻이다. 그래프로 그리면 이렇게 된다.

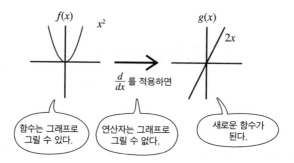

$f(x)$ x^2 $\dfrac{d}{dx}$ 를 적용하면 $g(x)$ $2x$

함수는 그래프로 그릴 수 있다.

연산자는 그래프로 그릴 수 없다.

새로운 함수가 된다.

그래프에서 볼 수 있듯이 **연산자를 함수에 적용하면 새로운 함수를 만들어낸다.**

연산자를 A, 원래의 함수를 $f(x)$, 새로운 함수를 $g(x)$ 라고 하면 다음과 같은 간결한 수식언어로 나타낼 수 있다.

$$Af(x) = g(x)$$

흠…. 왠지 연산자는 '언어'와 비슷한 것 같아. 언어 자체만으로는 아무것도 되지 않지만, 그걸 누군가에게 던져보면 어떤 작용을 하는지 알 수 있잖아?

예를 들어 아무도 없는 곳에서는,

 라고 말해봐야 정적만 흐를 뿐 아무 일도 일어나지 않아. Agua라는 언어의 의미도 모르지.

하지만 그걸 누군가에게 던지면,

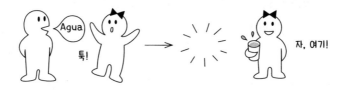

Agua는 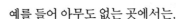 '물'이라는 뜻이고 그 언어의 기능을 알 수 있어. 마치 연산자와도 같지.

 어쨌든 **연산자**라는 건 **새로운 함수를 만들어내는 힘을 갖고 있어.**

 하이젠베르크의 식에서는 행렬이 벡터에 곱해져 있어. 행렬 쪽도 살펴보면 어떨까?

행렬 광장

토막상식 행렬은 $\begin{pmatrix} 1 & 5 & 10 & -6 \\ 3 & 2 & -4 & 9 \\ 6 & 4 & 8 & 5 \\ 7 & 14 & 6 & -8 \end{pmatrix}$ 같은 숫자의 집합.

벡터는 크기와 방향을 가진 화살표이며, 크기를 세로로 놓고 ( )로 묶은 형태로 나타낼 수 있다.

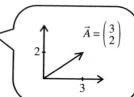

$\vec{A} = \begin{pmatrix} 3 \\ 2 \end{pmatrix}$

등장인물 행렬 $\begin{pmatrix} 1 & 2 \\ 3 & 4 \end{pmatrix}$ 벡터 $\begin{pmatrix} 1 \\ 2 \end{pmatrix}$

행렬은 단순한 숫자의 집합에 불과하므로 그 자체만으로는 의미를 알 수 없다.

외톨이

1 2
3 4

연산자는 함수에 적용해야 비로소 그 의미를 알 수 있듯이 행렬도 벡터 $\begin{pmatrix} 1 \\ 2 \end{pmatrix}$ 에 적용해보자.

1 2
3 4

툭!

1
2

$\begin{pmatrix} 1 & 2 \\ 3 & 4 \end{pmatrix}\begin{pmatrix} 1 \\ 2 \end{pmatrix} = \begin{pmatrix} 1+4 \\ 3+8 \end{pmatrix}$

$= \begin{pmatrix} 5 \\ 11 \end{pmatrix}$

행렬의 곱셈 방법

$\begin{pmatrix} A_{11} & A_{12} \\ A_{21} & A_{22} \end{pmatrix}\begin{pmatrix} \eta_1 \\ \eta_2 \end{pmatrix} = \begin{pmatrix} A_{11}\eta_1 + A_{12}\eta_2 \\ A_{21}\eta_1 + A_{22}\eta_2 \end{pmatrix}$

$\Downarrow$

참고로 이것은 다음과 같이 쓸 수 있다.

$$\zeta_n = \sum_{n'} A_{nn'}\eta_{n'}$$

이건 꼭 외워둬!

$\begin{pmatrix} 5 \\ 11 \end{pmatrix}$ 라는 새로운 벡터가 생겼다.

연산자일 때와 마찬가지로 그래프로 그려보자.

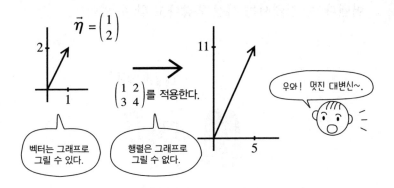

이로써 다음과 같은 결론을 얻을 수 있다.

행렬은 벡터에 적용시키면 새로운 벡터를 만들어낸다.

행렬을 A, 벡터를 η (에타), 새로운 벡터를 ζ (제타)라고 하면 다음과 같이 간단히 나타낼 수 있다.

$$A\eta = \zeta$$

그렇구나. 행렬은 새로운 벡터를 만드는 힘을 갖고 있어.

연산자와 행렬은 언뜻 전혀 다른 것 같지만 **'새로운 것을 만들어낸다'**는 점에서는 사실 **똑같다**고 할 수 있어!!

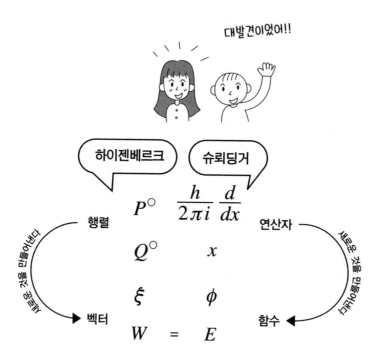

지금까지 하이젠베르크와 슈뢰딩거 선생님의 언어는 완전히 다른 것으로 보였지만, 사실 두 식은 똑같은 것이라고 할 수 있는 단서를 찾아낸 기분이야. 이 단서를 풀면 잘 해결될 것 같아.

잠깐만! 그렇게 간단하게 말해도 되는 거야? 두 식을 비교해보면 이렇게 돼.

$$\text{슈뢰딩거} \quad \left\{ \frac{1}{2m}\left(\frac{h}{2\pi i}\frac{d}{dx} \right)^2 + \frac{k}{2}x^2 \right\}\phi - E\phi = 0$$

$$\text{하이젠베르크} \quad \left(\frac{1}{2m}P^{\circ 2} + \frac{k}{2}Q^{\circ 2} \right)\xi - W\xi = 0$$

양쪽 다 밑줄 친 부분 전체가 $\phi(x)$ 또는 ξ에 곱하게 되어 있어.
각각을 살펴보니, 먼저 슈뢰딩거 선생님의 식에서 밑줄 친 부분
은 연산자의 곱셈 계산이야.

$$\left(\frac{h}{2\pi i}\frac{d}{dx} \right)^2 = \frac{h}{2\pi i}\frac{d}{dx} \times \frac{h}{2\pi i}\frac{d}{dx}$$

$$x^2 = x \times x$$

$$(\text{연산자})^2 = \text{연산자} \times \text{연산자}$$

봐, 연산자의
곱셈이 되었지?

그리고 연산자의 덧셈이 되었다.

$$\frac{1}{2m}\left(\frac{h}{2\pi i}\frac{d}{dx} \right)^2 + \frac{k}{2}x^2$$

연산자 + 연산자

하이젠베르크의 식도 행렬의 곱셈으로 되어 있고,

$$P^{\circ 2} = P^{\circ} \times P^{\circ}$$

$$Q^{\circ 2} = Q^{\circ} \times Q^{\circ}$$

$$(\text{행렬})^2 = \text{행렬} \times \text{행렬}$$

행렬의 덧셈이 되었다.

$$\underbrace{\frac{1}{2m} P^\circ + \frac{k}{2} Q^\circ}_{\text{행렬 + 행렬}}$$

만약 슈뢰딩거 선생님의 식 안에 하이젠베르크의 식이 포함되어 있다면, 이 연산자의 곱셈이나 덧셈이 함수에 하는 기능과 행렬의 덧셈이나 곱셈이 벡터에 하는 **기능이 같다**고 할 수 없다는 게 이상하잖아?

그렇구나….

흠… 그런가? 잘 모르겠지만 일단 연산자의 덧셈부터 살펴보자. 어? 그런데 연산자의 덧셈이 뭐였지?

■ **연산자와 행렬의 덧셈**

연산자의 덧셈이라…. 연산자는 **기능**만 가진 $\frac{d}{dx}$ 또는 $\int dx$를 말해. 그런 연산자의 덧셈을 $\frac{d}{dx} + \frac{d}{dx}$ 또는 $\int dx + \frac{d}{dx}$라고 쓸 수 있을까?

뭐!? 그렇게 평범한 숫자처럼 더할 수 있을 리가 없어. 이제 어떡하지?

그러게 말이야. 어떡하지?

핫핫핫, 잘 안 되나 보구나. 사실 나도 여기서 막혔지.

네? 슈뢰딩거 선생님도요?

 괜찮아. 연산자의 덧셈이라고는 하지만 실제로 미분과 미분을 더하거나 적분과 미분을 더하는 건 아니야.

 그럼, 계산할 수도 없는데 왜 연산자의 덧셈이 있는 거죠?

 연산자의 덧셈이란 일종의 **정의** 같은 거야.

 정의요?

 정의란 '○○○는 □□□이다'라는 식으로 말의 의미를 정리하는 거지.

 그럼 연산자의 덧셈은 무슨 뜻이에요?

주어진 연산자 A와 B의 덧셈

$(A + B)$란 주어진 함수 $f(x)$에 적용했을 때,

$$(A + B)f(x)$$

A와 B가 각각 따로 함수 $f(x)$에 적용한 값의 덧셈

$$Af(x) + Bf(x)$$

가 되며, 이 부분의 기능만 정의한 것이다.

그렇구나. 조금 복잡하긴 한데 실제로는 $(A+B)$라는 연산자를 계산할 수 없지만, 그것을 함수에 적용시켰을 때,

$$(A + B)f(x) = Af(x) + Bf(x)$$

가 된다고 생각하면 돼.

 여기서 확인하고 싶은 건 연산자의 덧셈이 함수에 하는 기능과 행렬의 덧셈이 벡터에 하는 기능이 같은지야.

 바로 그거야. 마찬가지 방법으로 **행렬의 덧셈**도 살펴보자.

 행렬의 덧셈은,

$$
\begin{pmatrix} A_{11} & A_{12} & \cdot\, \cdot \\ A_{21} & A_{22} & \cdot\, \cdot \\ \vdots & \vdots & \end{pmatrix}
+
\begin{pmatrix} B_{11} & B_{12} & \cdot\, \cdot \\ B_{21} & B_{22} & \cdot\, \cdot \\ \vdots & \vdots & \end{pmatrix}
=
\begin{pmatrix} A_{11} + B_{11} & A_{12} + B_{12} & \cdot\, \cdot \\ A_{21} + B_{21} & A_{22} + B_{22} & \cdot\, \cdot \\ \vdots & \vdots & \end{pmatrix}
$$

처럼 ( ) 안의 내용물, 다시 말해서 요소마다 더해야 해.

 그래 맞아. 하지만 여기서는 연산자와의 공통점을 알아보려는 거니까 연산자의 덧셈 정의와 마찬가지로 다시 정의해보자.

 제가 해볼게요. 그러니까

주어진 행렬 *A*와 *B*의 덧셈

$(A + B)$란 주어진 벡터 η에 적용했을 때,

$$(A + B)\eta$$

A와 B가 각각 따로 벡터 η에 적용했을 때의 덧셈은

$$A\eta + B\eta$$

이 되며, 이 부분의 기능만 정의한 것이다.

이런 건 어때요?

 훌륭한데! 연산자와 똑같이 정의할 수 있지. 이것은 다시 말해서, **"연산자의 덧셈이 함수에 하는 기능과 행렬의 덧셈이 벡터에 하는 기능은 같다!"**고 할 수 있지.

 곱셈도 이런 식으로 해보자!

■ 연산자와 행렬의 곱셈

 연산자의 곱셈도 덧셈과 마찬가지로 정의해보자.

 OK!

주어진 행렬 A와 B의 곱셈

(AB) 란 주어진 함수 $f(x)$ 에 적용했을 때,

$$(AB)f(x)$$

가 된다. 먼저 B 를 $f(x)$ 에 적용하고, 그 결과 생긴 새로운 함수에 A 를 적용하면

$$A\{Bf(x)\}$$

가 된다. 즉 2회의 적용을 $f(x)$ 1회로 정의한 것이다.

 이렇게 하면 어때요?

 아주 잘했어. 훌륭해. 그렇게 하는 거야.

 이제 남은 건 행렬의 곱셈이야. 이것도 똑같이 정의하면 돼.

 그렇구나. 만약 가능하다면 연산자의 곱셈이 함수에 하는 기능과 행렬의 곱셈이 벡터에 하는 기능은 똑같다고 할 수 있겠지. 이번에는 내가 해볼게.

주어진 행렬 A와 B의 곱셈

(AB)란 주어진 벡터 η으로 적용했을 때,

$$(AB)\eta$$

가 된다. 먼저 B를 η에 적용하고, 그 결과 생긴 새로운 함수에 A를 적용하면

$$A(B\eta)$$

가 된다. 즉 2회의 적용을 η 1회로 정의한 것이다.

 질문 있어요!
$(AB)\eta = A(B\eta)$이라고 정의한 것을 $(AB)\eta = B(A\eta)$이라고 쓰면 안 되나요?

그러니까⋯　 A와 B의 순서를 바꾸면⋯.

좋은 지적이야. 연산자나 행렬은 적용하는 순서가 매우 중요해. 직접 해보렴.

 그래. 먼저 연산자부터 해보자.
연산자 $\dfrac{d}{dx}$와 x를 함수 x^2에 적용했을 때,

$$\frac{d}{dx}(xx^2) = \frac{d}{dx} \times x^3 = \underline{\underline{3x^2}}$$

순서를 바꾸면,

정말이구나!
답이 달라졌어!

$$x\left(\frac{d}{dx}x^2\right) = x \times 2x = \underline{\underline{2x^2}}$$

 이번엔 행렬을 살펴보자.

행렬 $\begin{pmatrix} 1 & 2 \\ 3 & 4 \end{pmatrix}$ 와 $\begin{pmatrix} 2 & 1 \\ 4 & 3 \end{pmatrix}$ 을 벡터 $\begin{pmatrix} 2 \\ 3 \end{pmatrix}$ 에 적용했을 때,

$$\begin{pmatrix} 1 & 2 \\ 3 & 4 \end{pmatrix}\left\{\begin{pmatrix} 2 & 1 \\ 4 & 3 \end{pmatrix}\begin{pmatrix} 2 \\ 3 \end{pmatrix}\right\} = \begin{pmatrix} 1 & 2 \\ 3 & 4 \end{pmatrix}\begin{pmatrix} 4+3 \\ 8+9 \end{pmatrix} = \begin{pmatrix} 1 & 2 \\ 3 & 4 \end{pmatrix}\begin{pmatrix} 7 \\ 17 \end{pmatrix} = \begin{pmatrix} 7+34 \\ 21+68 \end{pmatrix} = \underline{\underline{\begin{pmatrix} 41 \\ 89 \end{pmatrix}}}$$

순서를 바꾸면,

$$\begin{pmatrix} 2 & 1 \\ 4 & 3 \end{pmatrix}\left\{\begin{pmatrix} 1 & 2 \\ 3 & 4 \end{pmatrix}\begin{pmatrix} 2 \\ 3 \end{pmatrix}\right\} = \begin{pmatrix} 2 & 1 \\ 4 & 3 \end{pmatrix}\begin{pmatrix} 2+6 \\ 6+12 \end{pmatrix} = \begin{pmatrix} 2 & 1 \\ 4 & 3 \end{pmatrix}\begin{pmatrix} 8 \\ 18 \end{pmatrix} = \begin{pmatrix} 16+18 \\ 32+54 \end{pmatrix} = \underline{\underline{\begin{pmatrix} 34 \\ 86 \end{pmatrix}}}$$

행렬도 순서를 바꾸니까 답이 바뀌었어.

 그렇구나. 이제야 다음과 같이 나타내는 이유를 알았어.

$$(AB)f(x) = A\{Bf(x)\}$$
$$(AB)\eta = A\{B\eta\}$$

양쪽 다 순서를 바꾸면 안 되는 거야. 그건 바로 이런 뜻이지.

연산자의 곱셈이 함수에 하는 기능과
행렬의 곱셈이 벡터에 하는 기능은 같다!

기능이 같아!

이것으로 슈뢰딩거 선생님의 식

$$\frac{1}{2m}\left(\frac{h}{2\pi i}\frac{d}{dx}\right)^2 + \frac{k}{2}x^2$$

이 함수에 하는 기능과 하이젠베르크의 식

$$\frac{1}{2m}P^{\circ 2} + \frac{k}{2}Q^{\circ 2}$$

이 벡터에 하는 기능은 **똑같다**고 자신 있게 말할 수 있어!

 이제 **행렬과 연산자의 기능이 같다**는 건 알았으니까 행렬 중에서 도 하이젠베르크의 P°와 Q°, 슈뢰딩거 선생님의 연산자 $\frac{h}{2\pi i}\frac{d}{dx}$와 x가 똑같은지 아닌지를 알아보자. 지금까지 대략적으로 같다고 밝혀졌으니 좀 더 자세히 들어가야 해.

 대략적인 것에서 자세한 것으로? 어디선가 많이 들어본 말인데?

 그렇지? 일단 구체적으로 P°와 $\frac{h}{2\pi i}\frac{d}{dx}$, Q°와 x가 같다고 할 수 있는지 알아보자!

P°, Q°와 $\dfrac{h}{2\pi i}\dfrac{d}{dx}$, x의 관계를 탐색하다

 그런데 하이젠베르크의 식에서 P°와 Q°가 어떤 행렬이든 상관 없는 건 아니야. **일정한 조건**을 충족시켜야 해.

하이젠베르크의 P°와 Q°의 조건

① **정준교환관계**를 충족시킨다.

$$P^\circ Q^\circ - Q^\circ P^\circ = \frac{h}{2\pi i}\, 1$$

② **에르미트적**이다.

 이 **두 가지 조건**을 충족시키는 것이 하이젠베르크의 행렬 P°, Q°라는 사실은 P°, Q°가 원래 연산자 $\dfrac{h}{2\pi i}\dfrac{d}{dx}$, x와 같다고 하기 위해서는 이 두 연산자도 당연히 **같은 조건**을 충족시켜야 한다는 뜻이야. 하지만 에르미트적인 연산자가 뭔지 잘 모르니까 일단 정준교환관계부터 알아보자.

연산자는 정준교환관계를 충족시키는가?

 정준교환관계라는 용어의 의미를 잘 모르겠어. 하지만 일단,

$$P^{\circ}Q^{\circ} - Q^{\circ}P^{\circ} = \frac{h}{2\pi i}\, 1$$

이 된다는 뜻 같아.

> 하이젠베르크의 정준교환관계는 행렬이므로 $\frac{h}{2\pi i}$ 에 단위행렬 1을 붙여야 해(자세한 설명은 하이젠베르크 편을 참조).

 P° 는 $\dfrac{h}{2\pi i}\dfrac{d}{dx}$, Q° 는 x 에 해당되니까,

연산자의 경우 정준교환관계식은

$$\frac{h}{2\pi i}\frac{d}{dx}\cdot x - x\cdot\frac{h}{2\pi i}\frac{d}{dx} = \frac{h}{2\pi i}$$

가 성립돼. 그런데 정말 이렇게 될까?

> 어? $\frac{h}{2\pi i} 1$ 이 아니네? 왜 1이 없어진 거야?

> 연산자의 경우에는 단순한 숫자 '1을 곱한다' 라는 뜻이 되기 때문에 생략해도 돼.

하지만 이건 연산자만 있는 식이어서 어떻게 계산해야 할지 모르겠어.

연산자 광장에서 봤듯이 연산자는 함수에 적용해야 비로소 의미를 갖잖아.

그런가? 그럼 $\dfrac{h}{2\pi i}\dfrac{d}{dx}\cdot x - x\cdot\dfrac{h}{2\pi i}\dfrac{d}{dx} = \dfrac{h}{2\pi i}$ 를 주어진 함수에 적용하면 계산할 수 있겠구나.

그렇지. 여기서는 먼저 좌변 $\dfrac{h}{2\pi i}\dfrac{d}{dx}\cdot x - x\cdot\dfrac{h}{2\pi i}\dfrac{d}{dx}$ 에 주어진 함수에 상관없는 $f(x)$ 를 적용시켜 계산해보자.

 결과가 $\dfrac{h}{2\pi i}f(x)$ 가 나오면 좋겠는데.

$$\frac{h}{2\pi i}\frac{d}{dx}\cdot x - x\cdot\frac{h}{2\pi i}\frac{d}{dx} \text{ 는 어떻게 될까!?}$$

먼저 함수 $f(x)$ 를 각각의 항에 적용시켜 계산할 수 있게 한다.

$$\left(\frac{h}{2\pi i}\frac{d}{dx}\cdot x\right)f(x) - \left(x\cdot\frac{h}{2\pi i}\frac{d}{dx}\right)f(x)$$

연산자의 곱셈 정의 $A\{Bf(x)\} = (AB)f(x)$ 를 이용하면 다음과 같이 된다.

$$= \frac{h}{2\pi i}\frac{d}{dx}\{xf(x)\} - x\left\{\frac{h}{2\pi i}\frac{d}{dx}f(x)\right\}$$

$\dfrac{h}{2\pi i}$ 는 일정한 숫자이므로 묶으면,

$$= \frac{h}{2\pi i} \left[\frac{d}{dx}\{xf(x)\} - x\left\{\frac{d}{dx}f(x)\right\} \right]$$

밑줄 친 부분은 '곱의 미분'이다!

↓

곱의 미분 공식

$$\frac{d}{dx}\{f(x)\cdot g(x)\} = \frac{d}{dx}f(x)\cdot g(x) + f(x)\frac{d}{dx}g(x)$$

이것을 이용하면

$$= \frac{h}{2\pi i} \left[\left(\frac{d}{dx}x\right)f(x) + x\left\{\frac{d}{dx}f(x)\right\} - x\left\{\frac{d}{dx}f(x)\right\} \right]$$

이건 빼면 없어져!

$$\frac{d}{dx}x \;(x\,미분)은 1이므로$$

$$= \frac{h}{2\pi i}f(x)$$

즉,

$$\left(\frac{h}{2\pi i}\frac{d}{dx}\cdot x\right)f(x) - \left(x\cdot\frac{h}{2\pi i}\frac{d}{dx}\right)f(x) = \frac{h}{2\pi i}f(x)$$

가 된다. 함수에 곱셈을 적용해서 결과를 알고 있으니, 여기서는 **기능만** 꺼낸다.

$$\frac{h}{2\pi i}\frac{d}{dx}\cdot x - x\cdot\frac{h}{2\pi i}\frac{d}{dx} = \frac{h}{2\pi i}$$

즉 연산자 $\dfrac{h}{2\pi i}\dfrac{d}{dx}$ 와 x 도
정준교환관계를 충족시킨다는 사실을 알았어!!

해냈구나! 그렇다면 구체적으로 P° 와 $\dfrac{h}{2\pi i}\dfrac{d}{dx}$, Q° 와 x 가 같은
성질이라고 할 수 있어!!

우리가 해냈어!

P° 는 $\dfrac{h}{2\pi i}\dfrac{d}{dx}$, Q° 는 x 야!

아직 기뻐하기는 일러. 우리의 목표는,

하이젠베르크의 식은 필요 없다!

라고 밝히는 것이거든. 그러기 위해서는 단순히 **기능만 같아서는**
안 돼.

$\dfrac{h}{2\pi i}\dfrac{d}{dx}$ 에서 P° 를,
x 에서 Q° 를 만들어내야 해!

그렇게 되면 P° 도 Q° 도 필요 없게 되니까.
너희는 어떻게 하면 그걸 할 수 있을까를 생각해야 해. 그리고 마
지막으로 내가,

슈뢰딩거의 식에서
하이젠베르크의 식을 만들어내는 거지!

하지만 과연 말씀하신 대로 할 수 있을지….

함수로 벡터를 만들다

 어? 왜 여기에 푸리에의 모험(《수학으로 배우는 파동의 법칙》으로 출간)이…. 무슨 힌트인 건가?

 너희는 연산자로 행렬을 만드는 방법은 아직 모를 거야. 그런데 양 자역학의 모험을 시작하기 전에 푸리에의 모험을 체험했지?

 네.

 그때 '사영과 직교'라는 장에서 함수로 벡터를 만든 적이 있어.

 그랬나요…? 기억이 안 나요.

 그럼 먼저 푸리에를 이용해서 **'함수로 벡터를 만드는 방법'**을 생 각해보렴.

 푸리에라면 **복잡한 파동은 단순한 파동들의 합.**

이것을 수식언어로 쓰면

$$f(x) = a_0 + a_1 \cos 1\omega t + b_1 \sin 1\omega t$$
$$+ a_2 \cos 2\omega t + b_2 \sin 2\omega t$$
$$+ \cdots\cdots$$

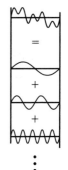

참고로 복잡한 파동 = 복잡한 함수,
단순한 파동 = 단순한 함수라는 뜻이야.

 그런데 이 각각의 단순한 파동은 cos, sin 전부 어떤 관계에 있는
지, 그게 도대체 무엇이었는지 생각나니?

 그러니까, 그게…, 뭐였더라?

 그건 바로,

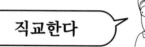

직교한다

는 뜻이야.

 직교라고 하니까 전혀 모르겠어요. 글자 그대로 직교라는 건 90
도 직각으로 교차한다는 건데, 함수(파동)가 직교한다는 게 도대
체 무슨 뜻이죠?

이런 건가요?

 아니야. 그건 좀 아닌데, **함수가 직교한다**는 건 '함수끼리 서로
곱해서 나온 함수의 **면적이** 0이 된다'는 뜻이야. 잠깐 살펴
볼까?

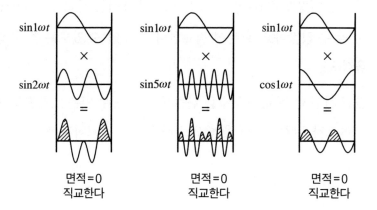

|면적=0
직교한다|면적=0
직교한다|면적=0
직교한다|

 단순한 파동은 모두 각각 직교하고 있네요.

 그런데 딱 한 가지! 이 중에서 직교하지 않는 게 있어. 그게 뭔지 알겠니?

그것은 오른쪽 그림과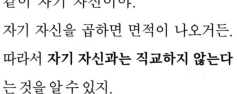
같이 자기 자신이야.
자기 자신을 곱하면 면적이 나오거든.
따라서 자기 자신과는 직교하지 않는다
는 것을 알 수 있지.

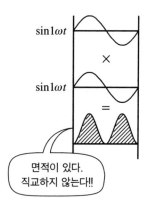

면적이 있다.
직교하지 않는다!!

 이와 같이 sin, cos은 자기 외에는 전부 직교관계에 있는 함수이고, 이것을 간단한 용어로 정리하면,

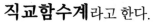 **직교함수계**라고 한다.

하지만 이렇게 직교하는 함수도 보기만 해서는 직교하는지 아닌지 알 수 없잖아요. **한눈**에 직교한다는 걸 알 수 있도록 쓸 수 없을까요?

 그건 간단해. 직교한 함수를 한눈에 알아볼 수 있는 그래프로 만들어보자. 각각의 파동을 축으로 하면 서로 직교하니까,

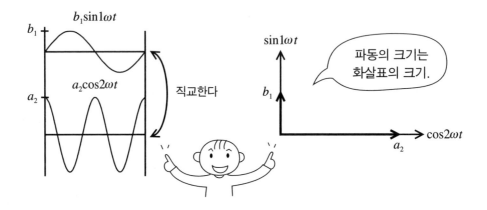

 정말 간단하네요. 그런데 이 화살표는 **벡터**잖아요!! 더구나 **파동의 진폭이 직교한 벡터의 각각의 크기**가 돼요!

 파동의 진폭을 구하는 방법도 알고 있어. **푸리에 전개**를 쓰면 돼.

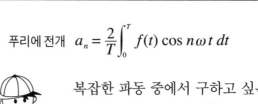

푸리에 전개 $a_n = \dfrac{2}{T}\displaystyle\int_0^T f(t)\cos n\omega t\, dt$

푸리에 군은 기억나지?

복잡한 파동 중에서 구하고 싶은 파동을 곱해서 면적을 구하고 $\dfrac{T}{2}$로 나눈다.

이 방법을 쓰면 아무리 단순한 파동의 크기도 알 수 있대. 그래서 이걸 이용하면,

직교한 화살표(=벡터)의 크기

를 구할 수 있어.

 앞에서 나온 두 개의 파동을 더하면 복잡한 파동 $f(t)$가 되는데, 직교 그래프에 나타내보자.

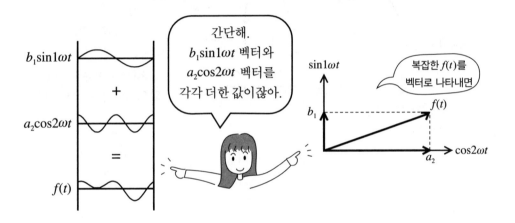

벡터의 표기방법은 **크기를 세로로 정렬하고 괄호( )로 묶는 거**니까 이렇게 하면 된다.

$$\vec{f(t)} = \begin{pmatrix} a_2 \\ b_1 \end{pmatrix}$$
5라면 5, 3이라면 3을 대입하면 돼.

즉 단순한 파동의 크기를 세로로 정렬하고 괄호( )로 묶으면 복잡한 파동을 벡터로 나타낸 것과 같아.

여기서는 푸리에를 이용했기 때문에 직교함수계는 sin과 cos이
었지만, 이것 말고도 직교함수계는 더 있단다. 직교함수계는 사
실 뭐든 상관없으니까 좀 더 일반적인 형태로 나타내보자.

 일반적인 전개식을 어떤 직교함수계에든 사용할 수 있으려면…

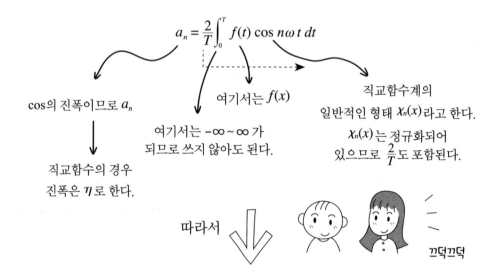

$$a_n = \frac{2}{T} \int_0^T f(t) \cos n\omega t \, dt$$

cos의 진폭이므로 a_n

직교함수의 경우
진폭은 η로 한다.

여기서는 $-\infty \sim \infty$ 가
되므로 쓰지 않아도 된다.

여기서는 $f(x)$

직교함수계의
일반적인 형태 $\chi_n(x)$라고 한다.
$\chi_n(x)$는 정규화되어
있으므로 $\frac{2}{T}$도 포함된다.

따라서

꾸덕꾸덕

잠깐 순서를 바꾸면…

$f(x)$ 로 만들 수 있는 벡터 중 한 요소인 η_n 을 구하는 방법

$$\eta_n = \int \chi_n^*(x) f(x) \, dx$$

직교함수에 벡터로 구하고 싶은 복잡한 함수를 곱해 면적을 구한다.

위의 식에 붙어 있는 *는 $f(x)$가 복소수일 때도 사용하는 부호니까 신경 쓰지 않아도 된다.

n에 $1, 2, 3\cdots$을 대입하면 각각 직교한 벡터의 크기가 나온다. 그것을 괄호로 묶으면 다음과 같다.

$$\int \chi_1^*(x)f(x)\,dx = \eta_1$$
$$\int \chi_2^*(x)f(x)\,dx = \eta_2 \quad \rightarrow \quad \begin{pmatrix} \eta_1 \\ \eta_2 \\ \eta_3 \end{pmatrix} = \vec{\eta}$$
$$\int \chi_3^*(x)f(x)\,dx = \eta_3$$

해냈다!! 주어진 함수 $f(x)$로 벡터 $\vec{\eta}$을 만들 수 있다!

주어진 함수 $f(x)$에서는 벡터 η
다른 함수 $g(x)$에서는 다른 벡터 ζ

이처럼 하나의 함수에서는 다른 하나의 벡터를 만들 수 있다. 참고로 이것을 역으로 이용하면 다음과 같이 된다.

복잡한 함수 $f(x)$는 단순한 함수들의 합

$$f(x) = \sum_n \eta_n \chi_n(x)$$

나중에 사용할 거야!

함수로 벡터를 만들 수 있지만, 우리가 정말 만들고 싶은 건 하이젠베르크를 쓰러뜨리기 위해서,

$$\frac{h}{2\pi i}\frac{d}{dx} \rightarrow P^{\circ} \qquad x \rightarrow Q^{\circ}$$

였다는 것을 잊어서는 안 돼. 절대! 다시 말하면,

> ### 연산자로 행렬을 구하고 싶은 거지!

 맞았어. 지금 배운 함수로 벡터를 만드는 방법을 잘 활용해서 연산자로 행렬을 만드는 것에 도전해보자.

연산자로 행렬을 만들다

함수로 벡터를 만들 수 있으니 이 방법을 이용하라는 건…. 그렇구나! 예를 들어 앞에서 본,

$$Af(x) = g(x)$$

처럼 $f(x)$로 만들 수 있는 벡터를 η라고 가정하면, $g(x)$로는 η와는 다른 벡터를 만들 수 있을 거야. 이것을 ζ(제타)라고 하자.

$$\zeta_n = \int \chi_n^*(x)g(x)\,dx$$

에서 $g(x)$는 $Af(x)$니까,

$$\zeta_n = \int \chi_n^*(x)Af(x)\,dx$$

가 돼. 이 식을 변형시키면 연산자와 행렬의 관계를 알 수 있을지도 몰라! 해보자! ζ_n은 앞에서 본 식,

$$f(x) = \sum_n \eta_n \chi_n(x)$$

야. 복잡한 함수는 단순한 직교함수들의 합을 사용하면,

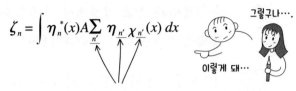

$$\zeta_n = \int \eta_n^*(x) A \sum_{n'} \eta_{n'} \chi_{n'}(x)\, dx$$

(앞의 n과 구별하기 위해서 $'$ [대시]를 붙인다.)

여기서 연산자를 전체에 적용한 후에 더하건 일일이 A를 적용하건 똑같기 때문에 A를 $\sum$ 안에 넣을 수 있어.

$$\zeta_n = \int \chi_n^*(x) \sum_{n'} A \eta_{n'} \chi_{n'}(x)\, dx$$

더한 후에 적분하든 적분한 후에 더하든 값이 같으므로 $\sum$가 앞으로 나와서 이렇게 된다.

$$= \sum_{n'} \int \chi_n^*(x) A \eta_{n'} \chi_{n'}(x)\, dx$$

여기서는 x에 관한 적분이므로 x에 상관없는 $\eta_{n'}$를 $\int dx$ 의 밖으로 꺼내. 그러면 다음과 같이 돼.

$$= \sum_{n'} \int \chi_n^*(x) A \chi_{n'}(x)\, dx\, \eta_{n'}$$

지금까지 우리는 벡터 중 하나의 크기인 ζ_n 을 계산해온 거야. 따라서 결국 벡터 하나의 크기 ζ_n 은 아래와 같아.

$$\zeta_n = \sum_{n'} \int \chi_n^*(x) A \chi_{n'}(x)\, dx\, \eta_{n'}$$

어? 이건 어디선가 본 것 같지 않아?

 나는 전혀 기억이 안 나는데.

 잘 생각해봐. 행렬 광장에서 행렬과 벡터를 곱했을 때 기억해두면 좋을 거라던 식과 비슷하지 않아?

 기억해두면 좋다고 한 건 기억나지만(650쪽 참고), 그건

$$\zeta_n = \sum_{n'} A_{nn'} \eta_{n'}$$

였어. 하지만 이건 앞에 나왔던 식과는,

$$\zeta_n = \sum_{n'} \underline{\int \chi_n^*(x) A \chi_n(x)\, dx}\, \eta_{n'}$$

 전혀 다르다구!

 여기서 밑줄 친 부분을 눈 딱 감고 이렇게 고치면….

$$\zeta_n = \sum_{n'} \underline{\qquad} \eta_{n'}$$

 이렇게 눈을 꼭 감고

 흐음…, 비슷하다고 하니 비슷한 것 같기도 하네.

 어쩌면 밑줄 친 부분은 $A_{nn'}$ 라는 행렬요소 중 하나일 것 같지 않아? 특정한 수라는 말이지.

 글쎄.

 밑줄 친 부분은 적분이니까 면적값이라는 뜻이야. 그것을 결정하는 게 무엇인지 생각해보자.

 면적이라니, 무슨 면적?

밑줄 친 부분을 보면 $AX_{n'}(x)$는 연산자 A가 $X_{n'}(x)$라는 함수에 적용해서 새로운 함수가 되잖아.

$$\int X_n^*(x)A X_{n'}(x)\,dx$$

즉 복잡한 함수와 단순한 함수를 서로 곱해서 생긴 새로운 함수야. 그런데 이때 마지막에 만들어지는 함수의 형태를 결정하는 건 무엇일까? 가장 먼저 연산자 A로 값이 결정돼. 왜냐하면 A가 $\frac{d}{dx}$(미분)일 때와 $\int dx$(적분)일 때의 값이 다르거든.

그렇구나!

그리고 직교함수계 $X_{n'}(x)$의 n'에 의해서도 변해. 예를 들어 여기서 직교함수를 $\sin n'x$라고 하면 $\sin 15x$와 $\sin 3x$는 형태가 완전히 달라. 또 $X_n(x)$의 n도 마찬가지야. 즉 n과 n'의 조합이 하나라도 달라지면 거기서 만들어진 함수의 형태가 바뀌니까 면적도 달라지는 거야.

당연히 그렇겠지.

따라서 밑줄 친 부분의 적분 값은 A와 n과 n'의 조합에 의해 결정돼. 즉 하나의 수가 되는 거지. A와 n과 n'에 의해 결정되는 수를,

$$\boxed{A_{nn'}}$$

라고 쓰기로 하자. 이 형태는….

아, 행렬! 답이 n과 n'의 조합에 의해 결정되는 것은,

$$\begin{pmatrix} A_{11} & A_{12} & A_{13} & \cdot\,\cdot \\ A_{21} & A_{22} & A_{23} & \cdot\,\cdot \\ A_{31} & A_{32} & A_{33} & \cdot\,\cdot \\ \vdots & \vdots & \vdots & \end{pmatrix}$$

이 된다는 뜻!? 왠지 속고 있는 기분이지만 분명히 그래.

그 말은 밑줄 친 부분이 연산자로 행렬을 만드는 방법이라는 뜻

이야. 굉장하다!!

 아하~. 그럼 이쯤에서 연산자로 행렬을 만드는 방법을 정리해보자.

연산자로 행렬을 만드는 방법

$$\int \chi_n^*(x) A \chi_{n'}(x)\, dx$$

행렬에 구하고 싶은 연산자 A를 직교함수로 끼워서

면적을 구하면 A에서 행렬이 만들어진다.

  해냈다!

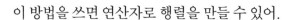 이 방법을 쓰면 연산자로 행렬을 만들 수 있어.

 아니, 아직 기뻐할 때가 아니야! 정말 기뻐하려면 연산자 중에서

도 슈뢰딩거의 '$\dfrac{h}{2\pi i}\dfrac{d}{dx}$에서 P°라는 행렬 x에서 Q°라

는 행렬'을 만들어야 해!

나, 떨려! 이제 얼마 안 남은 것 같아. 정말 잘됐으면 좋겠어!!

진정하라고!! 좋아, 빨리 해보자.

마침내 P°와 Q° 를 만들다

먼저 $\dfrac{h}{2\pi i}\dfrac{d}{dx}$ 와 x로 행렬을 만드는 건 간단해. 만드는 방법은 앞에서 했던대로 샌드위치 공격이야.

$$\int \chi_n^*(x)\,\frac{h}{2\pi i}\frac{d}{dx}\,\chi_{n'}(x)\,dx \quad = \quad \boxed{\text{어떤 행렬}}$$

$$\int \chi_n^*(x)\,x\,\chi_{n'}(x)\,dx \quad = \quad \boxed{\text{어떤 행렬}}$$

그러면 $\dfrac{h}{2\pi i}\dfrac{d}{dx}$ 에서 어떤 행렬이, x에서 또 다른 행렬이 만들어진다. 만약 그 새로운 두 개의 행렬이 하이젠베르크의 특별한 조건,

$$\boxed{\begin{array}{l} \text{① 정준교환관계} \\[2mm] \qquad P^\circ Q^\circ - Q^\circ P^\circ = \dfrac{h}{2\pi i}\,1 \\[2mm] \text{② 에르미트적} \end{array}}$$

을 충족시킨다면 이 두 행렬은 틀림없는 P°, Q° 라고 할 수 있다.

$\dfrac{h}{2\pi i}\dfrac{d}{dx}$ 로 만들어진 행렬을 $P^\triangle$,

x 로 만들어진 행렬을 $Q^\triangle$ 라고 할까?

그런데 $P^\triangle$ 와 $Q^\triangle$ 가 정말 P°, Q° 가 될까? 먼저 이 $P^\triangle$ 와 $Q^\triangle$ 가 조건 ① 정준교환관계를 충족시키는지 알아보자.

조건 ① 연산자 $\dfrac{h}{2\pi i}\dfrac{d}{dx}$, x 로 만들어진 행렬 P°, Q° 는 정준교환관계를 충족시키는가!

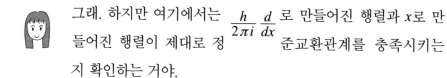
앞에서 $\dfrac{h}{2\pi i}\dfrac{d}{dx}$ 와 x 는 정준교환관계,

$$\frac{h}{2\pi i}\frac{d}{dx}\cdot x - x\cdot\frac{h}{2\pi i}\frac{d}{dx} = \frac{h}{2\pi i}$$

가 성립된다는 것을 분명히 확인했어.

그래. 하지만 여기에서는 $\dfrac{h}{2\pi i}\dfrac{d}{dx}$ 로 만들어진 행렬과 x 로 만들어진 행렬이 제대로 정준교환관계를 충족시키는지 확인하는 거야.

맞았어.

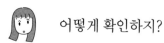
어떻게 확인하지?

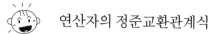
연산자의 정준교환관계식

$$\frac{h}{2\pi i}\frac{d}{dx}\cdot x - x\cdot\frac{h}{2\pi i}\frac{d}{dx} = \frac{h}{2\pi i}$$

의 우변, 좌변을 행렬로 만들자.

 그게 가능할까?

 잘 생각해봐. 좌변도 $\left(\frac{h}{2\pi i}\frac{d}{dx}x - x\frac{h}{2\pi i}\frac{d}{dx}\right)$ 를 함수에 곱하면 통째로 연산자라고 할 수 있고, 당연히 $\frac{h}{2\pi i}$ 도 숫자니까 함수에 곱하면 어엿한 연산자야. 연산자에서는 샌드위치 공격을 하면 행렬이 만들어져. 일단 해보자.

 음…, 그렇게 해도 될까? 뭐, 괜찮겠지. 어서 해보자. 먼저 우변쪽이 간단하니까

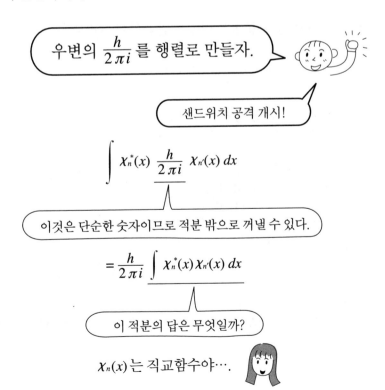

그러니까… 함수와 함수를 곱해서 적분한다는 건…, 앗! 앞에서
했던 직교인지 아닌지를 확인하는 방법이었어!

그 말은 적분 즉 면적은,

$n \neq n'$ 일 때는 0 ◁ 다른 것끼리 곱해서 면적을 구하면 0

$n = n'$ 일 때는 1 ◁ 같은 것끼리 곱하면 면적이 있다.
여기서는 면적이 1이 되도록 한다.

이것을 보기 좋게 행렬로 나타내는 방법이 있다.

$$\delta_{nn'}$$

'크로네커 델타'라고 읽어.

위의 긴 두 문장을 이렇게 간단하게 나타낼 수 있지.

우와~ 정말 효율적이구나!

이것이 어떤 행렬인가 하면

$$
\begin{array}{c}
n' = 1\ \ 2\ \ 3\ \ 4 \cdots \\
\begin{array}{r}
n = 1 \\
= 2 \\
= 3 \\
= 4 \\
\vdots \\
\vdots
\end{array}
\left(
\begin{array}{cccc}
1 & 0 & 0 & 0 \cdots \\
0 & 1 & 0 & 0 \cdots \\
0 & 0 & 1 & 0 \cdots \\
0 & 0 & 0 & 1 \cdots \\
\vdots & \vdots & \vdots & \vdots
\end{array}
\right)
\end{array}
$$

이런 행렬이 돼.

가로(행)는 n'
세로(열)는 n
이니까 당연해.

대각선 부분만 1이 되는구나. 어? 이건 **단위행렬**이라고 하지

않았니?

대단해! 수식언어가 점점 정돈되고 있어. 이건 단위행렬로, 숫자 1
로 나타내.

$$1 = \begin{pmatrix} 1 & 0 & 0 \\ 0 & 1 & 0 \\ 0 & 0 & 1 \end{pmatrix}$$

 따라서 앞의 계산을 계속하면 다음과 같이 돼.

$$\frac{h}{2\pi i}\, \delta_{nn'} \quad \Rightarrow \quad \frac{h}{2\pi i}\begin{pmatrix} 1 & 0 & 0 \\ 0 & 1 & 0 \\ 0 & 0 & 1 \end{pmatrix} = \frac{h}{2\pi i}\, 1$$

이것이 우변을 행렬로 만든 형태야!

맞았어!

좌변의 연산자 그룹도 행렬로 만들자!!

좌변은,

$$\frac{h}{2\pi i}\frac{d}{dx}\cdot x - x \cdot \frac{h}{2\pi i}\frac{d}{dx}$$

이것을 정리해서 행렬로 만드는 거야? 어려워 보여.

 걱정하지 마. 분명히 할 수 있을 거야. 연산자를 행렬로 만드는
방법은….

 샌드위치 공격! 내게 맡겨! 연산자를 직교함수 $\chi_n(x)$에 끼우면
되니까 이렇게 하면 돼.

$$\int \chi_n^*(x) \left(\frac{h}{2\pi i} \frac{d}{dx} x - x \frac{h}{2\pi i} \frac{d}{dx} \right) \chi_{n'}(x) \, dx$$

응. 연산자의 덧셈 정의를 사용해서 괄호를 푸는 거지. 제법 인데?

$$= \int \chi_n^*(x) \left\{ \left(\frac{h}{2\pi i} \frac{d}{dx} \cdot x \right) \chi_{n'}(x) - \left(x \cdot \frac{h}{2\pi i} \frac{d}{dx} \right) \chi_{n'}(x) \right\} dx$$

그리고 적분은 모든 면적을 전부 꺼내건 부분 면적을 꺼내어 나중에 더하건 똑같으니까 괄호를 풀어주면 돼.

$$= \int \chi_n^*(x) \left(\frac{h}{2\pi i} \frac{d}{dx} \cdot x \right) \chi_{n'}(x) \, dx - \int \chi_n^*(x) \left(x \cdot \frac{h}{2\pi i} \frac{d}{dx} \right) \chi_{n'}(x) \, dx$$

그런 다음 괄호를 풀어서 연산자의 곱셈을 하는 거야.

$$= \int \chi_n^*(x) \frac{h}{2\pi i} \frac{d}{dx} \left\{ x \cdot \chi_{n'}(x) \right\} dx - \int \chi_n^*(x) x \left\{ \frac{h}{2\pi i} \frac{d}{dx} \cdot \chi_{n'}(x) \right\} dx$$

 다음은? 다음은 어떻게 돼?

 다음은 비법을 쓰는 거야.

 꺄올~ 무슨 비법인데?

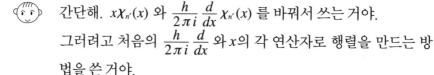 간단해. $x\chi_{n'}(x)$ 와 $\frac{h}{2\pi i} \frac{d}{dx} \chi_{n'}(x)$ 를 바꿔서 쓰는 거야.
그러려고 처음의 $\frac{h}{2\pi i} \frac{d}{dx}$ 와 x의 각 연산자로 행렬을 만드는 방법을 쓴 거야.

즉,

$$P_{nn'}^{\triangle} = \int \chi_n^*(x) \frac{h}{2\pi i} \frac{d}{dx} \chi_{n'}(x)\, dx$$

$$Q_{nn'}^{\triangle} = \int \chi_n^*(x)\, x \chi_{n'}(x)\, dx$$

인 거지.

그리고 또 하나! 함수로 벡터를 만드는 방법과 벡터로 함수를 만

드는 방법, 즉 덧셈식도 사용해.

함수로 벡터를 만드는 방법

$$f(x) = \sum_n \chi_n(x)\eta_n$$

> 푸리에 급수에
> 대응하는 것

벡터로 함수를 만드는 방법

$$\eta_n = \int \chi_n^*(x) f(x)\, dx$$

> 푸리에 전개에
> 대응하는 것

잘 보면 연산자로 행렬을 만드는 방법과 함수로 벡터를 만드는

방법은 매우 비슷해. 비교해보자.

$$P_{nn'}^{\triangle} = \int \chi_n^*(x)\ \frac{h}{2\pi i}\frac{d}{dx}\chi_{n'}(x)\ dx$$

$$\eta_n = \int \chi_n^*(x) f(x)\ dx$$

$$Q_{nn'}^{\triangle} = \int \chi_n^*(x)\, x\chi_{n'}(x)\ dx$$

$$\eta_n = \int \chi_n^*(x) f(x)\ dx$$

밑줄 친 부분만 달라. 여기서 $f(x)$는 복잡한 함수야. 연산자를 함수에 적용하니까 역시 새로 생긴 위의 함수는 복잡한 함수가 돼.

 알겠어.

 $x\chi_{n'}(x)$, $\dfrac{h}{2\pi i}\dfrac{d}{dx}\chi_{n'}(x)$를 $f(x)$라고 생각하고 벡터로 함수를 만드는 방법에 적용하자.

 그러면,

$$f(x) = \sum_n \chi_n(x)\,\chi_n$$

$$\frac{h}{2\pi i}\frac{d}{dx}\chi_{n'}(x) = \sum_n \chi_n(x)P_{nn'}^{\triangle}$$

$$x\chi_{n'}(x) = \sum_n \chi_n(x)Q_{nn'}^{\triangle}$$

가 되는 거지.

 응. 그래서 이 식을 앞의,

$$\int \chi_n^*(x)\,\frac{h}{2\pi i}\frac{d}{dx}\left\{x\cdot\chi_{n'}(x)\right\}dx - \int \chi_n^*(x)\,x\left\{\frac{h}{2\pi i}\frac{d}{dx}\cdot\chi_{n'}(x)\right\}dx$$

의 밑줄 친 부분에 대입하는 거야.

 OK! 이때는 n이 두 개 있으니까 주의해서 괄호( ) 안의 n을 n''로 바꿔서 대입해야 해.

$$= \int \chi_n^*(x)\,\frac{h}{2\pi i}\frac{d}{dx}\sum_{n''}\chi_{n''}(x)Q_{n''n'}^{\triangle}\,dx - \int \chi_n^*(x)x\sum_{n''}\chi_{n''}(x)P_{n''n'}^{\triangle}\,dx$$

그래. $\sum$는 적분 밖으로 꺼낼 수 있어. 왜냐하면 적분한 후에 더하든 더한 후에 적분하든 값은 똑같으니까. 그리고 $P_{n''n'}^{\triangle}$와 $Q_{n''n'}^{\triangle}$도 x와 상관없으니까 적분 밖으로 꺼낼 수 있어.

$$= \sum_{n''} \int \chi_n^*(x) \frac{h}{2\pi i} \frac{d}{dx} \chi_{n''}(x) \, dx \cdot Q_{n''n'}^{\triangle} - \sum_{n''} \int \chi_n^*(x) x \, \chi_{n''}(x) \, dx \cdot P_{n''n'}^{\triangle}$$

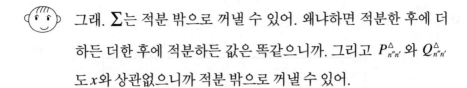 어라? 밑줄 친 첫 부분에서 $\frac{h}{2\pi i} \frac{d}{dx}$를 직교함수에 끼워 적분하는 건 행렬 $P_{nn''}^{\triangle}$ 아냐?

그리고 그다음 밑줄 친 부분도 $Q_{nn''}^{\triangle}$이야. 그렇다면 위의 식은,

$$= \sum_{n''} P_{nn''}^{\triangle} Q_{n''n'}^{\triangle} - \sum_{n''} Q_{nn''}^{\triangle} P_{n''n'}^{\triangle}$$

라고 쓸 수 있어. 이… 이건 설마!

 그래, 바로 그 설마야! 이건 행렬 광장에서 봤던 바로 그 행렬의 곱셈이야. 즉,

$$\sum P_{nn''}^{\triangle} Q_{n''n'}^{\triangle} = \left(P^{\triangle} Q^{\triangle} \right)_{nn'}$$

$$\sum Q_{nn''}^{\triangle} P_{n''n'}^{\triangle} = \left(Q^{\triangle} P^{\triangle} \right)_{nn'}$$

를 앞의 우변의 결과와 맞춰보면,

$$\left(P^{\triangle} Q^{\triangle} \right)_{nn'} - \left(Q^{\triangle} P^{\triangle} \right)_{nn'} = \frac{h}{2\pi i} \delta_{nn'}$$

이므로,

$$\boxed{P^{\triangle} Q^{\triangle} - Q^{\triangle} P^{\triangle} = \frac{h}{2\pi i} \mathbf{1}}$$

앗! 이건 하이젠베르크의 정준교환관계식

$$P^\circ Q^\circ - Q^\circ P^\circ = \frac{h}{2\pi i}\, 1$$

과 똑같아.

 맞았어. 이제 정리해볼까?

> **슈뢰딩거의 연산자로 만든 행렬도**
> **정준교환관계를 충족시키고 있어!**

 그럼, 조건 ②의 에르미트적을 충족시키면 정말 $P^\circ\, Q^\circ$가 돼. … 그렇게 되면 슈뢰딩거의 연산자로 만든 행렬은 P°, Q°가 되는 거지.

 그래.

 그럼 하이젠베르크의 식은 필요없게 돼! $P^\vartriangle$, $Q^\vartriangle$가 에르미트적인 조건을 충족시키는지 어서 확인하자!

조건 ② 연산자 $\dfrac{h}{2\pi i}\dfrac{d}{dx}$, x로 만든 행렬 $P^\triangle$, $Q^\triangle$가 에르미트적인지 확인한다.

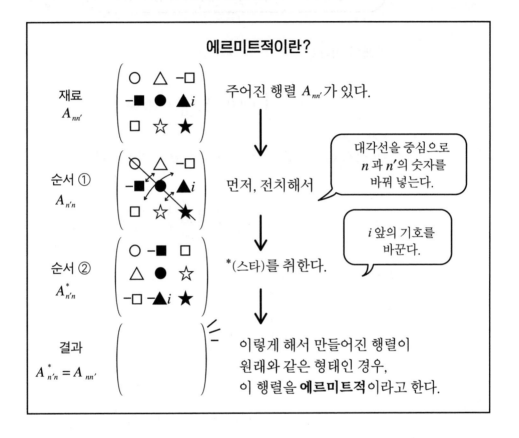

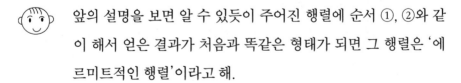

앞의 설명을 보면 알 수 있듯이 주어진 행렬에 순서 ①, ②와 같이 해서 얻은 결과가 처음과 똑같은 형태가 되면 그 행렬은 '에르미트적인 행렬'이라고 해.

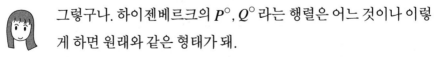

그렇구나. 하이젠베르크의 P°, Q° 라는 행렬은 어느 것이나 이렇게 하면 원래와 같은 형태가 돼.
그럼 슈뢰딩거의 $P^\triangle$, $Q^\triangle$도 똑같이 해보고 원래대로 돌아가는지 확인하면 돼.

그래. 어서 해보자.

먼저 $P^\triangle$ 가 에르미트적인지 확인하자.

원래의 형태는

$$P_{nn'}^\triangle = \int \chi_n^*(x) \frac{h}{2\pi i} \frac{d}{dx} \chi_{n'}(x)\, dx$$

이다. 먼저 순서 ①을 한다. 즉 n 과 n' 를 바꿔 넣는다.

$$P_{nn'}^\triangle = \int \chi_n^*(x) \frac{h}{2\pi i} \frac{d}{dx} \chi_{n'}(x)\, dx$$

그다음에는 순서 ②와 같이 *(i 앞의 기호를 바꾸라는 뜻)를 붙인다.

$$P_{n'n}^{\triangle *} = \int \chi_{n'}(x)\left(-\frac{h}{2\pi i} \frac{d}{dx}\right)\chi_n^*(x)\, dx$$

*를 없앤다.   *를 붙인다.

i 가 있으므로 (−)로 한다

이것을 계산해보자.

$-\dfrac{h}{2\pi i}$ 는 숫자이므로 적분 밖으로 꺼내야 해.

$$= \frac{h}{-2\pi i} \int \chi_{n'}(x) \frac{d}{dx} \chi_n^*(x)\, dx$$

밑줄 친 부분은 알 만한 사람은 다 아는 **부분적분** 형태.

$$\boxed{\begin{array}{c} \textbf{부분적분 공식} \\[4pt] \displaystyle \int f(x)\,\frac{d}{dx}\,g(x)\,dx = \Big[f(x) - g(x)\Big]_{-\infty}^{\infty} - \int \frac{d}{dx}\,f(x)g(x)\,dx \end{array}}$$

$$= -\frac{h}{2\pi i}\left\{ \Big[\chi_{n'}(x)\,\chi_n^{*}(x)\Big]_{-\infty}^{\infty} - \int \frac{d}{dx}\,\chi_{n'}(x)\,\chi_n^{*}(x)\,dx \right\}$$

> $\chi_{n'}(x)$는 $\chi_n(\infty)$, $\chi_n(-\infty)$
> 일 때 0이 되도록 선택한 것.

$$= -\frac{h}{2\pi i}\left\{ 0 - \int \frac{d}{dx}\,\chi_{n'}(x)\cdot \chi_n^{*}(x)\,dx \right\}$$

$$= \frac{h}{2\pi i}\int \frac{d}{dx}\,\chi_{n'}(x)\cdot \chi_n^{*}(x)\,dx$$

그렇구나….

> 안에 넣는다.

$$= \int \chi_n^{*}(x)\,\frac{h}{2\pi i}\,\frac{d}{dx}\,\chi_{n'}(x)\,dx$$

바꿔 넣는다

앗! 이건 원래의 $P_{nn'}^{\triangle}$ 형태다!!

그 말은 $\boldsymbol{P^{\triangle}}$는 **에르미트적**이라는 뜻이야.

그렇다면 $P^{\triangle}$ 는 P° 가 될 수 있어.

해냈어! ♥

이제 **연산자 x로 만든 $Q^\triangle$**가
에르미트적인지 알아보자.

원래 형태 $\qquad\qquad Q^\triangle_{nn'} = \int \chi_n^*(x)\, x\, \chi_{n'}(x)\, dx$

순서 ①
n과 n'를 바꿔 넣는다. $\qquad Q^\triangle_{n'n} = \int \chi_{n'}^*(x)\, x\, \chi_n(x)\, dx$

순서 ②
*를 붙인다. $\qquad\qquad Q^{\triangle *}_{n'n} = \int \chi_{n'}(x)\, x\, \chi_n^*(x)\, dx$

이렇게 해서 나온 값이 원래와 같은지 아닌지 알아보면 되니까… 순서를 바꾸면 돼.

$$= \int \chi_n^*(x)\, x\, \chi_{n'}(x)\, dx$$

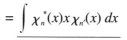

와! $Q^\triangle_{nn'} = Q^{\triangle *}_{n'n}$ 는 같구나.

$Q^\triangle_{nn'}$도 **에르미트적인 행렬**이야!!

그 말은 x로 만든 행렬도
$Q^\triangle_{nn'} = Q^\circ_{nn'}$이 될 수 있다는 뜻이야!

맞았어. 하이젠베르크의 P°, Q°의 두 조건에 슈뢰딩거의 연산자 $\dfrac{h}{2\pi i}\dfrac{d}{dx}, x$로 만든 행렬이 딱 맞아떨어졌다는 건 마침내,

슈뢰딩거의 연산자로 하이젠베르크의
행렬을 만들 수 있다는 사실을 증명한 거야!!

대단하다! 슈뢰딩거의 연산자만 있으면 **하이젠베르크의 P°, Q°
는 필요 없어.** 이제 ϕ에서 ξ만 만들어내면 하이젠베르크의 식
은 필요 없게 돼!

두근 두근
"♡"

염원이 이루어지는
것 같아….

슈뢰딩거 방정식 완성!

여기서 다시 슈뢰딩거와 하이젠베르크의 식을 복습해보자.

슈뢰딩거　　　$\left\{ \dfrac{1}{2m} \left(\dfrac{h}{2\pi i} \dfrac{d}{dx} \right)^2 + \dfrac{k}{2} x^2 \right\} \phi(x) - E\,\phi(x) = 0$

하이젠베르크　$\left(\dfrac{1}{2m} P^{\circ 2} + \dfrac{k}{2} Q^{\circ 2} \right) \xi - W \xi = 0$

앞에서 $\dfrac{h}{2\pi i}\dfrac{d}{dx}$ 로 P° 를, x 로 Q° 를 만들 수 있다는 사실이 밝혀졌으니까,

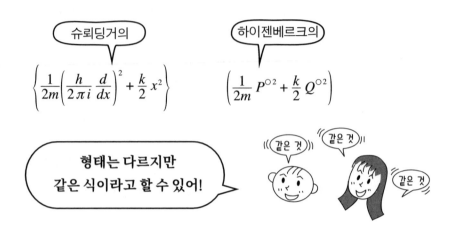

슈뢰딩거의

하이젠베르크의

$$\left\{\dfrac{1}{2m}\left(\dfrac{h}{2\pi i}\dfrac{d}{dx}\right)^2 + \dfrac{k}{2}x^2\right\}$$

$$\left(\dfrac{1}{2m}P^{\circ 2} + \dfrac{k}{2}Q^{\circ 2}\right)$$

형태는 다르지만
같은 식이라고 할 수 있어!

같은 것

같은 것

같은 것

 그리고 슈뢰딩거 선생님의 식,

$$\left\{\dfrac{1}{2m}\left(\dfrac{h}{2\pi i}\dfrac{d}{dx}\right)^2 + \dfrac{k}{2}x^2\right\}$$

은 직교함수계를 사용하면 언제든지,

$$\left(\dfrac{1}{2m}P^{\circ 2} + \dfrac{k}{2}Q^{\circ 2}\right)$$

를 만들 수 있어.

이제 **함수 $\phi(x)$ 로 벡터 ξ 가 만들어지기만 하면 완벽해!**

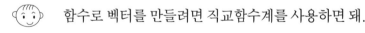 함수로 벡터를 만들려면 직교함수계를 사용하면 돼.

 ξ 가 만들어질지는 아직 모르니까 일단 $\phi(x)$ 를 η 같은 것이라고 해두자. 그런 다음 슈뢰딩거 선생님의 식을 바꿔 쓰면,

$$\left\{\frac{1}{2m}\left(\frac{h}{2\pi i}\frac{d}{dx}\right)^2+\frac{k}{2}x^2\right\}\phi(x)-E\phi(x)=0$$

↓　↓　↓　↓ 　직교함수계를 사용한다

$$\left(\frac{1}{2m}P^{\circ 2}+\frac{k}{2}Q^{\circ 2}\right)\eta-E\eta=0$$

이 되는 거지.

 앗! 이건…. 분명히 하이젠베르크의 식,

$$\left(\frac{1}{2m}P^{\circ 2}+\frac{k}{2}Q^{\circ 2}\right)\xi-W\xi=0$$

은 $\left(\frac{1}{2m}P^{\circ 2}+\frac{k}{2}Q^{\circ 2}\right)$이라는 행렬에서 특정한 벡터를 구하시오 라는 뜻이잖아!?

 그래 맞았어. 하이젠베르크의 식과 직교함수계를 사용해서 변신 시킨 내 식은 모두 같은 행렬에서 그 벡터를 구하는 셈이지. 그럼 당연히 ξ와 η 는 **똑같아진단다.**

 그렇다면 ϕ로 만든 벡터는 ξ 자체라는 뜻인가요?

 맞았어! 내 식을 직교함수계를 이용해서 바꿔 쓰면 곧 하이젠베르크의 식이 되는 거지!

그리고 지금까지는 후크장을 예로 들어왔는데, 생각해보면 후크 장에 한정 지을 필요가 없는 거야.

$\left(\frac{1}{2m}P^{\circ 2}+\frac{k}{2}Q^{\circ 2}\right)$은 원래 $H(P^{\circ},Q^{\circ})$에 후크장을 충족시키는 조건을 적용한 것일 뿐 일반적으로는,

$$H(P^\circ, Q^\circ) = \frac{1}{2m}\, P^{\circ 2} + V(Q^\circ)$$

였어. 이 식의 P°와 Q°에 $\frac{h}{2\pi i}\frac{d}{dx}$와 x가 대응하고 있는 거야. 다시 말해서 내 식에 나오는 연산자 $\frac{h}{2\pi i}\frac{d}{dx}$와 x를 P°와 Q°에 대입해도 된다는 뜻이야.

 그렇다면 슈뢰딩거 선생님의 식은 이렇게 바꿔 쓸 수 있어요!

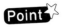

$$H\left(\frac{h}{2\pi i}\frac{d}{dx}, x\right)\phi(x) - E\phi(x) = 0$$

전자를 나타내는 **새로운 식이 탄생**했다!

긴 여정이었지만 마침내 완성했어.

슈뢰딩거 선생님!
축하드려요♡

건배!

 해냈다! 굉장했어. 얏호!!

용케 여기까지 왔구나!

이것이야말로 **전자를 나타내는 언어**란다. 정말 멋지지! 이 식이 야말로 **이미지를 갖고 있으면서 전자의 현상도 완벽하게 설명할 수 있는 식**이지!

나도 이 식이 완성됐을 때, 지금의 너희들과 똑같은 기분이었어. 이제 이미지를 갖지 말라는

그 발칙한 하이젠베르크의 식은 더 이상 필요 없어!

아마도 하이젠베르크는 내 식의 뿌리가 자신의 식이었다는 사실을 깨닫지 못한 것 같아. 와하하!

전자를 나타내는 하이젠베르크의 언어는 불완전했어. **전자는 파동언어만**으로, 내 식으로 전부 다 설명할 수 있거든. 푸하하하!

굉장해! 우리가 이런 언어를 만들다니.

그래. 이제 우리도 자연과학자의 일원이야.

어쩐지 노벨상도 받을 수 있을 것 같아.

이 멋진 식은 1926년, 슈뢰딩거에 의해 완성된 만큼 그의 공적을 기려서 '**슈뢰딩거 방정식**'이라는 이름이 붙었다.

3. 완벽을 찾아서 -잘 가라! 행렬-

스펙트럼을 구하다

$$H\left(\frac{h}{2\pi i}\frac{d}{dx}, x\right)\phi(x) - E\phi(x) = 0$$

 마침내 완성된 이 식은 이미지를 갖고 있으면서 실험도 완벽
하게 설명할 수 있어.

 이제 하이젠베르크의 식은 필요없어요. 드디어 해냈군요, 슈
뢰딩거 선생님!

 글쎄….

 그럼 실제로 원자의 스펙트럼을 구해보자!

 스펙트럼을 구한다는 건 **진동수와 세기**를 구한다는 뜻이었지?
좋아, 해보자!

….

 왜 그러세요, 슈뢰딩거 선생님?

엄청난 걸 깨달았단다. 슈뢰딩거 방정식으로 원자가 방출하는 빛의 스펙트럼을 구할 때, **진동수 ν는**,

$$\nu = \frac{W_n - W_{n'}}{h}$$

 보어의 진동수관계식

을 이용해서 구할 수 있어. 왜냐하면 $W = E$니까,

$$\nu = \frac{E_n - E_{n'}}{h}$$

는 똑같거든.

하지만 세기 $\left|Q\right|^2$를 구할 때는 반드시 행렬 계산을 해야 해.

 싫어~.

 왜, 왜죠? 가르쳐주세요.

지금까지 내 식으로 하이젠베르크의 식,

$$H(P^\circ, Q^\circ)\xi - W\xi = 0$$

이 만들어진다는 건 알았어. 하지만 달리 표현하면 이것밖에 알지 못했다고도 할 수 있지. 즉 원자가 방출하는 빛의 스펙트럼의 진동수와 세기를 구할 때는 기본적으로 하이젠베르크와 같은 방법을 사용하지 않으면 안 돼.

하이젠베르크의 식으로 스펙트럼의 진동수 ν를 구하려면 역시,

$$\nu = \frac{W_n - W_{n'}}{h}$$

를 사용해야 하는데, 세기를 구하기 위해서는 약간의 테크닉이 필요했어.

먼저 하이젠베르크의 식에서 ξ를 구해야 해. 이때 ξ값은 하나가 아니라 여러 개가 나와. 예를 들어 $H(P^\circ, Q^\circ)$가 3행 3열의 행렬이라면 ξ는 3개, 10행 10열이라면 10개라는 식이야. 이 수많은 ξ를 모아서 다음 그림처럼 하나의 행렬을 만드는 거지.

$$\xi = \begin{pmatrix} \bigcirc \\ \bigcirc \\ \bigcirc \\ \vdots \\ \vdots \end{pmatrix}, \; \xi = \begin{pmatrix} \triangle \\ \triangle \\ \triangle \\ \vdots \\ \vdots \end{pmatrix}, \; \xi = \begin{pmatrix} \square \\ \square \\ \square \\ \vdots \\ \vdots \end{pmatrix} \cdots\cdots$$

$$U = \begin{pmatrix} \bigcirc & \triangle & \square & \cdots \\ \bigcirc & \triangle & \square & \cdots \\ \bigcirc & \triangle & \square & \cdots \\ \vdots & \vdots & \vdots \end{pmatrix}$$

U는 **유니타리 행렬**이라고 해.

이건 내가 만든 방법이란다.

하이젠베르크

 유니타리 행렬? 그게 뭐였지?

기억나. 유니타리 행렬 U와 $U^\dagger$ 사이에 Q°를 끼워 넣으면 Q를 구할 수 있어.

$$Q = U^\dagger Q^\circ U$$

 그래, 맞아. Q의 절대값의 제곱은 원자가 방출하는 빛의 세기가 돼.

$$세기 = |Q|^2$$

내 식으로 Q와 ξ를 구할 수 있다고 앞에서도 말했지? 하지만 지금부터 세기를 구하기 위해서는….

 알았다! 슈뢰딩거 선생님의 식을 이용해서 구한 ϕ에서 ξ가 만들어지니까 ξ에서 유니타리 행렬 U와 $U^\dagger$를 구하고, Q°를 유니타리 변환하지 않으면 세기 $|Q|^2$를 구할 수 없어!
그림으로 그리면 이렇게 돼.

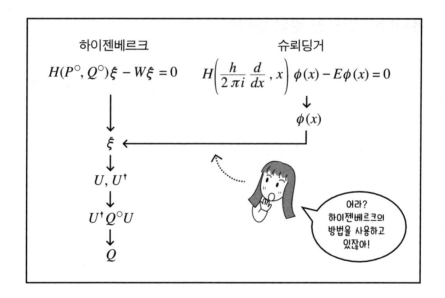

하이젠베르크
$$H(P^\circ, Q^\circ)\xi - W\xi = 0$$

슈뢰딩거
$$H\!\left(\frac{h}{2\pi i}\frac{d}{dx}, x\right)\phi(x) - E\phi(x) = 0$$
$$\downarrow$$
$$\phi(x)$$

$$\xi$$
$$\downarrow$$
$$U, U^\dagger$$
$$\downarrow$$
$$U^\dagger Q^\circ U$$
$$\downarrow$$
$$Q$$

어라? 하이젠베르크의 방법을 사용하고 있잖아!

 하이젠베르크의 식은 필요 없게 됐지만 세기를 구하는 과정에서 하이젠베르크의 행렬 계산을 해야 해.

 어떡하죠, 슈뢰딩거 선생님?

 할 수 없지, 포기할 수밖에….

 이 정도 일로 포기하면 안 돼요. '이런 걸로 기가 죽으면 언어를 기술하는 언어를 발견하는 것은 불가능하다'라고 말씀하신 건 슈뢰딩거 선생님이잖아요!

맞아요.

 미안하지만 너희끼리 좀 해보겠니?

 좋아요. 우리가 해볼게요.

 그래요!

유니타리 변환은 필요 없어!

 먼저 함수 $\phi(x)$로 벡터 ξ를 만드는 방법을 다시 살펴보자.

 좋아. $\phi(x)$로 ξ를 만들려면,

$$\xi_n = \int \phi(x)\chi_n^*(x)\,dx$$

와 같은 식으로 $\phi(x)$에 직교함수 $\chi_n(x)$를 곱해서 면적을 구해야 했어.

 그런데 $\phi(x)$는 어떤 형태가 되었더라?

 음…, 상자 안의 드브로이파동의 경우,

$$\phi(x) = \sin\frac{n\pi}{L}x \qquad (n = 1, 2, 3, \cdots)$$

의 형태가 되었지.

 어라? 식 안에 n이 들어 있잖아.

그렇구나, 까맣게 잊고 있었어. 맞아, $\phi(x)$는,

$$\phi_1(x) = \sin \frac{1\pi}{L} x$$

$$\phi_2(x) = \sin \frac{2\pi}{L} x$$

$$\phi_3(x) = \sin \frac{3\pi}{L} x$$

$\phi(x)$는 이런 보통 함수였어….

이런 식으로 많은 함수를 정리해서 쓴 형태가 돼. 표현을 달리 하면 함수의 집합이라고 할까?

 그렇다면 이 ϕ_1, ϕ_2, ϕ_3, …의 각각에서 ξ를 만들어줘야 해. 각 각 직교함수를 곱해서 면적을 구하니까 말이야.

$$\xi_{n1} = \int \chi_n^*(x)\,\phi_1(x)\,dx$$

$$\xi_{n2} = \int \chi_n^*(x)\,\phi_2(x)\,dx$$

$$\xi_{n3} = \int \chi_n^*(x)\,\phi_3(x)\,dx$$

 그러니까… 이렇게 되는구나.

이렇게 해서 만들어진 ξ를 전부 모은 것이 유니타리 행렬 U 가 되는 거야.

 좋은 방법이 있어. ϕ_1, ϕ_2, ϕ_3, …과 같이 첨자가 계속 바뀐다면 $\phi_{n'}$라고 쓸 수 있어. 그러면,

$$\int \chi_n^*(x)\,\phi_{n'}(x)\,dx = U_{nn'}$$

는 그대로 유니타리 행렬이 돼!

 우와, 너 정말 똑똑하구나. 앗!

왜 갑자기 소리를 지르는 거야? 왜 그래?

 있잖아, 아까 $\phi(x)$를 뭐라고 했지?!

 뭐였더라? 음… 함수의 집합… 앗!

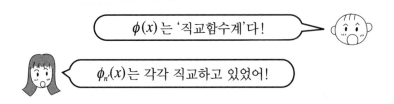

$\phi(x)$는 '직교함수계'다!

$\phi_n(x)$는 각각 직교하고 있었어!

 게다가 규격화되어 있어. $\chi_n(x)$는 직교함수계로 규격화되어 있다면 뭐든 상관없잖아. 그렇다면…

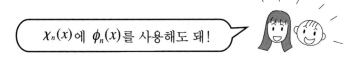

$\chi_n(x)$에 $\phi_n(x)$를 사용해도 돼!

 그렇지. 과연 자칭 '자연과학자'답구나. 멋진 아이디어야!

 슈뢰딩거 선생님, 이제 어떻게 해야 하는지 아시는 거죠?

 내가 멋으로 수식언어 테이프를 들은 게 아니란다.

 대단하세요. 저도 빨리 슈뢰딩거 선생님처럼 되고 싶어요.

 그럼 계속 진행하자. 슈뢰딩거 선생님도 멋진 아이디어라고 하시잖아. 이대로 밀고 나가면 돼!

 미안해. 그럼 $\phi_n(x)$를 이용해서 Q°와 ξ를 만들어보자.

$$Q_{nn'}^{\circ} = \int \phi_n^{*}(x)\, x\, \phi_{n'}(x)\, dx$$

$$U_{nn'} = \int \phi_n^{*}(x)\, \phi_{n'}(x)\, dx$$

어? $U_{nn'}$ 를 구하는 식을 어디선가 본 것 같은데…. 분명히 앞 장의 끝부분에서….

 알았다!!

 안 돼! 말하지 마! 나도 생각해낼 거니까. 이건… 알았다! 이 식은 '직교식'이야!

 그래, 맞았어. 이 식은….

내가 말할래.
n 과 n' 가 다른 숫자일 때는 직교하므로 면적은 0.
n 과 n' 가 같은 숫자일 때는 면적이 1.
그렇다면 유니타리 행렬 U 는,

$$U = \begin{pmatrix} \int \phi_1^{*}\phi_1\, dx & \int \phi_1^{*}\phi_2\, dx \cdots \\ \int \phi_2^{*}\phi_1\, dx & \int \phi_2^{*}\phi_2\, dx \cdots \\ \vdots & \vdots \end{pmatrix} = \begin{pmatrix} 1 & 0 & 0 & \cdots \\ 0 & 1 & 0 & \cdots \\ 0 & 0 & 1 & \cdots \end{pmatrix}$$

단위행렬이야! 그럼 $U^{\dagger}$ 는?

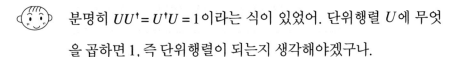 분명히 $UU^{\dagger} = U^{\dagger}U = 1$ 이라는 식이 있었어. 단위행렬 U 에 무엇을 곱하면 1, 즉 단위행렬이 되는지 생각해야겠구나.

$$\begin{pmatrix} 1 & 0 & 0 & \cdots \\ 0 & 1 & 0 & \cdots \\ 0 & 0 & 1 & \cdots \end{pmatrix} \times \begin{pmatrix} ? \end{pmatrix} = \begin{pmatrix} 1 & 0 & 0 & \cdots \\ 0 & 1 & 0 & \cdots \\ 0 & 0 & 1 & \cdots \end{pmatrix}$$

역시 **단위행렬**이야.

$U^\dagger$도 단위행렬!

이렇게 해서 U와 $U^\dagger$를 알았으니까 앞에서 구한 Q°를 **유니타리 변환**해보자.

$$Q = U^\dagger Q^\circ U = 1 Q^\circ 1 = Q^\circ$$

어!? Q°로 되돌아왔네!

왜 멍해 있는 거야? $Q = Q^\circ$가 됐잖아. 그렇다면,

$$\int \phi_n^*(x)\, x\, \phi_{n'}(x)\, dx$$

로 만든 행렬을 Q°라고 생각했지만 사실 그건 Q **그 자체**였던 거야!

Point ☆

$$Q_{nn'} = \int \phi_n^*(x)\, x\, \phi_{n'}(x)\, dx$$

이것이 바로 **행렬 계산을 하지 않고 스펙트럼의 세기를 구하는 방법**이구나!

그렇구나. 하이젠베르크의 방법보다 훨씬 간단해.

 만세! 됐어요, 슈뢰딩거 선생님!

 더 이상 말이 필요 없구나. 정말 멋지다! 잘해줬어.

 유니타리 변환은 더 이상 필요 없어!

 해냈다! 난 행렬 계산이 귀찮고 어려워서 싫었거든!

 그리고 또 한 가지 굉장한 사실이 있단다. 몇 번이나 말했지만 하이젠베르크의 식은 스펙트럼밖에 설명하지 못했어. 하지만 생각해보니 앞에 나온 드브로이, 슈뢰딩거의 장에서 만들었던,

$$\nabla^2 \Psi + 4\pi i \mathfrak{M} \frac{\partial \Psi}{\partial t} - 8\pi^2 \mathfrak{M} \mathfrak{B} \Psi = 0$$

에서 구한 $|\Psi|^2$은,

실험도 나타낼 수 있어!!

이런 **간섭실험을 나타낼 수 있고, 시간에 따라 달라지는 전자도 나타낼 수 있었어.**

 이 식도 해밀토니안 형태로 만들려고 해. 그렇게 하면 하이젠베르크를 떨쳐버릴 수 있으니까.

여기서는 자세한 계산은 생략하지만 그렇게 해서 완성된 식은 다

음과 같단다.

$$H\left(\frac{h}{2\pi i}\frac{\partial}{\partial x}, \frac{h}{2\pi i}\frac{\partial}{\partial y}, \frac{h}{2\pi i}\frac{\partial}{\partial z}, x, y, z\right)\Psi(x, y, z, t) + \frac{h}{2\pi i}\frac{\partial \Psi}{\partial t} = 0$$

이것만 있으면 천하무적이야. 하이젠베
르크의 식으로는 절대로 설명할 수 없는
간섭실험이나 시간에 따라 달라지는 전
자도 나타낼 수 있으니까. 이렇게 해서
이미지를 갖고 있으면서 현상을 완벽하게 설명할 수 있고 행렬
역학보다 계산이 훨씬 간단한 **완벽한 이론**이 지금 여기에서
탄생했다!!

 우와~ 우리가 굉장한 일을 해냈구나.

 응, 왠지 슈뢰딩거 선생님께 가까이 다가간 느낌이야.

 핫핫핫~ 고마워. 자, 모두 함께 소리 높여 말해보자!

4. 위태로운 슈뢰딩거 방정식

슈뢰딩거 방정식의 장점

슈뢰딩거는 갓 만들어낸 따끈따끈한 식을 눈앞에 두고 흥분을 가라앉히지 못했다. 그래서 잠시 이 식의 장점을 정리해볼까 한다!

$$H\left(\frac{h}{2\pi i}\frac{d}{dx}, x\right)\phi(x) - E\phi(x) = 0$$

슈뢰딩거 방정식의 장점

① 이미지를 그릴 수 있다.

② 계산이 간단하다. 　복잡하고 어려운 행렬 계산을 하지 않아도 된다!

③ 간섭현상을 설명할 수 있다. $\left|\varPsi\right|^2$ 으로 계산할 수 있다.

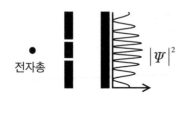

두 개의 구멍을 뚫어놓은 곳에 전자를 날려서 얻어지는 실험 결과가 $|\Psi|^2$과 일치한다. 하이젠베르크의 식은 이 결과를 설명하지 못한다.

응, 정말 굉장해! 하이젠베르크의 식으로 설명할 수 없었던 것들도 이 식을 이용하면 다 할 수 있어.

보어와의 대결

그런데 생각해보니 우리 트래칼리 학생들이 양자역학의 모험을 시작하게 된 계기는 트래칼리에 입학할 때 과제도서였던 한 권의 책이었다.

마침 슈뢰딩거가 슈퍼공식으로 기세를 떨치며 하이젠베르크의 진영으로 뛰어드는 내용이 **'신세계를 향해 출발'**이라는 장에 실려 있었다.

1926년 여름, 슈뢰딩거는 하이젠베르크의 스승인 조머펠트의 초대를 받아 뮌헨의 세미나에서 자신의 이론에 관해 강연한다. 물론 이 세미나에는 하이젠베르크도 참석했다.

$$H\left(\frac{h}{2\pi i}\frac{d}{dx}, x\right)\phi - E\phi = 0$$

하이젠베르크   빈   조머펠트

"…슈뢰딩거는 먼저 파동역학의 수학적인 원리를 수소원자의 경우를 예로 들어 분석했다. 그리고 볼프강 파울리가 복잡한 방법으로밖에 풀지 못했던 문제를 통상적인 수학적 방법으로 간단하게 해결했기 때문에 우리는 감탄할 수밖에 없었다."

수소원자가 너무나도 간단하게 풀리자 세미나에 참석한 사람들은 말문이 막힐 수밖에 없었다. 하이젠베르크가 몇 가지 반론을 제기했지만 그런 것은 작은 문제에 불과했다. 그 자리에 있던 사람들은 그 문제들도 언젠가는 슈뢰딩거의 방법으로 전부 해결될 것이라고 생각했다.

 "…내게 호의를 보였던 조머펠트마저 슈뢰딩거의 수학적 설득력 앞에서는 무기력해졌다."

그 정도로 슈뢰딩거의 수식은 완벽했다. 하지만 하이젠베르크는 아무래도 석연치 않아 날이 새기도 전에 그날 일을 보어에게 편지로 써서 보냈다.

그것을 계기로 보어는 그해 가을, 슈뢰딩거를 코펜하겐에 있는 자신의 집으로 초대한다. 전자의 움직임을 둘러싼 해석에 관하여 토론하기 위해서였다.

보어와 슈뢰딩거의 토론은 코펜하겐 역에서부터 시작되었다. 토론은 매일 이른 아침부터 늦은 밤까지 계속되었다. 토론에 방해받지 않기 위해 슈뢰딩거는 보어의 집에 머물렀다.

두 사람은 양자역학에 관한 견해에 대하여 한 치의 양보 없이 불꽃 튀는 토론을 벌였다.

하지만 보어 선생님! 당신은 **양자 도약의 모든 이미지가 결국 난센스가 된다는 사실을 알아야 합니다.**

먼저 원자 안에서 정상상태에 있는 전자는 전자기파를 방출하지 않고 주기적으로 빙글빙글 돈다고 주장하고 있는데, 왜 그런지에 대한 설명이 없습니다. 맥스웰의 이론에 의하면 전자는 반드시 방출되어야 합니다.

그리고 전자가 다른 궤도로 전이할 때 방출한다는 주장 말입니다. **이때의 전이는 서서히 일어나는 건가요, 아니면 갑자기 일어나는 건가요?** 만약 그것이 서서히 이루어진다면 전자 역시 회전 진동수와 에너지를 서서히 변화시킬 겁니다. 하지만 그때, 스펙트럼 선의 날카로운 진동수가 어떻게 발생하는지는 설명할 수 없습니다.

따라서 **양자 도약의 모든 이미지는 난센스에 불과합니다.**

그렇군요, 당신의 말이 모두 맞습니다.

하지만 **그것만으로 양자 도약이 존재하지 않는다고 증명되는 건 아닙니다.**

단지 **그것을 상상할 수 없다**는 것을 증명할 뿐이죠. 즉 우리가 그것을 사용해서 일상생활 및 지금까지의 물리학 실험을 기술해온 직감적인 개념이 **양자 도약 현상을 기술하기에는 불충분하다는 것**을 증명했을 뿐입니다.

지금 여기서 다루는 현상은 직접적인 대상이 될 수 없고 체험할 수도 없기 때문에 우리가 가진 개념이 충분하지 못하다는 것을 고려한다면 전혀 이상한 일이 아닙니다.

저는 당신과 개념구성에 관한 철학적인 논쟁을 하고 싶은 게 아닙니다. 그것은 후일 철학자들이 할 일이겠죠. **전 단지 원자 안에서 무슨 일이 일어나고 있는지 정확히 알고 싶은 것뿐입니다.**
저는 전자를 어떤 언어로 표현하는지에 대해서는 관심없습니다. 전자를 입자가 아닌 전자파나 물질파로 존재한다고 한 그 순간부터 모든 것은 다르게 보일 것입니다. 그 이후에는 더 이상 진동의 날카로운 주파수에 관해서 놀랄 필요가 없는 거죠. **전에는 해결할 수 없을 것처럼 보였던 모순이 소멸된 것입니다.**

유감스럽지만 그 의견에는 동의할 수 없군요. **모순은 사라진 것이 아니라 다른 장소로 이동한 것뿐**입니다.
당신도 전자가 안개상자를 관통하는 모습을 보았을 겁니다. 이 비약적인 사건을 구석에 처박아두고, 마치 그런 일이 전혀 존재하지 않았다는 듯이 말해서는 안 됩니다.

어쨌든 **비난받아 마땅할 양자 도약을 계속 고수한다면**, 애초에 양자론에 손댄 것을 저는 몹시 후회하게 될 겁니다.

.

하지만 우리는 당신이 만들어낸 파동역학에 대해 매우 감사하고 있습니다.

왜냐하면 **당신의 파동역학은 수학적 명쾌함과 간결함으로 양자역학의 형식에 엄청난 진보를 가져왔으니까요.**

이런 식으로 매일 아침부터 밤까지 원자에 관한 토론은 계속되었다.

며칠이 지나자 극도의 긴장 때문이었는지 슈뢰딩거는 병이 났다. 열을 동반한 감기 때문에 침대에 누워 있어야 했던 그의 곁에서 보어는 굴하지 않고 의견을 피력했다.

"하지만 당신은 그래도 …를 이해해야 합니다"라고.

그러나 당시에는 두 사람 모두 상대를 이해시킬 수 있을 만큼 양자역학에 대해서 완벽하게 해석하지 못했기 때문에 진정한 이론에는 도달할 수 없었다.

이들의 토론을 보면 보어는 완벽한 슈뢰딩거의 식이 가진 문제점을 지적한 것 같다.

슈뢰딩거의 식이 완벽하고 문제가 없는 듯이 보인 것은 슈뢰딩거가 그 문제에 부딪치지 않았기 때문인지도 모른다.

그렇다면 우리 트래칼리 학생의 관점에서 다시 한 번 슈뢰딩거 식을 살펴보도록 하자!

슈뢰딩거 방정식의 문제점

1) 안개상자

   콤프턴 효과 $\Big\}$ 의 실험을 설명할 수 없다.

   광전 효과

안개상자 실험에서는 전자가 통과한 흔적을 볼 수 있다.

콤프턴 효과, 광전 효과는 전자와 빛이 부딪쳐

서 튕겨나오는 현상이다. 만약 전자가 파동이라

면 2개가 부딪쳤을 때 서로 더해지므로 튕겨나

오는 현상은 일어나지 않는다.

안개상자

이런 식으로 보여!

2) $\nabla^2 \phi + 8\pi^2 \mathfrak{M}(\nu - \mathfrak{B})\phi = 0$ 식에서

$$H\left(\frac{h}{2\pi i}\,\frac{d}{dx}\,,\,x\right)\phi(x) - E\phi(x) = 0$$

인 식을 만들 때 $\mathfrak{M}$, $\mathfrak{B}$, ν 를 $\mathfrak{M} \to \dfrac{m}{h}$, $\nu \to \dfrac{E}{h}$, $\mathfrak{B} \to \dfrac{V}{h}$ 처럼 입자

언어로 바꾼 이유는 무엇일까?   파동식일 텐데 왜 그런 거냐고!?

3) 빛이 발생하는 것은 n 의 수가 증감(오른

   쪽 그림)할 때.

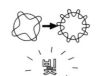

빛

   그것이 언제 어떤 식으로 일어나는지에

   관해서는 보어도 설명하지 못했다.

   그것에 관해서 슈뢰딩거는 이렇게 말했다.

   "전자가 벼룩처럼 점프하는 모습은 상상할 수 없지만, 그것을

   파동이라고 여기면 차라리 나을 것이다".

슈뢰딩거의 식이 완벽하다고 생각했는데 이런 약점이 있었다.

 슈뢰딩거 선생님! 이렇게 약점이 많은데 이제 어떻게 하죠?

 ….

 슈뢰딩거 선생님! 이 문제를 어떻게 설명하실 거냐고요!?

 흐흐~ 그런 사소한 일에 신경 쓰지 마…. 그런 건,

언젠가 해결될 거야!!

이 식은 **이미지를 갖고 있어!** 그건 물리학의 기본이야, 기본! 전에도 말했다시피 인간은 머릿속에 이미지를 떠올릴 수 있어야 비로소 이해한다고 할 수 있어! 그 '이미지'와 비교한다면 지금의 문제점은 아주 사소해!!

슈뢰딩거는 이토록 자신만만했다. 이 또한 오직,

이미지가 있다

는 데서 비롯된 당당함이었다. 하이젠베르크의 '이미지를 버리라'는 것에 비하면 이 식이 훨씬 멋지다!

잃어버린 이미지

그런데 슈뢰딩거가 가진 자신감의 원천인 **'이미지'**에 관한 충격적인 사실이 밝혀진다!! 그것은 **전자가 2개**일 때를 슈뢰딩거의 방정식, 즉 전자의 파동으로 생각했을 때였다.

 그러니까… 슈뢰딩거 선생님의 식,

$$H\left(\frac{h}{2\pi i}\frac{d}{dx}, x\right)\phi(x) - E\phi(x) = 0$$

은 **전자가 1개**인 경우를 파동으로 나타낸 거군요.

 여기서 약간 주의해야 할 점이 있어. 내 식을 드브로이의 방정식

$$\nabla^2\phi + 8\pi^2\mathfrak{M}(\nu - \mathfrak{B})\phi = 0$$

으로 만들었을 때를 떠올려봐. Ψ가 x, y, z에 관한 2차 편미분이었는데 귀찮아서 x방향만 계산했던 거 기억나니?

 말씀하시니까 생각나요.

$$\nabla^2\Psi = \underbrace{\frac{\partial^2\Psi}{\partial x^2}} + \frac{\partial^2\Psi}{\partial y^2} + \frac{\partial^2\Psi}{\partial z^2}$$

이 부분만 계산해서 만든 거였죠.

…사실은 전자 1개를 대표하려면 y방향, z방향도 함께 생각해야 한다는 거군요.

 그렇지.

$$H\left(\frac{h}{2\pi i}\frac{d}{dx}, x\right)\phi - E\phi = 0$$

이대로는 전자의 x방향의 움직임밖에 알 수 없으니까. 그런데 이때의 ϕ는 어떤 함수가 될까?

 H를 보면 $\frac{d}{dx}$, 즉 x의 미분과 x에 의해 결정되니까 ϕ도 x의 함수가 되지 않을까요?

 맞았어. H는 원래 에너지를 P(운동량)와 V(위치)의 함수로 나타내는 해밀토니안이라는 방법이야. 자세히 살펴보면,

$$H(P_x, x) = \frac{P_x^2}{2m} + V(x)$$

였지. 하지만 우리가 이미 알고 있는 것처럼 P_x는 모두 $\frac{h}{2\pi i}\frac{d}{dx}$ 라는 파동언어로 나타낼 수 있어. 실제로는,

$$H\left(\frac{h}{2\pi i}\frac{d}{dx}, x\right) = \frac{1}{2m}\left(\frac{h}{2\pi i}\frac{d}{dx}\right)^2 + V(x)$$

로 계산하면 돼. 요컨대 H가 x의 미분, x에 의해 결정된다는 건 그 전자의 파동 ϕ 또한 x라는 한쪽 방향에 의해서만 결정된다는 뜻이야.

 흠…. 그럼 전자 1개를 제대로 나타내려면 y방향, z방향에 관해서도 살펴봐야 하는 거군요. 그럼 x만 있던 H가 y, z에 의해서도 결정된다는 것을 나타내야겠네요. 그럼, 이렇게 되려나….

$$H\left(\frac{h}{2\pi i}\frac{\partial}{\partial x}, \frac{h}{2\pi i}\frac{\partial}{\partial y}, \frac{h}{2\pi i}\frac{\partial}{\partial z}, x, y, z\right)\phi - E\phi = 0$$

 대단한데! 맞았어. 그럼 이때 전자의 파동은 무엇과 무엇과 무엇의 함수가 될까?

 그건 간단하죠. $\phi(x, y, z)$예요. 즉 x, y, z라는 세 방향에 의해 정해지는 **3차원의 파동!**

 그렇지. 즉 1개의 전자는 3차원의 파동이야. 3차원의 파동은 우리 가까이에 있지, 음성 파동도 그중 하나야. 그런 식으로 생각하면 네 머릿속에도 떠오를 거야.

여기까지는 순조롭게 진행되었지만, 그다음 전자가 **2개인 상황을 파동**으로 나타내면 어떻게 될지 생각해보았다.

 먼저 $H\phi - E\phi = 0$에서 H를 구체적으로 알아보자.
첫 번째 전자에너지를 해밀토니안으로 나타내보자.

$$H_1\left(\frac{h}{2\pi i}\frac{\partial}{\partial x_1}, \frac{h}{2\pi i}\frac{\partial}{\partial y_1}, \frac{h}{2\pi i}\frac{\partial}{\partial z_1}, x_1, y_1, z_1\right)$$

두 번째 전자에너지도 해밀토니안으로 나타내보자.

$$H_2\left(\frac{h}{2\pi i}\frac{\partial}{\partial x_2}, \frac{h}{2\pi i}\frac{\partial}{\partial y_2}, \frac{h}{2\pi i}\frac{\partial}{\partial z_2}, x_2, y_2, z_2\right)$$

그다음으로는 **전자 2개가 3차원 공간에 있는 경우의 에너지**를 해밀토니안으로 나타내보자.

$$H\left(\frac{h}{2\pi i}\frac{\partial}{\partial x_1}, \frac{h}{2\pi i}\frac{\partial}{\partial y_1}, \frac{h}{2\pi i}\frac{\partial}{\partial z_1}, \frac{h}{2\pi i}\frac{\partial}{\partial x_2}, \frac{h}{2\pi i}\frac{\partial}{\partial y_2},\right.$$

$$\left.\frac{h}{2\pi i}\frac{\partial}{\partial z_2}, x_1, y_1, z_1, x_2, y_2, z_2\right)$$

따라서 **전자가 2개 있는 것을 슈뢰딩거 방정식으로 나타내면,**

$$H\left(\frac{h}{2\pi i}\frac{\partial}{\partial x_1}, \frac{h}{2\pi i}\frac{\partial}{\partial y_1}, \frac{h}{2\pi i}\frac{\partial}{\partial z_1}, \frac{h}{2\pi i}\frac{\partial}{\partial x_2}, \frac{h}{2\pi i}\frac{\partial}{\partial y_2},\right.$$

$$\left.\frac{h}{2\pi i}\frac{\partial}{\partial z_2}, x_1, y_1, z_1, x_2, y_2, z_2\right)\phi - E\phi = 0$$

이렇게 매우 긴 식이 된다. 길이는 그렇다 쳐도 식을 잘 살펴보니 ϕ가…. 〔앗!〕ㅡ

슈뢰딩거 선생님, 큰일났어요!! 제가 2개의 전자를 선생님의 식으로 나타냈는데, 이것 좀 보세요. 이때 ϕ는 도대체 어떻게 해야 하죠?

왜 그렇게 당황한 거니?

 ϕ를 지금까지 했던 대로 살펴보면, 이 수식은 $x_1, y_1, z_1,$ x_2, y_2, z_2라는 **6개**에 의해 결정되는 것 아닌가요?

 …!

 전 처음에 이 $x_1, y_1, z_1, x_2, y_2, z_2$도 똑같이 $x\,y\,z$ 안에 포함되어 있다고 생각했는데, 수학적으로는 다른 차원을 나타내고 있다 면서요! 그 말은 곧 **전자가 2개 있을 때는 6차원의 파동**이 된 다는 뜻이 아닌가요?

 ….

전자 2개를 파동으로 나타내면 6차원이라는 말은 **전자가 3개일 때 는 9차원, 전자가 4개일 때는 12차원**…. 그런데 **저로서는 도저히 그런 파동을 떠올릴 수 없었어요.**
처음에는 이미지를 떠올리지 못한 게 제 탓인 줄 알고 당황했는데, 그게 아니잖아요! 왜냐하면 **인간은 3차원까지밖에 떠올릴 수 없 으니까요!** 도대체 이게 어떻게 된 거죠?

 ….

 우리 몸은 **수억** 단위의 원자로 이루어져 있잖아요. 그렇다면 전 자의 수는 그 몇 배나 될 거예요. 따라서 만약 이것을 슈뢰딩거 선생님의 식으로 나타낸다면,

무한 차원의 파동이 되잖아요?

그렇게 되면 **전자의 파동 이미지를 그리는 건 불가능해요.**

 °。○○   ···   나도 그릴 수가 없군.

슈뢰딩거는 그때서야 해밀토니안이라는 수학 자체가 이렇게 이해할 수 없는 결과를 불러왔다는 것을 깨달았다.

하지만 이미 늦었다. 슈뢰딩거의 머릿속에는 온갖 생각이 교차했다.

큰일이군···. 하지만 내 생각은 틀리지 않았어.

$$\nabla^2 \phi + 8\pi^2 \mathfrak{M}(\nu - \mathfrak{B})\phi = 0$$

어쩌면 이 식을 하이젠베르크의 식을 흉내 내서 해밀토니안 형태로 만든 게 잘못이었는지도 몰라.

$$H\left(\frac{h}{2\pi i}\frac{d}{dx}, x\right)\phi(x) - E\phi(x) = 0$$

이 식을 만든 후에 알았던 것처럼 ϕ와 E만 알면 스펙트럼의 ν와 Q를 구할 수 있지. 즉 이미지를 가진 상태에서 실험을 설명할 수 있어. 힘들게 여기까지 만들어냈는데 이 식을 버리고 전에 하던 대로 드브로이-슈뢰딩거의

$$\nabla^2 \phi + 8\pi^2 \frac{m}{h}(E - V)\phi = 0$$

식을 다시 쓸 수는 없는 걸까? 왜냐하면 이 식에서 ϕ와 E를 더 이상 구하지 않으면 이 식에는 ∇이 있기 때문에 3차원의 이미지대로 그려볼 수 있어. ϕ와 E를 구하면 ν와 Q도 구할 수 있고….

…하지만 그런 생각도 소용없었다. 어쨌든 하이젠베르크의 식과 드브로이의 식이 올바른 답으로 일치하는 경우는 입자가 1개일 때뿐이었기 때문이다. 입자가 2개 이상이 되면 드브로이의 식으로는 올바른 답을 구할 수 없다. 올바른 답이 되려면 역시 슈뢰딩거가 만들어낸 H 형태의 식을 이용해야 한다. 이제 와서 돌아갈 수도 없다.

어질

　순간 슈뢰딩거는 기절할 것만 같았다. 이미지를 갖고 있지 않다는 하이젠베르크의 말에 분개해서 시작한 일인데, 결국 자신도 이미지를 그릴 수 없는 식을 만들었으니 그럴만도 하다.

하이젠베르크의 경우에는 이미지가 없다는 전제하에 실험(스펙트럼)을 나타내는 식을 만드는 것을 목표로 했고 실제로 만들어냈다.

슈뢰딩거의 경우, 이미지라는 토대 위에서 그 이론을 만들어냈지만 막상 완성해보니 그 토대가 사라졌다.

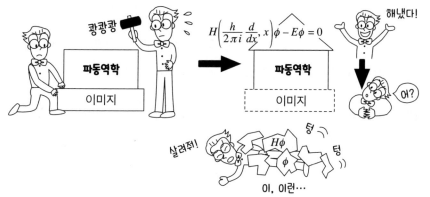

하지만 슈뢰딩거는 이만한 일로 포기할 사람이 아니었다! 그는 이렇게 말했다.

"지금은 6차원인 이유를 알아낼 수 없지만 파동역학은 아직 과정에 불과하다. 조만간 3차원에서 모든 것을 다시 만들 것이다. 어쨌든 $|\Psi|^2$가 실제로 관측됐다."

전자는 파동이야.
어떤 문제든 언젠가는 모두 해결될 거야. 하하하~

끝으로

 왠지 슈뢰딩거가 안됐어. 열심히 했는데 마지막에 와서 이런 결과가 되다니.

 그래. 슈뢰딩거의 '이미지를 갖고 있다'라는 굳은 의지가 있었기에 슈뢰딩거 방정식도 완성할 수 있었는데.

 하지만 슈뢰딩거와 함께 수식 만들기를 할 수 있어서 정말 좋았어. 수식도 처음부터 완성되어 있던 게 아니라 이렇게 만들어진다는 것을 알고 나니 더 이상 수식이 무섭지 않아. 그리고 수식도 언어라는 사실을 알았고. 하이젠베르크의 식은 단순히 현상을 설명하는 말 그대로 수식이라는 느낌이었는데, 슈뢰딩거의 식은 언어와 밀접한 관계가 있었어. 수식을 만드는 데서 끝나는 게 아니라 그것을 머릿속으로 그려볼 수 있는 언어였잖아. 그렇게 **'자연을 기술하는 언어를 탐구하는 일'**이 참 즐거웠어.

 그래. 지금까지는 완성시킨 것만 봤으니 만드는 과정은 몰랐지. 그런데 이미지를 갖고 있지 않은 전자란 게 도대체 뭘까? 우리가 사용하는 언어로는 분명 어떤 이미지를 가질 텐데. 언어라는 건 그런 거잖아.

 응. 언어에는 의미가 있고 반드시 그 의미를 떠올릴 수 있는 이미지가 있어. 그래서 상대에게 의미를 전할 수 있는 거지.

 이미지가 없다는 건 우리의 언어로는 설명할 수 없다는 뜻일까?

 설마! 그렇다면 도대체 어떻게 설명하라는 거냐고?!

 그러게 말야….

 슈뢰딩거가 얼마나 필사적으로 이미지를 추구했는지 잘 알 것 같아.

 그래. 다른 물리학자들도 슈뢰딩거를 응원했대.

 다들 이미지를 갖고 있다는 사실에 안도하고 싶었던 거야. 하지만 이미지가 없어져버렸으니 출발점으로 되돌아온 셈이야.

 유감스럽게도 그렇구나. 전과 마찬가지로 실험 결과를 설명하는 언어는 찾았지만 전자의 움직임을 설명하는 언어는 찾지 못한 거야. 어떻게 될지 모르겠지만, 다음 과정으로 갈 수밖에 없어.

이제 전자는 과연 어떻게 될까? 과연 의문이 풀릴 날은 올까?
그럼, 마지막 모험을 향해 다 함께 Let's Go!

신세계를 향해 출발

'전자는 입자'라는 관점에서 출발한 보어와 하이젠베르크의 결론은 '이미지가 없다'는 것이었다.

그에 반해 반드시 '이미지를 갖고 있다'고 믿고 '전자는 파동'이라는 관점에서 출발한 슈뢰딩거 또한 '이미지를 갖고 있지 않다'는 결론에 도달한다.

이제 모험은 절정으로 치닫는다.

• 하이젠베르크가 양자역학에 내린 최종 결론은 무엇일까?

• 양자의 정체는 도대체 무엇일까?

지금, 신세계를 향한 출발이 시작된다.

1. 원자에 관한 물리학자들의 대토론회

닐스 보어는 이렇게 말했다.

"인간은 인생이라는 큰 드라마 속에서 청중인 동시에 공연자이다."

양자와 언어의 세계를 만난 이후 매일같이 보고 듣고 느끼는 모든 것이 자연과학의 대상이 되었다. 그 흥미진진한 드라마를 가능한 한 많은 사람과 즐기고 싶었다.

양자역학의 완성을 눈앞에 둔 어느 날이었다. 텔레비전 전원을 켜고 채널을 바꾸는데 TCL 채널에서 어떤 프로그램이 시작되고 있었다. 나는 프로그램의 제목에 끌려 방송을 보기 시작했다.

히포 10주년 TCL 특별 프로그램
20세기의 자연과학

시청자 여러분, 오늘은 〈TCL 특별방송 20세기의 자연과학〉이라는 주제로 '미시적 세계-원자'에 관하여 심도 있는 토론을 진행할 예정입니다. 이 세상에 존재하는 가장 작은 세계는 어떤 모습일까요? 저는 오늘 사회를 맡은 자넷 브라운입니다. 먼저 참가자를 소개하겠습니다.

커다란 타원형 테이블에 금세기 최고의 물리학자들과 3인의 게스트, 주위에는 방청객이 앉아 있었다.

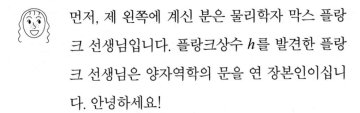

먼저, 제 왼쪽에 계신 분은 물리학자 막스 플랑크 선생님입니다. 플랑크상수 h를 발견한 플랑크 선생님은 양자역학의 문을 연 장본인이십니다. 안녕하세요!

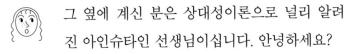

안녕하세요! 저는 양자 중에서도 특히 빛에 관해 언급하고 싶군요.

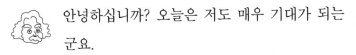

그 옆에 계신 분은 상대성이론으로 널리 알려진 아인슈타인 선생님이십니다. 안녕하세요?

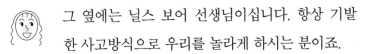

안녕하십니까? 오늘은 저도 매우 기대가 되는군요.

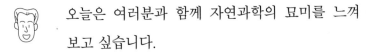

그 옆에는 닐스 보어 선생님이십니다. 항상 기발한 사고방식으로 우리를 놀라게 하시는 분이죠.

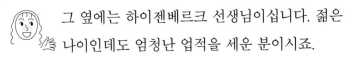

오늘은 여러분과 함께 자연과학의 묘미를 느껴보고 싶습니다.

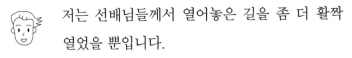

그 옆에는 하이젠베르크 선생님이십니다. 젊은 나이인데도 엄청난 업적을 세운 분이시죠.

저는 선배님들께서 열어놓은 길을 좀 더 활짝 열었을 뿐입니다.

바른 자세로 앉아 있는 하이젠베르크는 참석자 중에서도 매우 산뜻한 분위기가 느껴지는 청년이었다.

 그 옆에는 드브로이 선생님이십니다. 전자의 파동성을 최초로 주목한 분이죠.

 저는 형이 갖고 있던 논문을 읽고서 원자의 세계에 흥미를 느끼게 되었습니다. 오늘은 편안하게 얘기를 나눠볼까 합니다.

 다음은 슈뢰딩거 선생님이십니다. 최근에 전자의 파동방정식을 완성하셨습니다.

 파동방정식을 만드는 과정에서 물리학과 함께 수학도 커다란 진보를 이루었습니다.

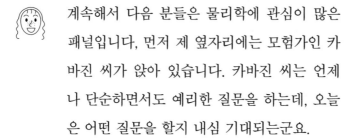 계속해서 다음 분들은 물리학에 관심이 많은 패널입니다. 먼저 제 옆자리에는 모험가인 카바진 씨가 앉아 있습니다. 카바진 씨는 언제나 단순하면서도 예리한 질문을 하는데, 오늘은 어떤 질문을 할지 내심 기대되는군요.

 저는 불가사의한 것을 탐구하는 것을 좋아합니다.

 옆에 계신 분은 연륜 있는 평론가 오바바 씨입니다. 오바바 씨께는 주부이자 어머니라는 입장에서 여러 가지 발언을 기대해보겠습니다.

주부의 눈으로 생활과 밀접한 자연과학에 관해 알고 싶은 게 많답니다.

 마지막 분을 소개합니다. 제 오른쪽에 계신 트랜스내셔널 칼리지 오브 LEX, 통칭 트래칼리의 후지무라 유카 씨입니다.

  저는 "과학은 인간에 의해 만들어졌다"는 하이젠베르크 선생님의 말씀에 동의해요. 또 과학은 언어로 기술되죠. 저는 자연과학을 언어의 관점에서 심층적이고 다양하게 알고 싶습니다.

 자, 이제 시작해볼까요? 그럼 먼저 이 그림을 봐주세요.

가늘고 긴 띠에 몇 개의 선이 그려진 그림이었다.

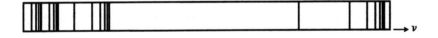

 이것은 수소원자의 스펙트럼입니다. 우리가 원자에서 얻을 수 있는 정보라고는 원자의 크기, 무게 그리고 이 스펙트럼뿐입니다. 원자물리학 발견의 대부분은 원자가 방출하는 스펙트럼의 해석에 달려 있다고 들었습니다.

 원자의 내부를 우리 눈으로 직접 볼 수는 없습니다. 하지만 우리는 눈에 보이지 않는다 해도 그 물질에 관해서 알 수는 있습니다. 예를 들어 컴컴하고 어두운 곳에서 돌을 던지자 '첨벙' 하는 소리가 들렸다고 칩시다. 눈앞에서는 과연 무슨 일이 일어난 것일까요?

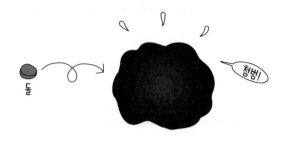

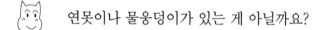

연못이나 물웅덩이가 있는 게 아닐까요?

그렇습니다. 만약 '쨍그랑' 하는 소리가 들렸다면 유리창이 있다고 생각했을 겁니다. 이처럼 우리 눈에 보이지 않는 물질이라 해도 부딪친 반응을 통해 상상할 수 있죠. 그런 것도 어떤 물질인지 파악할 수 있는 단서가 됩니다.

그럼 원자에는 무엇을 던져보는 건가요?

물질을 던져서 부딪치는 것은 불가능하지만, 원자를 여러 가지 조건하에 놓고 반응을 살피면서 어떤 물질인지 추측할 수는 있지요. '실험'을 한다는 건 그런 겁니다.

저는 하늘을 나는 실험을 한 적이 있었는데, 바나나 잎으로 만든 날개를 달고서는 날 수 없다는 걸 알았어요.

원자에 관해서 알고 싶다면 어떤 실험을 하면 될까요?

바로 그게 문제입니다. 실험을 하더라도 원자의 무엇을 보려는 건지 명확하지 않으면 아무런 답도 얻을 수 없습니다. 이론이 세워진 후에야 무엇을 관측할 수 있는지 비로소 결정할

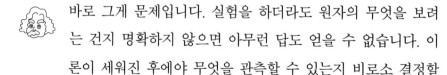

수 있으니까요. 좀 전에 나온 스펙트럼은 원자에 에너지를 가할때 반드시 나오는 반응입니다.

 플랑크 선생님, 그게 어떤 구조인지 자세히 설명해주시겠어요?

 아까도 말했다시피 우리는 원자의 내부를 볼 수 없습니다. 하지만 이 반응을 통해 원자에 관해서 설명할 수는 있습니다. 에너지를 가한다는 것은 원자에 전기를 흐르게 한다는 뜻입니다. 그렇게 하면 원자 안의 전자가 운동해서 빛을 방출합니다. 그 빛을 프리즘 같은 분광기를 통해서 본 것이 원자의 스펙트럼입니다. 이 스펙트럼은 원자에 의해 결정됩니다. 전자가 운동하면 빛을 방출한다는 사실은 전자기학에 의해서 이전부터 알려져 있었습니다. 하지만 전자가 원자 안에서 어떻게 운동하는지는 알 수 없었죠. 전자의 운동을 밝히는 것이 우리가 원자에 관해서 이해한다는 뜻이 됩니다.

 그래서 스펙트럼이 원자를 밝히는 중요한 열쇠군요.

 원자마다 볼 수 있는 스펙트럼을 생각하기 전에, 먼저 전자가 방출하는 빛의 정체에 대해 알 필요가 있습니다.

 '자식을 보면 부모를 알 수 있다'라는 속담이 생각나는데요. 사람의 자식은 사람이듯이, 자식이 하마인데 부모가 코끼리일 리가 없는 것처럼 전자는 빛을 낳은 부모 같은 존재라고 할 수 있겠네요. 전자에 관해서도 빛부터 이해하고 상상하면 되는군요.

 빛이라는 것도 '보고 있지만 보이지 않는 존재'잖아요. 우리는 빛이 없으면 사물을 볼 수 없어요. 우리 눈은 사물에 반사한 빛을 받아들여서 사물을 보는 거죠. 따라서 우리의 눈은 빛을 보고 있지만 빛 자체를 볼 수는 없어요.

 사실 빛은 파동 같은 성질을 가진 게 아닐까 하는 이야기는 전부터 있었습니다. 파동의 성질을 가진 존재라는 설이죠.

 파동의 성질이라니 무슨 뜻인가요?

 파동은 진동이 퍼지면서 전해지는 성질을 가졌습니다. 예를 들어 연못에 돌을 던지면 수면 위로 파동이 퍼지면서 움직입니다.

 언젠가 제가 연못에 빠졌을 때 파동이 원처럼 퍼졌던 게 기억나네요.

 그렇습니다. 빛은 어딘가에서 시작되어 퍼지면서 전달되는 존재일 겁니다. 따라서 파동의 높이나 속도, 진동수를 구하면 빛을 파동수식, 파동언어로 쓸 수 있게 됩니다.

 파동의 성질을 갖지 않은 건 무엇인가요?

 입자 같은 것입니다. 이것은 퍼지거나 전달되지 않고 입자 자체가 운동을 합니다. 공을 던질 때나 물체를 떨어뜨릴 때의 운동은 뉴턴이 발견한 법칙으로 나타낼 수 있습니다. 그것을 '뉴턴역학'이라고 하며 파동의 성질과는 전혀 다른 것입니다. 파동 같은 물질은 입자가 아니며 입자 같은 물질은 파동이 아니라고 분명히 말할 수 있습니다.

 바다나 연못의 파동은 수면 위로 퍼져나가는데, 빛의 파동은 무엇을 타고 전해지나요?

사실 성질만 비슷할 뿐이지 바닷물처럼 파동을 전달하는 물질이 있는 건 아닙니다. 햇빛이 지구까지 전해지듯이 빛은 진공상태에서도 전달됩니다. 실로 불가사의한 일이죠. 빛의 어떤 현상이 파동과 비슷하기 때문에 파동을 설명하는 수식으로 빛을 기술할 수 있었던 것이 아닐까 합니다.

 그게 어떤 현상인지 설명해주시겠어요?

 빛이 수면의 파동처럼 간섭한다는 사실입니다. 연못에 오바바 씨가 빠져서 첨벙거린다면 파동의 원 모양은 변하지 않고 퍼지기만 할 겁니다. 하지만 거기에 카바진 군까지 뛰어들면 원은 두 사람을 중심으로 각각 퍼지기 시작하겠죠. 그렇게 되면 파동이 부딪치는 곳이 문제가 됩니다.

 파동이 높은 곳끼리 포개지면 포개진 부분만 높아지고, 낮은 곳끼리 포개지면 역시 포개진 부분만 낮아집니다. 높은 곳과 낮은 곳이 포개지면 상쇄되어 높지도 낮지도 않은 곳이 생깁니다. 이처럼 파동이 서로 영향을 미치는 것을 '파동의 간섭'이라고 합니다.

 사람의 간섭도 좋든 싫든 상대에게 영향을 미치게 돼요.

그럼, 빛이 간섭하는 형태는 어떻게 볼 수 있나요?

 이런 식으로 빛을 두 개의 슬릿에 통과시켜보면 알 수 있습니다.

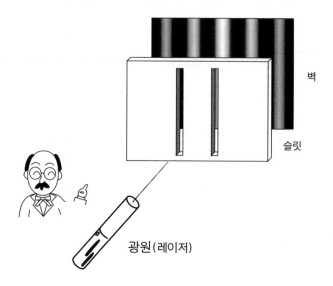

벽

슬릿

광원(레이저)

 두 개의 슬릿을 통과한 빛은 그곳에서 파동처럼 퍼지고, 부딪친 곳은 서로 간섭합니다. 그리고 더 밝은 곳과 어두운 곳이 생겨 벽에 줄무늬를 만들게 됩니다. 만약 빛이 입자 같은 성질이라면 이렇게 되지 않습니다. 빛이 입자일 경우 양쪽 슬릿을 동시에 빠져나갈 수 없기 때문에 간섭하는 일은 결코 없습니다. 따라서 빛은 입자가 아니라 파동이라고 볼 수 있는 것이죠.

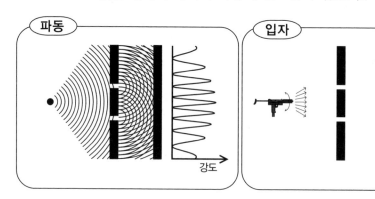

그렇다면 빛이 파동이라는 주장은 사실이군요.

 그런데 단순히 파동이라고 말할 수 없는 실험 결과가 나타났습니다. 아주 골치 아픈 실험이었어요. 바로 진공의 비열을 재는 흑체복사라는 실험이었죠.

 그 실험은 무엇을 의미하는 건가요?

 실은 그 실험으로 진동수와 에너지의 관계를 나타내는 그래프를 그릴 수 있는데, 그게 너무나도 이상했던 겁니다. 많은 물리학자들이 그 그래프를 설명하는 수식을 찾기 위해서 애썼지만 오랜 세월이 지나서야 그래프에 맞는 수식을 발견할 수 있었습니다.

 그 수식을 통해서 빛의 어떤 점을 알게 된 거죠?

 다행히 수식을 발견하기는 했지만, 한동안 그 수식이 빛의 무엇을 말하는 건지 알 수 없었습니다. 하지만 불철주야 연구한 끝에 마침내 한 가지 결론에 도달했습니다.

플랑크는 자신이 발견한 결론인데도 조금 유감스러운 듯 말했다.

 ν라는 진동수로 진동하는 빛에너지는 $h\nu$라는 정수배의 값, 즉 $E = nh\nu$밖에 취하지 않습니다. 불연속적인 값만을 취할 뿐 결코 그 사이의 값은 취하지 않습니다. 이것은 에너지의 변화가 연속이 아니라는 것을 의미합니다.

나는 이것이 그렇게 대단한 것처럼 느껴지지 않았다.

 이 상태로는 단순히 파동이라고 말할 수 없었어요. 그런데 어째서인지 모르지만 빛에너지는 불연속적인 값만을 취한다는 결과가 나왔습니다. 우리는 그것을 설명할 언어가 필요해진 겁니다.

 그런 상황에서 아인슈타인 선생님이 등장한 거군요.

팔짱을 끼고 생각에 잠겨 있던 아인슈타인이 몸을 앞으로 내밀었다.

 빛을 입자라고 생각하면 설명이 됩니다.

이렇게 대담할 수가! 아인슈타인이기에 가능한 발상이었다.

 빛을 입자라고 생각하면 어떻게 되죠?

 입자라면 연속적인 값을 취하지 않으므로 이상할 것이 전혀 없습니다.

 1원짜리 동전 같은 거군요? 0.5원짜리 동전은 없잖아요.

 빛에너지는 $h\nu$의 정수배 값을 취합니다. 여기서 n을 개수라고 생각하면 되지 않을까요? 1개가 $h\nu$라는 에너지를 가진 빛입자라는 뜻입니다. 그래서 입자 1개의 빛에너지는 $E = h\nu$라고 쓸 수 있습니다.

나는 갑작스러운 방향전환에 깜짝 놀라고 말았다. 아인슈타인의 설명은 계속되었다.

 광전 효과와 콤프턴 효과의 실험을 생각해봅시다.

아인슈타인은 그때까지 빛을 파동으로 생각했기 때문에 도저히 설명할 수 없었던 두 가지 실험에 관해 입자로 설명했다. 그러자 마치 마법처럼 빛이 입자의 성질을 가진 물질이라고 받아들일 수 있었다. 아인슈타인은 입자로서의 빛 운동량도 구할 수 있다고 덧붙였다. 그리고 나서 칠판에 두 개의 식을 썼다.

$$빛에너지 \quad E = h\nu$$
$$빛의 운동량 \quad p = \frac{h}{\lambda}$$

이제 빛은 분명히 입자라고 결론 내려졌다.

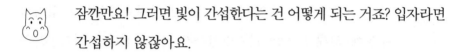 잠깐만요! 그러면 빛이 간섭한다는 건 어떻게 되는 거죠? 입자라면 간섭하지 않잖아요.

그렇다. 원래 빛은 간섭하는 성질이 있기 때문에 파동이라고 한 것이 아니었던가?

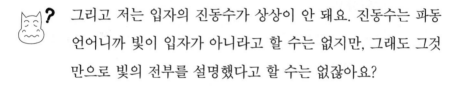 그리고 저는 입자의 진동수가 상상이 안 돼요. 진동수는 파동 언어니까 빛이 입자가 아니라고 할 수는 없지만, 그래도 그것만으로 빛의 전부를 설명했다고 할 수는 없잖아요?

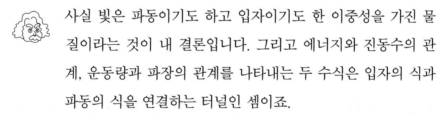 사실 빛은 파동이기도 하고 입자이기도 한 이중성을 가진 물질이라는 것이 내 결론입니다. 그리고 에너지와 진동수의 관계, 운동량과 파장의 관계를 나타내는 두 수식은 입자의 식과 파동의 식을 연결하는 터널인 셈이죠.

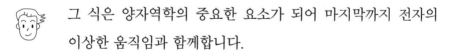 그 식은 양자역학의 중요한 요소가 되어 마지막까지 전자의 이상한 움직임과 함께합니다.

나는 아인슈타인의 얼굴에 스쳐간 쓸쓸한 표정을 놓치지 않았다.

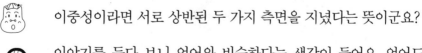 이중성이라면 서로 상반된 두 가지 측면을 지녔다는 뜻이군요?

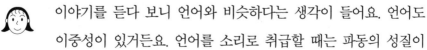 이야기를 듣다 보니 언어와 비슷하다는 생각이 들어요. 언어도 이중성이 있거든요. 언어를 소리로 취급할 때는 파동의 성질이

고, 의미로 취급할 때는 입자의 성질로 볼 수 있을 것 같아요. 그리고 그 둘을 결부시키는 '언어의 h' 같은 것이 있다면 좋겠어요.

빛에 이중성이 있다는 것이 사실이라면, 그것을 방출하는 전자의 정체가 뭔지 점점 더 궁금해지는데요. 여기서 보어 선생님의 발견으로 넘어가는군요.

먼저 전자의 운동을 입자의 운동으로 살펴보겠습니다. 입자의 운동에 의해 $E = h\nu$라는 빛입자가 만들어진다는 것이 제 연구의 출발점이었습니다.

전자가 입자의 움직임을 하고 있을 때 원자 안에서는 어떤 모습일까요?

전자는 원자핵의 주위를 빙빙 돕니다. 그리고 그 운동에 의해 빛을 방출하는 것으로 추정됩니다.

전자가 빛을 내면서 원자핵 주위를 계속 돌 수는 없어요. 빛을 방출한다는 것은 에너지를 소모하는 일이므로 전자는 원심력을 잃고 힘이 소진되어 원자핵에 붙어버려요.

그래서 전자가 돌고 있을 때는 빛을 방출하지 않고 궤도를 이동할 때 빛을 방출한다고 보는 거죠.

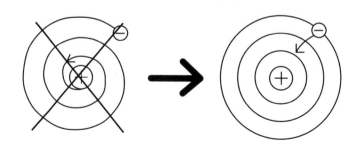

그렇게 마음대로 정해도 괜찮은 건가요?

 괜찮습니다. 지금까지 해온 고전역학의 사고방식으로는 실험 결과를 설명할 수 없습니다. 다시 말해서 고전역학으로 익숙해 있던 이미지를 기대할 수 없다는 뜻입니다. 그렇다고 고전역학을 전부 버릴 필요는 없으니 고전역학을 양자에 맞게 고쳐 써서 어느 실험 결과와도 모순이 없는 수식을 얻을 때야말로 원자에 관해서 이해했다고 할 수 있겠죠.

 그럼 전자가 다른 궤도로 전이할 때 빛을 방출한다고 생각하면 원자에 관해서 설명할 수 있겠군요?

 일단은 그렇습니다. 나는 전자가 빛을 방출하는 구조를 생각했습니다. 전자가 궤도를 전이할 때 빛 입자 1개만큼의 에너지, 즉 $E = h\nu$를 방출한다고 하죠.

보어의 전개 방식은 놀라울 따름이었다.

 바이올린 줄도 그냥 내버려두면 소리가 나지 않지만 튕기면 소리가 나잖아요. 전자도 궤도 사이를 움직이면서 전자를 방출하는 것 같아요.

 언어도 의미 없는 소리만 내고 있으면 말로 들리지 않지만, 소리의 변화가 있어야 말로 들리는 것처럼 말이죠.

 스펙트럼과 $E = h\nu$ 식은 어떻게 연관되는 건가요?

 먼저 스펙트럼을 진동수와 진폭의 수치로 나타낸다는 것을 떠올리십시오. 그것은 빛이 운반하는 정보였습니다. 그래서 스펙트럼의 진동수와 진폭을 h와 ν를 사용해서 식으로 나타낼 수 있다고 생각했습니다.

진동수나 진폭의 수 나열에 어떤 질서가 있나요?

 언뜻 보면 제각각인 수치의 나열로 보입니다. 그런데 스펙트럼이라는 말을 들으면 뭔가 생각나지 않습니까?

 네! 푸리에가 생각나요!

 맞습니다. 푸리에는 단순한 파동들을 더해서 복잡한 파동을 기술하는 방법입니다. 그래서 푸리에의 방법이 도움이 되지 않을까 생각했죠. 뭔가 비슷한 거나 도움이 될 만한 방법을 급한 대로 먼저 시도해보는 건 어떨까 생각했던 거죠. 저는 캠프에 갔을 때를 떠올렸습니다. 그곳에서는 지저분한 물과 행주로도 접시나 컵을 닦을 수 있거든요.

 푸리에의 방법은 바로 적용되었나요?

 그럴 수 있었다면 고생도 하지 않았겠죠. 푸리에를 사용하기 위해서 가장 필요했던 '정수배의 진동수 값을 취한다'는 중요한 조건이 충족되지 않았습니다. 원자에서 방출되는 빛의 스펙트럼이 등간격의 진동수의 합이었다면 당장 푸리에를 사용했을 겁니다.

 그럼 포기하신 건가요?

 다행히 진동수가 아주 낮은 곳은 푸리에로 계산할 수 있었답니다. 그 때문에 어느 정도는 푸리에만으로 연구를 계속 진행하려고 했죠.

 결국 푸리에로 해결하지 못했나요?

푸리에만으로는 원자를 기술할 수 없다는 것이 제 결론입니다. 고전역학만으로 기술할 수 없으니 전자도 빛과 마찬가지로 양자언어를 필요로 한다는 사실을 안 거죠. 그래서 부족한 부분을 보완할 필요가 있었습니다. 그것이 바로 양자의 경우에만 적용시킬 수 있는 '양자조건'입니다.

양자조건을 적용해서 잘 해결되었나요?

진동수를 기술하는 데는 성공했습니다. 하지만 스펙트럼의 또 다른 요소인 진폭에 관해서는 나타낼 수 없었습니다.

그때 활약한 분이 하이젠베르크 선생님이셨군요.

그렇습니다. 그에게는 나한테 없는 용기가 있었기 때문에 양자조건을 사용하지 않고 단 하나의 식으로 원자의 스펙트럼을 나타낼 수 있었습니다.

아닙니다, 보어 선생님의 용기야말로 칭찬받을 만합니다. 할 수 있는 한 모든 언어로 표현하는 것부터 시작해서 벽에 부딪칠 때마다 새로운 연구를 더해서 완성시킨 이 방법은, 지금은 너무나도 당연하게 사용되고 있지만 당시 물리학계에서는 아주 혁신적인 방법이었습니다. 이것을 '대응원리'라고 하는데, 제가 쓰는 방법이기도 합니다.

저는 궤도를 포기할 수 없었습니다. 전자의 전이에 관해 설명하기 위해서는 궤도, 즉 운동을 나타내기 위한 위치라는 언어가 필요했어요. 전이한다고 했을 때는 언제, 어떻게 하는지를 나타낼 수 없었는데, '어디에서'에만 연연했던 거죠. 결국 하이젠베르크는 '어디에서'까지도 포기한 겁니다.

하이젠베르크 선생님의 결론은 무엇인가요?

 양자를 설명하기 위해서 푸리에를 만들었습니다. 그러자 원자 스펙트럼의 진동수와 진폭에 관해서 전부 설명할 수 있게 되었습니다. 양자조건이라는 언어를 사용하지 않고도 말이죠.

 대단한데요! 전자의 운동을 고전역학으로 나타낼 수 있었군요?

 그렇습니다.

 하지만 그로 인해 전자의 운동은 입자의 운동처럼 이미지를 떠올릴 수 없게 되었습니다.

아인슈타인이 조금 차갑게 내뱉었다.

 맞아요. 전자의 운동이 무엇이냐고 묻는다면 수식을 보여주고, 수식처럼 운동한다고 설명할 수밖에 없었습니다. 전자의 운동을 그림으로 그리거나 비슷한 뭔가를 예로 들어 설명할 수도 없었어요. 하지만 저 스스로 매우 자랑스럽게 생각하는 부분이 있습니다.

 그게 뭔가요? 이미지를 버리면서까지 얻은 뿌듯한 점이?

 그것은 고전역학 언어만으로 표현할 수 있었다는 점입니다. 진동수가 낮건 높건 시간에 따라 변화하는 진폭도 단 한 줄의 식으로 정리할 수 있었습니다. 대응원리를 연구했더니 전부 고전역학으로 대응시킬 수 있었던 거죠. 단 유의할 점이 있는데, 고전역학에서 위치 부분에 적용한 값이 전자의 위치를 의미하지는 않는다는 것입니다.

사실상 언어습득 과정도 대응원리와 비슷해요. 갓난아이가 다른 사람의 말을 듣고 흉내 내듯이 우리도 히포 테이프를 따라 해요. 그런데 보통은 흉내만 내서 할 수 있는 건 아닐 거예요. 말을 흉내 내는 데서부터 자유자재로 할 수 있게 되기까지는 몇 가지 조건이 필요하다는 생각이 들었어요. 그런데 몇 가지 조건을 충족시키지 않아도 말할 수 있게 된다는 것을 히포 패밀리클럽에서 알게 되었거든요. 그것은 보어 선생님께서도 말씀하셨어요. 표류를 하다가 낯선 외국 땅에 도착한 항해자 같은 입장인 거죠. 그 사람들이 쓰는 말은 들어본 적도 없는데, 의사소통이 필요할 때 어떻게 할까요? 손짓발짓부터 시작해서 그때그때 습득한 언어를 최대한 사용해서 말하겠죠. 말하자면 우리는 어떤 언어든 정복할 수 있습니다.

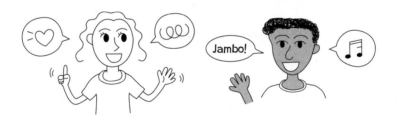

 저는 요리에 비유해서 생각해봤어요. 원자라는 요리의 맛을 내기 위해서 처음에는 고전역학이라는 재료에 양자조건이라는 인공조미료가 필요했어요. 여기서 맛은 스펙트럼을 뜻해요. 그런데 시간이 지날수록 재료에서 맛이 배어 나와 인공조미료를 넣지 않아도 원자의 맛을 낼 수 있다는 걸 알게 된 기분이에요.

 보어 선생님과 하이젠베르크 선생님께서 고전역학을 잘 요리하신 거네요.

너무 익혀서 재료의 형체를 알아볼 수 없을 정도였습니다. 하지만 맛이 원자라는 요리에 알맞은 거죠. 사실 원자 요리는 아무도 본 적이 없으니, 형체는 어찌됐든 맛만 잘 냈다면 원자에 관해서 해결했다고 할 수 있는 거죠.

 조리법은 어떻게 되나요?

 재료는 고전역학이고, 행렬역학이라는 조리법에 따라 만듭니다. 이 조리법은 숙련자의 테크닉을 필요로 하는 매우 고난이도의 기술입니다. 누구나 쉽게 만들 수 있는 게 아니에요.

 대담한 전개의 반복이네요. 원자에 관해서는 이미지를 갖지 않는다는 결론이 났군요.

 아뇨. 그것으로 끝난 것이 아닙니다. 그렇게 간단히 이미지를 버려서는 안 됩니다. 출발점이 잘못되어 있을 수도 있으니까요.

 그럼, 이 시점에서 드브로이 선생님의 전자의 파동성 이야기로 넘어가는군요.

 보어 선생님은 전자를 입자의 운동에 적용시키려고 하다가 이미지를 잃어버렸습니다. 하지만 저는 한 가지 방법이 남아 있다는 사실을 깨달았어요. 그것은 빛을 파동으로 볼 수도 있다는 것이었죠. 그래서 전자를 파동의 식으로 써보려고 도전한 겁니다. 물속에서 일어나는 빛의 굴절현상도 파동과 입자의 양측 면에서 설명할 수 있잖습니까? 전자의 운동을 입자가 아니라 파동으로 설명하면 이미지를 버리지 않아도 해결되지 않을까 생각한 겁니다.

드브로이 선생님이 정리한 전자의 파동운동방정식은 이미지를 갖고 있나요?

 물론입니다. 양자조건이라는 특별한 언어도 필요 없었습니다. 전자의 파동식을 '파동역학'이라고 하는데, 결국 슈뢰딩거 선생님이 완성시켰습니다.

 파동역학으로 전자의 운동을 나타낼 수 있다는 게 무슨 뜻인지 아시나요? 전자는 파동이고 이미지를 갖고 있다는 뜻입니다. 자연과학은 이래야 합니다. 게다가 파동역학에서 나온 슈뢰딩거 방정식은 계산이 간단한데다 행렬역학과 완전히 똑같다는 사실도 밝혀냈죠.

 뭐든 잘되면 그만이라는 방식은 곤란합니다. 무척 안이하군요. 어렵다고 해서, 이미지를 갖고 싶지 않다고 해서 원자의 스펙트럼을 나타내는 아름다운 수식이 바뀌는 건 아니니까요. 행렬역학은 훌륭한 양자역학 언어입니다. 그리고 파동역학이 이미지를 가진다고 해도 그건 복소수의 파동이잖습니까? 게다가 2개 이상의 전자를 계산하면 3차원을 넘어서는 식이 되는 건 어떻게 설명할 겁니까?

 그런 건 언젠가 해결될 겁니다.

 슈뢰딩거 선생님은 이미지를 가졌다는 것을 대단하다고 말씀하시는데, 저는 다른 점을 칭찬하고 싶습니다.

 그게 무엇인가요?

 제가 만든 행렬역학은 계산이 어렵습니다. 그것을 계산하기 쉬운 미분방정식 형태로 만들어준 데 대해 매우 감사하고 있습니다. 또한 전자가 파동의 식에서 출발하건 입자의 식에서 출발하건 동등한 수식을 얻을 수 있다는 것은 멋진 일입니다.

 슈뢰딩거 방정식이 완성되는 과정에서 물리학자들은 한 가지 커다란 발견을 했습니다. 그것은 바로 수식의 성질이 전혀 다르다고 생각했던 미분방정식과 행렬이 함께 작용했다는 것입니다. 이것은 획기적인 일이었습니다. 프랑스어와 중국어는 전혀 다른 것 같지만 같은 작용을 하는 것과 마찬가지예요. 예를 들어 양쪽 다 물을 마시고 싶다고 말할 수 있으니까요. 그 점이 매우 재미있게 느껴졌어요.

 아뇨, 슈뢰딩거 방정식이 더 낫습니다. 이미지라는 최고의 영예를 얻었으니까요.

 이미지를 가질 수 있을 리가 없습니다.

 어째서죠?

 행렬역학이기 때문에 떠올릴 수 없는 게 아니라 애초에 떠올릴 수 없기 때문에 떠올리지 못한 것이니까요.

 그래도 되는 건가요? 전자를 파동이라고 생각하면 머릿속에서 떠올릴 수도 있고, 행렬역학처럼 계산하기 어려운 수식도 필요 없습니다. 슈뢰딩거 방정식만으로 전부 나타낼 수 있으니까요.

슈뢰딩거의 설명에 누구나 전자를 파동이라고 확신했다. 그리고 동시에 전자는 입자가 아니라고 강하게 주장했다.

 그렇지 않을 겁니다.

 전자에 관한 수식이 파동의 성질에서 출발한 식이라고 해도 이미지를 갖기는 힘들 겁니다. 행렬역학의 결론은 단순히 원자 스펙트럼의 질서를 수식으로 나타낸 것이 아니라 전자는 떠올릴 수 없다는 사실도 중요했기 때문입니다.

프로그램은 시간 관계상 논쟁 속에서 종료되었다. 그 후 원자는 어떻게 되었을까?

2. 보른의 확률해석

신세계를 향해 출발!

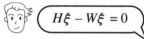

전자를 입자로 생각하고 뉴턴역학에서 출발한 **행렬역학.**

전자의 움직임을 파동으로 생각하고 파동역학에서 출발한 **슈뢰딩거 방정식.**

서로 상반된 두 가지 사고방식에서 태어난 이들 식의 수학적 형식은 놀랍게도 동일하게 나타났다.

그러나 전자의 이미지를 신경 써서 만든 슈뢰딩거 방정식도 결국

이미지가 없는 행렬역학과 똑같은 운명이 되고 말았다.

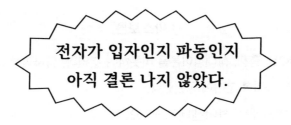

전자가 입자인지 파동인지
아직 결론 나지 않았다.

전자는 과연 어떤 성질을 갖고 있을까?
양자역학이 내린 결론은?
지금부터 마지막 모험을 향해 떠나보자.

슈뢰딩거 방정식을 버릴 필요는 없다 **보른의 확률해석**

 슈뢰딩거 방정식은 행렬역학에 비하면 계산이 간단해! 이미지
가 없다고 해서 슈뢰딩거 방정식을 포기하기는 아깝군.

막스 보른은 어떻게든 슈뢰딩거 방정식의 이미지를 되찾을 좋은 방법
이 없을지 연구했다. 물론 슈뢰딩거도 연구했지만 좀처럼 진전이 없었다.
아마도 '전자는 파동'이라는 이미지에 지나치게 연연했기 때문일 것이다.
보른은 원래 '전자는 입자'라고 생각했던 사람이다. 하지만 파동을 나
타낸 슈뢰딩거 방정식도 매우 마음에 들었다.

막스 보른

　1882년 출생. 상대성이론을 비롯하여 열역학, 양자역학 등 광범위하게 물리학 분야에 공헌했다.

　1925년에는 하이젠베르크, 요르단 Jordan, Ernst Pascual (1902~1980) 과 함께 유명한 행렬역학을 만들었다. 여기서 소개하는 '슈뢰딩거 방정식의 확률해석'으로 1954년에 노벨물리학상을 수상했다.

　그래서 보른은 전자에 대해, **이미지는 입자로, 식은 슈뢰딩거 방정식**으로 나타내려는 대담한 이론을 내세운다.

　이론의 근거는 슬릿 실험과 슈뢰딩거 방정식의 관계였다.

　지금까지 슈뢰딩거는 슬릿 실험의 결과인 $|\Psi|^2$ 을 '전자가 파동처럼 전달되어 슬릿을 빠져나간 후 2개의 파동이 간섭한 결과'라고 생각했다.

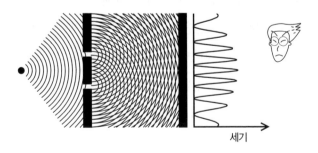

세기

　그런데 보른은 슬릿 실험의 결과인 $|\Psi|^2$ 을 **입자의 움직임**으로 설명할 수 있다고 생각했다.

전자를 입자로 측정하는 '가이거 계수기'라는 기계가 있다. 이 기계는 전자 1개가 도달하면 '딸칵' 소리를 내며 개수를 세는 단순한 시스템이다. 예를 들어 전자가 $\frac{1}{2}$개 분량일 때는 소리를 내지 않고 온전하게 1개 분량이 채워졌을 때만 1회 카운트를 한다.

그것을 벽에 설치하여 날아오는 전자를 세면 $|\Psi|^2$과 일치하게 된다.

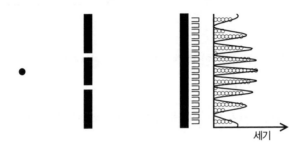

슬릿 실험의 결과 $|\Psi|^2$은 **파동의 세기** 또는 **입자의 개수**라고 할 수 있다. 전자를 많이 날렸을 때는 양쪽 다 설명할 수 있지만, 문제는 전자를 1개만 날렸을 경우이다.

슈뢰딩거처럼 전자를 파동이라고 생각하면 전자가 1개일 때에도 벽에서는 간섭한 파동의 세기를 측정할 수 있다.

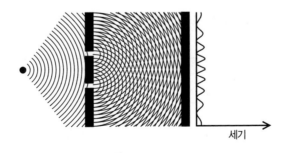

하지만 보른은 **'그렇지 않다'**고 생각했다.

그는 전자를 입자라고 생각하고 1개만 날리면 벽의 어느 한 지점에

도달한다고 보았다.

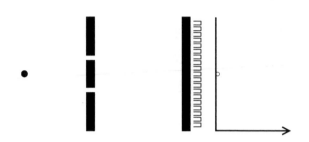

이것을 확인하면 바로 알 수 있을 것 같지만 당시에는 전자를 1개만 날릴 수 있는 기술이 없었다.

최근에 와서야 슬릿 실험에서 전자를 1개씩 날리는 실험을 할 수 있게 되었다.

전자 1개를 날리면 벽에 1개의 점을 확인할 수 있다.

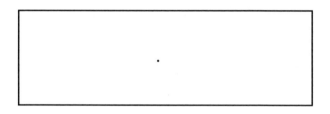

50개를 날리면 50개의 점이 벽에 찍힌다.

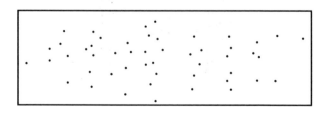

그리고 3000개 정도의 전자를 날리면 이처럼 촘촘하게 밀집되어 있는 곳과 그렇지 않은 곳, 즉 전자가 많이 날아가 모인 곳과 그렇지 않은 곳이 생긴다.

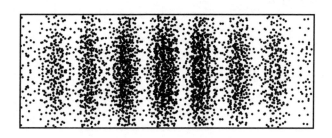

보른이 말한 것처럼 이 실험으로 슈뢰딩거의 파동함수 $|\Psi|^2$ 이 입자 1개마다 날아가는 전자의 개수 분포를 나타내는 것을 증명할 수 있었다.

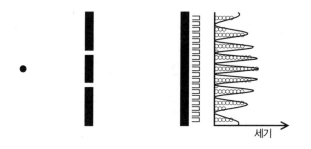

이처럼 전자를 여러 차례 날린 경우의 **전자의 개수**를 슈뢰딩거의 파동함수 Ψ 의 제곱으로 나타내면, 1개의 전자에 대해 Ψ 의 제곱은,

> **어떤 장소에 전자가 도달할 확률**　Point

을 나타내게 된다.

보른이 살던 시대에는 전자를 1개씩 날리는 실험이 불가능했지만, 전자를 '1개씩 파악하는' 것은 여러 가지 실험을 통해 확인할 수 있다.

이와 같이 슈뢰딩거 방정식을 '확률해석'할 경우 식의 의미가 어떻게 변하는지 살펴보자.

$$H\phi - W\phi = 0$$

이 식을 풀면 고유값,

$$W_1, W_2, W_3, \cdots\cdots W_n, \cdots$$

과 그에 대응하는 고유함수,

$$\phi_1, \phi_2, \phi_3, \cdots\cdots \phi_n, \cdots$$

를 구할 수 있다.

Ψ 는 이들 고유함수 ϕ_n 의 합이므로,

$$\Psi(q, t) = \sum_n A_n(t)\,\phi_n(q)$$
$$= \sum_n A_n\,\phi_n(q)e^{\frac{i2\pi W_n t}{h}}$$

라고 쓸 수 있다.

이 '단순한 파동' ϕ_n 을 더하면 전자는 W_1 이라는 에너지를 가진 상태, W_2 라는 에너지를 가진 상태를 동시에 갖는다는 뜻이 된다.

슈뢰딩거와 보른의 해석 차이

슈뢰딩거	→	보른
전자의 물질밀도 전자는 얇게 퍼져 나가기 때문에 어느 위치에나 밀도가 있다.	$\lvert \Psi \rvert^2$	**전자가 있을 확률** 전자는 입자처럼 어느 한 곳에밖에 존재하지 않는다. 파동함수는 전자가 있을 확률을 나타낸다.
전자의 단순한 파동 n은 전자의 파동 진동수에 대응한다. '단순한 파동' ϕ_n은 W_n이라는 고유값을 갖고 있다.	ϕ_n	**전자의 상태** n은 W_n의 n과 대응한다. ϕ_n은 전자의 입자가 W_n이라는 에너지 값을 가진 상태를 나타낸다.
전자의 에너지 값	W_n	**전자의 에너지 값**
파동의 진폭 진폭을 제곱하면 파동의 세기가 된다.	A_n	**확률진폭** 제곱하면 W_n이라는 에너지를 가진 상태 ϕ_n의 확률이 된다.

하지만 전자는 '입자'이며, 그 에너지는 실험으로 측정할 때 반드시 1개의 값을 갖는다. 결코 2개, 3개의 에너지가 동시에 측정되는 일은 없다.

여기서 문제는 앞에 나온 'Ψ의 의미를 어떻게 해석하느냐'이다.

슈뢰딩거에 의하면 Ψ의 제곱 $\lvert \Psi(q, t) \rvert^2$은 어떤 장소 q에서의 '파동의 세기'이므로 연속적인 많은 값을 갖게 된다고 한다. 그럼에도 실험에서는 입자인 전자가 어떤 '한 장소'에서만 관측되었다. 여기서 보른은 $\lvert \Psi(q, t) \rvert^2$을 '전자가 어떤 장소 q에 있을 확률'이라고 생각했다.

그러면 이 경우도 마찬가지로 생각해보자.

$$\Psi(q, t) = \sum_n A_n \phi_n(q) e^{\frac{i2\pi W_n t}{h}}$$

이 식에 의하면 에너지는 동시에 많은 값을 갖게 되지만, 여기서 '전자가 W_n 이라는 에너지를 가진 것을 나타내는 단순한 파동' ϕ_n의 $|A_n|^2$은 전자가 W_n 이라는 에너지를 가질 확률을 나타낸다고 한다.

다양한 물리량의 확률을 구할 수 있는 보른의 포함식

계수 A_n은 어떻게 구할 수 있을까? Ψ 는 ϕ의 합,

$$\Psi(q, t) = \sum_n A_n(t) \phi_n(q)$$

였다. 그런데 ϕ_n은 전부 직교하고 있다.

직교한 상태의 덧셈은…,

드브로이, 슈뢰딩거 편에서 보았듯이 **푸리에 전개**와 같은 방법으로 각각 ϕ_n의 진폭을 구할 수 있다.

'복잡한 파동 Ψ에 구하고 싶은 단순한 파동 ϕ_n을 곱해서 적분하는' 방법과 마찬가지로,

$$A_n(t) = \int \Psi(q, t) \phi_n^*(q) \, dq$$

로 계산하면 된다.

보른은 이렇게 계산한 '에너지의 확률'을 실제 실험 결과와 비교해보았다. 그 결과 계산과 정확히 일치했다.

보른은 다시 다른 경우에 대해서도 확률로 알아보기로 했다.

수많은 시행착오를 거친 후 보른이 구한 식은 다음과 같다.

$$\Omega\phi - \omega\phi = 0$$

Point

트래칼리에서는 이 식을 **'보른의 포함식'**이라고 부른다. 사실상 모든 전자의 물리량을 이 식 하나로 구할 수 있는 대단한 식이다.

예를 들어 이 식을 사용해 **에너지**를 구해보자. 보른의 포함식에서 Ω를 H(에너지 연산자)로 바꾸고, ω(고유값)를 W로 바꾸면,

$$H\phi - W\phi = 0$$

이 되는데, 이것은 바로 우리에게 익숙한 슈뢰딩거 방정식이다.

전자를 입자라고 가정했으니 전자의 **위치**와 **운동량**에 대해서도 구해보자. 위치와 운동량은 입자를 나타내는 기본적인 물리량이므로 전자를 입자라고 가정할 때 매우 중요하다.

위치와 운동량에 관해서도 에너지와 똑같은 과정으로 구할 수 있다. 운동량을 구할 때는 Ω를 운동량의 연산자 P로, ω를 고유값 p_x로 바꾼다.

$$\begin{array}{ccc} \Omega & - \omega\phi & = 0 \\ \downarrow & \downarrow & \\ P\phi & - p_x\phi & = 0 \end{array}$$

(이 식에서 ϕ는 ϕ_{p_x}라고도 쓴다.)

이 식으로 P_x에 대응하는 고유함수 ϕ_{p_x}를 구한다. 나머지는 에너지의 경우와 마찬가지로 운동량의 상태 ϕ_{p_x}의 확률을 구할 수 있다.

$$A_{p_x} = \int \Psi(q)\, \phi_{p_x}^{\ *}(q)\, dq$$

운동량의 확률 $P(p_x) = \left| A_{p_x} \right|^2$

확률해석의 계기가 되었던 위치의 확률도 구해보자. 위치를 구할 때는 Ω를 위치의 연산자 q로, ω를 고유값 q_0으로 바꾼다.

$$q\phi - q_0\phi = 0$$

(이 식에서 ϕ 는 ϕ_{q_0} 이라고도 쓴다.)

이 식으로 구하는 ϕ_{q_0} 는 전자가 어떤 위치 q_0에 있는 상태를 나타낸다. 다시 전개해서 A_{q_0} 을 구하면 다음과 같다.

$$A_{q_0} = \int \Psi(q)\, \phi_{q_0}^{\ *}(q)\, dq$$

이제 제곱만 하면 위치의 확률을 구할 수 있다.

q_0에 전자가 있을 확률 $P(q_0) = \left| A_{q_0} \right|^2$

여기까지는 에너지나 운동량일 때와 크게 다를 바 없다. 하지만 위치 확률 $\left| A_{q_0} \right|^2$ 이 어떤 값이 되는지 다시 계산해보면 재미있는 사실을 발견할 수 있다.

위치를 구하는 포함식은 다음과 같다.

$$q\phi_{q_0} - q_0\phi_{q_0} = 0$$

이 식을 ϕ_{q_0}으로 묶는다.

$$(q - q_0)\,\phi_{q_0} = 0$$

이런 식의 경우 ϕ_{q_0}과 $(q - q_0)$ 사이에는 한 가지 정해진 규칙이 있다. $(q - q_0)$이 0일 때 ϕ_{q_0}은 값을 갖지만, $(q - q_0)$이 0이 아닐 때는 ϕ_{q_0}이 0이 되어야 한다는 것이다. 이러한 ϕ_{q_0}과 $(q - q_0)$의 관계를 'δ(델타) 함수'라고 한다.

$$(q - q_0) = 0\,\text{일 때},\ \ \phi_{q_0} \neq 0$$
$$(q - q_0) \neq 0\,\text{일 때},\ \ \phi_{q_0} = 0$$

이 관계는 다음과 같은 식으로 나타낸다.

$$\phi_{q_0} = \delta\,(q - q_0)$$

ϕ_{q_0}의 공액복소수를 취해서 A_{q_0}의 식에 넣는다.

$$A_{q_0} = \int \Psi\,(q)\,\phi_{q_0}^{\ *}(q)\,dq$$
$$= \int \Psi\,(q)\delta\,(q - q_0)^*\,dq$$

그러면 이 식의 우변은 어떤 값을 취할까? 여기서 델타함수의 공식 하나를 소개한다.

$$\int f(x)\,\delta\,(x - x_0)dx = f(x_0)$$

이 공식을 사용하면 우변은 다음과 같이 된다.

$$\int \Psi(q)\delta(q-q_0)^* dq = \Psi(q_0)$$

결국 A_{q_0} 는 $\Psi(q_0)$ 이 된다.

$$A_{q_0} = \Psi(q_0)$$

$$\left| A_{q_0} \right|^2 = \left| \Psi(q_0) \right|^2$$

보른의 포함식으로 구한 위치의 확률 $\left| A_{q_0} \right|^2$ 은 처음에 보른이 가정한 대로 $\left| \Psi(q_0) \right|^2$ 이 된다!

슈뢰딩거의 연구에서 전자는 어디까지나 '파동'이었다. 그런데 실제로 실험해보니 전자는 '입자'로 관측되었다. 그래서 지금까지 슈뢰딩거 방정식을 풀어서 나온 계산 결과와 실험 결과가 어떤 관계가 있는지 아무도 알지 못했다.

하지만 보른이 '확률해석'을 함으로써 다양한 물리량의 '확률'을 계산해냈고, 그것을 실험 결과와 비교할 수 있게 된 것이다. 더구나 계산 결과와 실험 결과는 완벽하게 일치했다!

확률로 생각하면 이미지가 돌아온다. 하지만….

확률해석을 하면 슈뢰딩거 편에서 없어졌던 '이미지'가 돌아온다. 전자 1개가 어떤 시각 t 의 x, y, z 라는 위치에 있을 확률은,

$$P(x, y, z, t) = \left| \Psi(x, y, z, t) \right|^2$$

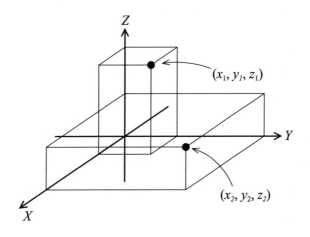

이렇게 나타낼 수 있다. 이번에는 전자 2개의 위치도 확률로 나타내보자.

$$P(x_1, y_1, z_1, x_2, y_2, z_2, t) = \left| \Psi(x_1, y_1, z_1, x_2, y_2, z_2, t) \right|^2$$

이것은 '전자 1개는 x_1, y_1, z_1 에, 다른 1개는 x_2, y_2, z_2 에 있다'는 뜻인데, 그림으로 나타내면 다음과 같다.

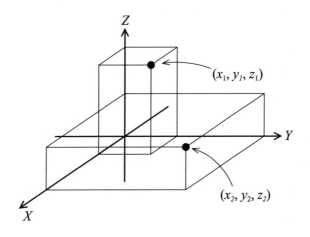

전자가 2개인 경우를 슈뢰딩거 방정식으로 풀면, Ψ 의 변수는 6개가 된다. 전자를 '파동'으로 생각한 경우에는 '6차원 공간의 파동'을 나타내므로 현실적으로 상상할 수 없다.

그런데 전자가 2개인 경우에도 확률로 생각하면 '전자 1개는 x_1, y_1, z_1 에, 다른 1개는 x_2, y_2, z_2 에 있을 확률'이 되고, 3차원으로 상상할 수 있다. 즉 3개, 4개 등 전자의 개수가 아무리 증가해도 3차원 공간으로 생각할 수 있다. 이렇게 확률해석을 이용하면 전자가 몇 개가 되든,

3차원 공간에서 이미지를 가질 수 있다.

해냈다! 드디어 슈뢰딩거 방정식의 이미지를 찾아냈어!!

보른의 확률해석으로 양자역학이 얻은 수확

> ▶ **장점 1**
> 슈뢰딩거 방정식으로 행렬역학보다 훨씬 더 간단하게 전자를 나타낼 수 있다.

> ▶ **장점 2**
> 파동함수 Ψ 에 대해서도 전자 1개당 위치의 확률을 나타내고 있다고 생각하면, 전자가 2개 이상일 때도 3차원 공간으로 나타낼 수 있기 때문에 '이미지'를 되찾을 수 있다.

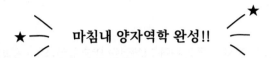

마침내 양자역학 완성!!

그런데 그때!

잠깐! 이의 있습니다!!

하이젠베르크와 보어가 제동을 걸었다.

전 보른의 확률해석이 대단하다고 생각합니다. 하지만 슈뢰딩거 방정식으로 '안개상자 실험'을 어떻게 설명할 수 있죠? 안개상자 안을 날아가는 전자의 궤도는 파동처럼 퍼지지 않습니다!

안개상자 실험이란?

여기서 트래칼리에서 실험했던 안개상자 실험을 소개한다.

알코올은 상온에서는 기체 상태이지만 저온에서는 액체가 된다. 드라이아이스를 이용해 온도를 낮춘 작은 상자 안에 알코올을 떨어뜨린다. 그러면 온도가 낮기 때문에 증발한 알코올은 당장에라도 액체로 돌아가려고 한다. 거기에 전자를 날린다.

그러면 전자는 고르게 퍼지는 알코올 기체 속을 날아가면서 흔적을 남긴다. 전자가 통과하면 기체였던 알코올은 작은 물방울이 되고, 그 현상은 전자가 지나간 길을 따라 연속적으로 일어나 1개의 선이 된다. 이 모양은 육안으로 볼 수 있는데, 마치 전자가 지나간 궤도처럼 보인다.

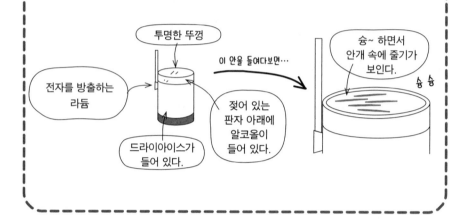

투명한 뚜껑

이 안을 들여다보면…

슝~ 하면서 안개 속에 줄기가 보인다.

슝 슝

전자를 방출하는 라듐

드라이아이스가 들어 있다.

젖어 있는 판자 아래에 알코올이 들어 있다.

안개상자 속에서 전자가 일직선의 궤도를 그린다는 사실과 슈뢰딩거 방정식으로 나타낸 전자의 움직임은 서로 상반됩니다.
슈뢰딩거의 파동함수 Ψ가 수학적으로 '파동'을 나타내는 이상 그것이 '확률의 파동'이라고 해도 시간이 경과할수록 계속 퍼질 것입니다. 그런데 안개상자 속의 전자는 퍼지지 않고 거의 일직선으로 날아갑니다.

입자처럼 궤도를 그리는 전자와 파동처럼 퍼지면서 간섭하는 전자는 같은 것이지만, 우리에게는 아직 양쪽을 모순되지 않게 설명할 언어가 없습니다.

보른이 확률해석을 했어도 Ψ가 '파동'인 것에는 변함이 없다. 따라서 처음에는 '안개상자 안'의 전자가 한 곳에 모이지만 곧 '계속 퍼지게' 된다. 전자는 그 퍼져 나간 파동의 파면 어딘가에 '확률적으로' 존재하기 때문에 다음 그림과 같이 불규칙적으로 퍼지게 된다(그림 1).

하지만 실제 안개상자 안에서 전자는 일직선의 '궤도'를 그리며 날아가는 것처럼 보인다(그림 2).

그림 1   그림 2

이 모순을 해결하기 위해서 보어와 하이젠베르크는 몇 달 동안 '안개상자 안의 전자'에 관한 사고실험을 철저하게 토론했다. 그들은 안개상자 실험에서 볼 수 있는 전자의 궤도와 슈뢰딩거 방정식의 수식에 조화를 이루기 위해서 노력했다.

하지만 만족스러운 결과를 얻지 못한 채 녹초가 되어 잠시 휴식을 갖기로 했다. 혼자가 된 후에도 문제에 골몰하던 하이젠베르크는 언젠가 아인슈타인이 했던 말을 떠올렸다.

"이론이 있어야 무엇을 관측할 수 있는지 결정할 수 있다."

그렇다면 지금 필요한 이론은 무엇일까? 그 이론을 통해서 무엇을 관측할 수 있을까? 다시 곰곰이 생각해보았다.

지금까지 우리는 안개상자 안에서

"전자의 궤도를 볼 수 있다."

고 쉽게 단언했어.

그리고 그 '전자의 궤도'와 파동인 Ψ 를 조화시키려 했지만 생각대로 되지 않았지.

우리가 생각한 '궤도'는 굵기가 없는 '선'을 뜻했지만 실제로 안개상자 안에서는,

전자보다 훨씬 굵게 퍼지는
물방울 줄기를 보았을 뿐이야.

그렇다면…

어쩌면 우리는 전자의 궤도를 '보지 않았던' 것은 아닐까?

만약 우리가 안개상자 안에서 본 것이 전자의 궤도가 아니라고 가정한다면, 문제의 성립방식이 바뀌게 된다.

파동식 Ψ 로 '전자의 궤도'를 나타내려고 애쓸 것이 아니라 전자에 의해 만들어진 '굵은 물방울 줄기'를 설명하면 되는 것이다!

이렇게 문제를 다시 만들어서 내린 결론은 '불확정성 원리'라는 전자 관측의 한계를 나타내고 있었다. 그리고 그것은 양자역학의 불가사의 한 결론을 의미하는 것이기도 했다.

3. 불확정성 원리

전자의 숙명 위치와 운동량의 불확정성

여기서 다음과 같은 실험을 생각해보자. '전자의 파동'이 슬릿을 통과하면 파동이 '어떤 식으로 퍼져 나가는지'를 알아보는 것이다.

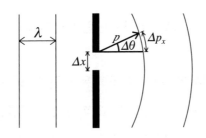

λ : 파동의 파장(람다)

Δx : 슬릿의 폭(델타 x)

$\Delta\theta$: 슬릿을 통과한 후 파동이 퍼지는 각도(델타 θ)

p : 전자의 운동량

Δp_x : 전자의 운동량 분포(델타 p_x)

이제부터 이 다섯 가지 값의 관계를 살펴볼 것인데, 한 번에 모든 변수의 관계를 살펴보기는 어려우므로 먼저 3개씩 관계를 확인하면서 식을 만들어갈 것이다.

1) 같은 파장에서 '슬릿의 폭 Δx 와 파동의 각도 $\Delta \theta$ 의 관계'

이 관계를 알기 위해서는 먼저 파장을 갖춘 상태에서 슬릿의 폭을 바꾸면서 파동이 퍼지는 모양을 관찰한다. 그러면 다음 그림과 같이 슬릿의 폭 Δx 가 크면 파동의 각도 $\Delta \theta$ 는 작아지고, Δx 가 작아지면 $\Delta \theta$ 가 커진다는 것을 알 수 있다. 즉 반비례 관계이다.

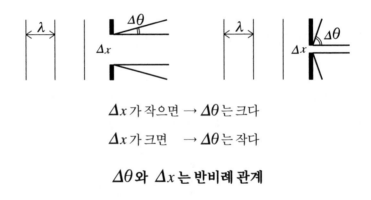

$$\Delta x \text{ 가 작으면 } \rightarrow \Delta \theta \text{ 는 크다}$$
$$\Delta x \text{ 가 크면 } \quad \rightarrow \Delta \theta \text{ 는 작다}$$

$\Delta \theta$ 와 Δx 는 반비례 관계

2) 같은 슬릿 폭에서의 '파장 λ 와 파동의 각도 $\Delta \theta$ 의 관계'

이번에는 슬릿의 폭은 그대로 두고 파장에 변화를 주어 파동이 퍼지는 모양을 관찰한다. 그러면 오른쪽 위 그림처럼 파장 λ 가 크면 파동의 각도 $\Delta \theta$ 는 커지고, λ 가 작으면 $\Delta \theta$ 도 작아지는 것을 알 수 있다. 즉, 정비례 관계이다.

파장이 큰 파동은 파장이 작은 파동보다 퍼지기 쉽다. 우리 주변에서도 이런 현상을 볼 수 있다. 파장이 큰 AM전파는 파장이 작은 FM이나

TV 전파에 비해 건물 사이나 계곡을 쉽게 통과한다.

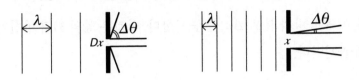

$$\lambda\, \text{가 크면} \quad \rightarrow \Delta\theta\, \text{는 크다}$$
$$\lambda\, \text{가 작으면} \rightarrow \Delta\theta\, \text{는 작다}$$

$\Delta\theta$와 λ는 정비례 관계

1)과 2)의 두 관계를 식으로 정리하면 다음과 같다.

$$\Delta\theta = \frac{\lambda}{\Delta x} \quad \text{(식 1~2)}$$

3) 같은 운동량에서 '운동량의 분포 Δp_x와 파동의 분포 $\Delta\theta$의 관계'
파동의 각도 $\Delta\theta$가 커지면 운동량 Δp_x 방향의 분포는 증가한다.

$$\Delta\theta\, \text{가 크면} \quad \rightarrow \Delta p_x \text{는 크다}$$
$$\Delta\theta\, \text{가 작으면} \rightarrow \Delta p_x \text{는 작다}$$

$\Delta\theta$와 Δp_x는 정비례 관계

4) 같은 파동의 분포에서 '운동량의 분포 Δp_x 와 운동량 p 의 관계'

파동의 각도 $\Delta\theta$ 는 그대로 두고 운동량 p 를 크게 하면, 그림에서도 알 수 있듯이 운동량의 분포 Δp_x 는 증가한다. 이것은 앞의 3)과 마찬가지로 정비례 관계이다.

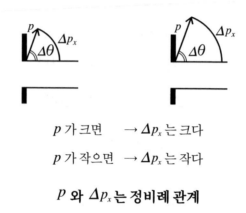

p 가 크면　　→ Δp_x 는 크다

p 가 작으면　→ Δp_x 는 작다

p 와 Δp_x 는 정비례 관계

3)과 4)의 두 관계를 정리해 식으로 나타내면,

$$p\Delta\theta = \Delta P_x$$

가 된다. 그런 다음 이 양변을 p 로 나눈다.

$$\Delta\theta = \frac{\Delta p_x}{p} \quad \text{(식 3 ~ 4)}$$

그럼 식 1)~2)와 식 3)~4)를 정리해보자. 양쪽 모두 $\Delta\theta = ****$ 형식이므로 한 줄로 정리할 수 있다. 두 식을 결합시켜보자.

$$\frac{\lambda}{\Delta x} = \frac{\Delta p_x}{p}$$

분수를 정리하면 $\Delta x \cdot \Delta p_x = \lambda p_x$ 로 바꿔 쓸 수 있다.

여기서 양자만으로 이루어진 식을 등장시켜보자.

$$p = \frac{h}{\lambda}$$

이것은 아인슈타인 편에서 나왔던 식으로, 양자의 운동량과 파장의 관계를 나타낸다. 이 식을 p 에 대입시켜보자.

$$\Delta x \cdot \Delta p_x = \lambda \frac{h}{\lambda} = h$$

$$\Delta x \cdot \Delta p_x = h$$

이것으로 '슬릿의 폭 Δx 와 전자의 운동량 분포 Δp 를 곱한 값은 플랑크상수 h 가 된다'는 결론이 나온다. 전자의 위치와 운동량의 불확정성을 의미한 식이 바로 물리학계에 크나큰 파문을 일으켰던 하이젠베르크의 '불확정성 원리'를 나타내는 식이다!

불확정성 원리의 식

$$\Delta x \cdot \Delta p_x \approx h$$

($\approx$는 거의 같다는 뜻)

이 식에서 플랑크상수 h 는 정해진 값이므로 Δx 가 작아지면 Δp_x 는 그만큼 커져야 식이 성립한다. 물론 Δp_x 가 작아지면 Δx 는 그만큼 커져야 한다.

양자역학에서 $\Delta x \times \Delta p = h$ 였다.

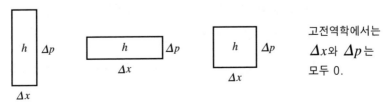

고전역학에서는 Δx 와 Δp 는 모두 0.

Δx는 슬릿의 폭이므로 전자가 Δx의 어딘가를 통과한다는 '전자의 위치 분포'라고 할 수 있다. 그리고 Δp는 '운동량의 분포'이다.

전자의 불확정성을 한마디로 표현하면, '위치를 자세하고 정확하게 보려고 하면 할수록 운동량을 알 수 없고, 운동량을 정확하게 알려고 하면 할수록 전자의 위치를 알 수 없다'는 뜻이다.

불확정성 원리로 설명하는 **안개상자 안의 전자**

전자의 위치와 운동량의 불확정성이 밝혀졌으니 이번에는 안개상자 안의 전자에 관해서 생각해보자.

안개상자 안에서 어느 순간 Δx 크기의 알코올 안개 입자가 생긴다고 가정하자. 이것은 전자가 안개 입자 크기의 범위 내에 있는 것이므로,

'전자의 위치는 Δx라는 범위 내에서 측정할 수 있다'

는 뜻이 된다.

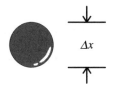

그런데 $\Delta x \cdot \Delta p_x \approx h$이므로 Δx가 결정되면 전자의 운동량 p는 Δp라는 분포를 갖게 된다. Δp는 파동이 퍼지는 정도이므로 Δp가 값을 갖는다는 것은 **'파동이 퍼진다'**는 뜻이 된다. 하지만 안개 입자의 크기 Δx는 플랑크상수 h보다 훨씬 큰 값이므로 운동량의 분포 Δp는 매우 작아진다.

중요한 것은 Δp가 아무리 작아도 0은 아니므로 확률파동은 안개 입자를 만들 때마다 미미하더라도 다시 퍼지기 시작한다는 점이다.

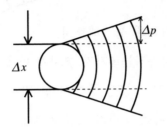

그리고 확률파동이 지나치게 퍼지기 전에 또다시 퍼진 파면 어딘가에서 다른 안개 입자와 만난다.

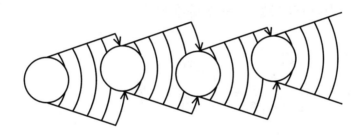

안개 입자를 만난다는 것은 '전자가 안개 입자 크기 Δx의 범위 내에 있다'는 뜻이다. 다시 말해서 '바깥쪽에는 전자가 없다'는 뜻이므로 일단 퍼진 확률파동은 그 안개 입자의 크기 Δx까지 수축하게 된다!

이와 같이 안개 입자를 만날 때마다 확률파동이 '수축한' 결과, 파동이 크게 퍼지지 않고 안개 입자는 거의 일직선으로 늘어선다는 것을 설명할 수 있다.

하지만 **'안개 입자를 만날 때마다 전자의 확률파동이 퍼지는 것을 멈춘다'**는 사실은 아무리 설명해도 쉽게 납득할 수 없을 것이다.

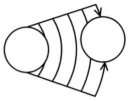

확률파동이 '수축한다'고?

이것을 주사위에 비유해 생각해보자.

주사위를 던지기 전까지는 6가지 숫자가 나올 가능성이 있다. 하지만 주사위를 던지면 6가지 가능성 중에서 한 가지가 선택된다. 즉 주사위의 숫자가 나온 순간 다른 숫자가 나올 가능성은 모두 사라진다.

확률파동이란 파면의 어딘가에서 전자를 발견할 수 있는 가능성을 뜻한다. 이른바 '가능성의 파동'이다. 주사위의 예와 마찬가지로 '그곳에 전자가 있다'는 것을 아는 순간, 다른 장소에 전자가 있을 가능성은 사라지고 가능성의 파동은 '수축'하게 된다.

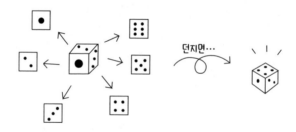

전자에 관해 알 수 있는 한계 불확정성 원리

전자는 결코 눈으로 볼 수 없다

'전자가 어디에 있는지' 또는 '전자가 어떤 운동량을 갖고 있는지'를 알기 위해서는 전자가 만든 안개 입자를 보거나 전자에 해당되는 빛을 보아야 한다. 이처럼 '관측'하지 않으면 전자에 대해서 아무것도 알 수 없다.

그런데 전자를 관측한 순간, **위치와 운동량의 불확정성**이 성립되고 측정치에는 분포가 생기게 된다.

위치만이라도 자세히 살펴보려고 하면 운동량에 불규칙적인 분포가 나타나고, 운동량만이라도 자세히 보려고 하면 위치가 불규칙하게 분포한다.

이러한 불확정성 원리의 식 $\Delta x \cdot \Delta p_x \approx h$는 '플랑크상수 h보다 자세하게 전자의 위치와 운동량에 대해 알기는 결코 불가능하다'는,

---

전자에 관한 관측의 한계

를 의미한다.

플랑크상수 h에서 시작된 양자역학의 모험은 역시 플랑크상수를 키워드로 결말을 맞이하게 된다.

그런데 보른이 말한 '확률적으로 나타낸다'는 말에서 '확률'의 의미가 명확하지 않았다. 확률은 평소에도 흔히 쓰이는 말이다. 대부분의 경우, 그 입자가 어떻게 움직이는지 알려면 알 수도 있겠지만, 조건이 많거나 기타 이유로 귀찮기 때문에 확률로 나타내는 것뿐이다.

하지만 하이젠베르크의 불확정성 원리에 의해 '확률적으로 나타낸다'는 것이 전자에 대한 최종 결론이 되고 말았다. 위치나 운동량은 반드시 불규칙해지고, 그것은 '확률적으로밖에 나타낼 수 없다'는 사실이 확정된 것이다.

고전역학의 세계에서는 이렇게 이상한 상황을 생각할 수 없었다. 하지만 이것이 양자역학의 결론이며, 그렇게 하지 않고서는 안개상자 안의 전

자의 궤도를 결코 설명할 수 없다.

슬릿 실험의 모순을 해결하는 **입자와 파동의 이중성**

슬릿 실험을 하면 전자는 '간섭'한다. 그럼에도 전자는 '입자'에 도달한다. 하지만 불확성정 원리를 이용해 이 '슬릿 실험'의 모순도 해결할 수 있다.

전자가 '파동'으로 간섭하기 위해서는 2개의 슬릿 '양쪽'을 동시에 통과해야 한다. 하지만 전자가 벽에 도달할 때처럼 '입자'로 존재하기 위해서는 2개의 슬릿 중 '한쪽'만 통과해야 한다. 그렇지만 그런 일은 결코 불가능하다.

여기서 다음과 같은 실험을 생각해보자.

아래 그림처럼 2개의 슬릿 사이에 전구를 놓는다. 전구에 전원을 켜 두면 전자가 슬릿을 통과할 때 불이 들어온다. 그러면 전자가 어느 쪽 슬릿을 **빠져나갔는지** 알 수 있다.

전자는 육안으로 볼 수 없기 때문에 이 실험을 통해 '관측'하지 않으면 전자가 2개의 슬릿 중 어느 쪽을 통과했는지 알 수 없다.

처음에 전원을 켜지 않고 전자를 날리면 전자는 당연히 간섭한다.

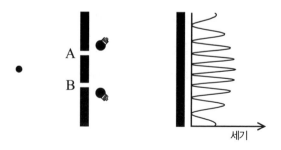

A
B

세기

이번에는 전원을 켠 후 전자를 날려본다. 그렇게 하면 전자가 슬릿 A나 B 중 '어느 쪽'을 통과했는지 알 수 있다.

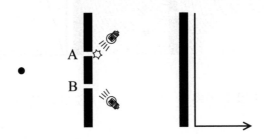

역시 전자가 한 슬릿을 통과했다.

그런데! 이렇게 전자가 어느 쪽 슬릿을 통과했는지 확인하는 실험을 할 때 '전자는 간섭하지 않는다!'

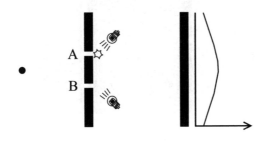

무슨 말일까? 애초에 이 실험을 한 이유는 간섭하는 전자가 어떻게 슬릿을 통과하는지 알고 싶어서였는데 그런 실험은 불가능했다.

하지만 이 실험 결과는 불확정성 원리에 의해 설명이 가능하다.

전원을 켠다는 것은 전자가 어느 쪽 슬릿을 빠져나갈지 '관측'한다는 뜻이다.

예를 들어 슬릿 A를 통과하는 것이 관측되면 그 순간 슬릿 B를 통과할 가능성은 사라진다. 이때 양쪽 슬릿에 도달하는 전자의 파동은 슬릿 A쪽으로 '압축'된다.

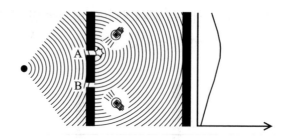

그렇게 되면 결국 전자의 파동은 슬릿 A로만 통과하므로 간섭이 일어나지 않는다.

그에 반해 어느 쪽 슬릿을 통과했는지 '관측하지 않은 경우'에는 전자의 파동이 압축되는 일이 없다. 따라서 파동은 양쪽 슬릿을 빠져나가 간섭이 일어난다.

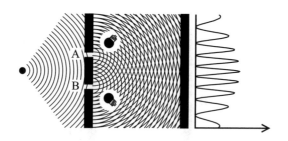

전자가 한쪽 슬릿을 통과하는 경우와 양쪽 슬릿을 통과하는 경우는 전자가 어느 쪽 슬릿을 통과했는지 관측한 경우와 관측하지 않은 경우라는, 각각의 경우에 일어나는 일이므로 두 경우가 '동시에 일어나는 일은 없다'. 따라서 이 두 경우는 모순되지 않는다.

지금까지 '관측하는 순간 전자의 파동은 압축된다'는 사실을 밝히기 위해서 많은 실험을 해왔다. 그런데 전자의 파동은 어떤 메커니즘으로 압축되는 것일까?

당연히 육안으로는 관측할 수 없다.

예를 들어 앞에서 했던 슬릿 실험에서 전원만 켜놓고 직접 보지 않았다고 가정하자. 그래도 역시 간섭은 일어나지 않는다. 직접 보든 그렇지 않든 전원이 켜져 있으면 간섭은 일어나지 않는다는 뜻이다.

그리고 전자는 관측할 때 사용하는 전구의 빛과 어떠한 상호작용을 함으로써 압축된다고 할 수 있다. 전자는 매우 작기 때문에 빛이 부딪치면 운동이 흐트러질 것이다. 하지만 그렇지 않다는 것이 다음과 같은 실험으로 밝혀졌다.

앞에서 했던 슬릿 실험에서 전원을 슬릿 A에만 켜둔다. 그러면 전자가 슬릿 A를 통과할 때는 빛을 내지만 그 외의 경우에는 빛을 내지 않는다.

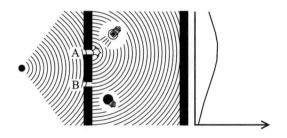

그런데 여기서 '그 외의 경우'는 한 가지밖에 없다. 즉, '전자가 슬릿 B를 통과했다'는 뜻이다. 슬릿 A에서 전자가 빛을 내지 않는다면 슬릿 B를 통과한 것으로 결론 내릴 수 있다. 그리고 이 실험에서 전자는 간섭하지 않는다.

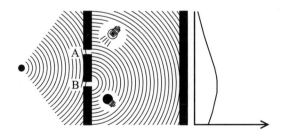

즉 전자의 파동은 슬릿 A에서 전자가 빛나지 않았기 때문에 슬릿 B로 압축된다. 전자는 슬릿 A에서는 빛나지 않았고, 슬릿 B에는 전구가 켜 있지 않으므로 이 경우 전자와 빛의 상호작용은 전혀 없다. 다시 말해 전자의 파동은 어느 쪽 슬릿을 통과했는지 육안으로 확인할 수 있는 경우로 압축된다.

4. 양자역학의 결론

관측하는 인간과 전자의 이상한 움직임

물리학자들 사이에서는 오랫동안 전자가 파동인지 입자인지에 대한 의견이 분분했다. 그런데 마침내 결론이 내려졌다.

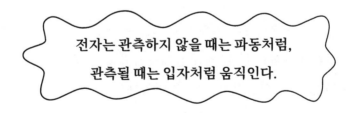

전자는 관측하지 않을 때는 파동처럼,
관측될 때는 입자처럼 움직인다.

하지만 이때의 파동은 '가능성의 파동'으로 실제 물질의 파동이 아니었고, 입자는 불확정성 원리에 의해 위치와 운동량을 동시에 정확하게 특정할 수 없게 되어버렸다. 또 관측을 하면 전자의 상태에 영향을 미친다는 결과가 나왔다.

일반적인 상식으로 볼 때 이것은 매우 이상했다. 하지만 이렇게 생각하지 않으면 전자에 관한 모든 실험을 제대로 설명할 수 없다.

지금까지 자연과학의 본질은 물체가 언제, 어디에 있는지를 밝히는 데 있었다. 그것은 사물을 '객관적인 세계로 기술한다'는 뜻이기도 하다. 그런데 양자 세계에서만큼은 그것을 완전하고도 정확히 아는 것은 불가능하다는 사실이 밝혀진 것이다. 하지만 이런 결론이 순순히 받아들여질 리가 없었다.

아인슈타인은 불확정성 원리를 내세운 하이젠베르크와 보어에게 강하게 반론했다.

그런 결론은 절대 인정할 수 없수다!

아인슈타인은 확률적인 기술記述 자체에는 반대하지 않았다. 그것은 지금까지 입자의 수가 방대한 경우에도 종종 사용한 적이 있었기 때문이다.

하지만 그 경우는 각 입자의 위치와 운동량을 알려고 하면 알 수 있었음에도 너무 힘들어서 하지 않았을 뿐이다.

그런데 하이젠베르크는 불확정성 원리에 따라 양자의 위치와 운동량 모두를 정확하게 아는 것은 '절대 불가능하다'라고 주장했다.

아인슈타인은 그것을 받아들일 수 없었다.

《부분과 전체》의 VI장 〈신세계를 향해 출발!〉 부분에는 보어와 아인슈타인의 격렬한 논쟁이 그려져 있다.

벨기에의 브뤼셀에서 개최된 솔베이회의에서 아인슈타인은 하이젠베르크와 보어를 상대로 격렬한 반론을 펼쳤다. 아인슈타인은 "전자에 관해서 확률적으로밖에 알 수 없으며, 관측한 것은 전자의 움직임에 영향을 줌으로써 객관적인 기술이 불가능하다"는 그들의 주장을 결코 용납할 수 없었던 것이다.

솔베이회의 기간 내내 아인슈타인은 불확정성 원리가 성립되지 않을 법한 사고실험을 생각해내어 보어와 하이젠베르크에게 의문을 제기했다.

보어와 하이젠베르크는 아침에 아인슈타인이 던진 문제를 하루 종일 연구하여 저녁 무렵에는 해답을 제시했다. 그러면 아인슈타인은 좀 더 복잡하고 불확정성 원리가 성립되지 않을 것 같은 새로운 사고실험을 생각해냈다. 하지만 보어와 하이젠베르크는 그것마저 해결했다.

그들의 모습을 지켜본 아인슈타인의 친구는 이렇게 말했다고 한다.

"아인슈타인, 나는 자네가 부끄럽군. 자네는 지금 상대성이론을 반대한 자네의 대적자들이 했던 것처럼 새로운 양자론에 반대론을 내놓고 있지 않은가!"

하지만 그의 충고도 아인슈타인의 마음을 꺾지는 못했다.

몇 년 후 "신은 주사위 놀이를 하지 않는다"라는 말을 남기고 아인슈타인이 타계했다. 그는 마지막 순간까지도 양자론의 결말을 받아들이지 못했던 것이다.

슈뢰딩거 또한 양자의 세계에 발을 내디딘 것을 후회하며 분자생물학의 세계로 연구 분야를 옮겼다.

1927년에 불확정성 원리를 발견한 이래 60여 년 동안 많은 물리학자의 노력에도 불확정성 원리를 뒤집는 실험이나 이론은 아직껏 발견

되지 않았다. 오늘날에도 하이젠베르크가 완성한 양자역학은 옳은 것으로 인정받고 있다. 또한 양자역학은 현대 문명사회를 떠받치고 있는 과학 분야에서 없어서는 안 될 중요한 요소가 되었다.

21세기의 자연과학을 향해 **언어와 인간**

양자역학으로 인해 전자는 매우 인간미가 있는 것처럼 보인다. 반대로 사람에게도 일종의 양자역학 같은 움직임이 발견된다.

인간은 가능성을 갖고 태어난다. 그런데 사회라는 안개상자 안에서 각각 체험을 하고 다른 사람의 눈에 관찰된다. 남에게 평가받는 순간, 그 말에 사로잡혀 다른 평가는 생각하기 어렵다. 하지만 거기서 그 사람의 가능성의 폭이 커지기도 한다.

히포에서도 언어를 노래할 때 동료들이 해주는 칭찬에 더 열심히 하게 된다. 인간은 다른 사람의 관찰에 영향받지 않고 살 수 없다.

또 불확정성 원리를 통해 갓난아이가 언어를 획득하는 과정을 생각해보았다. 갓난아이도 옆에서 관측하면 모습이 달라진다. 다른 사람의 영향이 없는 곳에서 갓난아이의 언어 형성 방식은 관측이 불가능하다. 갓난아이를 혼자 방안에 가둬두면 언어를 습득할 수 없기 때문이다.

우리는 사물을 볼 때 빛의 샤워 속에서 본다. 마찬가지로 갓난아이가 말을 배울 때도 갓난아이에게 건네는 주위의 수많은 말을 관측하는 것이다. 그것은 전자와 갓난아이에게 적지 않은 영향을 미친다.

전자의 움직임과 갓난아이, 빛과 언어는 비슷한 점이 있다. '전자의 움직임과 빛의 관계식'을 통해 '언어와 갓난아이의 관계를 나타내는 방정식'을 발견할 수 있는 힌트를 얻을지도 모른다.

어찌됐든 전자와 빛의 세계는 상식적으로는 생각할 수 없는 예기치 못한 결말을 맞이했다.

물리학자 스티븐 호킹은 전자 같은 미시적 세계와는 반대인 거시적 세계, 즉 우주에 대해 재미있는 말을 했다.

블랙홀은 모든 물질을 빨아들이는 공간이라고 여겨졌다. 일단 그곳에 들어가면 아무것도 빠져나오지 못한다. 심지어 빛조차 말이다. 그래서 어둡게 보인다는 뜻으로 '블랙홀'이라는 이름이 붙은 것이다. 그런데 이 공간에도 불확정성 원리가 작용한다고 한다. 블랙홀은 작은 공간에 꽉꽉 채워질 때까지 물질과 빛마저 계속 빨아들인다. 그러면 블랙홀 안에서는 Δx가 점점 작아지고, 그만큼 운동량의 분포 Δp_x는 극대화된다. 그리고 결국 빛 속에서도 광속을 초월한 것이 생기고, 블랙홀의 빨아들이

는 힘보다 더 세지면 그곳에서 튀어나오는 빛이나 물질이 생긴다고 한다. 물론 물질은 절대로 광속을 뛰어넘을 수 없지만 '가능성의 파동'이므로 절대 불가능한 것은 아닐 것이다.

처음에는 이론에만 그쳤던 이러한 주장은 호킹 박사에 의해 실제로 관측되었고, 불확정성 원리가 우주라는 거시적인 세계에서도 효력을 갖고 있다는 사실이 밝혀졌다.

우리가 일상생활을 하고 있는 세상은 거시적 세계이지만, 뿌리를 거슬

러 올라가면 전자와 빛으로 구성되어 있다. 또 우주의 관점에서 보면 매우 작은 존재이다. 그런 원자와 우주라는 세계 사이에 있는 우리 인간은 양자역학의 개념 없이는 설명되지 않을 것이다.

특히 인간의 언어에는 양자역학으로 설명할 수 있는 것이 숨겨져 있는 것 같다. 우리는 언어를 통해서 미래나 과거, 거시적인 세계, 나아가 우주로도 상상력을 펼칠 수 있다. 시공을 초월하는 이 신기한 언어를 도대체 어떻게 설명할 수 있을까?

언어를 자연과학하는 우리 인간에게 하이젠베르크가 쓴 《부분과 전체》는 탐구심과 용기를 주었다. 무엇인가에 대해 망설이거나 고민하고 있거나 좌절할 때 펼치고 싶은 책이기도 하다. 아직 우리에게는 모르는 세계가 많이 있을 것이다. 앞으로도 계속 그런 세계를 언어로 표현하려면 선인들의 지혜와 용기를 떠올려야 할 것이다.

양자역학의 모험을 통해서 이 장대한 드라마를 체험한 우리 모두가 21세기 자연과학의 공연자가 될 날도 그리 멀지 않았는지 모른다.

에필로그

　'양자역학' 언어가 날아다니는 재미있는 공원에서 실컷 뛰어논 기분이다. 작년에 참가했던 사람들에게는 이미 익숙한 언어였겠지만 처음 참가한 신입생에게는 온통 종잡을 수 없는 언어였다.

　부모님의 전근으로 미국에서 살다 온 다섯 살짜리 타로 군이 미국에 건너가 처음 공원에 나가 놀았을 때 그곳에 날아다니던 언어는 그때까지 한번도 들어본 적이 없었던 '영어'였다. 듣고 따라하면서 함께 노는 동안 한두 달이 지나자 미국 아이들이 하는 말들이 어렴풋이 이해되는 것 같았다. 그리고 시간이 지나면서 점점 확실하게 이해되기 시작했을 때는 어느새 더듬더듬 뭔가 말하기 시작했다. 외국인 친구들이 다가와서 무슨 말을 하고 있는지 열심히 들어주니 왠지 통하는 것 같고 눈을 반짝이며 다시 말을 주고받게 되었다. 말이 통한다는 것은 얼마나 큰 쾌감인가! 언어가 통하면 함께 노는 재미도 커진다. 1년이 지나자 타로 군은 아무런 불편함 없이 의사소통을 할 수 있었다. 그런 자연스러운 풍경과 우리가 공부한 '양자역학'의 즐거웠던 활동이 겹쳐 보이기 시작했다.

　'자연은 이런 식으로 작용하는구나.'

자연과학이란 자연이 어떻게 움직이고 이루어지는지 기술하는 언어를 발견하는 학문이다. 인간은 오랜 옛날부터 자신을 둘러싸고 있는 자연이 어떻게 이루어져 있는지, 또 그 자연 속에 존재하는 나, 즉 인간이란 어떤 존재인지, 각 시대마다 최고의 지성을 동원해 관찰하고 설명하는 언어를 탐색해왔다. 관찰의 대상은 자연 속에서 반복적으로 일어나는 일에 국한된다. 한 번밖에 일어나지 않는 현상은 다시 확인할 수 없기 때문이다. 예를 들어 별의 움직임이라든지 춘하추동의 기상이 어떻게 변화하는지 등이다. 처음에는 아주 큰 데서부터, 그러다 조금씩 세세한 부분까지 설명하는 언어를 발견해 간 것이다.

근대 자연과학의 새로운 장을 연 사람은 뉴턴이라고 한다. 그는 자연의 움직임을 기술하기 위해서 언뜻 추상적인 것 같지만 사실은 엄격한 수학이라는 언어를 구사하여 대성공을 거두었다. 하지만 대략적인 것에서 세밀한 세계로 가는, 어쩌면 물질의 존재를 가능하게 하는 것인지도 모르는 원자의 세계를 설명하는 것은 불가능했다.

원자를 구성하고 있는 부품인 전자와 원자핵(양자), 그리고 전자가 움직일 때 방출하는 빛의 정체는 도대체 무엇일까? 전자나 빛은 너무 작아서 육안으로 볼 수 없다. 그것은 어떤 식으로 움직일까? 눈에 보이지 않으니 이렇게 움직인다고밖에 표현할 수 없다. 뉴턴역학의 세계와는 달리 여기서는 더 이상 가능성밖에 논할 수 없다는 뜻이다.

하지만 이렇게 움직이고 있는 게 분명하다는 사고방식(이론)만 있다면, 그 사고방식이 정말 옳은지 여부는 연구(실험)할 수 있다. 실험이 성공하고 그 이론(언어)대로 되어 옳다고 증명되었을 때 비로소 자연이 그 언어처럼 움직이고 있다고 할 수 있다. 여기서는 이론(언어)이 자연현상을 기술한다는 표현보다 자연이 그 이론(언어)이 옳은지 아닌지(리얼리티)를 검증하고 있다고 할 수 있을 것이다.

하이젠베르크와 그의 동료들이 구축한 이론(언어)인 양자역학은 전자나 빛의 움직임을 설명하는 데 큰 성공을 거두었다. 그 이론은 이미 뉴턴역학의 구조에서 크게 벗어나 있었다.

반 년 동안 양자언어가 날아다니는 공원에서 즐겁게 뛰어놀면서 하이젠베르크뿐만 아니라 그의 동료들에게 한층 더 가까이 다가간 기분이다. 양자역학을 살짝 맛본 정도에 불과할 뿐 양자역학의 전부를 알았다고는 생각하지 않는다. 하지만 자연과 그것을 기술하는 언어와의 아슬아슬하고 아름다운 긴장 상태를 엿본 기분이다.

자연이 언어로 기술되고, 자연을 기술하는 언어 또한 자연에 속한다는 데 이의는 없을 것이다. 우리는 마침내 우리의 목표였던 언어 자체를 자연현상으로 기술하고자 하는 목표를 우뚝 세우고 지반을 다진 것 같다.

트래칼리의 학장님은 항상 이렇게 말씀하셨다.

"인간의 언어로 표현할 수 있는

범위를 벗어난 자연은 존재하지 않는다."

우리가 이 책을 만든 사람들이에요!!

트래칼리 학생들.

Point☆ INDEX

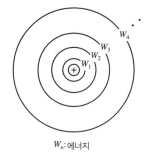

Chapter 3

Chapter 4

① n이 짝수일 때

$$\Phi_n(\xi) = \left\{ 1 + \dfrac{1-a}{2!}\, \xi^2 + \dfrac{(5-a)(1-a)}{4!}\, \xi^4 + \dfrac{(9-a)(5-a)(1-a)}{6!}\, \xi^6 \cdots \right\} e^{-\frac{\xi^2}{2}}$$

② n이 홀수일 때

$$\Phi_n(\xi) = \left\{ \xi + \dfrac{3-a}{3!}\, \xi^3 + \dfrac{(7-a)(3-a)}{5!}\, \xi^5 + \dfrac{(11-a)(7-a)(3-a)}{7!}\, \xi^7 \cdots \right\} e^{-\frac{\xi^2}{2}}$$

ν_n 은 다음과 같다.

$$v_n = \frac{1}{2\pi}\sqrt{\frac{k}{\mathfrak{M}h}}\left(n+\frac{1}{2}\right) \qquad (n = 0, 1, 2, 3, \cdots)$$

전자의 파동의 움직임 $\Psi_n = \Phi_n e^{-i2\pi v_n t}$

전자의 에너지 $E = \left(n+\frac{1}{2}\right)hv \qquad (n = 0, 1, 2, 3, \cdots)$

Chapter 5

Chapter 6

참고문헌

Bohr, N. 井上健 訳 原子理論と自然記述 (**Atomic Theory and the Description of Nature, Atomic Physics and Human Knowledge, Essays 1958-1962 on Atomic Physics and Human Knowledge**), Misuzu Book Co., 1990

Born, M. and Einstein, A. ボルン・アインシュタイン往復書簡集 (**Nymphenburger Verlagshandlung, Albert Einstein, Hedwig und Max Born : Briefwechsel 1916-1955, Kommentiert von Max Born**), Sanshu-Sha Co., 1976

Dirac, P. A. M. 量子力学 (**The Principle of Quantum Mechanics**), Misuzu Book Co., 1963

Feynman, R. **The Feynman Lectures on Physics vol. I, II, III**, Addison-Wesley, 1965

Feynman, R. ファインマン物理学(全 5 巻) (**The Feynman Lectures on Physics**), Iwanami Book Co, 1967

Feynman, R. 光と物質の不思議な理論 (**QED : The Strange Theory of Light and Matter**), Iwanami Book Co., 1987

Gribbin J. 山崎 和夫 訳 シュレディンガーの猫 上下巻 (**In Search of Schrödinger's Cat**), Chijin Shokan Co., 1989

Heisenberg, W. **Physics and Beyond**, Harper & Row, 1972

Heisenberg, W. 山崎 和夫 訳 部分と全体 (**Physics and Beyond**), Misuzu Book Co., 1974

Heisenberg, W. 現代物理学の思想 (**Physics and Philosophy - The Revolution in Modern Science**), Misuzu Book Co., 1989

Kelman, P. and Stone, A. H. **Ernest Rutherford, Architect of the Atom**, Englewood Cliffs, 1969

The Nobel Foundation ノーベル賞講演 物理学 3，4，5，7 巻 (**Nobel Lectures — Physics**), Kodan-Sha Co., 1980

Pargels, H. R. 量子の世界 (**The Cosmic Code : Quantum Physics as the Language of Nature**), Chijin Shokan Co., 1983

Przibram, K. 江沢 洋 訳 波動力学形成史 (**Briefe zur Wellenmechanik**), Misuzu Book Co., 1982

Sakakibara, Y. 榊原 陽 ことばを歌え！こどもたち, Chikuma Book Co., 1985

Spiegel, M. R. 数学公式・数表ハンドブック (**Mathematical Handbook of Formulas and Tables**), McGraw-Hill Book, 1984 ✓

Toda, M. 戸田 盛和 他 物理入門コース(全10巻), Iwanami Book Co., 1983

Tomonaga, S. 朝永 振一郎 量子力学 I、量子力学 II, Misuzu Book Co., 1952, 1953

Tomonaga, S. 朝永 振一郎 量子力学的世界像, Misuzu Book Co., 1982

Transnational College of LEX **Who is Fourier? A Mathematical Adventure**, LRF, 1995

Transnational College of LEX フーリエの冒険 (**Who is Fourier? A Mathematical Adventure**), Hippo Family Club, 1988

Transnational College of LEX 量子力学の冒険 (**What is Quantum Mechanics? A Physics Adventure**), Hippo Family Club, 1991

Transnational College of LEX **ARTCL '84-'87 (Annual Reports of TCL)**, Hippo Family Club, 1985-1988

Weinberg, S. 電子と原子核の発見 (**The Discovery of Subatomic Particles**), Nikkei Science, Inc., 1986

物理学辞典編集委員会編 物理学辞典, Baifukan Co., 1984